高等职业教育"十四五"规划教材

动物解剖生理

第2版

曲　强　主编

中国农业大学出版社
·北京·

内 容 简 介

本教材是高等职业院校畜牧兽医专业的专业基础课教材，根据畜牧兽医行业岗位需求和教学改革需要进行编写。全书共分为15章，以牛、猪为重点阐述动物解剖生理特征，包括动物体基本结构与功能、运动系统、被皮系统、消化系统、呼吸系统、泌尿系统、生殖系统、心血管系统、免疫系统、神经系统、感觉器官、内分泌系统、能量代谢与体温调节、家禽解剖生理特征和经济动物解剖生理特征等内容。每章设有学习目标、素质目标、学习建议、知识链接、专项实训和复习思考题等栏目，以加强与后续专业课及生产实践的联系。全书知识性强，图文并茂，便于读者学习。本书可作为高等职业院校畜牧兽医相关专业的教材，也可供畜牧兽医行业技术人员学习参考。

图书在版编目(CIP)数据

动物解剖生理/曲强主编. --2 版. --北京：中国农业大学出版社，2025. 2.
ISBN 978-7-5655-3317-4

Ⅰ. Q954. 5；Q4

中国国家版本馆 CIP 数据核字第 2024FR4165 号

书　　名　动物解剖生理　第 2 版
作　　者　曲　强　主编

策划编辑　康昊婷　　**责任编辑**　康昊婷
封面设计　郑　川　李尘工作室
出版发行　中国农业大学出版社
社　　址　北京市海淀区圆明园西路 2 号　　**邮政编码**　100193
电　　话　发行部 010-62733489，1190　　读者服务部 010-62732336
编辑部 010-62732617，2618　　出　版　部 010-62733440
网　　址　http://www.caupress.cn　　**E-mail**　cbsszs@cau.edu.cn
经　　销　新华书店
印　　刷　天津鑫丰华印务有限公司
版　　次　2025 年 2 月第 2 版　　2025 年 2 月第 1 次印刷
规　　格　185 mm×260 mm　　16 开本　　22 印张　　543 千字
定　　价　59.00 元

编 审 人 员

主　编　曲　强

副主编　姚冬芹　孟　婷　康永刚　朱艳丽　跃斯图　杨名赫

编　者　（按姓氏笔画排序）

王利明（辽宁省农业经济学校）
王浩东（辽宁农业职业技术学院）
牛静华（黑龙江农业经济职业学院）
吉艺宽（广东梅州职业技术学院）
曲　强（辽宁农业职业技术学院）
刘诗柱（商丘职业技术学院）
李建柱（信阳农林学院）
李春华（辽宁农业职业技术学院）
朱艳丽（辽宁农业职业技术学院）
杨名赫（黑龙江农业职业技术学院）
罗永华（沧州职业技术学院）
孟　婷（江苏农牧科技职业学院）
姚冬芹（山东畜牧兽医职业学院）
黄文峰（辽宁职业学院）
康永刚（徐州生物科技职业学院）
跃斯图（扎兰屯职业学院）
葛红霞（黑龙江农垦职业学院）
温　萍（辽宁农业职业技术学院）
冀红芹（辽宁农业职业技术学院）
瞿健萍（辽宁农业职业技术学院）

主　审　程会昌（河南牧业经济学院）
李敬双（锦州医科大学）

前　言

党的二十大报告从战略全局上对全面建设社会主义现代化国家作出战略部署，对办好人民满意的教育提出明确要求，要“深化教育领域综合改革，加强教材建设和管理”。遵循这一宗旨，编者根据《国家职业教育改革实施方案》《高等职业学校专业教学标准》以及《“十四五”职业教育规划教材建设实施方案》等相关文件精神，结合畜牧行业发展以及高职教育现状，对第1版《动物解剖生理》教材进行修订，供高等职业院校畜牧兽医类专业使用。

在保留第1版教材特色的基础上，本次修订主要遵循以下原则：

1.教材更加注重深挖专业基础课程中的“思政元素”

党的二十大报告指出，育人的根本在于立德。教材内容体现时代性，将思政元素、职业素养、知识与能力目标有机融合，突出教材的核心所在，全面贯彻党的教育方针，落实立德树人根本任务，培养德智体美劳全面发展的社会主义建设者和接班人。

2.强化本教材与后续专业课程和生产实践的衔接

动物解剖生理是畜牧兽医专业的一门专业基础课程，其主要任务是为畜牧兽医专业后续课程提供基本的理论与技能支撑，进而为畜牧生产服务。因此，在内容编写上，将动物解剖生理的基本知识技能与后续课程和生产实践的内容紧密联系起来，针对岗位能力要求优化教材内容，强化教材的针对性、实用性。

3.引入新技术、新方法和新工艺

引入动物解剖生理研究的新技术、新方法，借助影像采集系统、生物信息采集系统及虚拟仿真等设备获取动物解剖结构及生理数据信息；参考近年来有关的学术研究成果和行业企业的最新实用技术，保证教材的科学性、先进性、前瞻性。

4.丰富教材资源，创新编写形式

本教材主要供高等职业院校学生使用，充分考虑学生的认知规律和心理特点，精简文字叙述，增加图表、视频资源；明确学习目标，提供学习建议，适当穿插知识链接等栏目，设置专项实训、复习思考题等。全书做到内容简洁，通俗易懂，形式新颖，趣味性强。

本教材由来自全国15所院校的20名教师联合修订编写，编写人员均在教学一线工作，具有丰富的教学经验和专业知识，使本次修订工作能够顺利完成。此外，很多院校教师及读者在使用第1版教材时，提出了宝贵的意见和建议，为本次修订工作提供了极大帮助，在此表示衷心感谢。

由于编者水平和时间所限，书中难免存在不足甚至错漏之处，恳请专家及读者批评指正。

编　者
2024年1月

目　录

视频教学资源索引

第一章
动物体基本结构与功能

【学习目标】

- 熟练使用显微镜，通过显微镜观察，熟悉细胞与基本组织构造。
- 能够说出动物体表各部位名称。
- 理解动物生理活动基本调节过程。

【素质目标】

- 树立辩证唯物主义世界观。
- 注重理论联系实际，培养科学严谨的学习态度和精益求精的工匠精神。

【学习建议】

通过教师讲解，理解动物细胞和基本组织有关知识；利用显微镜观察细胞与基本组织构造；利用动物或动物标本认识各部位名称。

第一节 细 胞

细胞是生物有机体形态结构、生理功能和遗传发育的基本单位。单个细胞具有新陈代谢、生长发育、繁殖、遗传和变异等全部生命过程，但不能单独实现多细胞机体的完整生命过程。

一、细胞的形态和大小

构成动物机体的细胞形态多种多样，有圆形、扁平形、多边形、梭形或长圆柱形、星形等。细胞的大小相差悬殊，细胞的形态和大小与其执行的功能和所处的部位密切相关(图 1-1)。

二、细胞的构造与功能

动物细胞由细胞膜、细胞质和细胞核 3 部分组成(图 1-2)。

(一)细胞膜

细胞膜是细胞表面一层连续而封闭的界膜，又称为原生质膜或细胞质膜(图 1-3)。它起

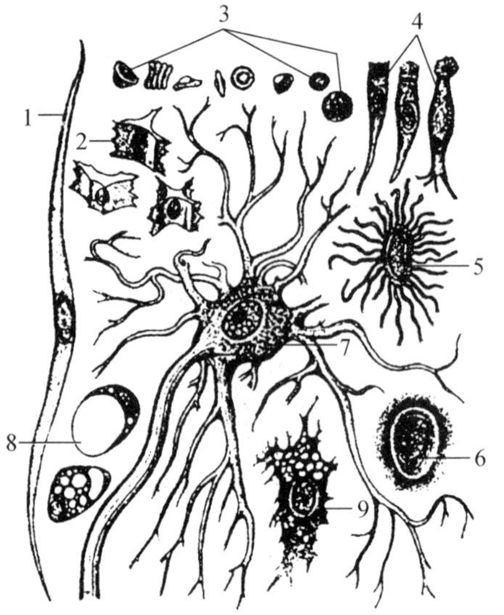

图 1-1 动物细胞的形态

1. 平滑肌细胞 2. 腱细胞 3. 血细胞 4. 上皮细胞 5. 骨细胞 6. 软骨细胞 7. 神经细胞 8. 脂肪细胞 9. 成纤维细胞

着维持细胞内环境相对稳定的作用，同时具有调节细胞的物质交换、代谢活动、信息传递和细胞识别等功能。

生物膜是细胞膜、核被膜及构成各种膜性细胞器（如线粒体、内质网、高尔基复合体、溶酶体等）膜的统称，它们都具有基本相同的结构和组成，但又各具特点。

1. 细胞膜的结构

细胞膜由脂质双层镶嵌球蛋白构成，此外还有少量多糖。这些多糖与膜脂、膜蛋白结合，形成糖脂和糖蛋白，并从细胞膜外表面伸出并覆盖在细胞外表面形成外膜。这些糖类在细胞膜上不是杂乱无章地随意分布，而是细胞行为的表面标志，它们与细胞的抗原结构、受体、细胞免疫、细胞识别和细胞癌变均有密切关系。

2. 细胞膜的功能

（1）物质运输。细胞内液和细胞外液间的

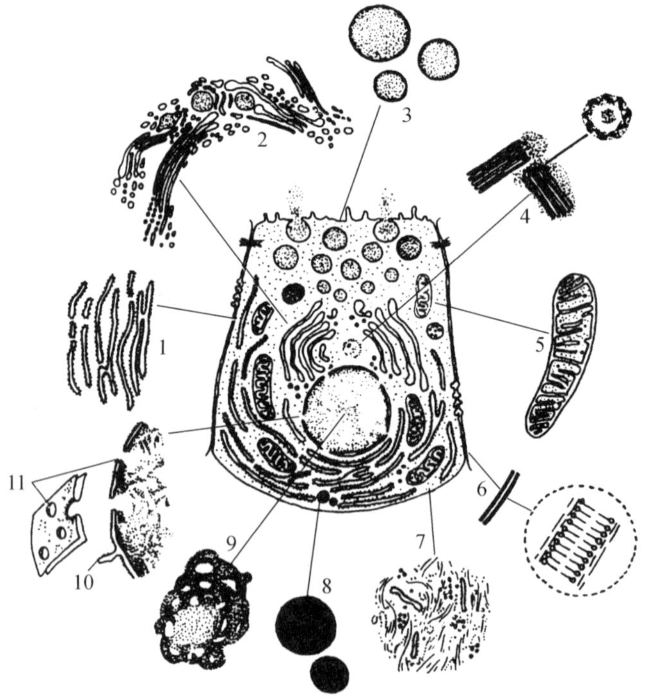

图 1-2 动物细胞结构模式图

1. 内质网 2. 高尔基复合体 3. 颗粒 4. 中心体 5. 线粒体 6. 细胞膜 7. 基质 8. 脂滴 9. 核仁 10. 核膜 11. 核液

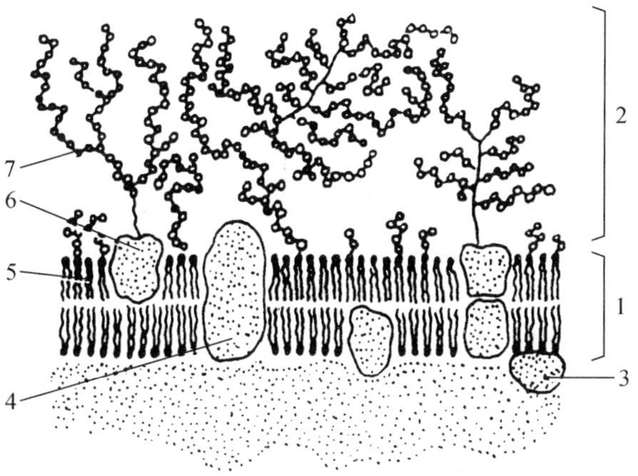

图 1-3　细胞膜的液态镶嵌模式图

1. 脂质双层　2. 糖衣　3. 表在蛋白　4. 嵌入蛋白　5. 糖脂
6. 糖蛋白　7. 糖链

物质交换均须通过细胞膜。

①扩散作用：物质从高浓度区通过细胞膜运送到低浓度区的不耗能过程。物质扩散速度不仅取决于浓度梯度、物质粒子大小和电荷，脂溶度也起一定的决定作用。

②主动运输：某些物质可以逆浓度梯度进入或移出细胞。主动运输必须依靠细胞膜上的“泵”，并需 ATP 为载体蛋白直接提供能量。如转运 Na^+、K^+ 的钠钾泵等，实际上就是 Na^+-K^+-ATP 酶，是膜中的内在蛋白，可以把细胞内的 Na^+ 泵出细胞外，同时把 K^+ 泵入细胞内。另一种对细胞基本功能有重要作用的是钙泵，即 Ca^{2+}-ATP 酶。

③胞吞作用与胞吐作用：大分子物质不能以渗透方式跨越细胞膜，而是通过细胞膜本身的运动，以形成小泡的方式将细胞外物质摄入细胞内，即胞吞作用；而胞吐作用则是把胞质小泡内的大分子物质排出细胞外。胞吞作用和胞吐作用需能量供应，也需肌动蛋白和肌球蛋白的参与。

(2)构成受体。细胞膜上有的蛋白质可作为受体，能接受外界化学信号，如激素、神经递质、药物等。信号与细胞膜的受体相结合，引起受体蛋白发生构型变化，导致细胞内部继发一系列生理效应。

知识链接　细胞膜上的受体种类很多，如激素受体、神经递质受体、抗原受体等。不同的受体接受不同的信号，引起细胞内不同的生理反应。

(3)细胞膜抗原。细胞膜上有些蛋白质和糖标记着种、属、个体以及各型细胞的特征，它们对另一种动物或个体可作为抗原，使其产生相应的抗体，从而引起免疫反应。此外，细胞膜还参与细胞的运动、细胞分化和保护等。

知识链接　各种细胞和血小板膜上存在组织相容性抗原，同型细胞借此相互识别，对异体组织或器官产生排斥；红细胞膜上存在与血型有关的血型抗原等，输血时要求血型相同。

(二)细胞质

细胞质是细胞内进行代谢作用和执行各种功能活动的场所，包括基质、细胞器和内含物。

1. 基质

基质是半透明胶状物质，含较多蛋白质，占细胞蛋白质总量的20%～25%，由水、糖类、脂类、无机盐和酶类等组成。

2. 细胞器

细胞器是细胞质内具有一定形态结构和化学组成、执行一定生理功能的结构。动物细胞中具备界膜的细胞器包括线粒体、内质网、高尔基复合体、溶酶体和过氧化物酶体，其中线粒体具有由双层单位膜组成的界膜，并独立存在于细胞质中。

细胞质内非膜性细胞器主要有核糖体、微管和微丝等。

3. 内含物

内含物是细胞质内具有一定形态的营养物质或代谢产物，包括脂肪、糖原、蛋白质、分泌颗粒及色素颗粒等。

(三)细胞核

细胞核是细胞遗传物质的贮存场所和细胞功能的控制中心，哺乳动物体内除成熟红细胞没有细胞核外，其余细胞均有细胞核。

一个细胞通常含1个细胞核，但骨骼肌细胞可有数百个核。细胞核通常位于细胞中央，但也有位于细胞基部或偏于一侧的。细胞核的体积随细胞周期而变化，准备分裂的间期细胞核比刚分裂后的细胞核要大一些；代谢活性高的细胞，其核略大于生理活性低的细胞。

1. 细胞核的构造

细胞核由核膜、核基质、核仁和染色质构成。

(1)核膜。核膜是细胞核表面由2层单位膜组成的被膜，它将核物质与细胞质隔开。核膜最重要的功能是调节细胞核与细胞质间的物质交换，核膜外层附有核糖体，说明它有合成蛋白质的功能。

(2)核基质。除去核膜、核仁和染色质外，存在于细胞核内的物质称核基质，含有水、无机盐和多种酶类，如脱氧核糖核酸(DNA)聚合酶、核糖核酸(RNA)酶等。核基质为核内代谢提供稳定、良好的环境，也为核内物质运输和可溶性代谢产物提供必要的介质。

(3)核仁。核仁是球形的致密体，直径2～5 μm，一个细胞核内常有1～2个核仁，也有3～5个者。核仁无界膜包裹，主要由纤维成分、颗粒成分和核仁基质组成。核仁与细胞内蛋白质合成有密切关系。

(4)染色质。染色质是遗传物质的一种存在形式，是由DNA、RNA、组蛋白和非组蛋白组成的纤维状复合物。染色质分散存在于核内，当细胞进行有丝分裂时，染色质高度螺旋化，卷曲成染色体，并在核膜消失后散布于细胞质中。因此，染色质和染色体的组成成分相同，但构型各异，相间地出现于细胞周期中的不同功能阶段。

染色体的数目和形状随动物种类而异，但各种动物染色体的数目和构型是恒定的。

知识链接 不同动物的染色体数：马64条，黄牛60条，猪38条，绵羊54条，山羊60条，驴62条，鸡78条，鸭80条。染色体在体细胞内的数目是二倍体，即双倍体，而在成熟的性细胞(如精子)中，其数目只有体细胞的1/2，为单倍体。在体细胞的染色体中，每2个同源染色体相互配对。

2. 细胞核的功能

一方面细胞核通过复制贮存在 DNA 上的亲代遗传物质，于细胞分裂时传给子代，并影响子代的性状；另一方面细胞核在分裂间期通过 DNA 上遗传信息的转录和翻译，合成各种蛋白质（包括酶）。

三、细胞的生命活动

凡是活的细胞，都具有下列生命活动现象。

（一）新陈代谢

新陈代谢是细胞生命活动的基础。每一个活的细胞，在生命活动过程中都必须不断地从外界摄取营养物质，合成本身需要的物质，这一过程称为同化作用（合成作用）；同时也分解自身物质，释放能量供细胞活动需要，并排出废物，这一过程称为异化作用（分解作用）。这 2 个过程的对立统一，就是新陈代谢。细胞的一切生命活动都建立在新陈代谢的基础上，如果新陈代谢停止，那就意味着细胞的死亡。

（二）感应性

感应性是指细胞受到外界刺激（如机械、温度、光、电、化学等）时会产生反应的特性。如神经细胞受到刺激后会产生兴奋和传导冲动，骨骼肌细胞受到刺激后会收缩，腺细胞受到刺激后会分泌等。

（三）运动

机体内的某些细胞有一定的运动能力，在不同的环境下可表现出不同的运动形式。如吞噬细胞的变形运动；骨骼肌细胞的收缩与舒张运动；精细胞的鞭毛运动；气管上皮的纤毛运动等。

（四）细胞的生长与增殖

动物有机体的生长发育、创伤修复、细胞更新，都是细胞生长和繁殖的结果。细胞的体积增大，称为生长。细胞生长到一定的阶段，在一定条件下，以分裂的方式进行增殖，产生新的细胞。机体通过细胞增殖促进机体生长发育和补充衰老死亡的细胞。细胞的繁殖是通过分裂的方式进行的，分裂的方式主要有 2 种，即无丝分裂和有丝分裂。

（五）细胞分化、衰老和死亡

细胞分化是指在个体发育进程中，细胞发生化学组成、形态结构和功能彼此互异、逐步改变的现象。如动物由一个简单的受精卵转变成具有高度复杂性和结构性的胚胎，而后又发育成具有多种复杂生理功能的完整的个体。细胞分化存在于生物体的整个生命过程之中，在胚胎期表现明显。

衰老和死亡是细胞生长过程的必然结局。不同类型的细胞，其衰老的进程也不一致。衰老的细胞主要表现为代谢活动降低，生理功能减弱，并出现形态结构的改变，最后整个细胞解体死亡。

不同类型细胞的寿命差异很大，一般说来，高度分化的神经元和肌细胞在出生后停止分裂，其寿命可与个体寿命等长；红细胞在血液循环中存留约 120 d；中性粒细胞在正常情况下仅活 8 d。

第二节　基本组织

动物组织是由一些起源、形态和功能相似的细胞和细胞间质结合在一起构成的，根据组织的形态和功能特点可分为上皮组织、结缔组织、肌肉组织和神经组织。

一、上皮组织

上皮组织是由密集排列的细胞和极少量的细胞间质所组成的，具有保护、分泌、吸收、排泄、感觉等功能。

上皮组织的组织结构具有共同特征：细胞成分多，间质成分极少；上皮组织中富含神经末梢，但一般缺少血管和淋巴管分布，靠渗透方式通过基膜与深层的结缔组织间进行物质交换。

根据上皮组织的功能和形态结构，可将其分为被覆上皮、腺上皮和感觉上皮。

(一)被覆上皮

根据细胞的形态和排列层数的不同，被覆上皮分为单层上皮和复层上皮。单层上皮又分为单层扁平上皮、单层立方上皮、单层柱状上皮、假复层柱状纤毛上皮和变移上皮。复层上皮又分为复层扁平上皮、复层柱状上皮和复层立方上皮等。

1. 单层上皮

(1)单层扁平上皮(图 1-4)。单层扁平上皮由一层多边形扁平细胞组成，彼此以锯齿状边缘相嵌合，顶面观呈鳞片状，侧面观呈梭形，胞核扁圆，位于细胞中央。分布于心血管和淋巴管内表面的单层扁平上皮称为内皮，分布于体腔内表面和体腔内器官外表面的单层扁平上皮称为间皮。内皮表面光滑，可减少血液和淋巴流动时的阻力；间皮表面光滑而湿润，利于内脏器官的活动。

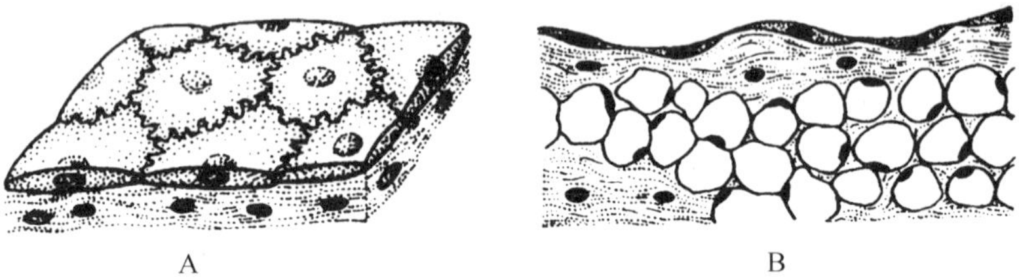

图 1-4　单层扁平上皮

A. 单层扁平上皮模式图　B. 黏膜切面

(2)单层立方上皮(图 1-5)。细胞侧面呈正立方形，细胞的高与直径无明显差距。表面观则呈多边形，胞核大而圆，位于细胞中央。单层立方上皮主要分布于肾集合管、肺的细支气管、卵巢的表面和腺体等处，主要起分泌作用。

(3)单层柱状上皮(图 1-6)。由一层柱状细胞紧密排列而成，核椭圆，长轴与细胞一致，位于细胞近基底部，游离面可见微绒毛，细胞之间常夹杂着一些杯状细胞。单层柱状上皮主要分布于胃肠黏膜内表面，主要起消化吸收作用。

(4)假复层柱状纤毛上皮(图 1-7)。由高低不同的柱状细胞、梭形细胞和锥形细胞组成，

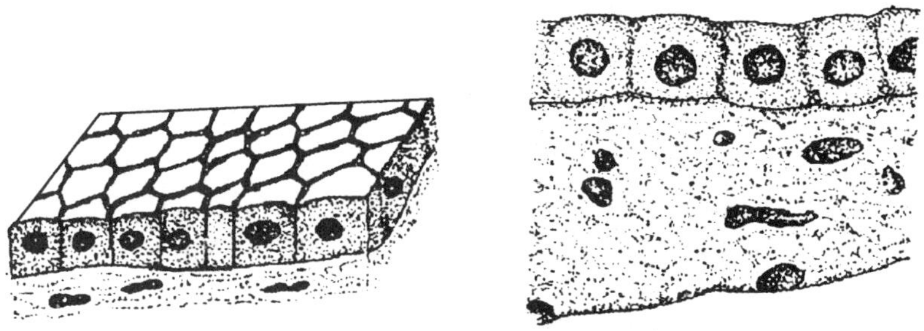

A　　B

图 1-5　单层立方上皮

A. 单层立方上皮模式图　B. 马肾集合管上皮侧面观

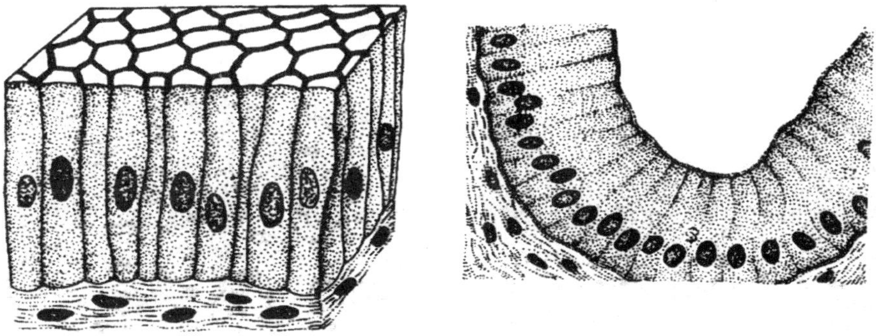

A　　B

图 1-6　单层柱状上皮

A. 单层柱状上皮模式图　B. 小肠黏膜上皮切面

柱状细胞游离缘有纤毛。由于细胞的高度不同，细胞核不在同一水平面上，形似复层，但每个细胞的基底面均附着于基膜上，实为单层，纤毛细胞之间常有杯状细胞分布。假复层柱状纤毛上皮主要分布于上呼吸道的内表面，能借纤毛的摆动，清除细胞分泌物及吸附的细菌、尘埃等。

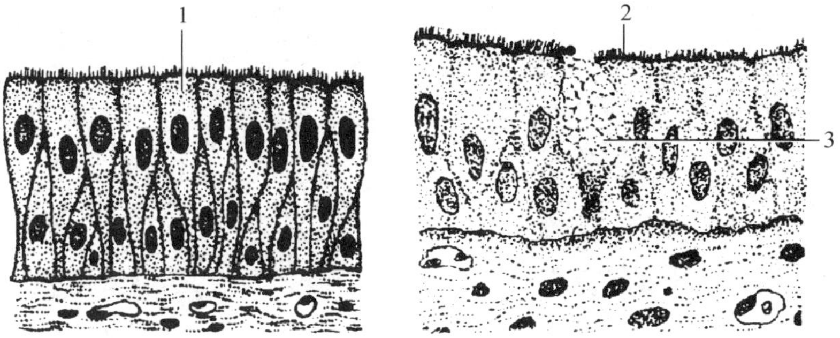

A　　B

图 1-7　假复层柱状纤毛上皮

A. 假复层柱状纤毛上皮模式图　B. 气管黏膜上皮切面

1. 上皮细胞　2. 纤毛　3. 杯状细胞

(5)变移上皮(图 1-8)。变移上皮又称移行上皮，主要分布于肾盏、肾盂、输尿管和膀胱等处的黏膜内表面。细胞的层数和形态随器官的功能状态而变化，如膀胱被尿液充满时，上皮细胞层数减少，仅有 2～3 层，表面细胞扁平，深层细胞为不规则的立方形。当膀胱收缩，尿液排空时，上皮细胞层数变多。

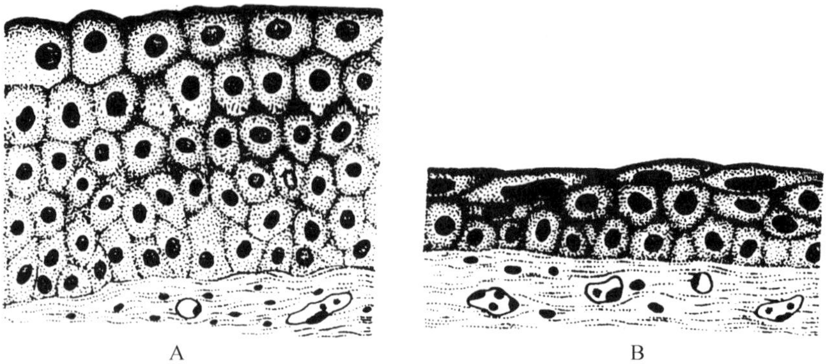

图 1-8　变移上皮(膀胱)

A. 收缩状态　B. 扩张状态

电镜下观察发现变移上皮的各层细胞下方均有突起附着于基膜。据此说明，变移上皮属于假复层上皮。

2. 复层上皮

(1)复层扁平上皮(图 1-9)。复层扁平上皮又称复层鳞状上皮，表层细胞扁平，是直接与外界环境或外物接触的部位，表层细胞角质化，形成角质层，具有抗摩擦、抗损伤及防止异物侵入等功能。表层细胞衰老脱落后，由深层细胞不断增殖补充。中间层由数层多角形细胞组成，细胞间隙明显。复层扁平上皮分布于皮肤、口腔、食管、阴道等处。

(2)复层柱状上皮。表面为一层柱状细胞，基底层细胞呈矮柱状，中间为多角形细胞，仅分布于眼睑结膜，有些腺体内较大的导管也可见到，具有保护作用。

(3)复层立方上皮。很少见，仅分布于汗腺的导管。

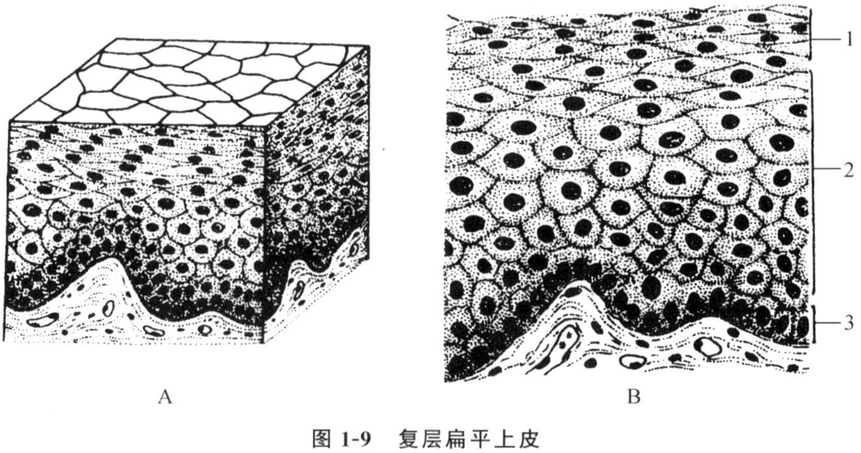

图 1-9　复层扁平上皮

A. 复层扁平上皮模式图　B. 表皮切面

1. 表层　2. 中间层　3. 深层

（二）腺上皮

由具有分泌功能的细胞组成的上皮组织称为腺上皮。腺上皮细胞多排列成索状或团块状，也可形成腺管或腺泡。以腺上皮为主要成分组成的器官称为腺。根据腺的生理功能和结构的不同，可分为两大类，即内分泌腺和外分泌腺。

1. 内分泌腺

内分泌腺因无导管，故也称为无管腺。这类腺细胞的分泌物称为激素，直接进入细胞周围丰富的毛细血管或毛细淋巴管内，由血液或淋巴输送到全身各个组织、器官内，以调节组织和器官的生长和活动。

2. 外分泌腺

外分泌腺具有由上皮细胞形成的导管，故又称为有管腺，其分泌物经导管排出，如唾液腺、肝脏和胰腺等。外分泌腺可分为单细胞腺和多细胞腺。单细胞腺的腺细胞呈单个散在分布，如杯状细胞。动物体中的多数腺体是多细胞腺。

（三）感觉上皮

有些部位的一些上皮细胞能感受某种物理性或化学性的刺激，则称为感觉上皮，是上皮的功能分类之一。感觉上皮含有感觉细胞（初生的、次生的），具有感受刺激的功能，主要分布于舌、鼻、眼、耳等感觉器官内。

二、结缔组织

结缔组织是动物体内分布最广、形态结构最多样化的一类组织。其特点是由少量的细胞和大量的细胞间质组成。细胞间质包括纤维和基质两部分。细胞分散于细胞间质中，无极性。结缔组织在体内主要起连接、支持、保护、营养和运输等作用。

根据形态结构，可将结缔组织分为疏松结缔组织、致密结缔组织、网状组织、脂肪组织、软骨组织与软骨、骨组织、血液和淋巴。

（一）疏松结缔组织

疏松结缔组织是柔软而富有弹性和韧性的结缔组织，广泛存在于皮下和全身各器官间及器官内，肉眼观察时呈白色网泡状或蜂窝状，因而也称为蜂窝组织。疏松结缔组织除具有营养、防御、运输代谢产物和修复的作用外，还具有填充、支持、连接等机械作用。

疏松结缔组织由胶状的基质、纤维和细胞组成（图 1-10）。

1. 基质

基质是无定形、无色透明胶状质，各种细胞和纤维都浸于其中，主要化学成分是由透明质酸与蛋白质结合而成的黏多糖蛋白。基质中还含有自毛细血管动脉端渗出形成的组织液，经毛细血管静脉端或毛细淋巴管回流到血液，对组织和细胞的物质交换起重要作用。

2. 纤维

疏松结缔组织中有 3 种纤维，分散交织存在于基质中，它们是胶原纤维、弹性纤维和网状纤维。

（1）胶原纤维。含量最多，呈波纹状交织分布；韧性大，抗拉力强；由胶原蛋白组成，在沸水或弱碱中易于溶解变为明胶，可轻易被胃蛋白酶消化。

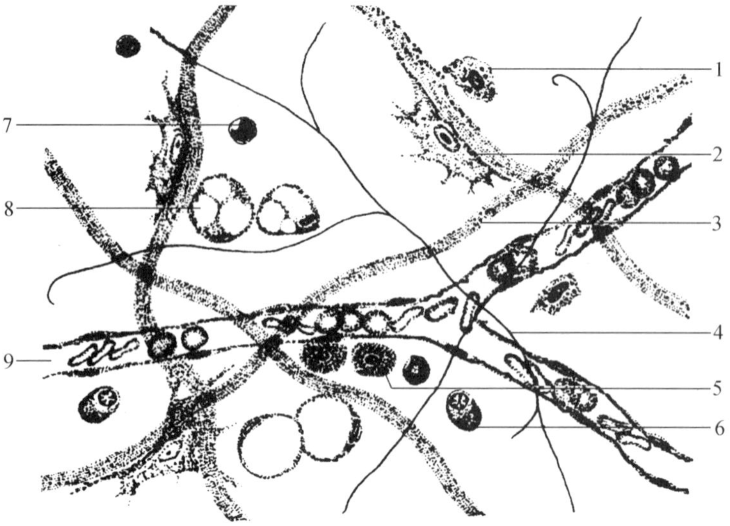

图 1-10 疏松结缔组织

1. 巨噬细胞 2. 成纤维细胞 3. 胶原纤维 4. 弹性纤维 5. 肥大细胞
6. 浆细胞 7. 淋巴细胞 8. 脂肪细胞 9. 毛细血管

(2)弹性纤维。黄色,折光性强,有弹性;易被胰液消化。

(3)网状纤维。含量较少,主要分布于疏松结缔组织与其他组织的交界处,如毛细血管周围可见到细致的网状纤维。

3. 细胞

(1)成纤维细胞。成纤维细胞是疏松结缔组织中的主要细胞成分,细胞体积较大,外形呈多突扁平形,常位于胶原纤维附近。细胞核大,呈椭圆形,染色质呈微粒状,淡染,胞质弱嗜碱性。成纤维细胞是功能活跃的细胞,能合成和分泌胶原蛋白、弹性蛋白和蛋白多糖,形成疏松结缔组织中的 3 种纤维及基质。

(2)巨噬细胞。巨噬细胞又称组织细胞,数量也较多,呈星形或梭形,核较小,染色质颗粒较大。巨噬细胞能做变形运动,当细胞受到抗原、变性蛋白及某些趋化因子作用时,可定向地向目的物移动并进行吞噬,并且能处理和贮存抗原物质,故能给未致敏的淋巴细胞传递抗原信息,在免疫反应中起重要作用。巨噬细胞的表面还具有能与抗体和补体结合的受体,与特异性抗体或补体结合后,能增强巨噬细胞的吞噬能力。

(3)肥大细胞。呈圆形或椭圆形;细胞膜表面有许多微绒毛;胞质内有粗大的嗜碱性颗粒(异染性颗粒),外包一层单位膜,内常有板层结构。肥大细胞的颗粒含有组织胺、5-羟色胺、慢反应物质和肝素,多分布于皮下结缔组织、肠系膜、消化管和呼吸道黏膜结缔组织中的小血管周围。

(4)浆细胞。呈圆形或椭圆形,偏位于细胞一侧,核内染色质粗大呈块状,在核膜下呈放射状排列,形如车轮。胞质丰富,强嗜碱性,抗体多时呈嗜酸性。浆细胞由 B 淋巴细胞转化而来,能合成和分泌免疫球蛋白,简称 Ig,即抗体,参与机体的体液免疫反应。

(5)脂肪细胞。脂肪细胞是贮存脂肪的细胞,体积较大,多呈球形,胞质脂肪滴由小变大。在常规制片过程中,由于脂肪滴被有机溶剂溶解,故呈空泡状。疏松结缔组织中的脂肪细胞多成群分布于毛细血管和淋巴管周围。

(二)致密结缔组织

由大量紧密排列的纤维成分和少量的细胞成分(主要为成纤维细胞)构成,基质含量少,形态固定。致密结缔组织包括以下2种。

(1)不规则致密结缔组织。以胶原纤维为主,纤维排列方向不规则,互相交织,构成坚固的纤维膜,如真皮、骨膜、软骨膜和巩膜等。

(2)规则致密结缔组织。有的以胶原纤维为主,如肌腱(图1-11);有的以弹性纤维为主,如项韧带,纤维排列十分规则而致密,具有弹性和抗牵引力作用。

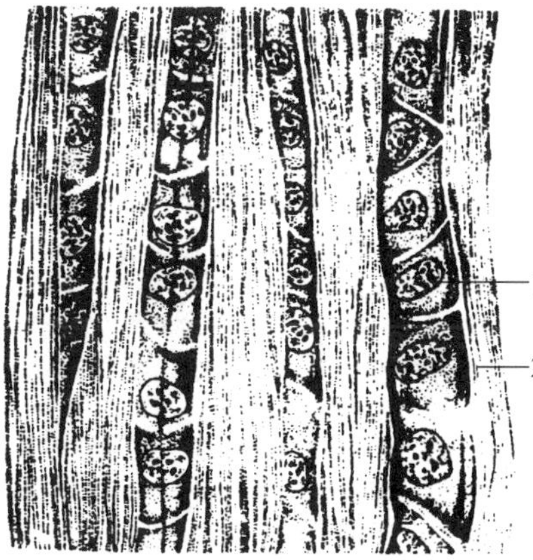

图1-11　肌腱

1. 腱细胞　2. 弹性纤维

(三)网状组织

网状组织主要分布于骨髓、淋巴结、脾脏及淋巴组织等处,由网状细胞和网状纤维组成。其基质是组织液或淋巴。一般认为网状组织是构成淋巴组织的支架,并可为淋巴细胞和血细胞的发育提供一个适宜的微环境。

(四)脂肪组织

脂肪组织由大量脂肪细胞聚集而成,细胞表面包绕着致密而纤细的网状纤维,基质含量极少(图1-12)。少量疏松结缔组织和小血管伸入脂肪组织内,将其分隔成许多小叶。脂肪细胞呈球形、卵圆形或多角形。细胞内充满脂滴,细胞质和细胞核被挤到细胞的外围,呈一狭窄的指环状带。在苏木精-伊红(HE)染色的切片中,由于脂滴被溶解,细胞呈现大空泡状。

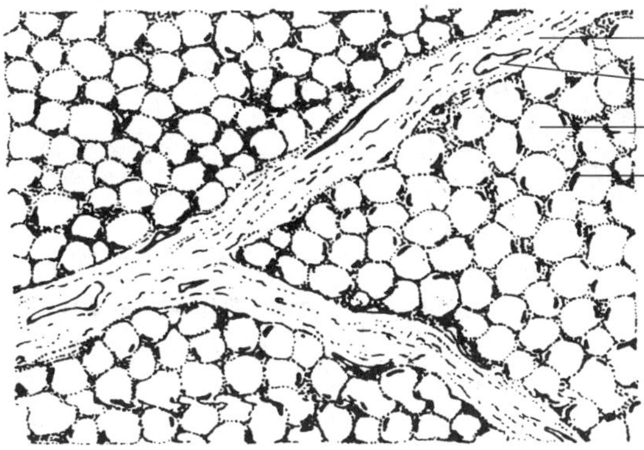

图1-12　脂肪组织

1. 小叶间结缔组织　2. 毛细血管　3. 脂肪细胞　4. 脂肪细胞核

脂肪组织主要分布在皮下、肠系膜、腹膜、大网膜以及某些器官的周围。其主要功能是贮存脂肪并参与能量代谢,是体内最大的能量库。此外,还有支持、保护和维持体温等作用。

(五)软骨组织与软骨

1. 软骨组织

软骨组织略具弹性,有较强的支持力,能承受压力和摩擦。软骨组织参与构成呼吸道和耳郭的支架,还构成光滑的关节面及组成骨连结。软骨组织由软骨细胞和间质组成。

(1)软骨细胞。软骨细胞有形成纤维和基质的功能。软骨内无血管,营养物质靠软骨膜的血管渗透取得。

(2)间质。间质包括软骨基质和纤维。

2. 软骨

软骨由软骨组织形成,除关节软骨的关节面之外,均覆有一层由致密结缔组织构成的骨膜。软骨膜分为内、外2层,外层富含纤维,内层富含细胞、血管和神经末梢。根据基质所含纤维成分的不同,将软骨分为透明软骨、纤维软骨和弹性软骨3种类型。

(1)透明软骨:外观似半透明玻璃,分布于关节面、肋软骨、气管环喉软骨及胸骨等处。

(2)纤维软骨:白色,分布于椎间盘、半月板等处,软骨与软骨膜之间无明显界线。

(3)弹性软骨:微黄色、有弹性,分布于耳郭、喉部会厌等处。

(六)骨组织

骨是一种坚硬的组织,由骨细胞、骨基质(大量钙化的细胞间质)和纤维(胶原纤维)组成。

1. 骨细胞

骨细胞位于骨陷窝内,主要由骨原细胞、成骨细胞、骨细胞、破骨细胞组成。

2. 骨基质

骨基质呈板层状,称为骨板。其有机成分占35%,包括大量骨胶纤维及少量凝胶状无定形基质(骨黏蛋白);无机成分占65%,又称为骨盐,主要为羟基磷灰石。

依骨板排列的松密程度不同,可分为骨松质和骨密质2种。骨松质分布在长骨骨端及短骨内部。数层骨板构成粗细不同的骨小梁,骨小梁纵横交错成网,网孔中充满红骨髓。骨密质分布在骨的表面,结构复杂,主要由规则排列的骨板及分布于骨板内、骨板间的骨细胞构成。

骨组织与软骨组织一起,构成动物体的支架,具有支持和保护作用。

(七)血液和淋巴

详见心血管系统、免疫系统。

三、肌肉组织

肌肉组织由肌细胞构成。肌细胞细而长,也称为肌纤维,其细胞膜称为肌膜,细胞质称为肌浆。肌细胞间有少量结缔组织和丰富的血管、淋巴管和神经等。按其结构和功能分为骨骼肌、平滑肌和心肌3类。

(一)骨骼肌

骨骼肌通过肌腱附着在骨骼上,肌纤维纵切面在镜下可见明暗相间的横纹,也称为横纹肌。肌纤维呈长柱状,末端呈圆锥形,其长短及粗细随肌肉的种类及生理状况而异。肌纤维表面有一层不明显的肌膜。每条肌纤维含有多个细胞核,最多可达几百个。因此,骨骼肌纤维属于多核细胞。细胞核一般呈椭圆形,位于肌纤维的边缘,染色质呈小块状,有1～2个核仁。肌浆内含有丰富的肌原纤维。肌原纤维呈细丝状,与肌纤维长轴平行排列。骨骼肌的肌原纤维与平滑肌的肌原纤维不同,每条肌原纤维上可见到折光性不同的明带和暗带,明带和暗带相间排列。在同一根肌纤维内的肌原纤维,明带和暗带分别排在同一平面上,因此显示出横纹。

(二)平滑肌

平滑肌由平滑肌细胞构成,主要分布在胃肠道、呼吸道、泌尿生殖道以及血管和淋巴管等管壁内。平滑肌细胞一般呈长梭形，细胞中央有 1 个核，呈棒状或椭圆形，并有 1～2 个核仁。肌原纤维细而光滑，不形成肌节，无横纹。平滑肌不受意识支配，属于不随意肌，其收缩有节律，缓慢而持久。

（三）心肌

心肌分布于心壁，也可见于靠近心脏的大血管壁上，其收缩力强而持久。心肌纤维与骨骼肌纤维有类似处，也有横纹（但不明显），所以也属横纹肌。但心肌纤维呈短柱状相互连接，形成网状；细胞核不在肌纤维边缘，而位于肌纤维中央，每条纤维仅有 1 个核，偶尔可见双核，核较大，呈卵圆形，着色较浅；肌纤维上有染色较深的粗线，以阶梯形横越肌纤维，称为闰盘；肌浆很多，内含丰富的线粒体和糖原颗粒；明带和暗带不如骨骼肌的发达。因心肌不受意识支配，故也属不随意肌。

四、神经组织

详见神经系统。

第三节　器官、系统和有机体

一、器官

几种不同的组织按一定的规律结合在一起，形成的具有一定形态和功能的结构，称为器官。器官可分为两大类，即中空性器官和实质性器官。

中空性器官是内部有较大腔隙的器官，如食管、胃、肠管、气管、膀胱、血管、子宫等。实质性器官是内部没有较大管腔的器官，如肝、肾、脾等。

二、系统

由几个功能相关的器官联合在一起，共同完成机体某一方面的生理功能，这些器官就构成一个系统。如鼻腔、咽、喉、气管、支气管、肺等器官构成呼吸系统，共同完成呼吸功能；口腔、咽、食管、胃、肠、肝、胰等器官构成消化系统，共同完成消化和吸收功能。

动物体由 10 大系统组成，即运动系统、被皮系统、消化系统、呼吸系统、泌尿系统、生殖系统、心血管系统、免疫系统、神经系统和内分泌系统。其中，消化系统、呼吸系统、泌尿系统和生殖系统合称为内脏。构成内脏的器官称为内脏器官，简称脏器。内脏器官大部分位于脊柱下方的体腔内，为直径大小不同的中空器官，有孔，直接或间接与外界相通。

三、有机体

由器官、系统构成完整的有机体。有机体内器官与其生活的周围环境间也必须保持经常的动态平衡。这种动态平衡是通过神经调节、体液调节和器官、组织、细胞的自身调节来实现的。

1. 神经调节

神经调节是指神经系统对各个器官、系统的活动进行的调节。神经调节的基本方式是反射。所谓反射，是指在神经系统的参与下，机体对内外环境的变化所产生的应答性反应。例如，饲料进入口腔，就引起唾液分泌；蚊虫叮咬皮肤，则引起动物皮肤颤动或尾巴摆动，来驱赶蚊虫。实现反射的径路，称为反射弧。反射弧一般由 5 个环节构成，即感受器、传入神经、反射中枢、传出神经和效应器。实现反射活动，必须有完整的反射弧，如果反射弧的任何一部分遭到破坏，反射活动就不能实现。

神经调节的特点是作用迅速、准确，持续的时间短，作用的范围较局限。

2. 体液调节

体液调节是指体液因素对某些特定器官的生理功能进行的调节。体液因素主要是内分泌腺和具有分泌功能的特殊细胞或组织所分泌的激素。此外，组织中的一些代谢产物，如 CO_2、乳酸等局部体液因素，对机体也有一定的调节作用。

体液调节的特点是作用缓慢，持续的时间较长，作用的范围较广泛。这种调节，对维持机体内环境的相对恒定以及机体的新陈代谢、生长、发育、生殖等，都起着重要的作用。

有机体内大多数生理活动，经常是既有神经调节参与，又有体液调节的作用，两者是相互协调、相互影响的。但从整个有机体看，神经调节占主要地位。

3. 自身调节

自身调节是指动物有机体在周围环境发生变化时，许多组织细胞不依赖于神经调节或体液调节而产生的适应性反应。这种反应是组织细胞本身的生理特性，所以称为自身调节。如血管壁中的平滑肌受到牵拉刺激时，发生收缩性反应。自身调节是全身性神经调节和体液调节的补充。

第四节　动物体表主要部位名称及方位术语

一、动物体表主要部位名称

动物躯体都是两侧对称的，可划分为头部、躯干部、四肢部 3 大部分，哺乳动物(家畜)和禽类(家禽)的体表结构略有区别。

(一)家畜体表的主要部位名称

1. 头部

头部又分为颅部和面部。

(1)颅部。位于颅腔周围，可分为枕部、顶部、额部、颞部等。

(2)面部。位于口、鼻腔周围，可分为眼部、鼻部、咬肌部、颊部、唇部、下颌间隙部等。

2. 躯干部

除头和四肢外的部分称为躯干部，包括颈部、胸背部、腰腹部、荐臀部和尾部。

(1)颈部。以颈椎为基础，颈椎以上的部分称为颈上部；颈椎以下的部分称为颈下部。

(2)胸背部。位于颈部和腰荐部之间，其外侧被前肢的肩胛部和臂部覆盖。前方较高的部位称为鬐甲部，后方称为背部；侧面以肋骨为基础称为肋部；前下方称为胸前部；下部称为胸骨部。

(3)腰腹部。位于胸部与荐臀部之间，上方称为腰部，两侧和下面称为腹部。

(4)荐臀部。位于腰腹部后方，上方为荐部，侧面称为臀部，后方与尾部相连。

(5)尾部。分为尾根、尾体、尾尖。

3. 四肢部

(1)前肢。前肢借肩胛和臂部与躯干的胸背部相连，分为肩带部、臂部、前臂部、前脚部。前脚部包括腕部、掌部、指部。

(2)后肢。由臀部与荐部相连，分为股部、小腿部、后脚部。后脚部包括跗部、跖部、趾部。

牛体表各部位名称如图 1-13 所示。

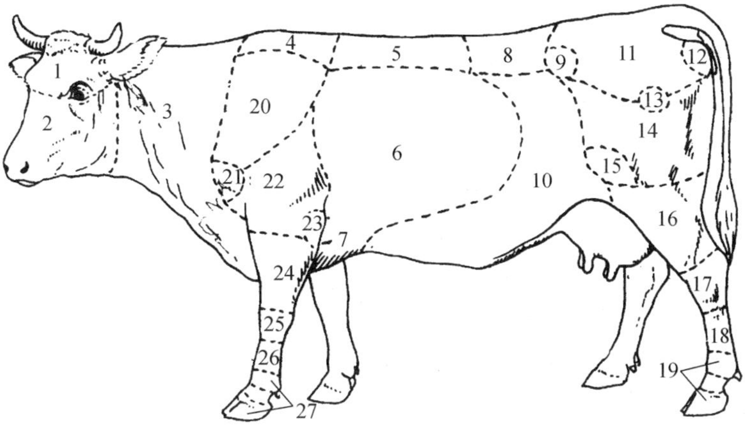

图 1-13　牛体表各部位名称

1. 颅部　2. 面部　3. 颈部　4. 鬐甲部　5. 背部　6. 肋部　7. 胸部　8. 腰部　9. 髋结节　10. 腹部　11. 荐臀部　12. 坐骨结节　13. 髋关节　14. 股部　15. 膝部　16. 小腿部　17. 跗部　18. 跖部　19. 趾部　20. 肩胛部　21. 肩关节　22. 臂部　23. 肘部　24. 前臂部　25. 腕部　26. 掌部　27. 指部

(二)家禽体表的主要部位名称

家禽也分为头部、躯干部、四肢部。头部又分为肉冠、肉髯、喙、鼻孔、眼、耳孔、脸等。躯干部又分为颈部、胸部、腹部、背腰部、尾部等。前肢演变成翼，分为臂部、前臂部等。后肢部又分为股、胫、飞节、跖、趾和爪等(图 1-14)。

二、方位术语

(一)轴和面

1. 轴

哺乳动物大都是四足着地的，其身体长轴(或称纵轴)，从头端至尾端与地面是平行的。长轴也可用于四肢和各器官，均以纵长的方向为基准。如四肢的长轴则是四肢上端至四肢下端，与地面垂直或垂直于长轴的轴，称为横轴。

2. 面

(1)矢状面。矢状面是指与动物体长轴平行且与地面垂直的切面，分正中矢状面和侧矢状面。正中矢状面只有 1 个，位于畜体长轴的正中线上，将动物体分为左右对称的两部分。侧矢状面与正中矢状面平行，位于正中矢状面的两侧(图 1-15)。

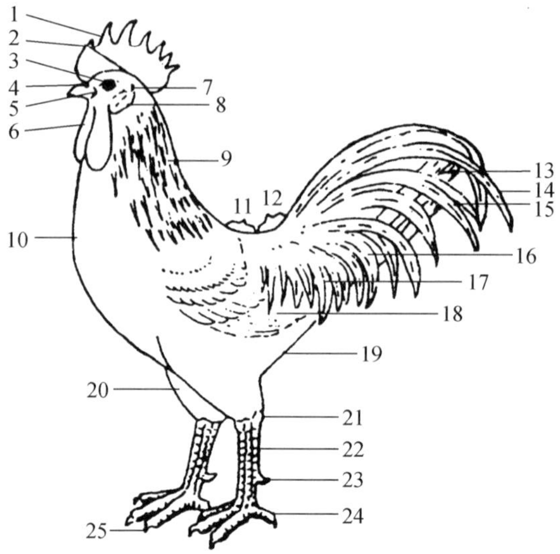

图 1-14 鸡体表各部位名称

1. 冠 2. 头顶 3. 眼 4. 鼻孔 5. 喙 6. 肉髯 7. 耳孔 8. 耳叶 9. 颈和颈羽 10. 胸 11. 背 12. 腰 13. 主尾羽 14. 大翅羽 15. 小翅羽 16. 覆尾羽 17. 鞍羽 18. 翼羽 19. 腹 20. 胫 21. 飞节 22. 跖 23. 距 24. 趾 25. 爪

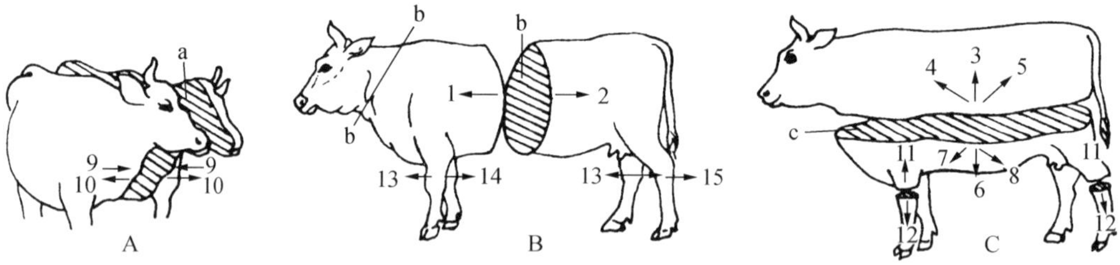

图 1-15 基本切面及方位

A(a). 正中矢状面 B(b). 横断面 C(c). 额面

1. 前 2. 后 3. 背侧 4. 前背侧 5. 后背侧 6. 腹侧 7. 前腹侧 8. 后腹侧 9. 内侧 10. 外侧 11. 近端 12. 远端 13. 背侧(四肢) 14. 掌侧 15. 跖侧

(2)横断面。横断面是指与动物体长轴垂直的切面,位于躯干的横断面可将动物体分为前、后两部分。与器官长轴垂直的切面也称为横断面。

(3)额面。额面(水平面)是指与身体长轴平行且与矢状面和横断面相垂直的切面。额面可将动物体分为背侧和腹侧两部分。

(二)解剖方位术语

靠近动物体头端的称前或头侧;靠近尾端的称后或尾侧;靠近脊柱的一侧称为背侧(上面);靠近腹部的一侧称为腹侧(下面);靠近正中矢状面的一侧称为内侧;远离正中矢状面的一侧称为外侧。确定四肢的方位常用近端或远端,近端是靠近躯干的一端;远端是远离躯干的一端。四肢的前面称为背侧;前肢的后面称为掌侧,后肢的后面称为跖侧。此外,前肢前背部的内侧称为桡侧,外侧称为尺侧;后肢小腿部的内侧称为胫侧,外侧称为腓侧。

专项实训

一、显微镜的构造、使用和保养

[实训目标] 了解显微镜的构造，掌握显微镜的使用方法和保养方法。

[材料设备] 显微镜、组织切片。

[方法步骤]

1. 显微镜的构造

生物显微镜的种类很多，但基本构造可分为两大部分。

(1)机械部分。有镜座、镜柱、镜臂、镜筒、活动关节、粗调节器、细调节器、载物台、推进器、压夹、转换器、聚光器升降螺旋等。

镜座：呈马蹄铁形或方形，是直接与实验台接触的部分。

镜柱：是与镜座相连接的部分，与镜座一起支持和稳定整个显微镜。在斜筒显微镜的镜柱内有细调节器的螺旋。

镜臂：与镜柱连接的弯曲部分，握持移动显微镜时使用。

镜筒：是附着于镜臂上端前方的圆筒。

活动关节：可使镜臂倾斜，用于调节镜柱与镜臂之间的角度。

粗调节器：可调节物镜与组织切片标本之间的距离。

细调节器：可调节切片中物体的清晰度，用以精确调节焦距。旋转 1 周，可使镜筒升降 0.1 mm。

载物台：是放组织切片的平台，有圆形和方形的，中央有通光孔。

压夹：用于固定组织切片。

推进器：用于移动组织切片，可使标本前、后、左、右移动。

转换器：在镜筒下部，内有不同倍数的物镜，用于转换物镜。

聚光器升降螺旋：能使聚光器升降，从而调节光线的强弱。

(2)光学部分。包括目镜、物镜、反光镜和聚光器。

目镜：在镜筒的上端，其上有数字，表示放大的倍数。目镜有 5×、8×、10×、15×、16×等不同的倍数。

物镜：安装在转换器上，是显微镜中最贵重的部分，有低倍镜、高倍镜、油镜 3 种。低倍镜有 8×、10×、20×、25×，高倍镜有 40×、60×，油镜一般为 100×。显微镜的放大倍数是目镜和物镜倍数的乘积。

反光镜：有平面和凹面之分，大多数显微镜无反光镜，直接安装灯泡作为光源。

聚光器：在载物台的下方，内装有光圈。

2. 显微镜的使用方法

(1)取放显微镜时，必须右手握镜臂，左手托镜座，靠在胸前，轻拿轻放。

(2)先用低倍镜对光(避免光线直射)，直至获得清晰、均匀、明亮的视野为止。如用自然光源(阳光)，可用反光镜的平面；如果用点状光源(灯光)，可用反光镜的凹面。

(3)置组织切片于载物台上，将欲观察的组织切片中的组织对准通光孔的中央(有盖玻片的组织切片，盖玻片朝上），用压夹固定。

（4）旋动粗调节器，使显微镜筒徐徐下降，将头偏于一侧，用眼睛注视显微镜的下降程度（原则上物镜与组织切片之间的距离缩到最小），防止压碎组织切片，当转换高倍镜或油镜时更要注意。

（5）观察组织切片。观察时，身要坐端正，胸部挺直，用左眼自目镜观察，右眼睁开，同时转动粗调节器，物镜上升到一定的程度，就会出现物像，再慢慢转动细调节器进行调节，直到物像清晰为止。在观察时，遵循“先低后高”的原则，即先用低倍镜观察，如果需要观察细胞的结构，可再转换高倍镜至镜筒下，并转动细调节器进行调节，以获得清晰的物像。有些显微镜在转换高倍镜时，必须先转动粗调节器，使载物台下移（或镜筒上移），然后再转动粗调节器，使载物台上移（或镜筒下移），到接近组织切片时进行观察。

组织学的切片标本，大多数在高倍镜下即能辨认。如果需要采用油镜观察，应先用高倍镜观察，把欲观察的部位置于视野的中央，然后移开高倍镜，将香柏油滴在欲观察的标本上，转换油镜与标本上的油液相接触，再轻轻转动细调节器，直到获得最清晰的物像为止。

（6）在调节光线时，可扩大或缩小光圈的开孔；也可调节聚光器的螺旋，使聚光器上升和下降；有的还可以直接调节灯光的强度。

3. 显微镜的保养方法

（1）使用完显微镜后，取下组织切片标本，旋动转换器，使物镜叉开呈“八”字形，转动粗调节器，使载物台下移，然后用绸布包好，放入显微镜箱内。

（2）若显微镜的目镜或物镜落有灰尘时，要用擦镜纸擦净，严禁用口吹或手抹。

（3）切勿粗暴转动粗、细调节器，并保持该部分的清洁。

（4）切勿将显微镜置于日光下或靠近热源处。

（5）不要随意弯曲显微镜的活动关节，防止机件因磨损而失灵。

（6）不许随意拆卸显微镜任何部件，以免损坏和丢失。

（7）在使用过程中，切勿用酒精或其他药品污染显微镜。一定将其保存在干燥处，不能使其受潮，否则会使光学部分发霉，机械部分生锈，尤其是在多雨季节或多雨地区更应特别注意。

（8）用完油镜后，应立即用擦镜纸蘸少量的二甲苯擦去镜头、标本的油液，再用干的擦镜纸擦拭干净。对无盖玻片的标本片，可采用“拉纸法”，即把一小张擦镜纸盖在玻片上的香柏油处，加数滴二甲苯，趁湿向外拉擦镜纸，拉去后丢掉，如此三四次，即可把标本上的油擦净。

二、基本组织的观察识别

[实训目标] 能观察并识别单层柱状上皮、单层立方上皮、疏松结缔组织、骨骼肌、平滑肌、神经元的组织结构。

[材料设备] 显微镜、各类基本组织切片、标准图谱。

[方法步骤]

1. 单层柱状上皮的观察

先用低倍镜观察，找到比较典型的部位，再换高倍镜观察细胞的结构。可观察到细胞呈高柱状，核椭圆形，位于细胞的基底部，比较均匀地排列在同一水平线上。

2. 单层立方上皮的观察

先用低倍镜观察，找到比较典型的部位，如肾集合管的纵切或横切面，再用高倍镜观察。

可观察到呈立方形的细胞，核圆形，位于细胞的中央。

3. 疏松结缔组织的观察

先用低倍镜找到比较典型的部位，可见到交织成网的纤维与许多散在分布于纤维之间的细胞，以及纤维与细胞间无定形的基质。再用高倍镜观察，可看到胶原纤维呈红色，粗细不等，呈索状或波浪状，数量多；还有细的弹性纤维。此外，还可看到轮廓不清、具有突起的成纤维细胞；形态不固定的组织细胞；椭圆形、细胞质内有粗大颗粒的肥大细胞；胞核呈车轮状、偏于一侧的浆细胞。

4. 骨骼肌的观察

用低倍镜观察呈圆柱状的骨骼肌细胞，换高倍镜，可看到在细胞膜的下方有许多卵圆形的细胞核，肌原纤维沿细胞的长轴排列，有清楚的横纹。

5. 神经元的观察

可用脊髓的切片或运动神经元的切片进行观察，先用低倍镜，后用高倍镜，可清楚看到大而圆的核，清楚的核膜、核仁；细胞质内有细丝状的神经元纤维、尼氏小体；从胞体向四周发出突起，树突短，分支多。

6. 平滑肌的观察

低倍镜下可看到红色的平滑肌纤维；高倍镜下可看到平滑肌纤维呈长梭形，两头尖，中央宽，有椭圆形的细胞核。

三、动物体表各部位观察识别

[实训目标] 能准确指出各种动物体表各部位名称。

[材料设备] 牛、羊、鸡等动物，体尺测量用具、图片。

[方法步骤]

(1)结合图片，分别对各动物体表进行观察，明确各部位的划分。

(2)比较各动物体表结构区别。

复习思考题

1. 简述细胞的构造。
2. 简述细胞膜的构造以及细胞膜进行物质转运的方式。
3. 上皮组织在动物体内的分布如何？各有什么作用？
4. 动物生理活动调节方式各有何特点？

第二章
运动系统

【学习目标】

- 熟悉骨的类型，掌握骨的构造。
- 掌握动物全身骨的划分，能识别动物全身骨骼。
- 掌握关节的构造，掌握四肢骨的连结。
- 熟悉肩部和臂部、臀部和股部肌肉，掌握胸壁肌和腹壁肌的名称及肌纤维方向。

【素质目标】

- 树立辩证唯物主义世界观。
- 注重理论联系实际，培养科学严谨的学习态度和精益求精的工匠精神。

【学习建议】

利用动物标本观察认识全身骨的组成和每块骨的形态和构造；利用动物标本观察认识全身骨的连结和每个关节的构成；利用动物标本观察和通过解剖动物认识全身肌肉的分布。

运动系统是由骨骼和肌肉构成的，骨骼包括骨和骨连结。骨骼构成畜体的坚固的支架，在维持体形、保护内部器官、支持体重等方面起着重要的作用。在运动中，骨是运动的杠杆，骨连结是运动的枢纽，肌肉是运动的动力。

第一节　骨　　骼

家畜全身的每一块骨都有一定的形态和功能，是一个复杂的器官，主要由骨组织构成。骨基质内沉积有大量的钙盐和磷酸盐，是畜体的钙、磷库，骨髓有重要的造血功能。

一、概述

(一)骨

1. 骨的类型

根据骨的形状可分为长骨、短骨、扁骨和不规则骨。

（1）长骨。长骨（图 2-1）呈长管状，两端膨大称为骨骺或骨端；中部较细，称为骨体或骨干，骨体内部的空腔称为骨髓腔，容纳骨髓，主要分布于四肢的游离部（如臂骨和股骨）。骨骺和骨体之间有软骨板，称为骺板，幼龄时明显，成年后骺板骨化，骨骺和骨体愈合。长骨起支持体重和形成运动杠杆的作用。

（2）短骨。短骨呈不规则的立方形，多成群地分布于四肢的长骨之间，既结构坚固，又有一定灵活性的部位（如腕骨和跗骨），起支持、分散压力和缓冲振动的作用。

（3）扁骨。扁骨呈板状，主要位于头部（如额骨）、胸廓（如肋骨）和四肢带部（如肩胛骨），起保护和供大量肌肉附着作用。

（4）不规则骨。形状不规则，一般构成畜体中轴（如椎骨），起支持、保护和供肌肉附着等作用。

2. 骨的构造

骨由骨膜、骨质、骨髓、血管和神经等构成（图 2-2）。

（1）骨膜。骨膜包括骨外膜和骨内膜。骨外膜较厚，包裹于除关节面外整个骨表面；骨内膜较薄，衬在骨髓腔内面和骨松质腔隙内。骨膜分深浅 2 层，浅层为纤维层，富有血管和神经，具有营养保护作用；深层为成骨层，富有成骨细胞，直接参与骨的生成。在骨受损伤时，成骨层有修补和再生骨质的作用。

（2）骨质。骨质分为骨密质和骨松质。骨密质致密而坚硬，耐压性强，分布于长骨的骨体、骨骺和其他类型骨的表面；骨松质结构疏松，由许多骨板和骨针交织呈海绵状，分布于长骨骨骺和其他类型骨的内部。

（3）骨髓。骨髓位于骨髓腔和骨松质的间隙内，分为红骨髓和黄骨髓。红骨髓具有造血功能。胎儿和幼龄动物的骨髓全是红骨髓。随动物年龄的增长，骨髓腔中的红骨髓逐渐被脂肪组织所代替，称为黄骨髓，失去造血功能。

（4）血管和神经。骨具有丰富的血液供应，分布在骨膜上的小血管经骨表面的小孔进入并分布于骨密质。较大的血管穿过骨的滋养孔分布于骨髓。骨膜、骨质和骨髓均有丰富的神经分布。

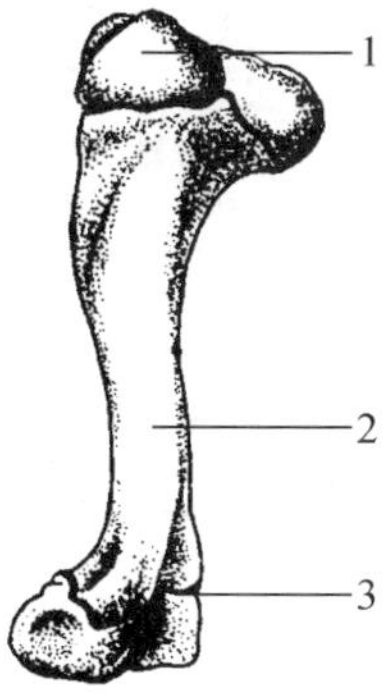

图 2-1　长骨的形态

1. 骨骺　2. 骨体　3. 骺软骨

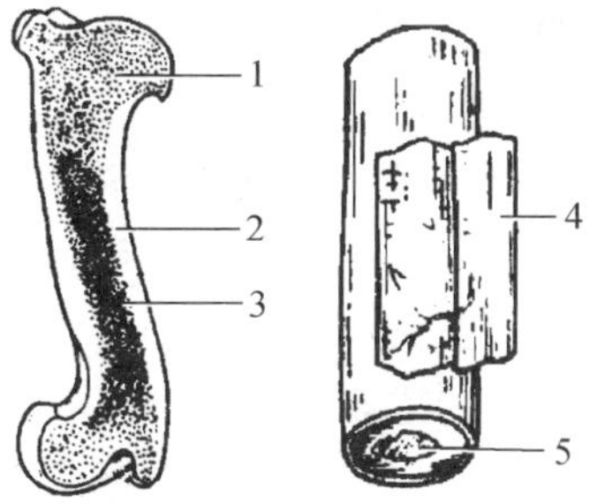

图 2-2　骨的构造

1. 骨松质　2. 骨密质　3,5. 骨髓　4. 骨膜

知识链接 骨松质中的红骨髓终生存在，临床上常进行骨髓穿刺检查骨髓，以诊断疾病。

3. 骨的化学成分和物理特性

骨是由有机质和无机质2种化学成分组成的。

(1)有机质。主要为骨胶原，决定骨的弹性和韧性。如用酸溶液脱去骨内钙盐，只剩有机质，骨虽保留原来形状，但失去了支持作用，柔软易弯曲。

(2)无机质。主要是磷酸钙、碳酸钙和氟化钙等，决定骨的坚固性。将骨煅烧后，除去有机质，骨的外形仍保留，但脆而易破碎。

知识链接 有机质和无机质的比例，随年龄和营养状况不同有很大的变化。幼龄家畜有机质多，骨柔韧富弹性，易形成佝偻病；老年家畜无机质多，骨质硬而脆，易发生骨折，且愈合较慢。妊娠母畜骨内钙质被胎儿吸收，使母畜骨质疏松而发生骨软症。乳牛在泌乳期，如饲料成分比例失调，也可发生骨骼变形。

(二)骨连结

骨与骨之间的连结装置称为骨连结，分为直接连结和间接连结。

1. 直接连结

直接连结是骨与骨之间借纤维结缔组织、软骨或骨组织直接相连。其间无腔隙，不活动或仅有小范围活动。直接连结分为3种类型：纤维连结、软骨连结和骨性结合。

(1)纤维连结。两骨之间以纤维结缔组织连结，比较牢固，一般无活动性(如头骨缝间的缝韧带)。这种连结是暂时性的，当老年时常骨化，变成骨性结合。

(2)软骨连结。两骨相对面之间借软骨(透明软骨和纤维软骨)相连，基本不能运动。由透明软骨结合的(如长骨的骨体与骨骺之间有骺软骨连结)，到老年时常骨化为骨性结合；由纤维软骨结合的(如椎体之间椎间盘)，终生不骨化。

(3)骨性结合。两骨相对面以骨组织连结，完全不能运动。骨性结合常由软骨连结或纤维连结骨化而成(如髂骨、坐骨和耻骨之间的结合)。

2. 间接连结

间接连结是由2块或2块以上的骨构成，相对骨面间具有间隙，没有直接联系，又称为关节。间接连结是骨连结中较普遍的一种形式(如四肢的关节)。

(1)关节的构造。关节的基本构造包括关节面、关节软骨、关节囊、关节腔、关节的辅助结构及关节的血管和神经(图2-3)。

①关节面：是骨与骨相接触的光滑面，一般多为一凹一凸。

②关节软骨：是覆盖在关节面表面的一层透明软骨，有减少摩擦和缓冲振动的作用。

③关节囊：是包在关节周围的结缔组织囊，分为纤维层和滑膜层。纤维层位于关节囊的外层，由致密结缔组织构成，具有保护作用；滑膜层位于关节囊的内层，由疏松结缔组织构成，能分泌透明黏稠的滑液，有营养软骨和润滑关节的作用。

④关节腔：为关节囊和关节软骨共同围成的密闭腔隙，内有少量滑液，具有润滑、缓冲振动和营养关节软骨的作用。

⑤关节的辅助结构：有韧带、关节盘和关节唇。韧带由致密结缔组织构成，连于相邻两骨之间，有增强关节稳固性的作用。关节盘是位于两关节面之间的纤维软骨板(如颞下颌关节关

节盘)，有加强关节稳定性和缓冲振动的作用。有的关节盘呈半月状，故称为半月板(如股胫关节的半月板)。关节唇为附着在关节窝周围的纤维软骨环(如髋臼周围的唇软骨)，可加深关节窝、扩大关节面，并有防止边缘破裂的作用。

⑥关节的血管和神经：关节的血管主要来自附近的血管分支，在关节周围形成血管网，再分支到骨骺和关节囊。神经也来自附近神经的分支，分布于关节囊和韧带。

(2)关节的运动。可分为下列 4 种。

①屈、伸运动：关节沿横轴运动，凡是使构成关节的两骨接近，关节角变小的称为屈；反之，使关节角变大的称为伸(如腕关节、指关节)。

②内收、外展运动：关节沿纵轴运动，使骨向正中矢状面移动的称为内收；相反，使骨远离正中矢状面的运动为外展(如肩关节和髋关节)。

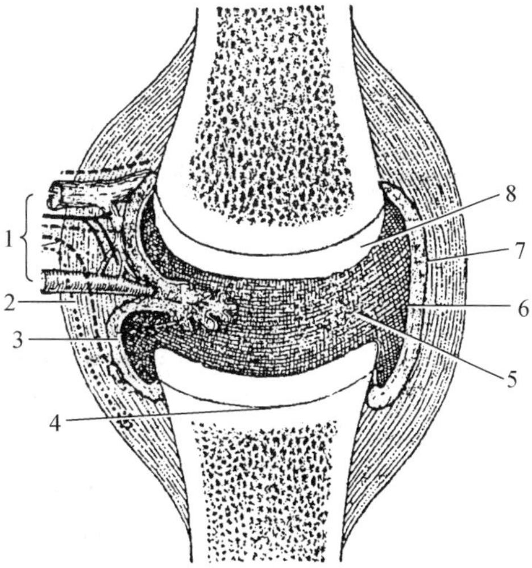

图 2-3　关节构造模式图

1. 血管和神经　2. 韧带　3. 关节囊　4. 关节面　5. 关节腔　6. 关节囊滑膜层　7. 关节囊纤维层　8. 关节软骨

③旋转运动：骨环绕垂直轴运动时称为旋转运动。向前内侧转动的称为旋内，向后外侧转动的称为旋外(如肩关节和髋关节)。

④滑动：一个关节面在另一个关节面上轻微滑动(如股膝关节)。

(3)关节的类型。

①按构成关节的骨数，可分为单关节和复关节 2 种。单关节由相邻的两骨构成(如肩关节)；复关节由 2 块以上的骨构成(如腕关节)，或在两骨间夹有关节盘(如膝关节)。

②根据关节运动轴的数目，可分为单轴关节、双轴关节和多轴关节。单轴关节一般为由中间有沟或嵴的滑车关节面构成的关节，只能沿横轴在矢状面上做屈、伸运动(如指关节)。双轴关节是由凸并呈椭圆形的关节面和相应的窝相结合形成的关节，这种关节除可沿横轴作屈、伸运动外，还可沿纵轴左右摆动(如寰枕关节)；多轴关节由半球形的关节头和相应的关节窝构成的关节，这种类型的关节除能做屈、伸、内收和外展运动外，还能做旋转运动(如肩关节和髋关节)。

二、全身骨骼的构成

畜体全身骨骼分为头部骨骼、躯干骨骼和四肢骨骼，四肢骨骼又包括前肢骨骼和后肢骨骼(图 2-4)。

(一)头部骨骼

1. 头骨

头骨主要由扁骨和不规则骨构成，分为颅骨和面骨 2 部分(图 2-5、图 2-6 和图 2-7)。

(1)颅骨。颅骨位于后上方，构成颅腔，由 7 种 10 块构成。单骨有顶间骨、蝶骨、筛骨和枕骨；双骨有额骨、顶骨和颞骨。

额骨：牛额骨构成颅腔的顶壁，向后外伸出角突。猪、马和犬额骨构成颅腔的顶壁前部。

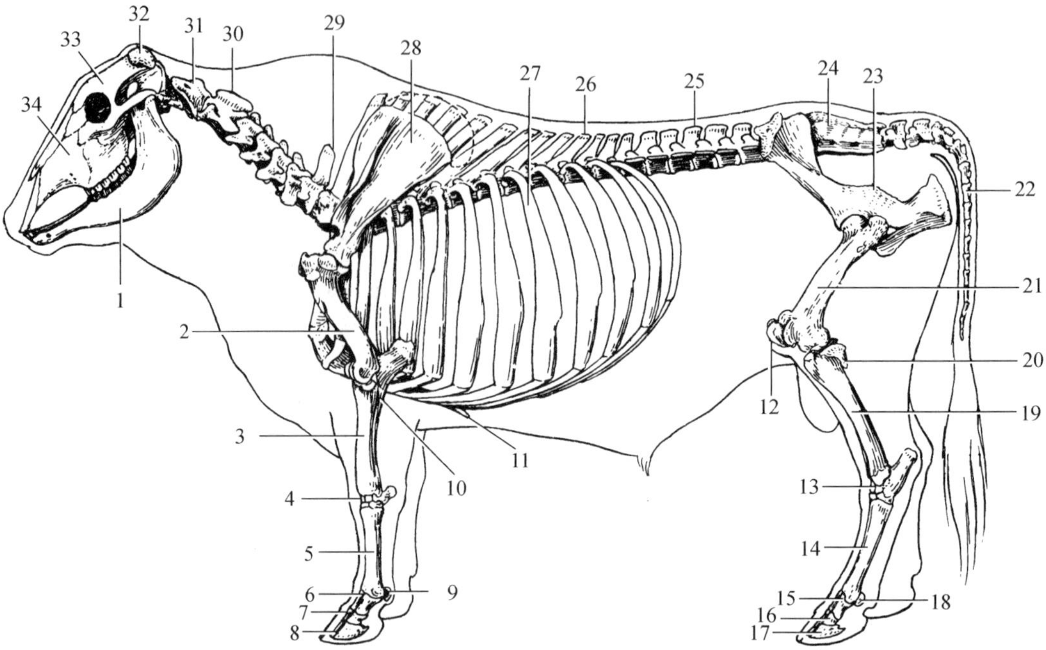

图 2-4　牛的全身骨骼

1. 下颌骨　2. 臂骨　3. 桡骨　4. 腕骨　5. 掌骨　6. 系骨　7. 冠骨　8. 蹄骨　9,18. 近侧籽骨　10. 尺骨　11. 胸骨　12. 膝盖骨　13. 跗骨　14. 跖骨　15. 系骨　16. 冠骨　17. 蹄骨　19. 胫骨　20. 腓骨　21. 股骨　22. 尾椎　23. 髋骨　24. 荐骨　25. 腰椎　26. 胸椎　27. 肋骨　28. 肩胛骨　29. 第 7 颈椎　30. 枢椎　31. 寰椎　32. 角突　33. 额骨　34. 上颌骨

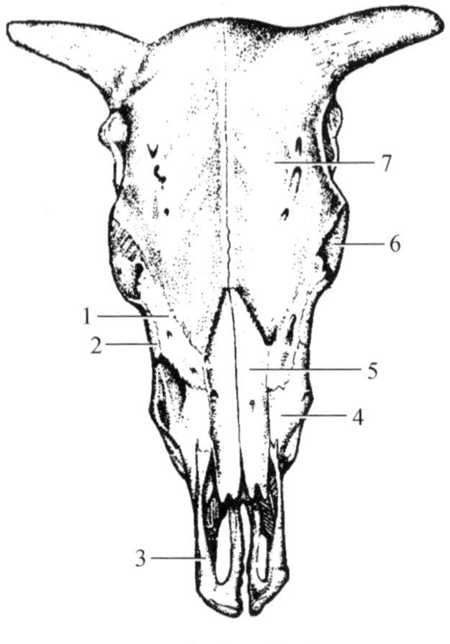

图 2-5　牛的头骨(背面)

1. 泪骨　2. 颧骨　3. 颌前骨　4. 上颌骨　5. 鼻骨　6. 眼眶　7. 额骨

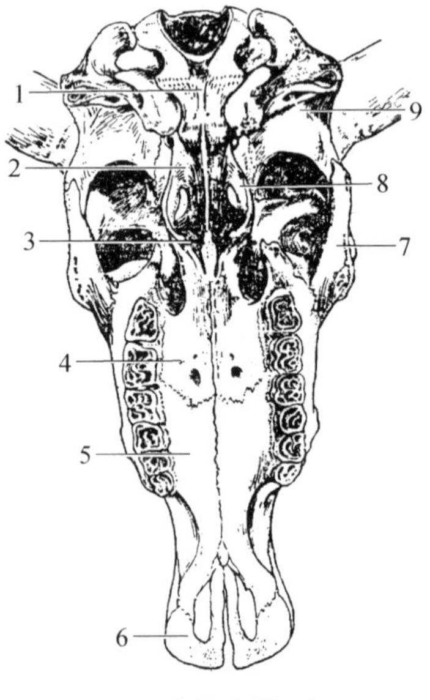

图 2-6　牛的头骨(腹面)

1. 枕骨　2. 蝶骨　3. 犁骨　4. 腭骨　5. 上颌骨　6. 颌前骨　7. 颧骨　8. 翼骨　9. 颞骨

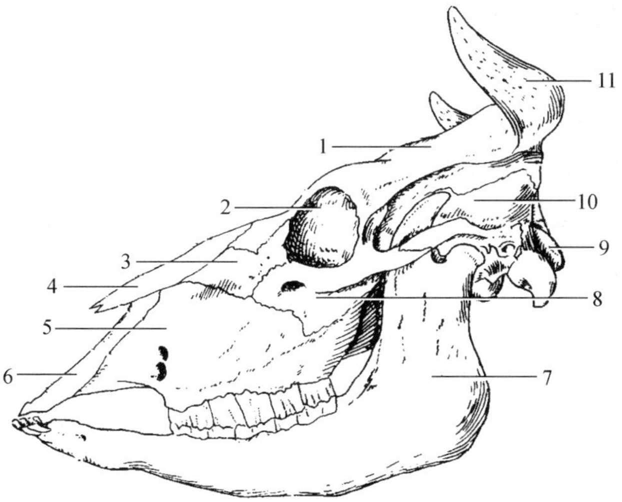

图 2-7　牛的头骨(侧面)

1. 额骨　2. 眼眶　3. 泪骨　4. 鼻骨　5. 上颌骨　6. 颌前骨
7. 下颌骨　8. 颧骨　9. 枕骨　10. 颞骨　11. 角突

蝶骨：构成颅腔的底壁，呈蝴蝶状。

筛骨：构成颅腔的前壁，有嗅神经通过。

枕骨：构成颅腔的后壁和底壁的一部分。后方中部有枕骨大孔与椎管相通，枕骨大孔两侧有卵圆形的关节面，为枕髁，与寰椎成关节。

顶骨和顶间骨：顶间骨位于顶骨之间，牛的顶骨和顶间骨位于颅腔后壁，枕骨的上方；猪、马和犬的顶骨和顶间骨构成颅腔顶壁后部。

颞骨：构成颅腔的两侧壁，分为鳞颞骨、岩颞骨和鼓部。鳞颞骨与颧骨形成颧弓，鳞颞骨腹侧有颞髁，与下颌骨成关节。中耳和内耳的结构均在岩颞骨内部。鼓部有骨性外耳道。

(2)面骨。面骨形成口腔、鼻腔、眼眶的支架。牛面骨由 11 种 22 块构成。单骨有犁骨和舌骨。双骨有鼻骨、上颌骨、泪骨、颧骨、颌前骨、下颌骨、腭骨、翼骨和鼻甲骨。猪还多 1 块吻骨。

鼻骨：构成鼻腔的顶壁的大部分。

上颌骨：构成鼻腔的侧壁、底壁和口腔的顶壁。上颌骨的下缘两侧有臼齿齿槽。

泪骨：位于眼眶前部，有泪囊窝，为骨性鼻泪管的入口。

颧骨：位于泪骨外侧，构成眶窝的前外侧壁。

颌前骨(切齿骨)：位于上颌骨的前方，除反刍动物外，骨体上均有切齿齿槽。

腭骨：位于上颌骨内侧后方。

翼骨：为狭窄而薄的小骨板，附着于蝶骨翼突的内侧。

犁骨：位于蝶骨体前方，沿鼻腔底壁中线向前延伸。

鼻甲骨：位于鼻腔内，是 2 对卷曲的薄骨片，附着于鼻腔的两侧壁上，背侧的 1 对称上鼻甲骨，腹侧的 1 对称下鼻甲骨。

下颌骨：构成口腔的侧壁、底壁。牛分左、右两半，每半分下颌骨体和下颌骨支。下颌骨体位于前方，呈水平位，较厚，前方有切齿齿槽，后方有臼齿齿槽，切齿齿槽与臼齿齿槽之间为齿

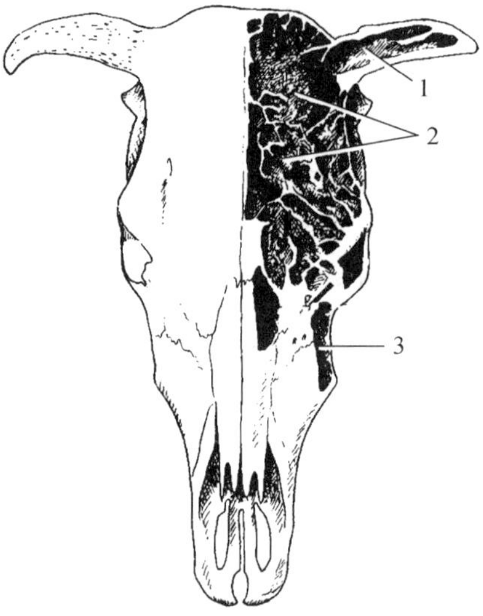

图 2-8　牛的副鼻窦
1. 角窦　2. 额窦　3. 上颌窦

槽间隙。下颌骨支位于后方，呈垂直位。下颌骨支上端的后方有一光滑的关节面为下颌髁。下颌骨支外侧有咬肌面，内侧有翼肌面。在下颌骨体和下颌骨支之间的下缘，有下颌血管切迹，颌外动脉和颌外静脉在此通过。两侧下颌骨体之间形成了下颌间隙。马、猪和犬的下颌骨左、右两半愈合在一起。

舌骨：位于下颌间隙后部，由数块小骨组成。

吻骨：位于颌前骨上方和鼻骨前方，为三棱椎形小骨。

（3）副鼻窦。副鼻窦又称鼻旁窦，是鼻腔附近一些头骨内的含气腔体的总称（图 2-8）。它们直接或间接与鼻腔相通，故称为副鼻窦，主要有额窦、上颌窦、腭窦和筛窦等。在兽医临床上较重要的是额窦和上颌窦。因鼻黏膜和副鼻窦内的黏膜相延续，当鼻黏膜发炎时，可蔓延引起副鼻窦炎。

2. 头骨的连结

头骨的连结大部分为直接连结，主要是纤维连结；有的形成软骨连结。只有一个关节，即颞下颌关节，由颞骨、关节盘和下颌骨构成，可进行开口、闭口和左右运动。

（二）躯干骨骼

1. 躯干骨

躯干骨包括椎骨、肋和胸骨。

（1）椎骨。椎骨分为颈椎、胸椎、腰椎、荐椎和尾椎。

①各种动物不同椎骨的数量见表 2-1。

表 2-1　各种动物不同椎骨的数量

动物种类	颈椎	胸椎	腰椎	荐椎	尾椎
牛	7	13	6	5	18～20
羊	7	13	6～7	4	3～24
猪	7	14～16	6～7	4	20～23
马	7	18	6	5	14～21
犬	7	13	7	3	20～30

②各段椎骨基本结构相似，均由椎体、椎弓和突起组成，典型椎骨的构造如图 2-9 所示。

椎体：位于椎骨的腹侧，呈短圆柱形，前面略凸称为椎头，后面稍凹称为椎窝。

椎弓：是椎体背侧的弓形骨板。椎弓与椎体之间形成椎孔，所有的椎孔依次相连，形成椎管容纳脊髓。椎弓基部的前缘有 1 对前切迹，后缘有 1 对后切迹，相邻椎弓的前切迹与后切迹合成椎间孔，供血管和神经通过。

突起：有 3 种，为棘突、横突和关节突，关节突又分为前关节突和后关节突。

③各部椎骨的主要特征如下。

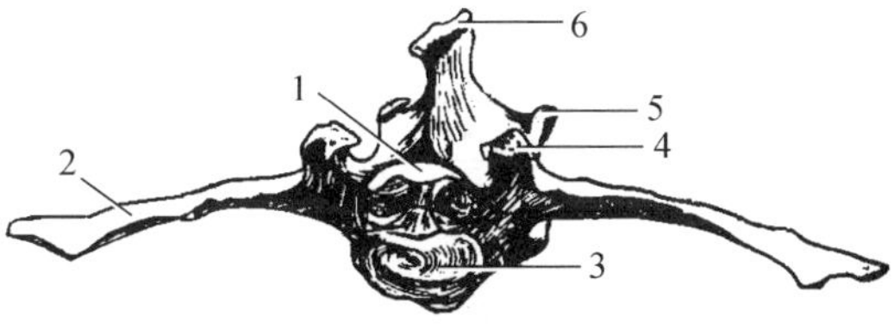

图 2-9 典型椎骨的构造

1. 椎孔 2. 横突 3. 椎头 4. 前关节突 5. 后关节突 6. 棘突

颈椎：第 1 颈椎，又称为寰椎，呈环形，由背侧弓和腹侧弓构成；前面有较深的前关节凹，后面有鞍状关节面，背侧有背结节，腹侧有腹结节。寰椎的两侧有 1 对寰椎翼。第 2 颈椎，又称为枢椎，椎体前端形成发达的齿状突，齿状突的腹侧有鞍状关节面；无前关节突。第 3～6 颈椎，椎体发达，椎头和椎窝均很明显；前、后关节突很发达，横突分前、后 2 支。第 7 颈椎，与第 3～6 颈椎相似，横突 1 支，椎窝两侧有 1 对肋凹。

胸椎：胸椎棘突发达，牛第 2～6 胸椎棘突最高，马第 3～5 胸椎棘突最高；关节突小；椎头与椎窝的两侧均有与肋头成关节的前、后肋凹；横突短，游离端有小关节面，称为横突肋凹，与肋结节成关节。

腰椎：横突发达，呈上下扁的板状，伸向外侧。

荐椎：成年时荐椎愈合成一整体，称为荐骨。荐椎的横突相互愈合，前部宽并向两侧突出，称为荐骨翼，荐骨翼的背外侧有粗糙的耳状关节面，前端有卵圆关节面，荐骨的背侧有背侧荐孔，腹侧有腹侧荐孔，是血管神经的通路。牛的荐骨棘突愈合在一起；猪的棘突不发达，常部分缺少；马的棘突未愈合。

尾椎：前几个尾椎仍具有椎骨的构造，牛前几个尾椎椎体腹侧有成对腹棘，中间形成一血管沟，供尾中动脉通过。后几个尾椎椎弓、突起则逐渐退化，仅保留椎体并逐渐变细，呈棒状。

(2)肋。肋是左右成对的扁骨，构成胸廓的侧壁。每根肋都包括肋骨和肋软骨。

①肋骨：位于背侧，分为椎骨端、肋骨体和胸骨端。椎骨端有肋骨小头和肋结节；肋骨体后缘有肋沟，是血管、神经通过的地方。

②肋软骨：位于肋的腹侧，由透明软骨构成。

前几对肋的肋软骨直接与胸骨相连，称为真肋；其余肋的肋软骨不与胸骨相连，称为假肋。最后 1 对肋骨和所有假肋则由结缔组织顺次连接形成肋弓。相邻两肋之间的空隙称为肋间隙。肋的数量与胸椎对数相同，各种动物肋、真肋和假肋的对数见表 2-2。

表 2-2 各种动物肋、真肋和假肋的对数

项目	动物种类				
	牛	羊	猪	马	犬
肋	13	13	14～16	18	13
真肋	8	8	7	8	9
假肋	5	5	7～9	10	4

(3)胸骨。胸骨位于腹侧，构成胸廓的底壁，由若干个胸骨片和软骨构成。牛、猪和犬的胸骨上下扁平，马的胸骨呈舟状。胸骨的前部为胸骨柄，中部为胸骨体，在胸骨体两侧有成对的肋窝。马的胸骨体腹侧有发达的胸骨嵴，胸骨的后端有上下扁圆形的剑状软骨。各种动物胸骨片数和肋窝对数见表 2-3。

表 2-3 各种动物胸骨片数和肋窝对数

项目	动物种类				
	牛	羊	猪	马	犬
胸骨片数	7	7	6	7	8
肋窝对数	8	8	7	8	9

2. 躯干骨的连结

躯干骨的连结包括椎骨的连结、肋与椎骨连结和肋与胸骨连结。

(1)椎骨的连结。椎骨的连结可分为椎体间连结、椎弓间连结、脊柱总韧带、寰枕关节和寰枢关节。所有椎骨连接在一起称为脊柱。

①椎体间连结:是相邻两椎骨的椎头与椎窝,借椎间盘相连结。

②椎弓间连结:是相邻椎骨的前关节突和后关节突构成的关节,是滑动关节。

③脊柱总韧带:是分布在脊柱上起连结加固作用的辅助结构,除椎骨间的短韧带外还有3条贯穿脊柱的长韧带,包括棘上韧带、背纵韧带和腹纵韧带。

棘上韧带位于棘突顶端,由枕骨伸至荐骨。在颈部特别发达,形成强大的项韧带。项韧带由弹性组织构成,呈黄色,按构造可分为索状部和板状部(图 2-10),其作用是辅助颈部肌肉,支持头部。

背纵韧带位于椎管底部,椎体的背侧,由枢椎至荐骨。

腹纵韧带位于椎体的腹面,并紧密附着于椎间盘上,由胸椎中部开始,止于荐骨。

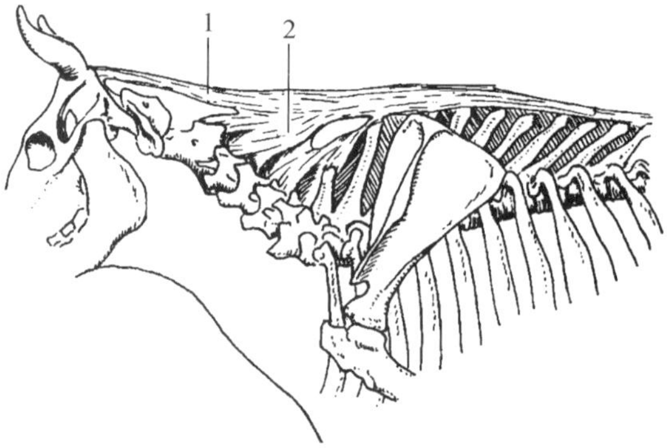

图 2-10 牛的项韧带

1. 索状部 2. 板状部

④寰枕关节:由寰椎与枕骨形成,可做屈伸运动和小范围的侧运动。

⑤寰枢关节:由寰椎与枢椎构成,可沿枢椎的纵轴做旋转运动。

(2)肋与椎骨连结。又称为肋椎关节,是肋骨与胸椎形成的关节。

(3)肋与胸骨连结。又称为肋胸关节,是真肋的肋软骨与胸骨两侧的肋窝形成的关节。

(4)胸廓。胸椎、肋和胸骨连接在一起构成胸廓。胸廓为平卧的截顶圆锥形,前口较窄,由第1胸椎、第1对肋和胸骨柄围成;后口较宽大,由最后胸椎、最后1对肋和剑状软骨构成。胸廓前部的肋较短,并与胸骨相连,坚固性强但活动范围小,适应于保护胸腔内器官和连接前肢。胸廓后部的肋长而且弯曲,活动范围大,形成呼吸运动的杠杆。

(三)四肢骨骼

1. 前肢骨骼

(1)前肢骨。包括肩胛骨、臂骨、前臂骨、腕骨、掌骨、指骨和籽骨等(图 2-11)。

①肩胛骨:为三角形扁骨。近端有肩胛软骨;骨体外侧面有肩胛冈(牛有肩峰)、冈上窝和冈下窝,内侧面有锯肌面和肩胛下窝;远端有肩臼(或肩关节窝)和肩胛结节。

②臂骨:又称肱骨,为管状长骨。近端前方有臂二头肌沟,后方为臂骨头,外侧有大结节,内侧有小结节;骨体呈扭曲的圆柱状,外侧有臂肌沟和三角肌结节,内侧有圆肌结节;远端前方有内髁、外髁,后方有肘窝(或鹰嘴窝)。

③前臂骨:由桡骨和尺骨组成,为管状长骨。桡骨位于前内侧,尺骨位于后外侧。桡骨的近端有对臂关节面,前方内侧有桡骨结节。尺骨的近端为鹰嘴(或肘突),鹰嘴的顶端有鹰嘴结节,前方有半月状关节面;骨体有前臂骨间隙;远端有对腕关节面。牛的前臂骨,在远端桡骨和

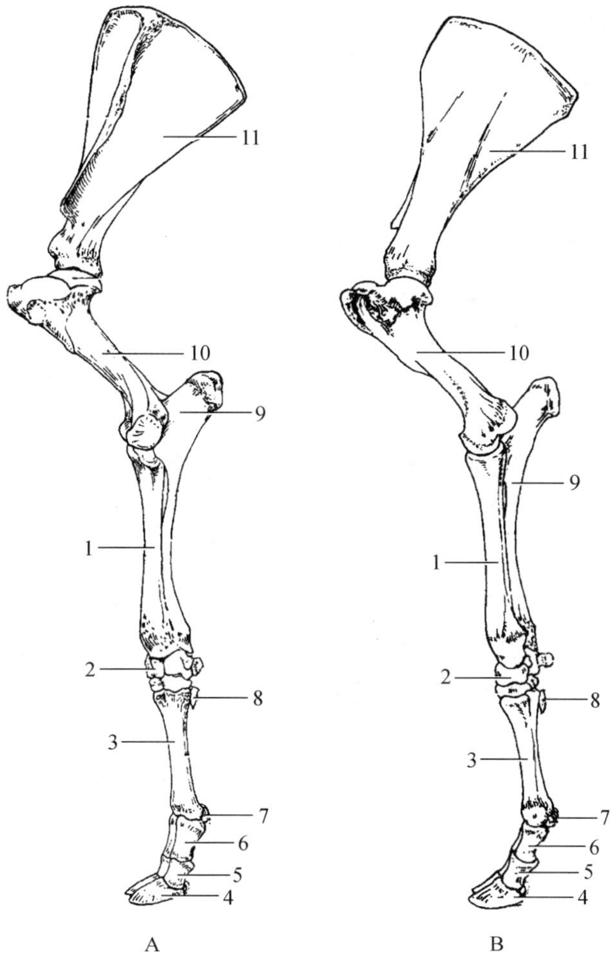

图 2-11 牛的前肢骨

A. 牛左前肢骨(外侧) B. 牛右前肢骨(内侧)

1. 桡骨 2. 腕骨 3. 第 3、4 掌骨 4. 蹄骨 5. 冠骨 6. 系骨 7. 近侧籽骨 8. 第 5 掌骨 9. 尺骨 10. 臂骨 11. 肩胛骨

尺骨等长；猪的前臂骨，桡骨短，尺骨发达，比桡骨长；马的前臂骨，桡骨发达，尺骨仅达到桡骨中部。

④腕骨：排成上、下两列。近列腕骨有 4 块，由内向外依次为桡腕骨、中间腕骨、尺腕骨和副腕骨；远列腕骨一般为 4 块，由内向外依次为第 1、2、3、4 腕骨。牛有第 2、3、4 腕骨，第 2 和第 3 腕骨愈合；猪有第 1、2、3、4 腕骨；马有第 2、3、4 腕骨。

⑤掌骨：为管状长骨，由内至外依次为第 1、2、3、4、5 掌骨。近端有对腕关节面，背内侧有掌骨结节；骨体背侧光滑，掌侧粗糙；远端有 1 对滑车关节面。牛有第 3、4、5 掌骨，第 3、4 掌骨发达，称为大掌骨，近端和骨干愈合在一起，第 5 掌骨为一圆锥形小骨，附于第 4 掌骨的近端外侧；猪有第 2、3、4、5 掌骨，第 3、4 掌骨发达，称为大掌骨，第 2、5 掌骨较小，称为小掌骨；马有第 2、3、4 掌骨，第 3 掌骨发达，称为大掌骨，第 2、4 掌骨是远端退化的小掌骨。

⑥指骨和籽骨：一般每指都有 3 节，依次为系骨、冠骨和蹄骨，2 块近侧籽骨位于系骨近端掌侧，1 块远侧籽骨位于蹄关节的掌侧。牛有第 2、3、4、5 指，第 3、4 指发达，称为主指，各有 3 节，第 2、5 指又称为悬指，各有 2 节，即冠骨和蹄骨，不与掌骨成关节，仅以结缔组织相连于系关节的掌侧；猪有第 2、3、4、5 指，第 3、4 指发达，第 2、5 指较短而细，无远侧籽骨；马有第 3 指。

(2)前肢骨的连结。由上向下依次为肩关节、肘关节、腕关节和指关节。指关节又分为系关节、冠关节和蹄关节。

①肩关节：由肩胛骨的肩臼和臂骨头构成，关节角顶向前，运动形式是屈和伸、内收和外展以及旋转运动。但由于两侧肌肉的限制，主要进行屈和伸运动。

②肘关节：由臂骨远端和前臂骨近端构成，关节角顶向后，只能做屈伸运动。

③腕关节：由前臂骨远端、腕骨和掌骨近端构成，关节角顶向前，只能做屈伸运动。

④系关节：又称为球节，由掌骨远端、系骨近端和近侧籽骨构成，关节角顶向前，只能做屈伸运动。

⑤冠关节：由系骨远端和冠骨近端构成，关节角顶向前，只能做屈伸运动。

⑥蹄关节：由冠骨远端、蹄骨近端和远侧籽骨构成，关节角顶向前，只能做屈伸运动。

2. 后肢骨骼

(1)后肢骨。包括髋骨、股骨、膝盖骨、小腿骨、跗骨、跖骨、趾骨和籽骨等(图 2-12)。

①髋骨：由髂骨、坐骨和耻骨构成(图 2-13)。3 块骨形成髋臼。坐骨和耻骨围成闭孔。两侧坐骨由软骨结合在一起称为坐骨联合；两侧耻骨由软骨结合在一起称为耻骨联合；坐骨联合和耻骨联合形成骨盆联合。

髂骨位于背外侧，分为髂骨体和髂骨翼。髂骨翼的外侧角称为髋结节；内侧角称为荐结节。髂骨翼的外侧面有臀肌面，内侧面有耳状面。

坐骨位于腹侧后部，构成骨盆底壁的后部。坐骨后外侧角称为坐骨结节。两侧坐骨的后缘称为坐骨弓。

耻骨较小，位于腹侧前部。

②股骨：为管状长骨。近端内侧有股骨头，外侧有大转子，马有大转子和中转子；骨体内侧有小转子，马外侧还有第 3 转子；远端前方有滑车关节面，后方有内髁、外髁。

③膝盖骨：又称为髌骨，是一个大籽骨，位于股骨远端的前方。

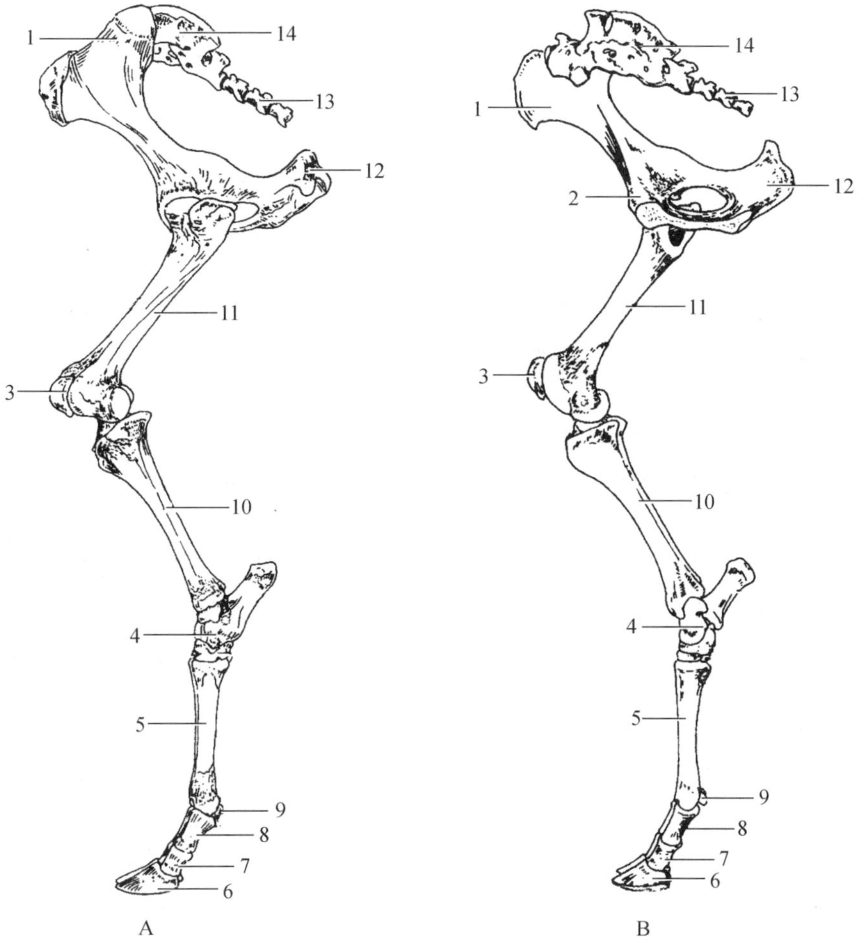

图 2-12 牛的后肢骨

A. 牛左后肢骨(外侧) B. 牛右后肢骨(内侧)

1. 髂骨 2. 耻骨 3. 膝盖骨 4. 跗骨 5. 跖骨 6. 蹄骨 7. 冠骨 8. 系骨 9. 近侧籽骨 10. 胫骨 11. 股骨 12. 坐骨 13. 尾椎 14. 荐骨

④小腿骨:包括胫骨和腓骨。

胫骨是一个发达的长骨,呈三棱柱状;近端有内、外髁和髁间隆起;骨体为三面体,后面有腘肌线,内、外侧面之间有胫骨嵴;远端有滑车关节面。

腓骨位于胫骨外侧,与胫骨间形成小腿间隙。牛的腓骨近端与胫骨愈合为一个向下的小突起,骨体消失;猪的腓骨较发达,与胫骨等长;马的腓骨为一个退化的小骨,达到胫骨中、下交界处消失。

⑤跗骨:一般分为 3 列。近列有 2 块,内侧的为胫跗骨,又称为距骨,有滑车状关节面,外侧的为腓跗骨,又称为跟骨,有跟结节;中列只有 1 块中央跗骨;远列由内侧向外侧依次为第 1、2、3、4 跗骨。

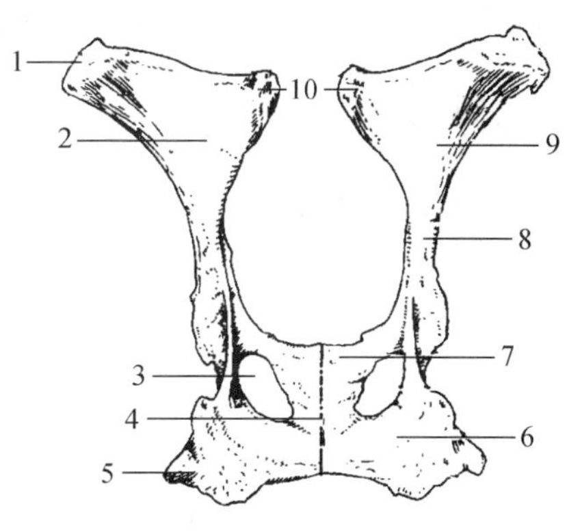

图 2-13 牛的髋骨

1. 髋结节 2. 臀肌面 3. 闭孔 4. 骨盆联合 5. 坐骨结节 6. 坐骨 7. 耻骨 8. 髂骨体 9. 髂骨翼 10. 荐结节

牛第 1 跗骨很小，位于后内侧，第 2 与第 3 跗骨愈合；猪有第 1、2、3、4 跗骨；马第 1 和第 2 跗骨愈合成不规则的小骨，中间为扁平的第 3 跗骨，外侧为较高的第 4 跗骨。

⑥跖骨、趾骨和籽骨：分别与前肢相应的掌骨、指骨和籽骨相似。

(2)后肢骨的连结。由上向下依次为荐髂关节、髋关节、膝关节、跗关节和趾关节。趾关节又分系关节、冠关节和蹄关节。

①荐髂关节：由荐骨翼的耳状关节面与髂骨的耳状关节面构成，关节面不平整，周围有短而强的关节囊，并有一层短的韧带加固，是不动关节。

②髋关节：由髋臼和股骨头构成，关节角顶向后，运动形式是屈和伸、内收和外展以及旋转运动。但由于两侧肌肉的限制，主要进行屈和伸运动，在关节屈曲时常伴有外展和旋外，在伸展时伴有内收和旋内。

③膝关节：包括股胫关节和股膝关节。

股胫关节由股骨远端的髁状关节面、胫骨近端和 2 个半月板构成，关节角顶向前，主要是屈伸运动，在屈曲时可作小范围的旋转运动。

股膝关节由股骨远端滑车关节面和膝盖骨构成，主要是膝盖骨在股骨滑车关节面上滑动，通过改变股四头肌作用力的方向而伸展膝关节。

④跗关节：又称为飞节，是由小腿骨远端、跗骨和跖骨近端构成的，关节角顶向后，只能做屈和伸运动。

⑤趾关节：其构造与前肢指关节相同。

(3)骨盆。由左右的髋骨、荐骨和前 3～4 个尾椎以及两侧的荐结节阔韧带连接构成骨盆。骨盆为一前宽后窄的圆锥形腔，前口以荐骨岬、髂骨以及耻骨为界；背侧是荐骨和尾椎；两侧是髂骨和荐结节阔韧带；腹侧是坐骨和耻骨。骨盆的形状和大小因性别、种类不同而异。总的来说，母畜的骨盆比公畜的大而宽，母畜骨盆的横径较公畜宽，有利于母畜分娩。牛骨盆腔横径小，骨盆腔狭窄，易发生难产。

第二节 肌　肉

一、概述

(一)肌肉的构造

全身的每一块肌肉都是一个肌器官，均由肌腹和肌腱构成。

1. 肌腹

肌腹是有收缩能力的部分，由骨骼肌纤维借结缔组织结合而成。骨骼肌纤维是肌肉的实质部分，结缔组织则为间质部分。包在整块肌肉外表面的结缔组织，形成肌外膜。肌外膜向内伸入，将肌纤维分成大小不同的肌束，称为肌束膜。肌束膜再向肌纤维之间深入，包围着每一条肌纤维，称为肌内膜。肌膜内有血管、淋巴管、神经和脂肪，对肌肉起连接、支持和营养作用。

2. 肌腱

肌腱是不能收缩的部分，在肌肉的两端一般由规则的致密结缔组织构成。肌腱具有很强的韧性和抗张力，使肌肉牢固地附着于骨上。

(二)肌肉的形态

肌肉一般可以分为板状肌、多裂肌、纺锤形肌和环行肌。

1. 板状肌

板状肌呈薄板状，主要位于腹部和肩带部，其形状和大小不一，有的呈扇形(如背阔肌)；有的呈锯齿状(如下锯肌)；有的呈带状(如臂头肌等)。板状肌可延续为腱膜，以增加肌肉的坚固性。

2. 多裂肌

多裂肌主要分布于脊柱的椎骨之间，是由许多短肌束组成的肌肉，表现出分节的特点(如背最长肌、髂肋肌等)。

3. 纺锤形肌

纺锤形肌多分布于四肢，中间膨大部分主要由肌纤维构成肌腹，两端多为肌质，上端为肌头，下端为肌尾(如指总伸肌、指外侧伸肌)。

4. 环行肌

环行肌分布于自然孔周围(如口轮匝肌)，肌纤维环绕自然孔排列，形成括约肌，收缩时可关闭自然孔。

(三)肌肉的起止点和作用

肌肉一般都以两端附着于骨或软骨，中间越过一个或多个关节。当肌肉收缩时，肌腹变短，以关节为运动轴，牵引骨发生位移而产生运动。肌肉收缩时，固定不动的一端称为起点，活动的一端称为止点。但随着运动状况发生变化，起止点也可发生改变。

(四)肌肉的命名

肌肉一般是根据其作用、结构、形状、位置、肌纤维方向及起止点等特征而命名的，大多数肌肉是结合了数个特征而命名的。

(五)肌肉的辅助器官

肌肉的辅助器官包括筋膜、黏液囊和腱鞘。

1. 筋膜

筋膜为被覆在肌肉表面的结缔组织膜，可分为浅筋膜和深筋膜。

(1)浅筋膜：位于皮下，又称为皮下筋膜，由疏松结缔组织构成，覆盖于整个肌肉表面。营养好的家畜浅筋膜内蓄积大量脂肪，形成皮下脂肪层。浅筋膜连接皮肤与深部组织，有保护、贮存脂肪和调节体温等功能。

(2)深筋膜：在浅筋膜之下，由致密结缔组织构成，致密而坚韧，包围在肌群的表面，并伸入肌肉之间，附着于骨上，形成肌肉间隔。深筋膜有连接和支持肌肉的作用。

知识链接 在病理情况下，一方面，深筋膜能限制炎症的扩散；另一方面，有些部位各肌肉之间的深筋膜形成筋膜间隙，又成为病变蔓延的途径。

2. 黏液囊

黏液囊是密闭的结缔组织囊。其囊壁薄，内面衬有滑膜，囊内有少量黏液，多位于肌腱、韧带、皮肤与骨的突起之间，有减少摩擦的作用。有些黏液囊是关节囊的突出部分，与关节腔相通，常称为滑膜囊。

3. 腱鞘

腱鞘多位于活动范围较大的关节处，为黏液囊卷裹于肌腱的外面形成。腱鞘呈筒状，包围于肌腱的周围，表层为纤维层，内层为滑膜层。滑膜层分内、外 2 层，外层称为壁层，附着于纤维层内面；内层称为腱层，紧贴于肌腱的表面，2 层滑膜在腱系膜处连续。壁层与腱层之间有少量滑液，可减少肌腱活动时的摩擦。

二、全身肌肉的分布

全身肌肉分为皮肌、头部肌肉、躯干肌肉和四肢肌肉（图 2-14）。

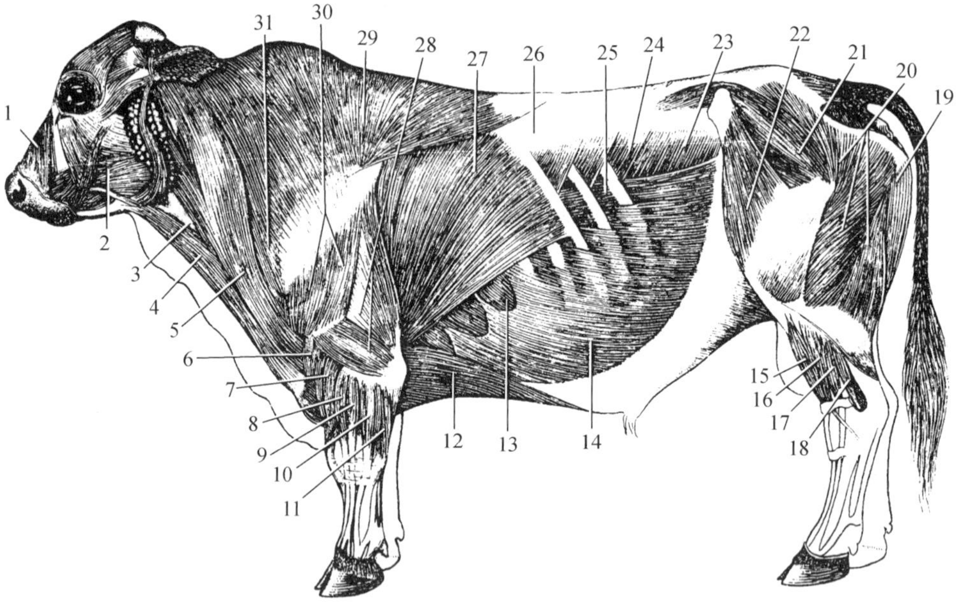

图 2-14 牛的全身浅层肌肉

1. 鼻唇提肌 2. 咬肌 3. 颈静脉沟 4. 胸头肌 5. 臂头肌 6. 臂肌 7. 腕桡侧伸肌 8. 指内侧伸肌 9. 指总伸肌 10. 指外侧伸肌 11. 腕尺侧伸肌（腕外侧屈肌） 12. 胸深后肌 13. 下锯肌 14. 腹外斜肌 15. 趾长伸肌 16. 腓骨长肌 17. 趾外侧伸肌 18. 趾深屈肌 19. 半腱肌 20. 股二头肌 21. 臀中肌 22. 股阔筋膜张肌 23. 腹内斜肌 24. 后上锯肌 25. 肋间外肌 26. 腰背筋膜 27. 背阔肌 28. 臂三头肌 29. 斜方肌 30. 三角肌 31. 肩胛横突肌

（一）皮肌

皮肌是分布于皮下浅筋膜内的薄层肌肉，大部分与皮肤深面紧密相连。皮肌收缩，使皮肤颤动，以驱除蚊蝇及抖掉灰尘、水滴等。皮肌并不覆盖全身，根据部位可分为面皮肌、颈皮肌、肩臂皮肌及胸腹皮肌。

（二）头部的主要肌肉

头部肌肉分为面肌和咀嚼肌。

1. 面肌

面肌是位于口腔、鼻、眼和耳周围的肌肉，可分为呈放射状排列的开张肌和环行的括约肌。

(1)开张肌：有开张自然孔的作用，主要有鼻唇提肌、鼻外侧开肌、上唇提肌和下唇降肌等。

(2)括约肌：有关闭自然孔的作用，主要有口轮匝肌和颊肌。

2. 咀嚼肌

咀嚼肌参与咀嚼运动，可分为闭口肌和开口肌。

(1)闭口肌。闭口肌是闭口的肌肉，主要有咬肌、翼肌(是头部囊虫检疫的部位)和颞肌。

(2)开口肌。开口肌是使口腔打开的肌肉，主要有枕下颌肌和二腹肌。

(三)躯干的主要肌肉

躯干肌肉包括脊柱肌、颈腹侧肌、胸壁肌及腹壁肌。

1. 脊柱肌

脊柱肌可分为脊柱背侧肌和脊柱腹侧肌。

(1)脊柱背侧肌。作用是两侧同时收缩时，可伸脊柱、举头颈；一侧收缩时，可向一侧偏脊柱。其主要有背腰最长肌、髂肋肌和夹肌。

背腰最长肌又称为眼肌(是胴体测量的肌肉)，位于胸椎、腰椎的棘突与横突和肋骨椎骨端所形成的三棱形夹角内。其起于髂骨前缘及腰荐骨，止于最后颈椎及前部肋骨近端。

髂肋肌位于背腰最长肌的腹外侧，起于腰椎横突末端和后几个肋骨的前缘，向前止于所有肋骨的后缘、前 12 个肋骨的后缘及第 7 颈椎横突。背腰最长肌与髂肋肌之间的肌沟，称为髂肋肌沟。

夹肌位于颈侧部，呈三角形，其后部被斜方肌及颈腹侧锯肌覆盖。其起于棘横筋膜和项韧带索状部，止于枕骨、颞骨及前 4、5 个颈椎。

(2)脊柱腹侧肌：作用是向腹侧弯曲脊柱。其主要有颈长肌和腰小肌。

颈长肌位于颈椎及前 5～6 个胸椎椎体的腹侧，有屈颈作用。

腰小肌位于腰椎腹侧椎体的两侧，有屈腰作用。

2. 颈腹侧肌

颈腹侧肌主要有胸头肌、胸骨甲状舌骨肌和肩胛舌骨肌。

(1)胸头肌。位于颈部腹外侧皮下，构成颈静脉沟(颈静脉注射的部位)的下界；起于胸骨柄两侧，牛止于下颌骨和颞骨，马止于下颌骨。其有屈头颈的作用。

(2)胸骨甲状舌骨肌。位于气管腹侧；起于胸骨柄，向前分为外侧支和内侧支 2 支。外侧支止于喉的甲状软骨，称为胸骨甲状肌；内侧支止于舌骨体，称为胸骨舌骨肌(胸骨甲状舌骨肌和胸头肌是颈腹侧手术剥离肌肉)。

(3)肩胛舌骨肌。位于颈侧部，臂头肌的深面；起于第 3～5 颈椎横突(牛)或肩胛下筋膜(马)，止于舌骨体。在颈前部构成颈静脉沟的底部，于颈静脉和颈动脉之间穿过(颈静脉注射在颈上 1/3 处，碰不到颈总动脉)。

3. 胸壁肌

胸壁肌收缩可改变胸腔的容积，参与呼吸运动，因此也称为呼吸肌。其主要有肋间外肌、肋间内肌和膈肌。

(1)肋间外肌。位于所有肋间隙的表层;起于肋骨的后缘,肌纤维斜向后下方,止于后一肋骨的前缘。其作用是向前外方牵引肋骨,使胸廓扩大,引起吸气。

(2)肋间内肌。位于肋间外肌的深面;起于肋骨前缘,肌纤维斜向前下方,止于前一肋骨的后缘。其作用是向后方牵引肋骨,使胸廓变小,帮助呼气。

(3)膈肌。位于胸腔和腹腔之间,为锅底形凸向胸腔,又称为横膈膜。膈肌周围由肌纤维构成,称为肉质缘,分腰部、肋部和胸骨部。腰部形成肌质的左、右膈脚(是旋毛虫检验的部位);中央由强韧的腱膜构成,称为中心腱。膈肌上有 3 个孔,上方是主动脉裂孔,中间是食管裂孔,下方是腔静脉裂孔。膈肌收缩时,使胸腔的纵径扩大,引起吸气。

4. 腹壁肌

腹壁肌构成腹腔的侧壁和底壁,由 4 层构成,由外至内的顺序为腹外斜肌、腹内斜肌、腹直肌和腹横肌。

(1)腹外斜肌。位于最外层,起始部为肌质,逐渐移行为腱膜,肌纤维方向由前上方斜向后下方。腹外斜肌起于第 5 至最后肋骨的外面,止于腹底部正中线、耻骨和髋结节。

(2)腹内斜肌。腹内斜肌位于腹外斜肌深面,呈扇形,起始部为肌质,逐渐移行为腱膜,肌纤维方向由后上方斜向前下方。腹内斜肌起于髋结节,牛还起于腰椎横突,止于腹底部正中线、耻骨和最后肋骨后缘(牛)或后 4~5 肋软骨内侧面(马)。

(3)腹直肌。腹直肌位于腹底壁,肌纤维方向由前至后纵行。腹直肌起于胸骨两侧和肋软骨,止于耻骨前缘。在腹直肌的肌腹上牛有 5~6 条(马有 9~11 条)腱划,有加固腹壁的作用。

(4)腹横肌。腹横肌是腹壁肌的最内层,起始部为肌质,逐渐移行为腱膜,肌纤维方向由上至下。腹横肌起于腰椎横突与弓肋下端的内面,止于腹底部正中线。

腹壁肌的作用是形成坚韧的腹壁,容纳和支持腹腔脏器;当腹壁肌收缩时,可增大腹压,协助呼气、排粪和分娩等。腹部手术时必须掌握腹壁肌肌纤维方向,腹侧壁手术肌肉是 3 层,腹底部手术肌肉是 4 层。4 层的顺序和肌纤维方向记忆方法:在动物左侧观察,是"米"字的笔顺。

腹白线:由两侧的腹壁肌腱膜互相交织而成,位于腹壁腹侧正中线上,在胸骨的剑状软骨和骨盆联合之间。在腹白线中部稍后方有一瘢痕称为脐。

腹股沟管:又称为鼠蹊管,是腹外斜肌和腹内斜肌之间的楔形缝隙。腹股沟管为胎儿时期睾丸从腹腔下降到阴囊的通道,位于股内侧,有内、外 2 个口。外口通皮下,称为腹股沟管皮下环,公畜与阴囊相通;内口通腹腔,称为腹股沟内环,通腹腔。公畜的腹股沟管明显,内有精索通过。母畜的腹股沟管仅供血管和神经通过。腹股沟管内环过大容易发生阴囊疝。

(四)前肢的主要肌肉

前肢肌肉按部位可分为肩带肌和作用于前肢各关节的肌肉(图 2-15)。

1. 肩带肌

肩带肌是连接躯干与前肢的肌肉,分为背侧组和腹侧组。

(1)背侧组。背侧组包括斜方肌、菱形肌、背阔肌、臂头肌和肩胛横突肌。

斜方肌:呈扁平的三角形,位于肩颈上半部的浅层;起于项韧带索状部、棘上韧带,止于肩胛冈;分为颈斜方肌和胸斜方肌。其作用是提举、摆动和固定肩胛骨。

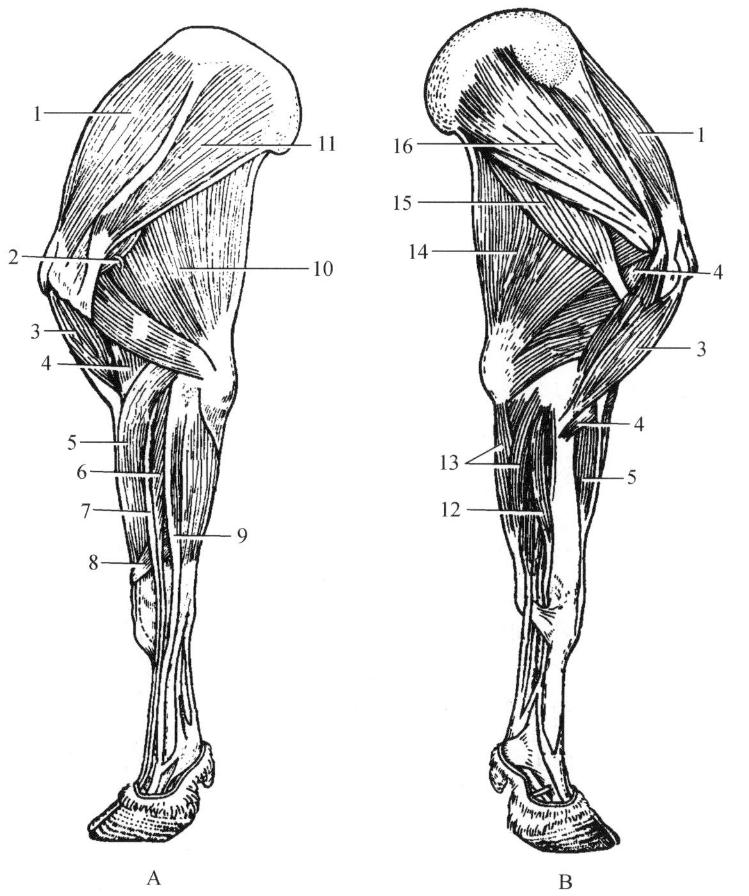

图 2-15　牛的前肢肌肉

A. 牛左前肢肌肉(外侧)　B. 牛左前肢肌肉(内侧)

1. 冈上肌　2. 小圆肌　3. 臂二头肌　4. 臂肌　5. 腕桡侧伸肌　6. 指总伸肌　7. 指内侧伸肌　8. 腕斜伸肌　9. 趾外侧伸肌　10. 臂三头肌　11. 冈下肌　12. 腕桡侧屈肌　13. 腕尺侧屈肌　14. 前臂筋膜长肌　15. 大圆肌　16. 肩胛下肌

菱形肌：位于斜方肌和肩胛软骨的深面，分为颈菱形肌、胸菱形肌 2 部分。颈菱形肌呈三棱形，肌纤维纵行。胸菱形肌近似四边形，肌纤维垂直。菱形肌起于项韧带索状部、棘上韧带，止于肩胛软骨的内面。其作用是向前上方提举肩胛骨。

背阔肌：呈三角形，位于胸侧壁的上部；起于腰背筋膜，止于臂骨内面。其作用是向后上方牵引臂骨、屈肩关节和协助吸气。

臂头肌：呈长带状，位于颈侧部浅层，构成颈静脉沟的上界；起于枕骨、额骨、下颌骨，止于臂骨。其作用是牵引前肢向前、伸肩关节、提举和侧偏头颈。

肩胛横突肌：呈薄带状，前部位于臂头肌的深层，后部位于颈斜方肌和臂头肌之间；起于寰椎翼和枢椎横突，止于肩胛冈和肩峰部的筋膜。其作用同臂头肌。马无此肌。

(2)腹侧组。腹侧组包括胸肌和腹侧锯肌。

胸肌：是位于胸壁腹侧与肩臂内侧之间的强大肌群，分为胸浅肌和胸深肌 2 层。胸浅肌分前、后 2 部分，前部分为胸降肌，起于胸骨柄，止于臂骨嵴；后部分为胸横肌，起于胸骨腹侧面，止于前臂内侧筋膜。胸浅肌的作用是内收前肢。胸深肌位于胸浅肌深层，分前、后2部分，前部分为锁骨下肌，起于第1肋软骨，止于臂头肌深面；后部分为胸升肌，起于胸骨腹侧面和腹黄膜，止于臂骨大结节和小结节。胸深肌的作用是内收和牵引前肢向后，当前肢踏地时牵引躯干向前。

腹侧锯肌（或下锯肌）：呈扇形，下缘呈锯齿状，位于颈部和胸部，可分为颈腹侧锯肌和胸腹侧锯肌。颈腹侧锯肌起于后5～6个颈椎横突和前3个肋骨，胸腹侧锯肌起于4～9肋骨的外侧面，均止于肩胛软骨内侧和肩胛骨锯肌面。腹侧锯肌的作用是举颈、提举和悬吊躯干及协助吸气。

2. 肩部肌

肩部肌为作用于肩关节的肌肉，可分为外侧组和内侧组。

(1)外侧组。外侧组包括冈上肌、冈下肌和三角肌。

冈上肌：位于冈上窝内；起于冈上窝、肩胛冈和肩胛软骨，止于臂骨大结节和小结节。其作用为伸肩关节和固定肩关节。

冈下肌：位于冈下窝内，一部分被三角肌覆盖；起于冈下窝、肩胛冈和肩胛软骨，止于臂骨大结节。其作用为外展及固定肩关节。

三角肌：呈三角形，位于冈下肌的浅层；起于肩胛冈和肩胛骨后角，牛还有起于肩峰，止于臂骨的三角肌结节。其作用为屈肩关节和外展前肢。

(2)内侧组。内侧组包括肩胛下肌、大圆肌和喙臂肌。

肩胛下肌：位于肩胛下窝内；起于肩胛下窝和肩胛软骨，止于臂骨的小结节。其作用为内收臂骨和固定肩关节。

大圆肌：呈长梭形，位于肩胛下肌后方；起于肩胛骨后角，止于臂骨圆肌结节。其作用为屈肩关节和内收臂骨。

喙臂肌：呈扁而小的梭形，位于肩关节和臂骨的内侧上部；起于肩胛结节，止于臂骨内侧面。其作用同大圆肌。

3. 臂部肌

臂部肌为作用于肘关节的肌肉，分为伸肌组和屈肌组。

(1)伸肌组。伸肌组包括臂三头肌和前臂筋膜张肌。

臂三头肌：呈三角形，位于肩胛骨后缘与臂骨形成的夹角内。臂三头肌分为3个头，长头起于肩胛骨的后缘；外侧头起于臂骨外侧面；内侧头起于臂骨内面。3个头共同止于尺骨鹰嘴。其作用主要是伸肘关节，长头还可屈肩关节。

前臂筋膜张肌：位于臂三头肌长头的后缘和内面；起自肩胛骨后角，止于鹰嘴内侧面。其作用主要是伸肘关节，还可屈肩关节。

(2)屈肌组。屈肌组包括臂二头肌和臂肌。

臂二头肌：呈纺锤形，位于臂骨前面；起于肩胛骨的肩胛结节，止于桡骨结节。其作用主要是屈肘关节，还可伸肩关节。

臂肌：位于臂骨的臂肌沟内；起于臂骨近端后缘，止于桡骨近端内侧缘。其作用是屈肘关节。

4. 前臂及前脚部肌

前臂及前脚部肌为作用于腕、指关节的肌肉，分为背外侧肌群和掌侧肌群。

(1)背外侧肌群。背外侧肌群为作用于腕关节和指关节的伸肌,由前向后依次为腕桡侧伸肌、指内侧伸肌、指总伸肌、指外侧伸肌和腕斜伸肌。

腕桡侧伸肌:位于桡骨的背外侧面;起于臂骨远端外侧,止于第3掌骨近端的掌骨结节。其主要作用是伸腕关节。

指内侧伸肌:又称为第3指固有伸肌,位于前臂外侧面;起于臂骨远端外面及尺骨外面,止于第3指的冠骨近端背侧缘及蹄骨。马无此肌。其作用是伸展第3指。

指总伸肌:牛的位于指内侧伸肌和指外侧伸肌之间,马的位于腕桡侧伸肌后方;起于臂骨远端外髁和尺骨外侧面,止于蹄骨伸腱突。其作用是伸指关节及腕关节,还可屈肘关节。

指外侧伸肌:又称为第4指固有伸肌,位于前臂外侧面;在指总伸肌后方;起于桡骨近端外侧,牛的止于第4指的冠骨及蹄骨,马的止于系骨近端。其作用是伸腕关节和指关节。

腕斜伸肌:起于桡骨的外侧下半部,斜伸延向腕关节的内侧,止于掌骨近端。其作用是伸腕关节和外旋腕关节。

(2)掌侧肌群。掌侧肌群为作用于腕关节和指关节的屈肌,有腕桡侧伸肌、腕尺侧屈肌、腕桡侧屈肌、指浅屈肌和指深屈肌。

腕桡侧伸肌:又称为腕外侧屈肌,位于前臂骨外侧后部,指外侧伸肌的后方;起于臂骨远端外侧后部,止于第4掌骨近端和副腕骨。其作用是屈腕关节,还可伸肘关节。

腕尺侧屈肌:位于前臂内侧后部;起于臂骨远端内侧后部和鹰嘴内侧面,止于副腕骨。其作用是屈腕关节,还可伸肘关节。

腕桡侧屈肌:位于腕尺侧屈肌前方;起于臂骨远端内侧,牛的止于第3掌骨近端内侧,马的止于第2掌骨近端。其作用是屈腕关节,还可伸肘关节。

指浅屈肌:位于前臂后方,被屈腕肌包围;起于臂骨远端内侧,止于第3、4指的冠骨。马的指浅屈肌位于腕尺侧屈肌与指深屈肌之间,起于臂骨远端内侧和桡骨后面下半,止于系骨和冠骨的两侧。其作用是屈指关节和腕关节。

指深屈肌:位于前臂骨的后面,被其他屈肌包围;起于臂骨远端内面、鹰嘴及桡骨后面,牛的止于第3、4指的蹄骨掌侧面后缘,马的止于蹄骨的屈腱面。其作用同指浅屈肌。

(五)后肢的主要肌肉

后肢肌肉包括臀部肌、股部肌、小腿及后脚部肌、跟腱(图2-16)。

1. 臀部肌

臀部肌位于臀部,包括臀肌(是肌内注射的部位)和髂腰肌(是躯干部囊虫检验的部位),臀肌又包括臀浅肌、臀中肌和臀深肌。

(1)臀浅肌。牛无此肌。马的臀浅肌位于臀部浅层,呈三角形。臀浅肌起于髋结节和荐结节,止于股骨的第3转子。其作用是屈髋关节和外展髋关节。

(2)臀中肌。臀中肌是臀部的主要肌肉,起于髂骨翼和荐结节阔韧带,前部还起于腰部背腰最长肌筋膜,止于股骨的大转子。其主要作用是伸髋关节和外展后肢。

(3)臀深肌。位于最深层,被臀中肌覆盖;起于坐骨,止于股骨大转子。其作用是外展髋关节和内旋后肢。

(4)髂腰肌。位于腰椎和髂骨的腹侧面,由腰大肌和髂肌组成。髂肌起于髂骨翼的腹侧面,腰大肌起于腰椎横突的腹侧面,均止于股骨内面。其作用为屈髋关节和外旋后肢。

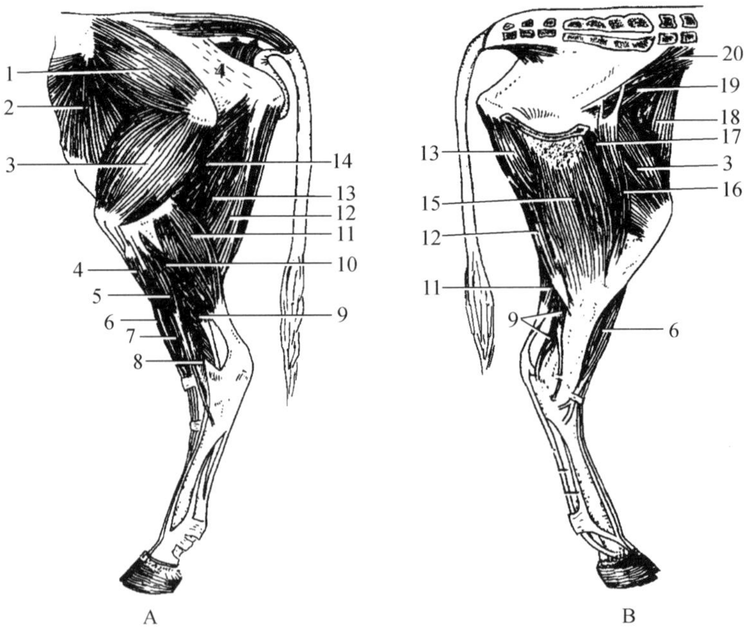

图 2-16 牛的后肢肌肉

A. 牛左后肢肌肉(外侧) B. 牛左后肢肌肉(内侧)

1. 臀中肌 2. 腹内斜肌 3. 股四头肌 4. 胫前肌 5. 腓骨长肌 6. 第 3 腓骨肌 7. 趾长伸肌和趾内侧伸肌 8. 趾外侧伸肌 9. 趾深屈肌 10. 比目鱼肌 11. 腓肠肌 12. 半腱肌 13. 半膜肌 14. 内收肌 15. 股薄肌 16. 缝匠肌 17. 耻骨肌 18. 股阔筋膜张肌 19. 髂肌 20. 腰小肌

2. 股部肌

股部肌分布于股骨周围,分为股前肌群、股后肌群和股内侧肌群。

(1)股前肌群。包括股阔筋膜张肌和股四头肌。

股阔筋膜张肌:位于股前外侧浅层;起于髋结节,起始部为肌质,向下呈扇形扩展,延续为阔筋膜,止于膝盖骨和胫骨嵴。其作用是紧张阔筋膜、屈髋关节和伸膝关节。

股四头肌:大而厚,位于股骨前面及两侧;有 4 个头,即直头、内侧头、外侧头和中间头。直头起于髂骨体,其余 3 个头分别起于股骨,止于膝盖骨。其作用是伸膝关节。

(2)股后肌群。包括臀股二头肌、半腱肌和半膜肌。

臀股二头肌:是一块长而宽大的肌肉,位于股后外侧;有 2 个头,即椎骨头和坐骨头。椎骨头起于荐骨和荐结节阔韧带,坐骨头起于坐骨结节,止于膝盖骨、胫骨嵴和跟结节。其作用是伸髋关节、膝关节和跗关节。

半腱肌:位于臀股二头肌的后方;起于坐骨结节,止于胫骨嵴和跟结节。其作用同臀股二头肌。

半膜肌:呈三棱形,位于臀股后内侧;起于坐骨结节,有 2 个头(马),椎骨头起于荐结节阔韧带后缘,形成臀部的后缘,坐骨头起于坐骨结节腹侧面,止于股骨远端内侧和胫骨近端内侧。其作用是伸髋关节和内收后肢。

(3)股内侧肌群。包括缝匠肌、耻骨肌、内收肌和股薄肌。

缝匠肌：呈狭长的带状，位于股内侧前部；起于髂腰筋膜和腰小肌腱，止于膝内侧直韧带和胫骨嵴。其作用是屈髋关节和内收后肢。

耻骨肌：呈锥形，位于耻骨前下方；起于耻骨前缘和耻前腱，止于股骨内侧缘中部。其作用是内收后肢和屈髋关节。

内收肌：呈三棱形，位于半膜肌前方，股薄肌深面；起于坐骨和耻骨的腹侧，止于股骨的后面和远端内侧面。其作用是内收后肢和伸髋关节。

股薄肌：呈薄而宽的四边形，位于股内侧皮下；起于骨盆联合及耻前腱，止于膝关节及胫骨近端内面。其作用是内收后肢和伸膝关节。

半膜肌、内收肌和股薄肌是后肢囊虫检验的部位。

3. 小腿及后脚部肌

小腿及后脚部肌肌腹位于小腿周围，作用于跗关节和趾关节，可分为背外侧肌群和跖侧肌群。

(1)背外侧肌群。包括第 3 腓骨肌、趾内侧伸肌、趾长伸肌、腓骨长肌、趾外侧伸肌和胫骨前肌。

第 3 腓骨肌：位于小腿背侧面的浅层；起于股骨远端外侧，止于蹄骨近端及跗骨。马第 3 腓骨肌为一强腱，位于胫骨前肌与趾长伸肌之间，起于股骨远端前部，止于第 3 跖骨近端及跗骨。其作用是屈跗关节。

趾内侧伸肌：又称为第 3 趾固有伸肌，马无此肌，位于第 3 腓骨肌深面及趾长伸肌前面；起于股骨远端外侧，止于第 3 趾的冠骨。其作用是伸和外展第 3 趾。

趾长伸肌：位于趾内侧伸肌后方，其肌腹上部被第 3 腓骨肌覆盖；起于股骨远端外侧，止于第 3、4 趾蹄骨的伸腱突。其作用是屈跗关节和伸趾关节。马趾长伸肌位于小腿背侧面浅层，覆盖第 3 腓骨肌和胫骨前肌，起于股骨远端前部，止于蹄骨的伸腱突。

腓骨长肌：呈狭长的菱形，位于小腿外侧面，趾长伸肌后方，趾外侧伸肌前方，马无此肌；起于小腿近端外侧面，止于第 1 跗骨和跖骨近端。其作用是屈跗关节。

趾外侧伸肌：又称为第 4 趾固有伸肌，位于小腿外侧，腓骨长肌后方；起于小腿近端外侧，止于第 4 趾的冠骨。其作用为伸第 4 趾。马的趾外侧伸肌位于小腿外侧趾长伸肌的后方，起于胫骨外侧和腓骨，其腱并入趾长伸肌腱，作用为屈跗关节、伸趾关节。

胫骨前肌：紧贴胫骨；起于小腿近端外侧，牛止于距骨前面和第 2、3 跗骨，马分别止于第 3 趾骨近端前面和第 1、2 跗骨。其作用是屈跗关节。

(2)跖侧肌群。包括腓肠肌、比目鱼肌、趾浅屈肌、趾深屈肌和腘肌。

腓肠肌：位于小腿后部，肌腹位于臀股二头肌与半腱肌之间；有内、外 2 个头，分别起于股骨髁上窝的两侧，止于跟结节。其作用是伸跗关节。

比目鱼肌：呈薄片状，位于腓肠肌外侧头的外侧；起于腓骨头，止于腓肠肌外侧头腱参与形成跟腱。比目鱼肌与腓肠肌 2 个头合称小腿三头肌。

趾浅屈肌：位于腓肠肌的 2 个头之间；起于股骨的髁上窝，止于第 3、4 趾的冠骨。其主要作用是屈趾关节，并有屈膝关节和伸跗关节的作用。马的趾浅屈肌肌腹不发达，主要为腱质，止于系骨和冠骨的两侧。

趾深屈肌：位于胫骨后面；有 3 个头，均起于胫骨后面和外侧缘上部，牛止于第 3、4 趾的蹄骨掌侧面后缘，马止于蹄骨的屈腱面。其作用是屈趾关节和伸跗关节。

腘肌：呈三角形，位于股胫关节和胫骨近端的跖侧面，被腓肠肌和趾浅屈肌覆盖；起于股骨远端的腘肌窝，止于胫骨近端的跖侧面。其作用是屈膝关节。

4. 跟腱

跟腱为圆形强腱，由臀股二头肌、半腱肌、腓肠肌、趾浅屈肌和比目鱼肌的腱构成，对跗关节有伸张的作用。

专项实训

一、全身骨骼的观察

[实训目标] 掌握全身骨的组成，熟悉各骨的形态特征，熟悉全身骨的连结，掌握前、后肢关节。

[材料设备] 牛、羊、猪和马全身骨骼标本。

[方法步骤]

1. 头部骨骼的观察

(1)颅骨和面骨的构成，副鼻窦的位置；比较各种家畜头骨的主要结构特征。

(2)颞下颌关节的组成及运动形式。

2. 躯干骨骼的观察

(1)典型椎骨的构造，不同椎骨的特点；各种家畜椎骨的数目；肋和胸骨的形态构造，比较各种家畜胸骨形态。

(2)脊柱连结(椎间盘、韧带、寰枕关节和寰枢关节)；胸廓连结(肋椎关节和肋胸关节)。

3. 四肢骨骼的观察

(1)前、后肢各骨的形态特点。

(2)前、后肢各关节的组成及运动形式。

[技能考核] 绘图：

(1)牛头骨背侧面。

(2)前肢骨骼和后肢骨骼。

二、全身肌肉的观察

[实训目标] 掌握胸壁肌、腹壁肌的层次和肌纤维方向，掌握前肢肌和后肢肌的分布和作用。

[材料设备] 前肢肌肉标本、后肢肌肉标本、全身肌肉标本和模型。

[方法步骤]

1. 头部肌的观察

(1)面肌：鼻唇提肌、下唇降肌、颊肌、口轮匝肌和眼轮匝肌。

(2)咀嚼肌：咬肌、翼肌、颞肌、二腹肌和枕下颌肌。

2. 躯干肌的观察

(1)脊柱肌：背腰最长肌、髂肋肌、夹肌、腰小肌和颈长肌。

(2)颈腹侧肌：胸头肌、胸骨甲状舌骨肌、肩胛舌骨肌。

(3)胸壁肌:肋间外肌、肋间内肌和膈肌。

(4)腹壁肌:腹外斜肌、腹内斜肌、腹直肌和腹横肌。

3. 前肢肌的观察

(1)肩带肌:斜方肌、菱形肌、背阔肌、臂头肌、肩胛横突肌、胸肌和腹侧锯肌。

(2)肩部肌:冈上肌、冈下肌、三角肌、肩胛下肌、大圆肌和喙臂肌。

(3)臂部肌:前臂筋膜张肌、臂三头肌、臂二头肌和臂肌。

(4)前臂及前脚部肌:腕桡侧伸肌、腕桡侧屈肌、腕尺侧伸肌、腕尺侧屈肌、腕斜伸肌、指总伸肌、指内侧伸肌(牛)、指外侧伸肌、指浅层肌和指深屈肌。

4. 后肢肌的观察

(1)臀部肌:股臀浅肌(马)、臀中肌、臀深肌和髂腰肌。

(2)股部肌:股阔筋膜张肌、股四头肌、臀股二头肌、半腱肌、半膜肌、股薄肌、内收肌、耻骨肌和缝匠肌。

(3)小腿及后脚部肌:第3腓骨肌、趾内侧伸肌(牛)、趾长伸肌、腓骨长肌(牛)、趾外侧伸肌、胫骨前肌、腓肠肌、比目鱼肌、趾浅屈肌、趾深屈肌和腘肌。

[**技能考核**]绘图:

(1)牛肩部和臂部肌肉。

(2)牛髋部和股部肌肉(外侧)。

复习思考题

1. 骨的化学成分和理化特性随着年龄的变化会发生怎样的变化?为什么幼龄动物易发生佝偻病?为什么泌乳性能好的母畜易发生骨软化症?

2. 前肢和后肢由上至下有哪些骨?哪些关节?

3. 家畜腹侧壁手术切开的肌肉由外至内的顺序是什么?肌纤维方向如何?

第三章
被皮系统

【学习目标】

- 掌握皮肤的结构。
- 熟悉皮肤衍生物的各类。
- 掌握蹄的构造。

【素质目标】

- 树立辩证唯物主义世界观。
- 注重理论联系实际，培养科学严谨的学习态度和精益求精的工匠精神。

【学习建议】

利用显微镜观察认识皮肤的结构；利用动物标本观察认识皮肤衍生物的构造。

被皮系统由皮肤和皮肤衍生物构成。在皮肤的某些特殊部位，皮肤演变成特殊的器官，称为皮肤衍生物。家畜的皮肤衍生物包括皮肤腺、毛、蹄、角、枕和爪。

第一节 皮　　肤

一、皮肤的结构

皮肤的厚度因动物品种、年龄、性别以及身体的部位不同而有差异。家畜中以牛的皮肤最厚，马和猪的皮肤次之，羊的皮肤最薄；老年家畜的皮肤比幼龄家畜的厚；公畜的皮肤比母畜的厚；枕部、背部和四肢外侧的皮肤比腹部和四肢内侧的厚。皮肤的厚薄虽有差异，但其结构相似，均由表皮、真皮和皮下组织构成（图 3-1）。

（一）表皮

表皮位于皮肤的最表层，由复层扁平上皮构成，表层细胞角化，称为角质层。凡长期受摩

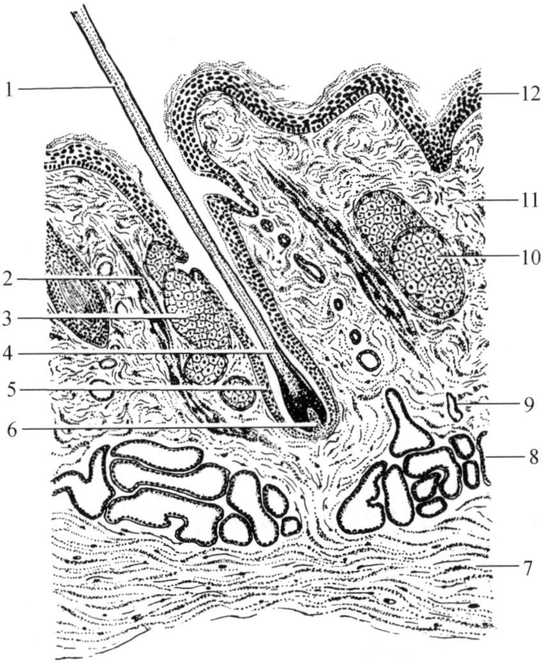

图 3-1　皮肤结构的半模式图

1. 毛干　2. 竖毛肌　3. 皮脂腺　4. 毛根　5. 毛囊　6. 毛乳头
7. 皮下组织　8. 脂肪　9. 血管　10. 汗腺　11. 真皮　12. 表皮

擦和受压力的部位,角质层较厚。表皮内没有血管和淋巴管,表皮需要的营养由真皮摄取,但表皮有丰富的神经末梢。

(二)真皮

真皮位于表皮下面,是皮肤最厚的一层,为致密结缔组织,含有多量胶原纤维和弹性纤维,坚韧而富有弹性,可用以鞣制皮革。真皮内有毛囊、竖毛肌、汗腺、皮脂腺以及丰富的血管、淋巴管和神经分布。

(三)皮下组织

皮下组织位于皮肤的最深层,由疏松结缔组织构成,含有大量的脂肪组织,具有保温、贮存能量和缓冲机械压力的作用。皮下组织发达的部位皮肤的活动性大,可形成皱褶。在骨突起部位的皮肤,形成皮下黏液囊,可减少活动时骨与该部位皮肤的摩擦。

二、皮肤的功能

皮肤被覆于动物体表,有保护体内组织、防止异物侵害和机械损伤的作用。皮肤内含有大量的血管、汗腺及丰富的感觉神经末梢,因此,皮肤还具有感觉、调节体温、分泌、排泄和贮存营养物质的作用。

第二节 皮肤衍生物

一、毛

毛由表皮衍生而成，坚韧而有弹性，覆盖于皮肤表面，是温度的不良导体，有保温作用。

(一)毛的形态和分布

家畜的毛遍布全身，有粗毛和细毛之分，牛、马和猪的被毛多为短而直的粗毛；绵羊的被毛为细长而柔软的细毛。在畜体的某些部位长有特殊的长毛，如马颅顶部的鬣、颈部的鬃、尾部的尾毛和系关节后面的距毛；公山羊颏部的髯；猪颈背部的鬃等。牛、马唇部的触毛，其毛根具有丰富的神经末梢，能感受触觉。

家畜毛的分布随动物种类不同而异，牛、马的毛是均匀分布的；绵羊的毛是成组分布的；猪的毛常是3根集合成1组，其中较长的一根是主毛。

毛在畜体表面呈一定方向排列，称为毛流。在畜体的不同部位，毛流排列的形式也不相同。毛流的方向一般来说与外界气流和雨水在体表流动的方向一致。

(二)毛的结构

毛是表皮的衍生物，由角化的上皮细胞构成。毛分毛干和毛根2部分。毛干为露出皮肤表面的部分；毛根为埋于皮肤内的部分。毛根末端膨大呈球形，称为毛球。毛球底部凹陷，并有结缔组织伸入，称为毛乳头。毛乳头内富有血管和神经，毛可通过毛乳头获得营养。毛根周围有上皮组织和结缔组织构成的毛囊。在毛囊的一侧有一条平滑肌束，称为竖毛肌，收缩时使毛竖立。

(三)换毛

毛有一定寿命，生长到一定时期就会衰老脱落，被新毛所代替，这个过程称为换毛。换毛的方式有2种：一种为持续性换毛，换毛不受时间和季节的限制，如绵羊的细毛；另一种是季节性换毛，每年春秋两季各换毛一次，如骆驼。大部分家畜既有持续性换毛，又有季节性换毛，因而是一种混合方式的换毛。

二、皮肤腺

皮肤腺包括汗腺、皮脂腺和乳腺。

(一)汗腺

汗腺位于真皮和皮下组织内，为盘曲的单管状腺，分泌汗液，有排泄废物和调节体温的作用。汗腺多数开口于毛囊，无毛的皮肤则直接开口于皮肤的表面。家畜中绵羊和马的汗腺最发达；牛的汗腺以面部为最发达；猪指(趾)间部汗腺发达；犬和猫的汗腺不发达。

(二)皮脂腺

皮脂腺位于真皮内，在毛囊和竖毛肌之间，呈囊泡状，其导管在有毛的皮肤开口于毛囊；在无毛的皮肤则直接开口于皮肤表面。皮脂腺分泌皮脂，有润泽皮肤和被毛的作用。皮脂腺几乎分布于全身，绵羊和马的皮脂腺较发达，猪的皮脂腺不发达。

特殊的皮肤腺是汗腺和皮脂腺的变型结构。由汗腺衍生而成，如外耳道皮肤的耵聍腺，分泌耳蜡（或耵聍）；牛的鼻唇镜腺以及羊的鼻镜腺和猪的腕腺等，分泌浆液。由皮脂腺衍生的，如肛门腺、包皮腺、阴唇腺和睑板腺等。

(三)乳腺

详见第七章生殖系统的第四节泌乳。

三、蹄

蹄是指牛、马、猪和羊等有蹄动物指（趾）端着地的部分，由皮肤衍变而成。

(一)牛和羊蹄的构造

牛和羊蹄是偶蹄，每指（趾）端有 4 个蹄，由内向外分别称为第 2、3、4、5 指（趾）蹄（图 3-2）。第 3、4 指（趾）端蹄发达，直接与地面接触，称为主蹄。第 2、5 指（趾）端蹄很小，不着地，附着于系关节掌（跖）侧面，称为悬蹄。主蹄呈锥状，由蹄匣（蹄表皮）、肉蹄（蹄真皮）和蹄的皮下组织构成。

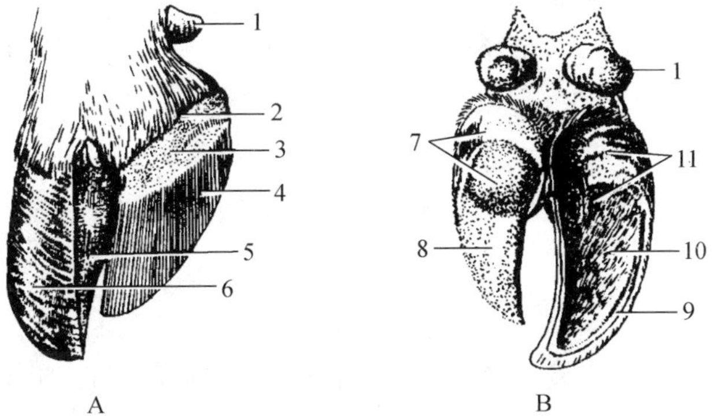

图 3-2　牛蹄

A. 背面　B. 底面

1. 悬蹄　2. 肉缘　3. 肉冠　4. 肉壁　5. 蹄壁的轴面　6. 蹄壁的远轴面
7. 肉球　8. 肉底　9. 蹄白线　10. 蹄底　11. 蹄球

1. 蹄匣

蹄匣是蹄的角质层，由表皮衍生而成，可分为角质壁、角质底和角质球。

(1)角质壁。角质壁分轴面和远轴面。轴面凹，即指（趾）间面，仅后部与对侧主蹄相接。远轴面凸，前端向轴面弯曲，与轴面一起形成角质壁。角质壁的远轴面可分为 3 部分，前方为蹄尖壁，后方为蹄踵壁，两者之间为蹄侧壁。角质壁近端与皮肤直接连接的部分称为蹄缘，蹄缘的下方为蹄冠，其内面凹陷成沟。蹄缘和蹄冠内表面都有许多小孔。

角质壁的结构由外向内分别为釉层、冠状层和小叶层。釉层位于表层，由角化的扁平细胞构成。冠状层最厚，主要由平行排列的角质小管构成。小叶层为最内层，由许多平行排列的角质小叶构成。角质小叶较柔软，并与肉小叶互相紧密嵌合在一起。

(2)角质底。角质底位于蹄匣底面的前部,呈略凹的三角形,与角质壁底缘之间有白线分开,白线又称为蹄白带,是由角质小叶向蹄底伸延而成。角质底的内表面有许多小孔,容纳肉底上的乳头。

(3)角质球。角质球位于蹄匣底面的后部,呈球状隆起,由较柔软的角质构成。

2. 肉蹄

肉蹄是蹄的真皮层,由真皮衍生而成,富含血管和神经,颜色鲜红,套于蹄匣内面,可分肉壁、肉底和肉球。

(1)肉壁。肉壁与蹄骨的骨膜紧密结合,分肉缘、肉冠和肉叶。肉缘表面有细而短的乳头,插入角质缘的小孔中。肉冠是肉蹄较厚的部分,位于蹄冠沟中,表面有粗而长的乳头,伸入蹄冠沟的小孔中。肉叶表面有许多平行排列的肉小叶,嵌入蹄壁角质小叶之间(肉叶发炎为蹄叶炎)。

(2)肉底。肉底与角质底相适应,表面有小而密的乳头,插入角质底的小孔中。

(3)肉球。肉球位于角质球的深层,表面有细而长的乳头。

3. 蹄的皮下组织

蹄缘和蹄冠的皮下组织薄,蹄壁和蹄底无皮下组织,蹄球的皮下组织发达,含有丰富的弹性纤维,构成指(趾)端的弹力结构。

悬蹄为第 2、5 指(趾)的小蹄,呈短圆锥形,不与地面接触。其结构与主蹄相似,也分蹄匣、肉蹄和皮下组织。

(二)猪蹄

猪属于偶蹄动物,与牛不同之处在于蹄底较小,蹄球较大,蹄球与蹄底之间的界线清楚,悬蹄内有指(趾)骨。

(三)马蹄

马属动物为单蹄动物,只有发达的第 3 指(趾)着地。因此,马属动物的蹄没有主蹄和悬蹄之分(图 3-3)。

四、角

反刍动物的额骨两侧各有一个骨质角突,其表面覆盖的皮肤衍生物,称为角。角由角表皮和角真皮构成。

(一)角表皮

角表皮位于角的表面,形成坚硬的角质鞘。角质鞘由角质小管和小管间角质构成。牛的角质小管排列非常紧密,小管间角质很少,羊角则相反。

(二)角真皮

角真皮位于角表皮的深面,直接与角突的骨膜紧密连接,表面有发达的乳头,伸入表皮的角质小管中。

角可分为角根(基)、角体和角尖 3 部分。角根与额部的皮肤相连续,角体由角根生长延续而来,角质层逐渐变厚。角尖由角体延续而来,角质层最厚,甚至成为实体。角的表面有环状

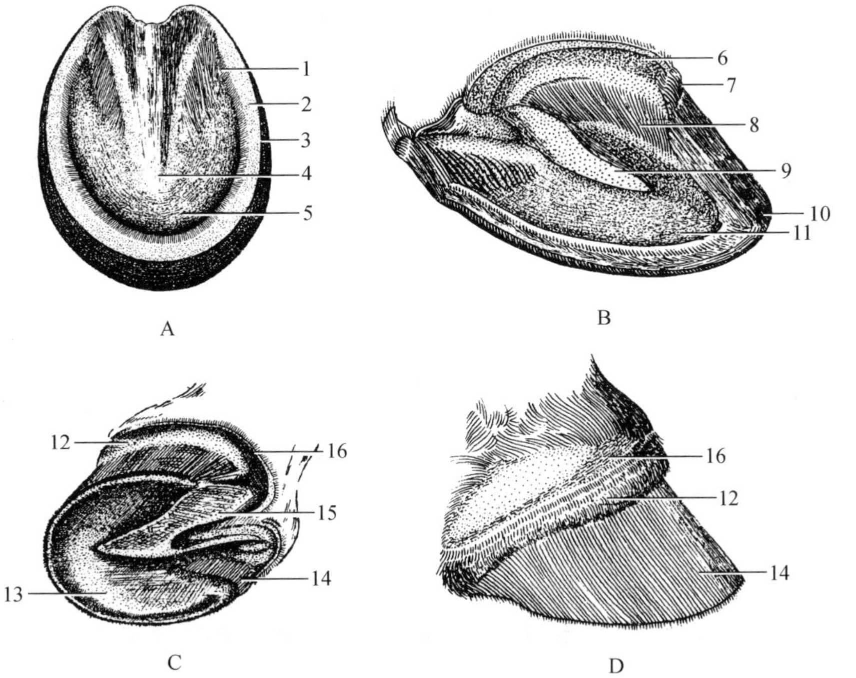

图 3-3　马蹄

A. 蹄匣(横断面)　B. 蹄匣(矢状面)　C. 肉蹄(底面)　D. 肉蹄(侧面)

1. 釉层　2. 冠状层　3. 小叶层　4. 蹄叉尖　5. 蹄底　6. 蹄冠沟　7. 蹄冠　8. 角质小叶　9. 蹄叉　10. 蹄壁　11. 蹄底　12. 肉冠　13. 肉底　14. 肉叶　15. 肉叉　16. 肉缘

的角轮,牛的角轮在角根部最明显,羊整个角的角轮都很明显。

五、枕

枕是家畜指(趾)端由皮肤衍生而成的一种减振结构,由枕表皮、枕真皮和枕皮下组织构成。枕表皮角化,柔软而有弹性;枕真皮有发达的乳头、丰富的血管和神经;枕皮下组织发达,由胶原纤维、弹性纤维和脂肪构成。枕又分为腕(跗)枕、掌(跖)枕和指(趾)枕,分别位于腕(跗)部、掌(跖)部和指(趾)部的内侧面、后面和底面。掌行动物的腕(跗)枕、掌(跖)枕和指(趾)枕均很发达,如犬的枕(图 3-4);蹄行动物仅指(趾)枕发达,其他枕退化或消失,如牛、羊只有指(趾)枕,位于蹄底面的后部,又称蹄枕,即蹄球。

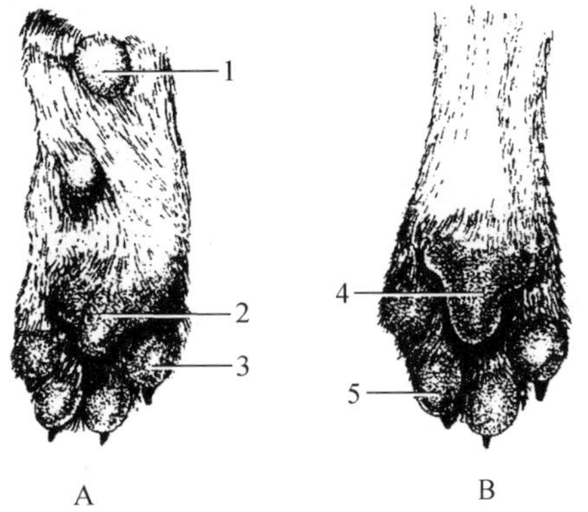

图 3-4　犬的枕

A. 右前肢(掌侧)　B. 右后肢(跖侧)

1. 腕枕　2. 掌枕　3. 指枕　4. 跖枕　5. 趾枕

专项实训

一、蹄、角和枕的观察

[实训目标] 掌握蹄的构造，了解角和枕的构造。

[材料设备] 牛、羊、猪和马蹄标本，牛、羊角标本，牛、猪、马和犬枕标本。

[方法步骤]

(1)观察牛蹄的构造；观察羊、马和猪蹄的构造，比较其结构特点。

(2)观察牛和羊角的构造。

(3)观察犬枕的形态；观察牛、猪和马枕的形态，比较其形态特点。

二、皮肤组织结构的观察

[实训目标] 利用显微镜观察皮肤的组织结构。

[材料设备] 显微镜、皮肤组织切片。

[方法步骤]

(1)观察表皮由复层扁平上皮构成，表层细胞角化为角质层；观察真皮由致密结缔组织构成，含有多量胶原纤维和弹性纤维；观察皮下组织由疏松结缔组织构成，含有脂肪组织。

(2)根据观察到的组织结构绘图。

复习思考题

1. 从皮肤的结构分析，皮下注射和皮内注射是在皮肤的哪个部位进行？
2. 简述牛蹄的构造。

第四章 消化系统

【学习目标】

- 了解消化系统的组成及功能。
- 能观察并识别各消化器官的形态、位置、构造及体表投影。
- 了解饲料营养物质在动物体内消化和吸收过程。
- 能掌握动物解剖基本操作技术。

【素质目标】

- 树立辩证唯物主义世界观。
- 注重理论联系实际，培养科学严谨的学习态度和精益求精的工匠精神。
- 关注畜牧场粪便污染问题，树立环境保护意识。
- 培养动手操作能力及团队协作精神。

【学习建议】

通过教师讲解和实验，了解消化系统的功能；借助标本、动物实体解剖及图像视频资料等方式熟悉各消化器官的位置、形态和结构；到养殖场了解动物采食情况。

第一节 概　　述

消化系统的功能是摄取食物，对其进行消化作用，吸收营养物质，最后将残渣排出体外，保证新陈代谢的正常进行。

消化系统由消化管和消化腺 2 部分组成(图 4-1)。消化管为食物通过的管道，包括口腔、咽、食管、胃、小肠、大肠和肛门。消化腺为分泌消化液的腺体，消化液中含有多种酶，在消化过程中起催化作用，包括壁内腺和壁外腺。壁内腺广泛分布于消化管的管壁内，如胃腺和肠腺。壁外腺位于消化管外，形成独立的器官，以腺管通入消化管腔内，如腮腺、肝和胰。

饲料中的营养成分包括蛋白质、脂肪、糖、水、无机盐和维生素等，其中后 3 种物质可被消化管直接吸收，但前3种物质结构复杂，分子大，不能直接吸收，必须在消化管内消化分解成氨基酸、单糖等结构简单的小分子物质，才能被消化管吸收。这种将食物分解为可吸收的简单物质的过程，称为消化。简单的营养物质通过消化管壁进入血液和淋巴的过程，称为吸收。

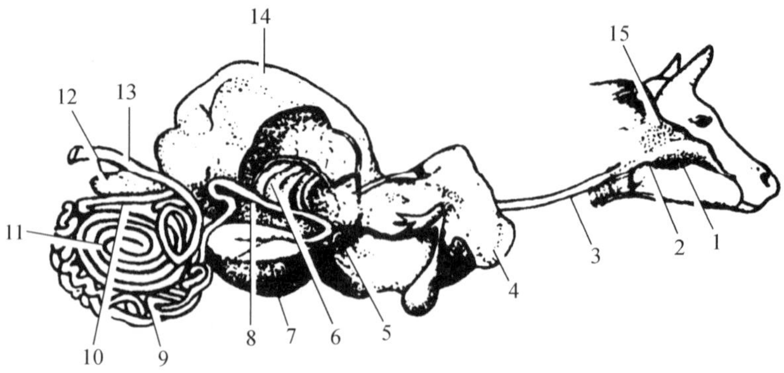

图4-1 牛消化系统模式图

1. 口腔 2. 咽 3. 食管 4. 肝 5. 网胃 6. 瓣胃 7. 皱胃 8. 十二指肠 9. 空肠 10. 回肠 11. 结肠 12. 盲肠 13. 直肠 14. 瘤胃 15. 腮腺

一、消化管的一般结构

消化管各段在形态、功能上各有特点，但其管壁的组织结构，除口腔外，一般由4层组织构成，由内向外依次为黏膜、黏膜下层、肌层和外膜(图4-2)。

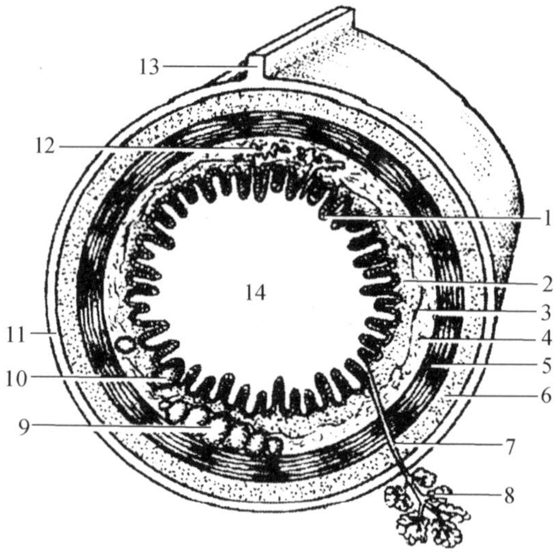

图4-2 消化管(十二指肠)构造模式图

1. 黏膜上皮 2. 固有膜 3. 黏膜肌层 4. 黏膜下层 5. 内环行肌 6. 外纵行肌 7. 腺管 8. 壁外腺 9. 淋巴集结 10. 淋巴孤结 11. 浆膜 12. 十二指肠腺 13. 肠系膜 14. 肠腔

1. 黏膜

黏膜呈淡红色，柔软而有伸展性。当管腔空虚时，常形成皱褶。黏膜具有保护、吸收和分泌等功能。黏膜又分为3层，由内向外依次为黏膜上皮、固有膜和黏膜肌层。

(1)黏膜上皮。口腔、咽、食管、反刍动物前胃、单胃的无腺区和肛门为复层扁平上皮，具有保护作用；其余部分为单层柱状上皮，具有分泌、吸收作用。

(2)固有膜。由疏松结缔组织构成，内含有毛细血管、毛细淋巴管、神经、淋巴组织和腺体等，具有支持、营养和固定上皮的作用。

(3)黏膜肌层。为薄层平滑肌，一般可分为内环行肌和外纵行肌。黏膜肌层为黏膜下层与固有层的分界；其收缩时可使黏膜形成皱褶，有利于黏膜的血液循环、物质吸收以及腺体分泌物的排出。

2. 黏膜下层

黏膜下层由疏松结缔组织构成，内有较大的血管、淋巴管和神经丛，在食管和十二指肠内还有淋巴组织和腺体。

3. 肌层

除口腔、咽、食管前段和肛门外括约肌由横纹肌构成外，其余各段均由平滑肌构成，一般分为内环行肌和外纵行肌 2 层，2 层之间有少量的结缔组织和肌间神经丛。

4. 外膜

外膜为富含弹性纤维的薄层疏松结缔组织构成。在体腔内的内脏器官，外膜表面覆盖一层单层扁平上皮，称为浆膜。其表面光滑、湿润，有减少脏器之间运动时摩擦的作用。

二、消化管平滑肌的特性

在整个消化道中，除口、咽、食管前段和肛门外括约肌由横纹肌构成外，其余都由平滑肌构成。消化管平滑肌除具有肌肉组织所共有的兴奋性、收缩性等生理特征外，又有它自己的特性。

(1)兴奋性较低，收缩缓慢。

(2)富有伸展性，能适应实际需要而伸展，最长时可为原来长度的 2～3 倍，适宜容纳食物。

(3)紧张性。平滑肌经常保持在一种微弱的持续收缩状态，具有一定的紧张性。它使消化道的管腔内保持一定的基础压力和消化道各部分保持一定的形状和位置。它不依赖于中枢神经系统的调控，但受中枢神经系统和激素的调节。

(4)自动节律性运动是肌源性的，但整体上受神经和体液因素的调节。

(5)对化学、温度和机械牵张刺激较为敏感。

三、腹腔、骨盆腔和腹膜

1. 腹腔

腹腔是体内最大的体腔，呈卵圆形。其前壁为膈肌；背侧壁为腰椎、腰肌和膈脚等；两侧壁和底壁主要为腹壁肌；后端与骨盆腔相通。腹腔内有胃、肠、胰、肾、输尿管、卵巢、输卵管和子宫(部分)等。

2. 骨盆腔

骨盆腔位于骨盆内，是体内最小的体腔，是腹腔向后的延续部分。其背侧壁为荐骨和前 3～4 个尾椎；侧壁主要为髂骨和荐结节阔韧带；底壁为耻骨和坐骨。骨盆腔内有直肠、膀胱和输尿管。公畜还有输精管、尿生殖道骨盆部和副性腺，母畜有子宫(后部)和阴道等。

3. 腹膜

腹膜为衬贴于腹腔和骨盆腔内面和折转覆盖在腹腔和骨盆腔内脏器官表面的浆膜，薄而光滑。衬贴于腹腔和骨盆腔内面称为腹膜壁层，覆盖在腹腔和骨盆腔内脏器官表面称为腹膜脏层。腹膜壁层和腹膜脏层之间的腔隙为腹膜腔。腔内有少量淡黄色透明的浆液，具有润滑作用，减少器官运动时相互摩擦。当腹膜从腹腔和骨盆腔壁移行到脏器，或从某一脏器移行到另一脏器时，形成各种不同的腹膜褶，分别称为系膜、韧带和网膜。系膜为连于腹腔顶壁与肠管之间宽而长的腹膜褶，如空肠系膜；韧带为连于腹腔、骨盆腔与脏器之间或脏器与脏器之间短而窄的腹膜褶，如回盲韧带、肝韧带等；网膜是连于胃与其他脏器之间的腹膜褶，呈网状，如大网膜和小网膜。它们多数由双层腹膜构成，其中含有结缔组织、脂肪、淋巴结及分布到脏器的血管、神经等，起着联系和固定脏器的作用。

4. 腹腔分区

为了便于确切地叙述腹腔各器官的局部位置，常以骨骼为标志将其再划分为 10 个区域。通过最后肋骨后缘和髋结节前缘作 2 个横断面，将腹腔分为腹前部、腹中部和腹后部（图 4-3）。

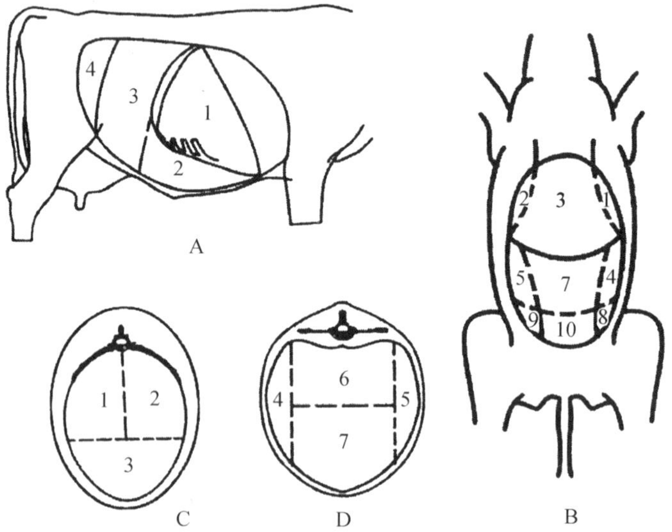

图 4-3 腹腔分区

A. 右侧面（1. 右季肋部 2. 剑状软骨部 3. 腹中部 4. 腹后部） B. 腹面（1. 左季肋部 2. 右季肋部 3. 剑状软骨部 4. 左髂部 5. 右髂部 7. 脐部 8. 左腹股沟部 9. 右腹股沟部 10. 耻骨部） C. 腹前部横断面（1. 左季肋部 2. 右季肋部 3. 剑状软骨部） D. 腹中部横断面（4. 左髂部 5. 右髂部 6. 腰部 7. 脐部）

（1）腹前部。腹前部划分为 3 部分。以肋弓为界，肋弓以下的部分为剑状软骨部，肋弓以上的部分为季肋部，又以正中矢状面划分为左季肋部和右季肋部。

（2）腹中部。腹中部划分为 4 部分。通过腰椎横突两侧端部做 2 个矢状面，将腹中部分为左、右髂部及腹中间部。在第 1 肋骨中点做额面，将腹中间部分为上半部的腰部和下半部的脐部。

（3）腹后部。腹后部划分为 3 部分。腹中部的 2 个侧矢状面向后延续，把腹后部分为左、右腹股沟部和中间的耻骨部。

四、消化方式

消化系统完成消化的方式主要有 3 种：机械性消化、化学性消化和生物学消化。

1. 机械性消化（物理性消化）

机械性消化是通过消化器官的运动，改变饲料物理性状的一种消化方式，如咀嚼、反刍、蠕动等，有磨碎饲料、混合消化液、促进内容物后移和营养物质吸收的作用。

消化管的运动是由管壁肌肉来完成的，而胃肠的肌肉全部为平滑肌，平滑肌具有的兴奋性低、收缩缓慢、伸展性大、不易疲劳、有自动节律性等特性，保证了消化道可容纳比本身体积大好几倍的食物，并经常保持一定的压力，使内容物缓慢后移。

2. 化学性消化

化学性消化是指在消化酶的作用下进行的消化。它能改变营养物质的化学结构，使其成为能被吸收的小分子物质。

酶是体内细胞产生的一种具有催化作用的特殊蛋白质，通常称为生物催化剂。具有消化作用的酶称为消化酶，由消化腺产生，多数存在于消化液中，少数存在于肠黏膜脱落细胞或肠黏膜内。消化酶多为水解酶，具有高度的特异性和专一性，即一种酶只能影响一种营养物质的分解，而对其他物质则无作用。例如，淀粉酶只能加快淀粉的分解，而对蛋白质、脂肪及双糖都无作用。根据酶的作用对象不同，可将其分为 3 种类型：蛋白质分解酶、脂肪分解酶和糖分解酶。

酶易受各种因素的影响，如温度、酸碱度、激动剂、抑制剂等都可影响其活性。温度对酶的活性影响很大，通常 37～40 ℃是消化酶的最适温度，这时酶的活性最强。酶对外界的 pH 非常敏感，每一种酶各有其特殊适合的环境，有的在酸性环境中活性最佳（如胃蛋白酶），有的则在碱性环境中活性最好（如胰蛋白酶），有的则在中性环境中最活跃（如唾液淀粉酶）。有些物质能增强酶的活性，称为酶的激动剂，如氯离子是淀粉酶的激动剂；有些物质能使酶的活性降低至完全消失，称为酶的抑制剂，如重金属（Ag、Cu、Hg、Zn 等）离子。

大多数消化酶在刚分泌出来的时候没有活性，称为酶原。酶原必须在一定条件下才能转化成有活性的酶，这一转化过程称为酶致活。完成这一致活过程的物质称为致活剂，如胃蛋白酶的致活剂是盐酸。

3. 生物学消化

生物学消化是指通过消化道内的微生物对饲料进行的消化。这种消化方式对草食动物尤其重要。草食动物的饲料中含有大量的纤维素，而其体内并不分泌分解纤维素的酶，纤维素的分解是在消化道内微生物的作用下完成的。牛的生物学消化主要在瘤胃内进行，马的在大肠内进行，猪虽属于杂食动物，但其大肠内也可进行少量的生物学消化。

在消化过程中，以上 3 种消化是同时进行且互相协调的。这样饲料就由大变小，从消化管前段移到后段，使食物与消化液完全混合，完成消化与吸收过程。

第二节 消化器官

一、口腔和咽

(一)口腔

口腔是由唇、颊、硬腭、软腭、口腔底、舌、齿、齿龈及唾液腺组成的。口腔的前壁为唇,侧壁为颊,顶壁为硬腭,底壁为口腔底和舌。口腔前由口裂与外界相通,后以咽峡与咽腔相通。唇、颊与齿弓之间的腔隙为口腔前庭,齿弓以内部分为固有口腔。

口腔黏膜呈粉红色,常有色素沉着。黏膜上皮为复层扁平上皮。

1. 唇

唇构成了口腔最前壁,分上唇和下唇。唇主要以口轮匝肌为基础,内衬黏膜,外被皮肤。唇黏膜具有唇腺,开口于唇黏膜。牛唇较宽厚,不灵活;上唇中部和两鼻孔之间的无毛区,称为鼻唇镜,内有鼻唇腺,常分泌一种水样液体,使鼻唇镜保持湿润状态。猪唇上唇厚,与鼻端一起形成吻突;下唇小而尖,运动不灵活。马唇运动灵活,是采食的主要器官;在唇的皮肤上有粗长的触毛,在唇的黏膜内常有黑色素沉着。

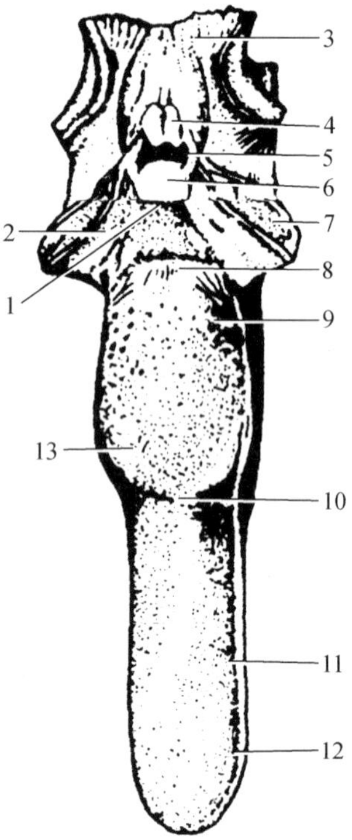

图 4-4 牛的舌

1. 舌扁桃体 2. 腭扁桃体 3. 食管 4. 杓状软骨 5. 喉口 6. 会厌 7. 软腭 8. 舌根 9. 轮廓乳头 10. 舌体 11. 菌状乳头 12. 舌尖 13. 舌圆枕

2. 颊

颊以颊肌为基础,内衬黏膜,外覆皮肤。颊构成口腔的侧壁,在颊黏膜上有颊腺的开口和腮腺管的开口。牛的颊黏膜上有许多尖端向后的锥状乳头,而猪、马的颊黏膜平滑。

3. 硬腭和软腭

(1)硬腭。硬腭构成了固有口腔的顶壁。上颌骨和颌前骨的腭突、腭骨水平部是硬腭的骨质基础。硬腭黏膜厚而坚实,上皮高度角质化。硬腭向后连接软腭。在硬腭的正中矢状面处,有一纵行的腭缝,腭缝的两侧各有一些横行的腭褶。在硬腭的前端有一突起,称为切齿乳头,牛、猪在其两侧各有一个鼻腭管的开口,管的另一端通鼻腔。

(2)软腭。软腭构成了口腔的后壁。软腭以横纹肌构成的腭肌为基础,表面被覆黏膜。软腭游离缘与舌根之间的空隙为咽峡。

4. 舌

舌附着在舌骨上,占据固有口腔的大部分。舌分为舌尖、舌体和舌根 3 部分(图 4-4)。舌尖为前端的游离部分,向后延续为舌体。在舌尖与舌体交界处的腹侧,有黏膜褶与口腔底相连,称为舌系带(牛、猪 2 条,马 1 条)。在舌体的背后部有一椭圆形隆起，称为舌圆枕。舌根为舌体后部附着于舌骨上的部分，其背侧的黏膜内含有淋巴器官，称为舌扁桃体。

舌表面被覆黏膜，其上皮为复层扁平上皮，角质化程度高，形成许多形态和大小不同的舌乳头，有的舌乳头上有味觉感受器，称为味蕾。牛舌黏膜上有锥状乳头、菌状乳头和轮廓乳头。锥状乳头无味蕾，仅起机械作用，菌状乳头和轮廓乳头的表面含有味蕾。马舌黏膜上有 4 种乳头，分别为丝状乳头（无味蕾）、菌状乳头、轮廓乳头和叶状乳头。猪舌乳头与马相似，除有上述 4 种乳头外，在舌根处还具有长而软的锥状乳头。

在舌黏膜内还有舌腺分泌黏液，以许多小管开口于舌表面。

舌肌是构成舌的主要部分，直接参与舌的运动，由固有肌和外来肌构成。舌固有肌由 3 种走向不同的横肌、纵肌和垂直肌互相交错组成，起止点均在舌内，收缩时改变舌的形状。舌外来肌起于舌周围各骨，止于舌内，并与舌固有肌交错，有茎突舌肌、舌骨舌肌和腭舌肌等，收缩时可改变舌的位置。

5. 齿

齿是咀嚼和采食的器官，镶嵌于上、下颌骨的齿槽内，因其排列成弓形，所以又分别称为上齿弓和下齿弓。每一侧的齿弓由前向后顺序排列为切齿、犬齿和臼齿。其中切齿由内向外又分别称为门齿、内中间齿、外中间齿、隅齿；臼齿可分为前臼齿和后臼齿。动物齿的排列方式称为齿式，表示方法如下：

$$2\left(\frac{\text{切齿(I)犬齿(C)前臼齿(P)后臼齿(M)}}{\text{切齿(I)犬齿(C)前臼齿(P)后臼齿(M)}}\right)$$

在动物的一生中，齿一般都是在出生后逐个长出。除后臼齿外，其余齿到一定年龄时均按一定顺序进行脱换。脱换前的齿称为乳齿，一般个体较小，颜色乳白，磨损较快；而脱换后的齿相对较大，坚硬，颜色较白，称为恒齿。

牛、猪、马齿式如下。

恒齿式：

$$\text{牛}:2\left(\frac{0\quad 0\quad 3\quad 3}{4\quad 0\quad 3\quad 3}\right)=32$$

$$\text{猪}:2\left(\frac{3\quad 1\quad 4\quad 3}{3\quad 1\quad 4\quad 3}\right)=44$$

$$\text{马}(\male):2\left(\frac{3\quad 1\quad 3\quad 3}{3\quad 1\quad 3\quad 3}\right)=40$$

$$\text{马}(\female):2\left(\frac{3\quad 0\quad 3\quad 3}{3\quad 0\quad 3\quad 3}\right)=36$$

乳齿式：

$$\text{牛}:2\left(\frac{0\quad 0\quad 3\quad 0}{4\quad 0\quad 3\quad 0}\right)=20$$

$$\text{猪}:2\left(\frac{3\quad 1\quad 3\quad 0}{3\quad 1\quad 3\quad 0}\right)=28$$

$$\text{马}:2\left(\frac{3\quad 1\quad 3\quad 0}{3\quad 1\quad 3\quad 0}\right)=28$$

齿的结构(图 4-5):齿在外形上可分为 3 部分,埋于齿槽内的部分称为齿根,露于齿龈外的称为齿冠,介于两者之间被齿龈覆盖的部分称为齿颈。上、下齿冠相对的咬合面称为磨面。

齿壁由齿质、釉质和齿骨质构成。齿质位于内层,呈淡黄色,是构成齿的主体;在齿冠部齿质的外面包以光滑、坚硬、乳白色的釉质,它是体内最坚硬的组织;在齿根部齿质的外面则被覆有略黄的齿骨质;齿的中心部为齿髓腔,腔内有富含血管神经的齿髓,齿髓有生长齿质和营养齿组织的作用。

6. 齿龈

齿龈为被覆于齿颈及邻近骨表面的黏膜,与骨膜紧密相连,呈粉红色,有固定齿的作用。齿龈无黏膜下层。

7. 唾液腺

唾液腺是导管开口于口腔能分泌唾液的腺体,主要有腮腺、颌下腺和舌下腺 3 对(图 4-6)。其所分泌的液体进入口腔,统称为唾液。

(1)腮腺:位于耳根下方,下颌骨后缘,其腺管开口于颊黏膜上。

(2)颌下腺:位于下颌骨内侧,后部被腮腺所覆盖。牛的颌下腺比腮腺大,猪、马的颌下腺比腮腺小,腺管开口于舌系带两侧的口腔底面。

(3)舌下腺:位于舌体和下颌骨之间的黏膜下,腺管很多,分别开口于口腔底部黏膜。

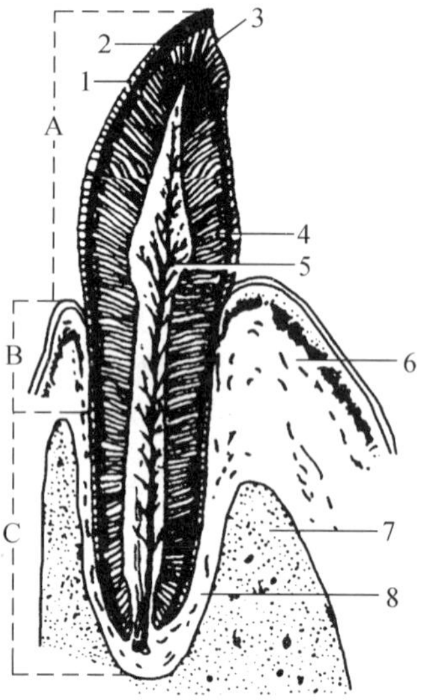

图 4-5　牛切齿构造

A. 齿冠　B. 齿颈　C. 齿根
1. 釉质　2. 齿骨质　3. 磨面
4. 齿质　5. 齿腔　6. 齿龈
7. 下颌骨　8. 齿周膜

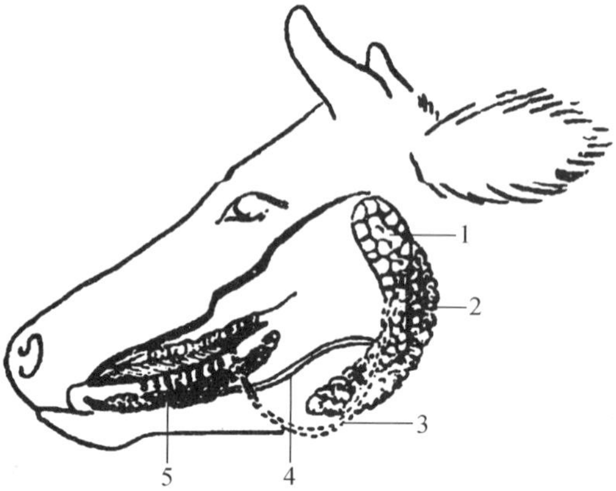

图 4-6　牛唾液腺模式图

1. 腮腺　2. 颌下腺　3. 腮腺管
4. 颌下腺管　5. 舌下腺

(二)咽

咽是消化道和呼吸道的共同通道,位于口腔和鼻腔的后方、喉和气管的前上方,可分为鼻咽部、口咽部和喉咽部 3 部分。

(1)鼻咽部。鼻咽部为鼻腔向后的延续，位于软腭的背侧，前方有2个鼻后孔通鼻腔，后方通喉咽部；两侧壁上各有1个咽鼓管咽口，经咽鼓管与中耳相通。

(2)口咽部。口咽部又称为咽峡，为口腔向后的延续，位于软腭与舌根之间，前方与口腔相通，后方通喉咽部；侧壁黏膜上有扁桃体窦，内有腭扁桃体，为淋巴器官。

(3)喉咽部。喉咽部为咽的后部，位于喉口的背侧，较狭窄，后上方有食管口通食管，下有喉口通喉腔。

二、食管

食管是将食物由咽运送入胃的一肌质管道，分为颈段、胸段和腹段3段。

牛、马的食管颈段起始于喉和气管的背侧，至颈中部逐渐转向气管的左侧，经胸腔前口入胸腔；胸段又转向气管的背侧并继续向后延伸，经纵隔到达膈，经膈的食管裂孔进入腹腔后，直接与胃的贲门相连接。

猪的食管短而直，其颈段沿气管的背侧向后行，不发生偏转。

食管管壁具有消化管壁的一般结构，分为黏膜层、黏膜下层、肌层和外膜层。黏膜上皮为复层扁平上皮。肌层比较特殊，牛(羊)的食管肌层全由横纹肌构成。马的食管前4/5为横纹肌，后1/5为平滑肌。猪的食管几乎全部为横纹肌，仅接近胃的部分为平滑肌。

三、胃

胃位于腹腔内，为消化管的膨大部分，前接食管，开口为贲门，后以幽门通十二指肠，主要作用是贮存食物。胃可分为多室胃(牛、羊)和单室胃(猪、马)2种类型。胃壁的结构分为黏膜、黏膜下层、肌层和浆膜。

(一)多室胃

牛、羊的胃为多室胃，顺次为瘤胃、网胃、瓣胃和皱胃(图4-7、图4-8)。前3个胃没有腺体分布，主要起贮存食物和发酵、分解粗纤维的作用，临床上常称为前胃。皱胃黏膜内分布有消化腺，能分泌胃液，具有化学性消化的作用，所以也称为真胃。

1. 瘤胃

瘤胃最大，成年牛的瘤胃约占4个胃总容积的80%，呈前后稍长、左右略扁的椭圆形，占据整个腹腔的左半部和右半部的一部分。其前端与第7～8肋间隙相对，后端达骨盆腔前口。瘤胃左面与脾、膈和腹壁相邻，称为壁面；右面与瓣胃、皱胃、肠、肝、胰等器官相邻，称为脏面。

瘤胃的前、后两端各有一条明显的、左右伸延的沟，分别称为前沟和后沟。前沟和后沟分别沿瘤胃的左、右侧伸延，形成了较浅的左纵沟和右纵沟。它们围成的环状沟，将瘤胃分为背囊和腹囊。背囊和腹囊的后部有较明显的后背冠状沟和后腹冠状沟，分为后背盲囊和后腹盲囊。背囊和腹囊的前部只有较浅的前背冠状沟，前背盲囊不明显，其基部称为瘤胃前庭，由贲门与食管相连，向前以瘤网口与网胃相通，瘤网口很大。在与瘤胃各沟相对应的内侧面，有光滑的肉柱。

瘤胃壁的黏膜呈棕黑色或棕黄色，无腺体，表面有密集的长约1 cm的瘤胃乳头，含丰富的血管。但在肉柱和瘤胃前庭黏膜上无乳头。

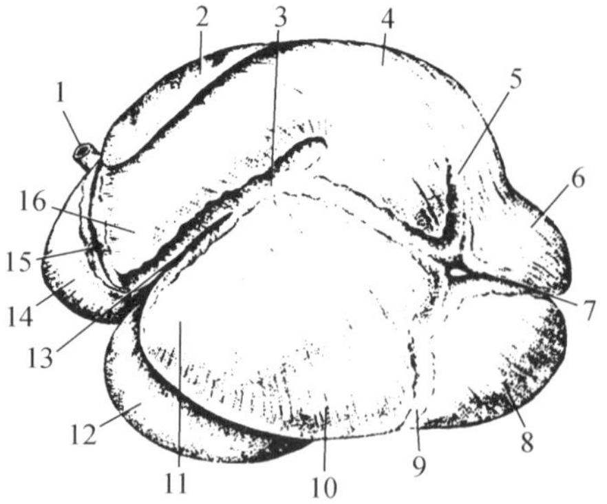

图 4-7　牛胃(左侧)

1. 食管　2. 脾　3. 左纵沟　4. 瘤胃背囊　5. 背冠状沟　6. 后背盲囊　7. 后沟　8. 后腹盲囊　9. 腹冠状沟　10. 瘤胃腹囊　11. 前腹盲囊　12. 皱胃　13. 瓣胃　14. 网胃　15. 瘤网胃沟　16. 前背盲囊

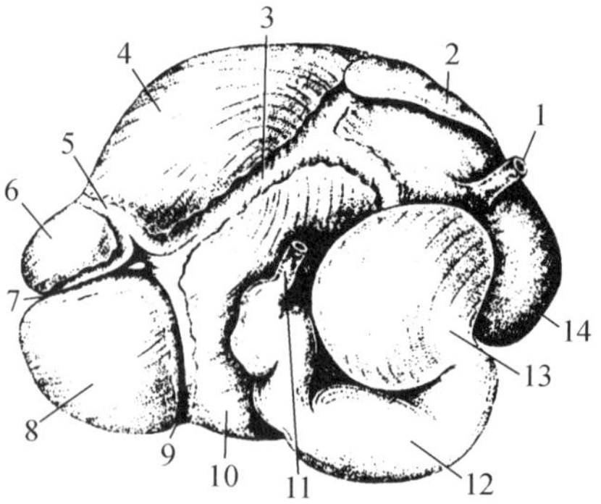

图 4-8　牛胃(右侧)

1. 食管　2. 脾　3. 右纵沟　4. 瘤胃背囊　5. 背冠状沟　6. 后背盲囊　7. 后沟　8. 后腹盲囊　9. 腹冠状沟　10. 瘤胃腹囊　11. 十二指肠　12. 皱胃　13. 瓣胃　14. 网胃

2. 网胃及食管沟

(1)网胃。网胃的位置最靠前,容积最小,约占 4 个胃总容积的 5%(牛)。网胃呈梨状,是瘤胃背囊向前下方的延续部分。网胃位于季肋部的正中,紧靠膈的后面,与第 6～8 肋骨相对,后上方与瓣胃相连,左下方与膈相邻。瘤网口的右下方有网瓣口,与瓣胃相通。网胃与心包之间仅以膈相隔,当牛吞食尖锐物体停留在网胃中时,常可穿透胃壁和膈而刺破心包,引起创伤性心包炎。

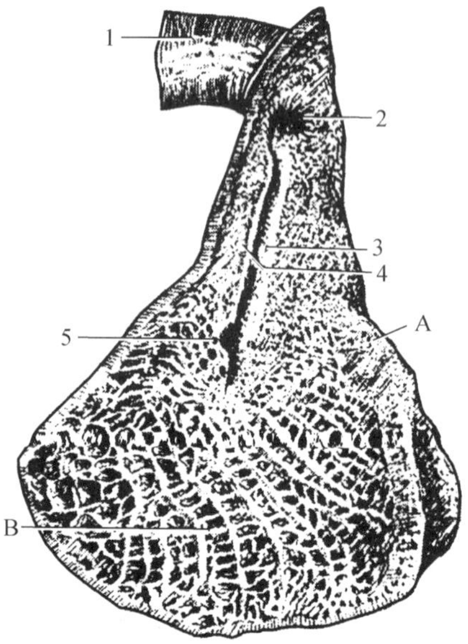

图 4-9　牛的网胃与食管沟

A. 瘤胃褶　B. 网胃

1. 食管　2. 贲门　3. 食管沟右唇　4. 食管沟左唇　5. 网瓣口

网胃黏膜呈黑褐色,形成许多高低不等的薄板状皱褶,并连接成多边形小房,呈蜂巢状,故又称为蜂巢胃。在皱褶上密布角质乳头。

(2)食管沟。食管沟(图 4-9)起于瘤胃贲门,沿瘤胃前庭和网胃右侧壁伸延到网瓣口,扭转成螺旋状。沟的两侧缘有黏膜褶,称为唇,两唇之间为沟底。犊牛的食管沟发育完全,可合并成管,乳汁可由贲门经食管沟和瓣胃直达皱胃。成年牛的食管沟闭合不严。

3. 瓣胃

牛的瓣胃占 4 个胃总容积的 7%～8%,羊的瓣胃则是 4 个胃中最小的。瓣胃呈两侧稍扁的椭圆形,位于右季肋部,与第 7～11(12)肋间隙相对,肩关节水平线通过瓣胃中线。瓣胃壁面与膈及肝相邻;脏面与瘤胃、网胃及皱胃相邻。瓣胃的大弯隆突,朝向右后方;小弯凹,朝向左前方。瓣胃上部以短而窄的瓣胃颈与网胃相连。

瓣胃黏膜表面由角质化的复层扁平上皮覆盖，并形成百余片大小、宽窄不同的叶片，叶片分大、中、小和最小4级，呈有规律地相间排列，故又称为百叶胃。在瓣胃底壁上有一瓣胃沟，前接网瓣孔与食管沟相连，使网瓣口与瓣皱口相通，一些小颗粒饲料和液体自网胃经瓣胃沟直接进入皱胃。

4. 皱胃

皱胃的容积占4个胃总容积的7%～8%，前部粗大，称为胃底部，与瓣胃相连；后部狭窄，称为幽门部，与十二指肠相接。整个皱胃呈长囊状，位于剑状软骨部和右季肋部，与第8～12肋骨相对。皱胃后部弯向后上方，小弯朝上与瓣胃相邻，大弯朝下与腹腔底壁相邻。

皱胃胃壁的黏膜光滑、柔软，有12～14条螺旋形的大皱褶。皱胃胃壁由黏膜、黏膜下层、肌层和浆膜构成。黏膜上皮为单层柱状上皮，黏膜内含有大量腺体，因而黏膜层厚。

根据黏膜位置、颜色和腺体的不同，可分为贲门腺区（靠近瓣皱胃口）、胃底腺区（位于胃底部）和幽门腺区（靠近幽门）。

胃底腺区：腺区最大，位于胃底部，是分泌胃液的主要部位。在其黏膜的固有层内有大量的胃腺。胃腺主要由3种腺细胞构成，即主细胞、壁细胞和颈黏液细胞。主细胞呈矮柱状或锥体形，数量较多，个体较小，可分泌胃蛋白酶原和胃脂肪酶，犊牛还能分泌凝乳酶；壁细胞呈圆形或钝角三角形，数量较少，个体较大，能分泌盐酸；颈黏液细胞成群分布在腺体的颈部，分泌黏液，保护胃黏膜。

贲门腺区和幽门腺区：较小，黏膜内的腺体主要由黏液细胞构成，能分泌碱性黏液，保护胃黏膜。

皱胃的肌层可分为内斜行肌、中环行肌、外纵行肌3层，其中中环行肌发达，在幽门部增厚，形成幽门括约肌。

网膜是联系胃的双层浆膜褶，分为大网膜和小网膜。大网膜发达，覆盖在肠管右侧面和瘤胃腹囊的表面，分为深、浅2层。浅层起自瘤胃右纵沟，向下绕过腹囊到腹腔右侧，继续沿右腹侧壁向上延伸，止于十二指肠和皱胃大弯。浅层由瘤胃后沟折转到右纵沟，转为深层。深层向下绕过肠管到肠管的右侧面，沿浅层向上止于十二指肠。小网膜比大网膜面积小，起于肝的表面，绕过瓣胃外侧，止于皱胃小弯和十二指肠起始部。

牛胃结构模式如图4-10所示。

5. 犊牛胃的特点

初生犊牛因吃乳，皱胃特别发达，瘤胃和网胃相加的容积约等于皱胃的1/2。10～12周后，由于瘤胃逐渐发育，皱胃仅为其容积的1/2，此时，瓣胃因无功能，仍然很小。4个月后，随着消化植物性饲料能力的增强，瘤胃、网胃和瓣胃迅速增大，瘤胃和网胃相加的容积约达瓣胃和皱胃的4倍。到1岁多时，瓣胃与皱胃的容积几乎相等，4个胃的容积达到成年的比例（图4-11）。

（二）单室胃

猪和马属动物仅有1个胃，呈弯曲的囊状。胃的入口称为贲门，与食管相连；出口称为幽门，与十二指肠相连。

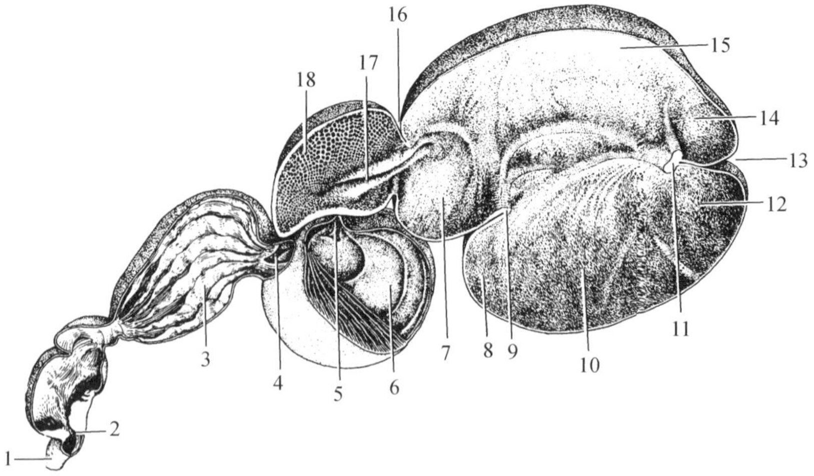

图 4-10　牛胃结构模式图

1. 十二指肠　2. 幽门　3. 皱胃螺旋褶　4. 瓣皱口　5. 网瓣口　6. 瓣胃叶片　7. 前背盲囊　8. 前腹盲囊　9. 瘤胃前柱　10. 瘤胃腹囊　11. 瘤胃后柱　12. 后腹盲囊　13. 瘤胃后沟　14. 后背盲囊　15. 瘤胃背囊　16. 瘤网沟　17. 食管沟　18. 网胃小房

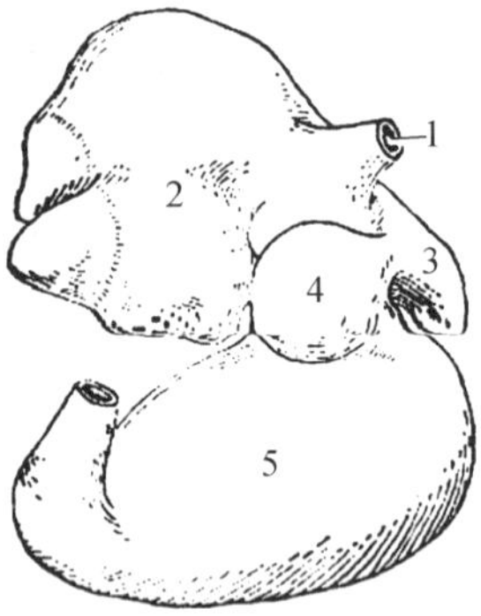

图 4-11　犊牛的胃

1. 食管　2. 瘤胃　3. 网胃　4. 瓣胃　5. 皱胃

1. 猪胃

猪胃(图 4-12)为单室混合胃,容积 5～7 L,呈弯曲的囊状。胃的凸缘称为大弯,凹缘称为小弯。猪胃左侧特别发达,并有一明显的隆突,称为胃憩室。在幽门的小弯处,有一纵长的鞍状隆起,称为幽门圆枕。它与对侧的唇形隆起相对,有关闭幽门的作用。

猪胃横于腹前部,大部分在左季肋部,小部分在右季肋部。胃大弯与左腹壁相贴,相当于第 11～12 肋骨;饱食时胃大弯可向后延伸达剑状软骨部和脐部之间,与肝、膈相邻;后面称为脏面,与大网膜、肠、肠系膜和胰等相接触。

2. 马胃

马胃(图 4-13)为单室混合胃,形态与猪胃相似。胃左侧圆形向后上方突出部分,称为胃盲囊。胃大部分位于左季肋部,小部分位于右季肋部。胃盲囊靠近左侧膈脚,和第 16～17 肋骨上部相对。胃的左侧与脾相连,腹侧与大结肠膈曲相邻,膈面与膈和肝相邻,脏面与小结肠、小肠、大结肠及胰等器官相邻。

3. 单室胃的组织构造

胃壁由内向外分为黏膜、黏膜下层、肌层和浆膜 4 层。

(1)黏膜。黏膜由黏膜上皮、固有层和黏膜肌层组成。

猪和马胃根据黏膜内有无腺体而分为无腺部和有腺部 2 大部分。在贲门周围,没有腺体分布,称为无腺部。无腺部的黏膜上皮为复层扁平上皮。有腺部有腺体,黏膜上皮为单层柱状上皮。其表面形成许多凹陷,称为胃小凹(窝),底部有胃腺的开口。

有腺部又分为贲门腺区、幽门腺区和胃底腺区。其中贲门腺区和幽门腺区的黏膜内分布有黏液腺,分泌碱性黏液,以润滑和保护胃黏膜;胃底腺区最大,位于胃底部,其细胞主要有主

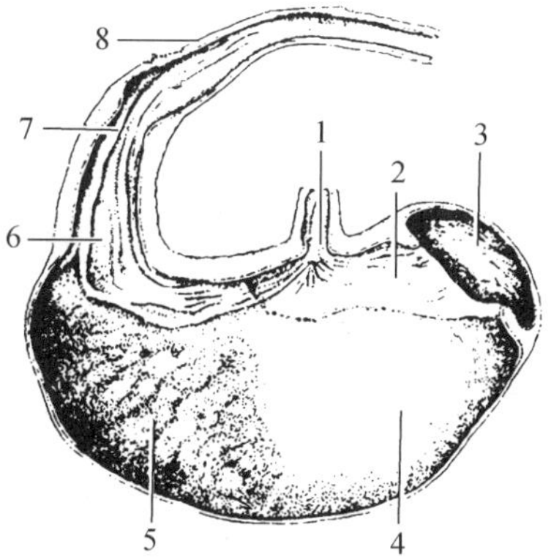

图 4-12　猪胃

1. 贲门　2. 无腺区　3. 胃憩室
4. 贲门腺区　5. 胃底腺区　6. 幽门腺区
7. 幽门　8. 十二指肠

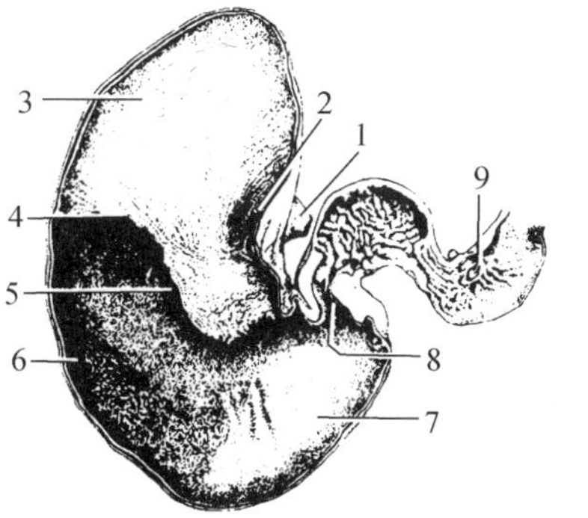

图 4-13　马胃

1. 食管　2. 贲门　3. 无腺区　4. 褶缘
5. 贲门腺区　6. 胃底腺区　7. 幽门腺区
8. 幽门　9. 十二指肠憩室

细胞、壁细胞(盐酸细胞)、颈黏液细胞和银亲和细胞 4 种,是分泌胃液的主要部位。

(2)黏膜下层。黏膜下层由疏松结缔组织构成。

(3)肌层。肌层由内斜行肌、中环行肌和外纵行肌 3 层平滑肌构成。在胃的入口部,斜行肌形成贲门括约肌。环肌层在幽门部特别发达,形成强大的幽门括约肌。

(4)浆膜。浆膜为外层。

四、肠

肠是细长的管道,前连胃的幽门,后端止于肛门,可分小肠和大肠 2 部分。

1. 小肠

小肠可分为十二指肠、空肠和回肠。

(1)十二指肠。十二指肠位于右季肋部和腰部,位置较为固定。其弯曲所形成的半个圈或整个圈,称为十二指肠袢。由胃的幽门起,先在腹腔右侧腰下部向后行,在肠系膜前动脉根部转向左侧,再向前行,移行为空肠。有胆(肝)管和胰管通入十二指肠前段。

(2)空肠。空肠是小肠中最长的一段,前连十二指肠,后连回肠。其在伸延过程中形成许多迂回曲折的肠环,并以肠系膜固定于腹腔顶壁。空肠系膜很长,所以空肠的活动范围大。

(3)回肠。回肠是小肠的末段,肠管较直,不形成迂曲的肠环,前连空肠,后连盲肠。回肠进入盲肠,称为回盲口。回肠以回盲韧带与盲肠相连。

2. 大肠

大肠可分为盲肠、结肠和直肠。

(1)盲肠。草食动物的盲肠特别发达。多数动物盲肠位于腹腔右侧。

(2)结肠。有的动物的结肠可分为大结肠和小结肠。

(3)直肠。直肠位于骨盆腔内,前连结肠,后端以肛门与外界相通。在骨盆腔中,其直径增大部称为直肠壶腹。直肠以直肠系膜连于骨盆腔顶壁。

(一)牛肠

牛肠模式图如图 4-14 所示。

1. 小肠

(1)十二指肠。长约 1 m,位于右季肋部和腰部。从胃的幽门起始后,向前上方伸延,在肝的脏面形成“乙”状弯曲;然后再向后上方伸延,到髋结节的前方,折转向左前方伸延,形成一弯曲,再向前方伸延,到右肾腹侧,移行为空肠。在十二指肠“乙”状弯曲第 2 曲的黏膜乳头上,有胆管和胰管开口。

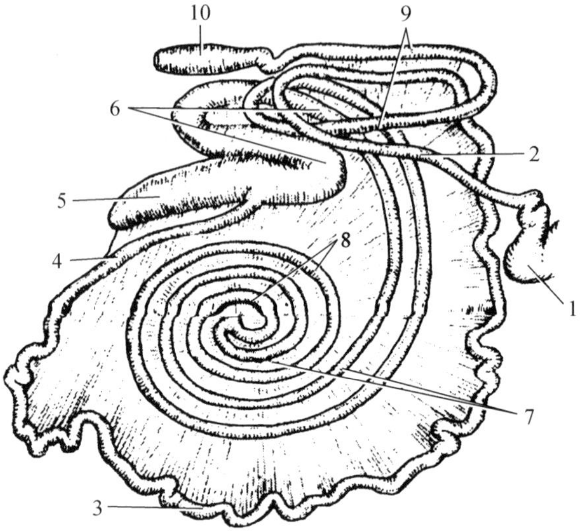

图 4-14　牛肠模式图

1. 皱胃　2. 十二指肠　3. 空肠　4. 回肠　5. 盲肠　6. 结肠初袢
7. 结肠旋袢向心回　8. 结肠旋袢离心回　9. 结肠终袢　10. 直肠

(2)空肠。很长,位于腹腔右侧,在结肠圆盘周围形成许多迂曲的肠环,借助于空肠系膜悬吊在结肠圆盘周围。空肠的右侧和腹侧隔着大网膜与腹壁相邻,左侧与瘤胃相邻,背侧为大肠,前部为瓣胃和皱胃。

(3)回肠。较短,长约 50 cm,从空肠最后卷曲起,直向前上方伸延至盲肠腹侧,开口于盲肠。回盲口位于盲肠与结肠交界处。在回肠进入盲肠的开口处,黏膜形成回盲瓣。盲肠与结肠相通的口称为盲结口。

2. 大肠

(1)盲肠。管径较大,呈长圆筒状,位于右髂部。起自于回盲口,沿右髂部的上部向后伸延,盲端可达骨盆腔入口处,前端移行为结肠,两者之间以回盲口为界。

(2)结肠。借总肠系膜附着于腹腔顶壁。其起始部的管径与盲肠相似,以后逐渐变细,分为初袢、旋袢和终袢 3 部分。初袢起自盲结口,整个初袢形成“乙”状弯曲,达第 2、3 腰椎腹侧,移行为旋袢。旋袢位于瘤胃右侧,呈一扁平的圆盘状,分为向心回和离心回。向心回是初袢的延续,以顺时针方向向内旋转约 2 圈(羊约 3 圈)至中心曲。离心回自中心曲起,按相反方向旋转约 2 圈(羊约 3 圈),移行为终袢。终袢向后延伸到骨盆腔入口处,再折转向前延伸,到肝附近,向左绕过前肠系膜动脉根后向后伸延,到骨盆腔入口处,移行为直肠。

(3)直肠。位于骨盆腔内,不形成直肠壶腹。

3. 肛门

肛门位于尾根的下方，平时不向外突出。

(二)猪肠

猪肠模式如图 4-15 所示。

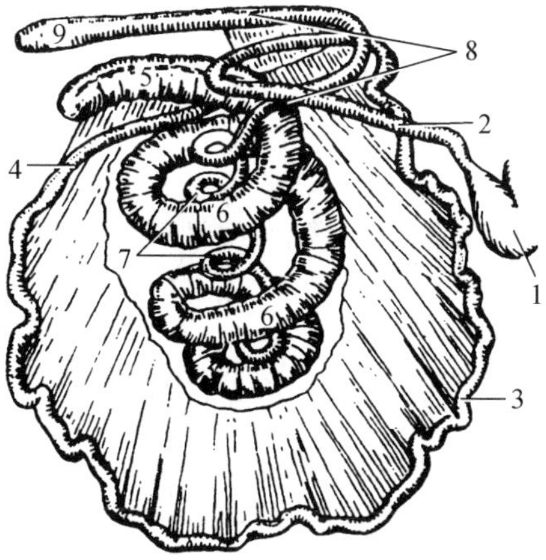

图 4-15　猪肠模式图

1. 胃　2. 十二指肠　3. 空肠　4. 回肠　5. 盲肠　6. 结肠圆锥向心回　7. 结肠圆锥离心回　8. 结肠终袢　9. 直肠

1. 小肠

(1)十二指肠。长 40～80 cm。起始部形成“乙”状弯曲，升到肝左外叶上部与右肾前部之间，向后下方伸延，在右肾的腹侧，越过后腔静脉和胰的右侧，向后下方伸延，在右肾肾门的后下方折转向右，于结肠旋袢起始部腹侧向前内侧伸延，在胃小弯处转向右侧，向后伸延一段，移行为空肠。总胆管开口于距幽门 2.5 cm 处的十二指肠憩室，而胰管的开口距幽门约 10 cm。

(2)空肠。形成许多迂曲的肠环，以较长的空肠系膜与总肠系膜相连。空肠大部分位于腹腔右半部，在结肠圆锥的右侧，其余部分位置有变化，可位于胃的后方，或位于结肠圆锥的后方。

(3)回肠。较短，开口于盲肠与结肠的交界处。

2. 大肠

(1)盲肠。呈短而粗的圆锥状盲囊，长 21～30 cm。一般在腹腔左髂部，从左肾的后下部起，向后下方伸延，到结肠圆锥的后方，盲端可过骨盆前口。回肠突入盲肠和结肠之间的部分，呈圆锥状，称为回盲瓣，其口称为回盲口。盲肠有 3 条纵肌带和 3 列肠袋。

(2)结肠。由盲结口开始，在结肠系膜中盘曲成圆锥状或哑铃状，称为结肠圆锥，其基部朝向背侧，附着于腰部和左髂部。空肠在胃后时，结肠圆锥位于左髂部和腰部；空肠在结肠圆锥后方时，结肠圆锥位于腹前部及腹中部的脐部。结肠圆锥可分为向心回和离心回，向心回位于结肠圆锥的外周，肠管较粗，有 2 条纵肌带和 2 列肠袋。按顺时针方向旋转 3.5 圈或 4.5 圈到锥顶，然后转为离心回；离心回位于结肠圆锥的里面，肠管较细，纵肌带不发达。按逆时针方向旋转 3.5 圈或 4.5 圈，然后转为终袢。终袢在荐骨岬处连直肠。

(3)直肠。形成直肠壶腹。

3. 肛门

肛门黏膜形成许多纵行的细褶。

(三)马肠

1. 小肠

(1)十二指肠。长约 1 m，位于右季肋部和腰部，以短的十二指肠系膜与邻近器官相连，起始部形成“乙”状弯曲，肝管和胰管在“乙”状弯曲处开口于十二指肠。然后，十二指肠向后伸延到右肾的后下方，在盲肠底附着处弯向左侧，在左肾的后下方移行为空肠。

(2)空肠。长约 22 m，形成许多迂曲的肠环，借助于前肠系膜悬吊在前位腰椎的下方。前肠系膜很长，约 40 cm，所以空肠的活动范围大。空肠大部分位于左髂部的上 2/3 处，并与小结肠混在一起,少部分位于腹前部和腹后部。

(3)回肠:长约 50 cm,以回盲韧带与盲肠相连,从左髂部斜向右后上方,在第 3～4 腰椎下方进入盲肠。

2. 大肠

(1)盲肠。外形呈“逗号”状,长约 1 m,位于腹腔右侧,从右髂部的上部起,沿腹侧壁向前下方伸延,达剑状软骨部。其可分为盲肠底(或盲肠头)、盲肠体和盲肠尖 3 部分。盲肠底是后上方膨大的部分,前缘与第 14～15 肋骨相对,后缘可达髋结节。大弯向上在背侧,附着于腹腔的顶壁;小弯在腹侧,偏向内侧。在小弯处有回盲口、盲结口分别与回肠、结肠相连。两口相距约 5 cm,口上有由黏膜隆起形成的皱褶,分别称为回盲瓣和盲结瓣。盲肠体沿右侧腹壁向前下方伸延,前部移行为盲肠尖。在盲肠底和盲肠体上有背、腹、内、外 4 条纵肌带和 4 列肠袋,盲肠尖部有 2 条纵肌带。

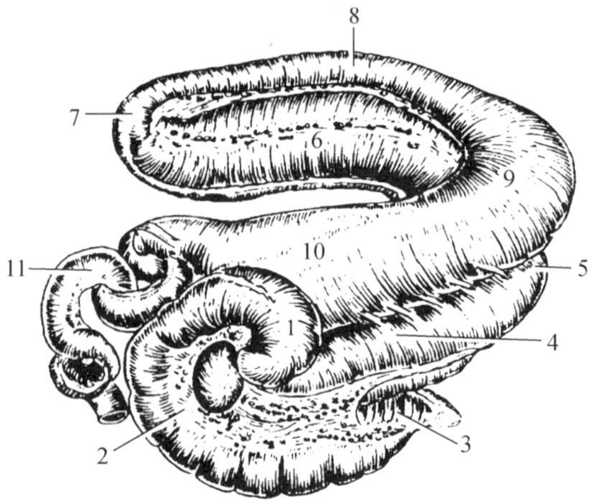

图 4-16 马的大结肠

1. 盲肠底 2. 盲肠体 3. 盲肠尖 4. 右下大结肠 5. 胸骨曲 6. 左下大结肠 7. 骨盆曲 8. 左上大结肠 9. 膈曲 10. 右上大结肠 11. 小结肠

(2)结肠。可分为大结肠和小结肠。

①大结肠(图 4-16):特别发达,长约 3 m,占据腹腔的大部分,呈双层蹄铁形,可分为 4 段 3 个弯曲,从盲结口开始,顺次为右下大结肠、胸骨曲、左下大结肠、骨盆曲、左上大结肠、膈曲和右上大结肠。

大结肠管径的变化很大,下层大结肠除起始部外都较粗,管径约 20 cm。骨盆曲处管径突然变细,约 8 cm。右上大结肠管径逐渐变粗,可达 30 cm,因此又称为胃状膨大部。从胃状膨大部向后的管径又突然变细,而且在左肾前下方形成“乙”状弯曲,向后移行为小结肠。下层大结肠都有 4 条纵肌带和 4 列肠袋。骨盆曲有 1 条纵肌带。左上大结肠开始有 1 条纵肌带,到中部增加至 3 条,经膈曲延续到右上大结肠。

上、下大结肠由短的结肠系膜相连;右下大结肠与盲肠小弯之间有盲结韧带相连;右上大结肠末段的背侧有疏松结缔组织及浆膜与胰的腹侧面相连,右侧与盲肠底、胰、膈和十二指肠等相连。此外,整个左大结肠和 3 个曲都是游离的,与腹壁及其他内脏器官均无联系,因此,肠扭转可发生在此处。

②小结肠:长约 3 m,直径约 6 cm,有 2 条纵肌带和 2 列肠袋,借后肠系膜连于腰椎腹侧。小结肠的肠系膜也较长,可达 50 cm 左右,故活动范围较大。小结肠在骨盆腔入口处移行为直肠。

(3)直肠。比牛的长且粗,长约 30 cm,后段管径增大,形成直肠壶腹。

3. 肛门

肛门呈圆锥状,突出于尾根之下。

(四)肠壁的组织构造

1. 小肠壁的组织构造

小肠壁分为黏膜层、黏膜下层、肌层和浆膜层 4 层(图 4-17)。

(1)黏膜层。小肠黏膜形成许多环形皱褶和微细的肠绒毛,凸入肠腔内,以增加与食物接触的面积。

①黏膜上皮:被覆于黏膜和绒毛的表面,由单层柱状上皮构成。上皮细胞之间夹有杯状细胞和内分泌细胞。柱状细胞游离面有明显的纹状缘。

②固有层:由富含网状纤维的结缔组织构成,固有层内除有大量的肠腺外,还有毛细血管、淋巴管、神经和各种细胞成分(如淋巴细胞、嗜酸性粒细胞、浆细胞和肥大细胞等)。固有层中央有 1 条粗大的毛细淋巴管(绵羊有 2 条),它的起始端为盲端,称为中央乳糜管。中央乳糜管管壁由一层内皮细胞构成,无基膜,通透性很大,一些较大分子的物质可进入管内。毛细血管的内皮有窗孔,有利于物质的吸收。

③黏膜肌层:一般由内环行、外纵行两层平滑肌组成。

(2)黏膜下层。由疏松结缔组织构成,内有较大的血管、淋巴管、神经丛以及淋巴小结等。

(3)肌层。由内环、外纵 2 层平滑肌组成。

(4)浆膜层。与胃的浆膜层相同。

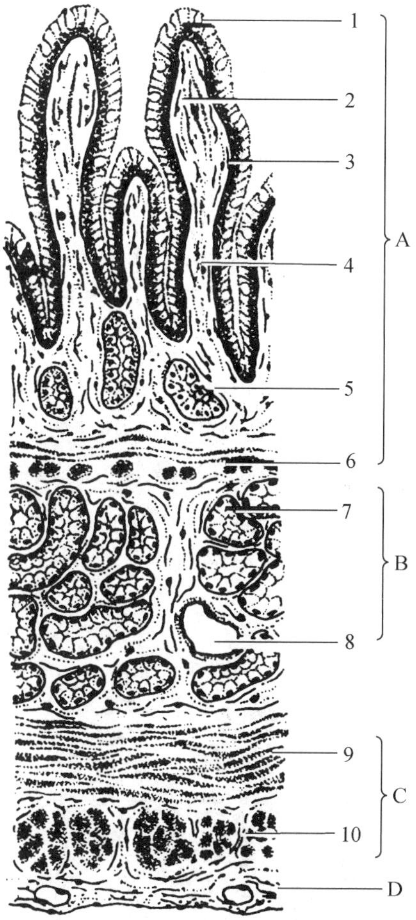

图 4-17 十二指肠横切面(低倍)

A. 黏膜层 B. 黏膜下层 C. 肌层 D. 浆膜层
1. 黏膜上皮 2. 小肠绒毛 3. 上皮细胞
4. 固有层 5. 小肠腺 6. 黏膜肌层
7. 十二指肠腺 8. 血管
9. 环行肌 10. 纵行肌

2. 大肠壁的组织构造

大肠壁也由 4 层构成,与小肠壁相比,主要有以下特点。

(1)大肠黏膜没有环形皱襞,黏膜表面没有绒毛。

(2)黏膜上皮中杯状细胞多,无纹状缘。

(3)大肠腺比较发达,直而长;杯状细胞较多,分泌碱性黏液,可中和粪便发酵的酸性产物;分泌物不含消化酶,但有溶菌酶。

(4)孤立淋巴小结较多,集合淋巴小结却很少。

(5)肌层特别发达。

五、肝

(一)肝的一般形态及位置

动物的肝一般呈红褐色,是动物体内最大的腺体。肝位于腹前部,膈的后方,大部分偏右侧或全部位于右侧，呈扁平状。背侧一般较厚，腹侧缘薄锐。在腹侧缘上有深浅不同的切迹，将肝分成大小不等的肝叶。膈面隆突，脏面凹，中部有肝门。门静脉和肝动脉经肝门入肝，胆汁的输出管和淋巴管经肝门出肝。肝各叶的输出管合并在一起形成肝管。没有胆囊的动物，肝管和胰管一起开口于十二指肠。有胆囊的动物，胆囊的胆囊管与肝管合并，称为胆管，开口于十二指肠。

肝的表面被覆有浆膜，并形成左、右冠状韧带，镰状韧带，圆韧带，三角韧带与周围器官相连。

1. 牛(羊)肝

牛肝(图 4-18)略呈长方形，被胃挤到右季肋部，被胆囊和圆韧带分为左、中、右 3 叶。左叶在第 6～7 肋骨相对处；右叶在第 2～3 腰椎下方，分叶不明显；中叶被肝门分为上方的尾叶和下方的方叶。各叶的输出管合并在一起形成肝管，肝管在肝门处形成胆管，开口于十二指肠，距幽门 50～70 cm。

2. 猪肝

猪肝(图 4-19)较发达，中央部厚，周围边缘薄，大部分位于腹前部的右侧，左缘与第 9 或第 10 肋间隙相对；右缘与最后肋间隙的上方相对；腹缘位于剑状软骨后方，距离剑状软骨 3～5 cm。肝被 3 条深的切迹分为左外叶、左内叶、右内叶和右外叶。胆囊位于右内叶的胆囊窝内。胆管开口于距幽门 2～5 cm 处的十二指肠憩室。

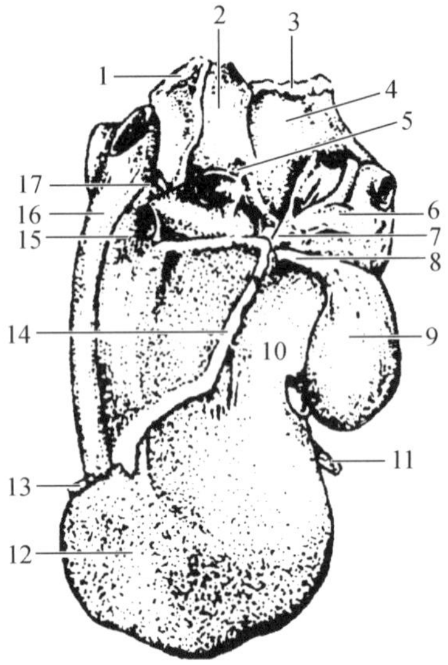

图 4-18　牛肝(脏面)

1. 肝肾韧带　2. 尾状突　3. 右三角韧带　4. 肝右叶　5. 肝门淋巴结　6. 十二指肠　7. 胆管　8. 胆囊管　9. 胆囊　10. 方叶　11. 肝圆韧带　12. 左叶　13. 左三角韧带　14. 小网膜　15. 门静脉　16. 后腔静脉　17. 肝动脉

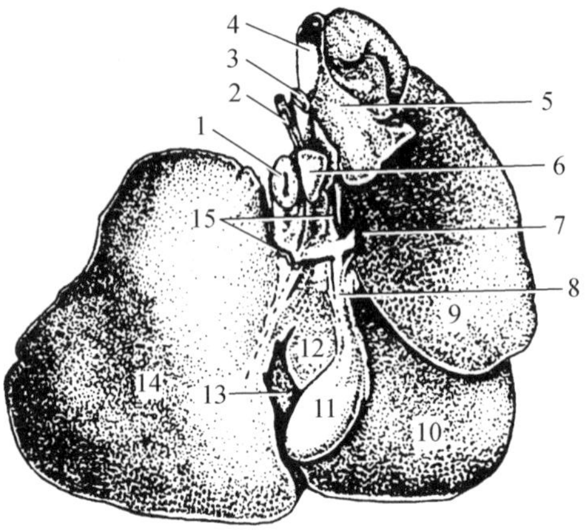

图 4-19　猪肝(脏面)

1. 食管　2. 肝动脉　3. 门静脉　4. 后腔静脉　5. 尾叶　6. 肝门淋巴结　7. 胆管　8. 胆囊管　9. 右外叶　10. 右内叶　11. 胆囊　12. 方叶　13. 左内叶　14. 左外叶　15. 小网膜附着线

3. 马肝

马肝(图 4-20)的特点是分叶明显,没有胆囊。大部分位于右季肋部,小部分位于左季肋部,其右上部达第 16 肋骨中上部,左下部与第 7～8 肋骨的下部相对。肝的背缘钝,腹侧缘薄锐。在肝的腹侧缘上有 2 个切迹,将肝分为左、中、右 3 叶。

(二)肝的组织构造

肝的表面大部分被覆一层浆膜,其深面是由富含弹性纤维的结缔组织构成的纤维囊,纤维囊结缔组织随血管、神经、淋巴管和肝管等出入肝实质内,构成肝的支架,并将肝分隔成许多肝小叶。

1. 肝小叶

肝小叶(图 4-21)为肝的基本单位,呈不规则的多面棱柱状体。每个肝小叶的中央沿长轴都贯穿着一条中央静脉。肝细胞以中央静脉为轴心呈放射状排列,在切片上则呈索状,称为肝细胞索,而实际上是一些肝细胞呈单行排列构成的板状结构,又称为肝板。肝板互相吻合连接成网,网眼内为窦状隙。窦状隙极不规则,并通过肝板上的孔彼此相通。

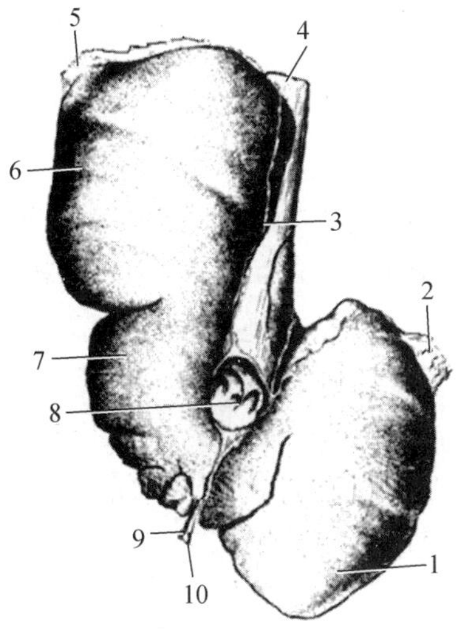

图 4-20 马肝(壁面)

1. 左叶 2. 左三角韧带 3. 冠状动脉 4. 后腔静脉 5. 右三角韧带 6. 右叶 7. 中叶 8. 肝静脉 9. 圆韧带 10. 镰状韧带

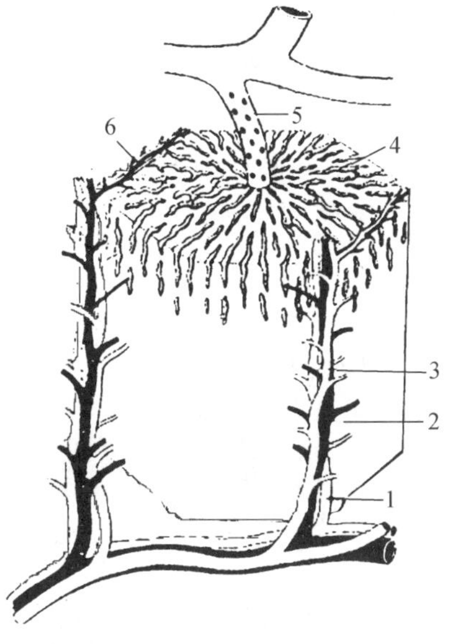

图 4-21 肝小叶模式图

1. 小叶间动脉 2. 小叶间静脉 3. 小叶间胆管 4. 肝血窦 5. 中央静脉 6. 终末支

(1)肝细胞。肝细胞呈多面形,胞体较大,界线清楚。细胞核有 1～2 个,大而圆,位于细胞中央。

(2)窦状隙。窦状隙为肝小叶内血液通过的管道(即扩大的毛细血管或血窦),位于肝板之间。窦壁由扁平的内皮细胞构成,核呈扁圆形,突入窦腔内。此外,在窦腔内还有许多体积较大、形状不规则的星形细胞,以突起与窦壁相连,称为库普弗细胞。这种细胞是体内巨噬细胞系统的组成部分,可吞噬细菌和异物。

(3)胆小管。胆小管直径 0.5～1.0 μm，由相邻肝细胞的细胞膜围成。胆小管位于肝板内，并互相通连成网，从肝小叶中央向周边部行走，在肝小叶边缘与小叶内胆管连接。

2. 门管区

由肝门进出肝的 3 个主要管道(门静脉、肝动脉和肝管)，以结缔组织包裹，总称为肝门管。3 个管道在肝内分支，并在小叶间结缔组织内相伴而行，分别称为小叶间静脉、小叶间动脉和小叶间胆管。在门管区内还有淋巴管神经伴行。

3. 肝的排泄管

肝细胞分泌的胆汁排入胆小管内。在肝小叶边缘，胆小管汇合成短小的小叶内胆管。小叶内胆管穿出肝小叶，汇入小叶间胆管。小叶间胆管向肝门汇集，最后形成肝管出肝直接开口于十二指肠(马)，或与胆囊管汇合成胆管后，再通入十二指肠内(牛、羊和猪等)。

4. 肝的血液循环

进入肝的血管有门静脉和肝动脉。

(1)门静脉。它收集了来自胃、脾、肠、胰的血液，汇合成门静脉，经肝门入肝，在肝小叶间分支形成小叶间静脉，再分支成终末分支，开口于窦状隙，然后血液流向小叶中心的中央静脉。门静脉血由于主要来自胃肠，所以血液内既含有经消化吸收来的营养物质，又含消化吸收过程中产生的毒素、代谢产物及细菌、异物等有害物质。其中，营养物质在窦状隙处可被吸收、贮存或经加工、改造后再排入血液中，运到机体各处，供机体利用；而代谢产物以及有毒、有害物质则可被肝细胞结合或转化为无毒、无害物质，细菌、异物可被库普弗细胞吞噬。因此，门静脉属于肝脏的功能血管。

(2)肝动脉。它来自腹主动脉，经肝门入肝后，在肝小叶间分支形成小叶间动脉，并伴随小叶间静脉分支后，进入窦状隙和门静脉血混合。部分分支还可到被膜和小叶间结缔组织等处。这支血管由于是来自主动脉，含有丰富的氧气和营养物质，可供肝细胞物质代谢使用，所以是肝脏的营养血管。

肝血液循环及胆汁排出路径见图 4-22。

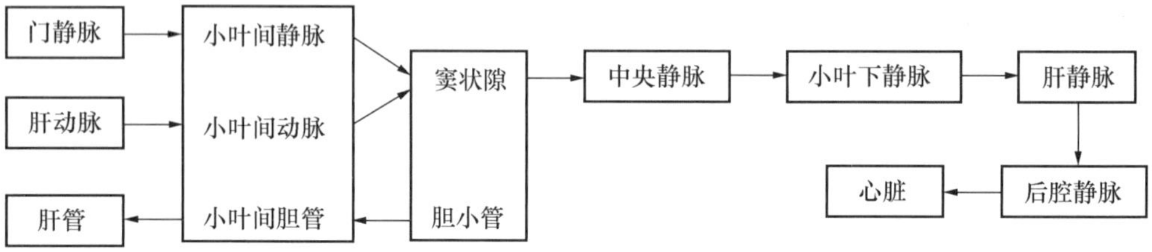

图 4-22 肝血液循环及胆汁排出路径图

六、胰

(一)胰的形态及位置

胰呈淡红黄色，形状很不规则，位于腹腔背侧，靠近十二指肠。胰可分为 3 个叶，靠近十二指肠的部分称为中叶(或胰头)，左侧的部分称为左叶，右侧的部分称为右叶。胰的输出管有的动物有 1 条(牛、猪)，有的动物有 2 条(马、犬)，其中一条称为胰管，另一条称为副胰管。

1. 牛胰

牛胰呈不规则的四边形，分叶不明显，位于右季肋部和腰部。胰头靠近肝门附近。左叶背侧附着于膈脚，腹侧与瘤胃背囊相连。右叶较长，向后伸延到肝尾状叶附近，背侧与右肾邻接，腹侧与十二指肠和结肠为邻。

2. 猪胰

猪胰由于脂肪含量较多，故呈灰黄色。胰头稍偏右侧，位于门静脉和后腔静脉腹侧，右叶沿十二指肠向后方伸延到右肾的内侧缘；左叶位于左肾的下方和脾的后方，整个胰位于最后 2 个胸椎和前 2 个腰椎的腹侧。胰管由右叶末端发出，开口于距幽门 10～12 cm 处的十二指肠内。

3. 马胰

马胰呈扁三角形，横位于腹腔顶壁的下面，大部分位于右季肋部，第 16～18 胸椎的腹侧。

(二)胰的组织构造

胰的外面包有一薄层结缔组织被膜，结缔组织伸入腺体实质，将实质分为许多小叶。胰的实质可分为外分泌部和内分泌部。

(1)外分泌部。外分泌部属消化腺，由腺泡和导管组成，占腺体绝大部分。腺泡呈球状或管状，腺腔很小，均由腺细胞组成。细胞合成的分泌物先排入腺腔内，再由各级导管排出胰脏。腺泡的分泌物称为胰液，一昼夜可分泌 6～7 L(牛、马)或 7～10 L(猪)，经胰管注入十二指肠，有消化作用。

(2)内分泌部。内分泌部位于外分泌部的腺泡之间，由大小不等的细胞群组成，形似小岛，故名胰岛。胰岛细胞呈不规则的索状排列，且互相吻合成网，网眼内有丰富的毛细血管和血窦。胰岛细胞分泌胰岛素和胰高血糖素，经毛细血管直接进入血液，有调节血糖代谢的作用。

胰的组织构造如图 4-23 所示。

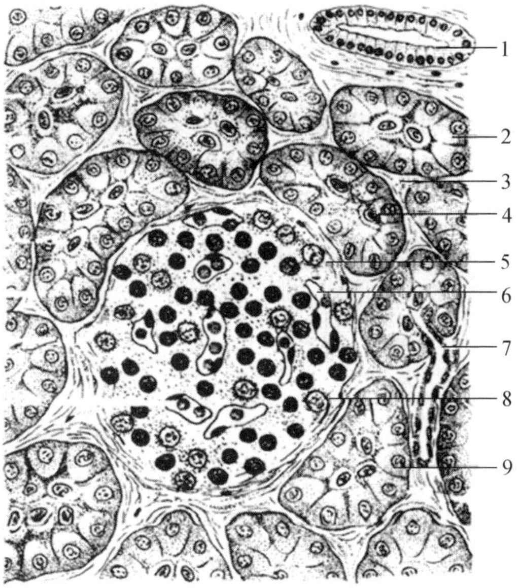

图 4-23　胰的组织构造(高倍)

1. 小叶间导管　2. 分泌细胞　3. 疏松结缔组织　4. 泡心细胞　5. 胰岛
6. 毛细血管　7. 闰管　8. 胰岛细胞　9. 腺泡

第三节 消化与吸收

动物在生命活动过程中，需要不断地采食饲料，摄取其中的营养物质，氧化分解产生能量，供机体利用。饲料中的营养物质包括蛋白质、脂肪、糖类（主要为纤维素和淀粉）、水、无机盐和维生素。其中水、无机盐和维生素一般可以直接被机体吸收利用，而蛋白质、糖类和脂肪为大分子物质，必须在消化道内经过较长时间的作用分解为小分子物质后，才能被机体吸收利用，这个过程即为消化。

一、口腔内消化

动物口腔内的消化活动以机械性消化为主，包括采食、饮水、咀嚼和吞咽等过程。

（一）采食和饮水

各种动物食性不同，采食方式也不同，但主要的采食器官都是唇、舌、齿，且都有颌部和头部的肌肉运动。牛主要依靠既长又灵活的舌伸到口外，将饲草卷入口内；猪喜欢用吻突掘取萝卜、草根，舍饲时靠齿、舌和头部的特殊运动采食；犬、猫等肉食动物，则常以门齿和犬齿咬扯食物，且借助头、颈运动，甚至靠前肢协助采食；绵羊和山羊主要靠舌和切齿采食，绵羊上唇有裂隙，能咬啃短的牧草。

饮水时，犬和猫把舌头浸入水中，卷成匙状，送水入口；其他动物一般先把上、下唇合拢，中间留一小缝，伸入水中，然后下颌下降，舌向咽后撤，使口内空气稀薄，形成负压，把水吸入口。幼小动物吮乳也是靠下颌和舌的节律性运动来完成的。

（二）咀嚼

摄入口内的饲料，被送到上、下颌臼齿间，在咀嚼肌的收缩和舌、颊部的配合运动下，食物被压磨粉碎，并与唾液混合。牛、羊等反刍动物在采食时并不充分咀嚼，待反刍时再咀嚼；肉食动物除必须咀嚼之外，一般随采随咽，混合唾液也不多；马在咽下饲料之前咀嚼充分。

咀嚼的次数、时间与饲料的状态有关。一般湿的饲料比干的饲料咀嚼次数少，时间也比较短。

咀嚼的主要作用如下。

(1)粉碎饲料，并破坏其细胞的纤维膜，增加饲料的消化面积。

(2)使粉碎后的饲料与唾液混合，形成食团，便于吞咽。

(3)反射性地引起消化腺的活动和胃肠运动。

（三）吞咽

吞咽是一种复杂的反射性动作，使食团从口腔进入胃。吞咽动作可以分为由口腔到咽，由咽到食管上端和由食管上端下行至胃 3 个顺序发生的时期。吞咽反射的传入神经来自第Ⅴ、Ⅸ、Ⅹ对脑神经；吞咽的基本中枢位于延髓内；支配吞咽肌的传出神经为第Ⅴ、Ⅸ、Ⅻ对脑神经；支配食管的传出神经为迷走神经。

（四）唾液的生理作用

1. 唾液的性状与组成

唾液为无色透明的黏性液体，呈弱碱性反应，密度为 1.002～1.009。唾液由约 99.4%的水分、0.6%的无机物及有机物组成，无机物中有钾、钠、钙、镁的氧化物、磷酸盐和碳酸氢盐等；有机物主要是黏蛋白和其他蛋白质。猪的唾液中还含有少量唾液淀粉酶，可将淀粉分解为麦芽糖。

肉食动物在安静时分泌的唾液，pH 偏弱酸，而有食物刺激时分泌的唾液 pH 可升至 7.5 左右。反刍动物腮腺分泌的唾液 pH 可高达 8.1。

2. 唾液的作用

唾液的主要作用如下。

(1)浸润饲料，利于咀嚼。唾液中的黏液能使嚼碎的饲料形成食团，并增加饲料光滑度，便于吞咽。

(2)溶解饲料中的可溶性物质，刺激舌的味觉感受器，引起食欲，促进各种消化液的分泌。

(3)帮助清除一些饲料残渣和异物，清洁口腔。

(4)唾液为碱性物质，进入胃无腺部或反刍动物瘤胃后，可维持该部中性或碱性环境，有利于微生物和酶对饲料的发酵作用。

(5)唾液中含溶菌酶具有抗菌作用，如犬用舌头舔伤口，能起清洁消毒的作用。

(6)猪等动物的唾液中有淀粉酶，能将淀粉分解为糊精和麦芽糖。

(7)水牛、犬等动物汗腺不发达，可借唾液中水分的蒸发来调节体温。

(8)反刍动物唾液中含有相当量的尿素，可被瘤胃内细菌利用，合成菌体蛋白。

此外，有些异物(如汞、铅)和狂犬病、脊髓灰质炎的病毒等也可随唾液排出。

二、单胃的消化

单胃动物的胃有暂时贮存饲料和初步消化饲料两大功能。

(一)胃的化学性消化

1. 胃液的性质、成分

纯净的胃液无色，pH 为 0.9～1.5。胃液成分包括消化酶、黏蛋白、内因子及无机物(如盐酸、钠和钾的氯化物)。

2. 胃液的作用

(1)盐酸。由壁细胞分泌出来后，有一部分与黏液中的有机物结合，称为结合酸，未被结合的部分称为游离酸，两者合称为总酸，其中绝大部分是游离酸。盐酸的作用如下。

①激活胃蛋白酶原并提供酶作用所需要的酸性环境。

②使蛋白质变性而易于分解。

③杀死胃内的细菌。

④进入小肠促进胰液、胆汁及肠液的分泌。

⑤造成酸性环境，有助于铁、钙的吸收。

(2)胃蛋白酶。分泌入胃的胃蛋白酶原是没有活性的，在胃酸或已激活的胃蛋白酶的作用下转变为有活性的胃蛋白酶。胃蛋白酶在 pH 为 2 的较强酸性环境下将蛋白质水解为䏡和胨，产生多肽和氨基酸较少。当 pH 升高达到 6 以上时，此酶即发生不可逆的变性。

(3)黏液。黏液的主要成分是糖蛋白，分不溶性黏液和可溶性黏液 2 种。不溶性黏液由表面上皮细胞分泌，呈胶冻状，黏稠度很大；可溶性黏液是由胃腺的黏液细胞和贲门腺、幽门腺分泌的。黏液经常覆盖在胃黏膜表面，有润滑作用，使食物易于通过；保护胃黏膜不受食物中坚硬物质的损伤；还可防止酸和酶对黏膜的侵蚀。

(4)内因子。能和食物中维生素 B_{12} 结合成复合物，通过回肠黏膜受体将维生素 B_{12} 吸收。

知识链接 初生仔猪消化腺发育不健全，盐酸的分泌较迟，胃液中盐酸含量低或完全缺乏。因此，初生仔猪胃液蛋白质消化和杀菌能力都很弱，易受细菌感染而患胃肠道疾病，饲养中应该注意。

(二)胃的运动及调节

1. 胃头区的运动

胃头区包括胃底和胃体的前部，其主要功能是临时贮存食物和进行微弱的紧张性收缩活动。咀嚼、吞咽食物过程刺激了咽、食管等处的感受器，反射性地通过迷走神经，引起胃的头区肌肉舒张，使胃肠容量增大而胃内压力却很少增加，称为容纳性舒张。

2. 胃尾区的运动

胃尾区包括胃体的远端和胃窦，主要作用是通过蠕动使食物与胃液充分混合并逐步将食糜排至十二指肠。食物进入胃后约 5 min，蠕动波即从胃中部开始有节律地向幽门方向推进。在推进过程中，波的深度和速度在不断增大。接近幽门时，一部分食糜被排到十二指肠，有些蠕动波只到胃窦并不到幽门。胃窦终末部的有力收缩可将胃内容物反向推回到近侧胃窦部和胃体部，以便将食物进一步磨碎。

3. 胃排空

食物由胃排入十二指肠的过程称为胃排空。消化时食物在胃内引起胃运动加强，从而使胃内压升高。当胃内压大于十二指肠内压时，食糜即由胃进入十二指肠。

4. 胃运动的调节

(1)神经调节。胃的容纳性舒张是通过迷走神经抑制性纤维实现的。通常迷走神经可增强胃肌收缩力，交感神经则降低环行肌的收缩力。食物对消化管壁的机械和化学刺激可局部通过壁内神经丛，加强平滑肌的条件性收缩，加速蠕动。大脑皮层对胃壁肌的紧张性和蠕动运动也有显著的影响。

(2)体液调节。胃泌素使胃肌收缩的频率和强度增加，促胰液素和抑胃肽抑制胃的收缩。

三、复胃的消化

复胃消化与单胃消化的主要区别在于前胃，除特有的反刍、食管沟反射和瘤胃运动外，主要是在前胃内进行生物学消化。

(一)瘤胃和网胃的消化

瘤胃、网胃是“发酵罐”。饲料内的可消化干物质有 70%～85%，粗纤维约 50%经过瘤胃的微生物分解，产生挥发性脂肪酸(VFA)、氨、氮、乳酸、CO_2、CH_4、H_2 等，同时还可合成蛋白质和 B 族维生素。

1. 瘤胃内微生物及其生存条件

(1)瘤胃内环境。瘤胃可看作是厌氧微生物繁殖的高效的培养器。瘤胃具有供给微生物繁殖所需的营养物质，并不断后送；瘤胃内具有微生物生存繁殖的适宜温度，通常为 39～41 ℃，瘤胃内容物的含水量相对稳定，渗透压维持在接近血液水平。饲料发酵产生的挥发性脂肪酸和氨不断被吸收入血，瘤胃食糜经常排入后段消化道。饲料发酵产生的大量酸类，被唾液中大量的碳酸氢盐和磷酸盐所缓冲，使 pH 在 5.5～7.5；瘤胃内容物高度缺氧。瘤胃上部气体通常含 CO_2、CH_4 及少量 N_2、H_2、O_2 等，H_2、O_2 主要随食物进入瘤胃内，O_2 迅速地被微生物繁殖所利用。因此，瘤胃内环境经常处于相对稳定状态。

(2)瘤胃微生物及其作用。瘤胃微生物主要是厌氧性纤毛虫、细菌及真菌，种类甚为复杂，并随饲料种类、饲喂制度及动物年龄等因素而变化。1 g 瘤胃内容物中含细菌 150 亿～250 亿个和纤毛虫 60 万～180 万个，其总体积约占瘤胃液的 3.6%，其中细菌和纤毛虫约各占一半。

①纤毛虫：瘤胃的纤毛虫有全毛与贫毛两大类，都严格厌氧，依靠体内的酶能发酵糖类产生乙酸、丁酸、乳酸、CO_2、H_2 和少量丙酸，水解脂类，氢化不饱和脂肪酸，降解蛋白质。此外，纤毛虫还能吞噬细菌。

瘤胃内纤毛虫的数量和种类明显受饲料及瘤胃内 pH 的影响，当饲喂高水平淀粉（或糖类）的日粮，pH 降至 5.5 或更低时，纤毛虫的活力降低，数量减少或完全消失。此外，纤毛虫数量也受饲喂次数的影响，次数越多则数量越多。

反刍家畜在瘤胃内在没有纤毛虫的情况下，个体也能良好生长，不过在营养水平较低的情况下，纤毛虫能提高饲料的消化率与利用效率，动物体贮氮和挥发性脂肪酸的产生都大幅度增加。纤毛虫蛋白质的生物价与细菌相同（约为 80%），但消化率超过细菌蛋白质（纤毛虫为 91%，细菌为 74%），同时纤毛虫的蛋白质含丰富的赖氨酸等必需氨基酸，品质超过细菌蛋白质。

②细菌：是瘤胃中最主要的微生物，数量大、种类多，极为复杂，随饲料种类、采食后时间和动物状态不同而变化。瘤胃内的细菌大多数是不形成芽孢的厌氧菌，偶有形成芽孢的厌氧菌；牛链球菌和某些乳酸杆菌等非严格厌氧的细菌有时也很多。这些细菌多半利用饲料中的多种碳水化合物作为能源；不能利用碳水化合物的细菌可利用乳酸样的中间代谢产物；也有极少的细菌只能利用一种能源。

此外，还有分解蛋白质和氨基酸或脂类的细菌，合成蛋白质和维生素的菌群，其中有些菌群既能分解纤维素又能利用尿素。

总之，瘤胃饲料中的碳水化合物，在多种不同的细菌的重叠或相继作用下，通过相应酶系统的作用，产生挥发性脂肪酸、CO_2 和 CH_4 等，并合成蛋白质和 B 族维生素供畜体利用。

③真菌：瘤胃内存在厌氧性真菌，含有纤维素酶，能够分解纤维素。此外，真菌还可利用饲料中的碳源、氮源合成胆碱和蛋白质，进入后段消化道被利用。

瘤胃微生物之间存在彼此制约、互相共生的关系。纤毛虫能吞噬和消化细菌作为自身的营养，或用菌体酶类来消化营养物质。瘤胃内存在多种菌类，能协同纤维素分解菌分解纤维素。纤维素分解菌所需的氮，在较多情况下是靠其他微生物的代谢来提供的。更换饲料不宜太快，以便使微生物群逐渐适应改变的饲料，避免动物发生急性消化不良。

2. 瘤胃内的消化代谢过程

在瘤胃微生物作用下，饲料在瘤胃内发生一系列复杂的消化过程，分述如下。

(1)糖类的发酵。饲料中的纤维素、果胶、半纤维素、淀粉、可溶性糖以及其他糖类物质，均能被瘤胃微生物群降解发酵，产生挥发性脂肪酸、CO_2、CH_4 等代谢终产物。发酵速度以可溶性糖最快，淀粉次之，纤维素和半纤维素最慢。它们的消化代谢过程如下：

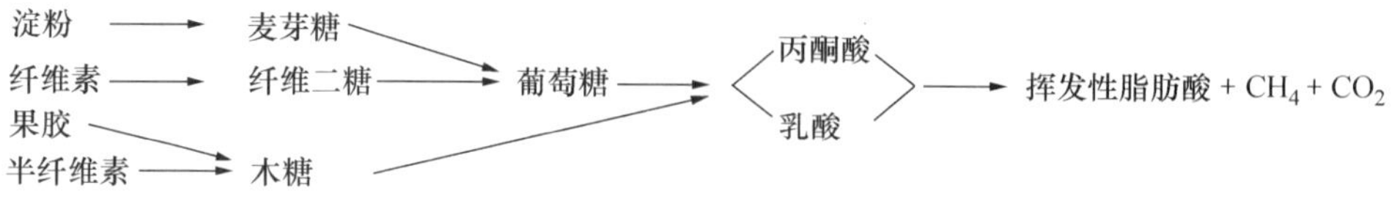

瘤胃内糖类发酵终产物中以挥发性脂肪酸最为重要，挥发性脂肪酸是反刍动物主要的能量来源。牛瘤胃一昼夜产生的挥发性脂肪酸为 90～150 mmol/L，提供占机体所需能量的 60%～70%。挥发性脂肪酸中主要是乙酸、丙酸和丁酸，其比例大体为 70∶20∶10，但随饲料水平不同而发生显著的变化(表 4-1)。

表 4-1　不同饲料水平下乳牛瘤胃内挥发性脂肪酸的含量　　%

项目	乙酸	丙酸	丁酸
精料	59.60	16.60	23.80
多汁料	58.90	24.85	16.25
干草	66.55	28.00	5.45

挥发性脂肪酸约有 88%以盐类形式吸收。通常，乙酸和丁酸通过三羧酸循环而代谢，不增加糖原的贮存，在泌乳期它们是反刍动物生成乳脂的主要原料；丙酸是反刍动物血液葡萄糖的主要来源，占血糖的 50%～60%。乙酸也能提供动物的代谢能，丁酸在瘤胃上皮内代谢为 β-羟基丁酸或乙酸盐。β-羟基丁酸是瘤胃上皮的一个主要能源。

瘤胃微生物在发酵糖类的同时，利用分解出的单糖和双糖合成自身的多糖，并贮存于体内，待微生物到达皱胃，即被盐酸杀死释放出多糖，随食糜进入小肠后，经相应酶的作用分解为单糖，而被动物吸收利用，成为反刍动物机体的葡萄糖来源之一。泌乳的牛，吸收入血的葡萄糖约有 60%用来合成牛乳。

(2)蛋白质的消化。瘤胃微生物主要是利用饲料蛋白质和非蛋白质氮，构成微生物蛋白质，当其经过皱胃和小肠时，又被消化分解为氨基酸，供动物机体吸收利用。

①瘤胃内蛋白质的分解和氨的产生。进入瘤胃的饲料蛋白质，50%～70%被微生物蛋白酶分解为肽和氨基酸，大部分氨基酸在微生物脱氨基酶作用下脱去氨基而生成氨、CO_2 和有机酸。尿素、铵盐、酰胺等饲料中的非蛋白质含氮物，被微生物分解后也产生氨。除部分氨被微生物利用外，一部分被瘤胃壁代谢和吸收，其余则进入瓣胃。

②瘤胃内微生物对氨的作用。瘤胃微生物能直接利用氨基酸合成蛋白质或先利用氨合成氨基酸后，再转变成微生物蛋白质。瘤胃微生物利用氨合成氨基酸还需要碳链和能量。挥发性脂肪酸、CO_2 和糖类都是碳链的来源。

③瘤胃的尿素再循环作用。瘤胃内的氨除被微生物利用外，其余的被瘤胃壁迅速吸收入血，经血液送到肝脏，在肝脏内通过鸟氨酸循环变成尿素。尿素经血液循环一部分随唾液重新进入瘤胃，一部分通过瘤胃壁弥散到瘤胃内，剩下的就随尿排出。在低蛋白质日粮情况下，反刍动物就依靠这种内源性的尿素再循环作用节约氮的消耗，维持瘤胃内适宜的氨浓度，以利微生物蛋白质的合成。

知识链接　在畜牧生产实践中，可用尿素来代替牛、羊日粮中约 30%的蛋白质。但在脲酶的作用下，尿素产氨的速度约为微生物利用氨速度的 4 倍，因此必须采取一定措施来延缓尿素产氨的速度。例如，抑制脲酶活性、制成胶凝淀粉尿素或尿素衍生物等，并在日粮中供给易消化糖类，使微生物合成蛋白质时能获得充分能量，以提高利用率和安全性。

(3)脂类的消化。饲料中的甘油三酯和磷脂能被瘤胃微生物水解，生成甘油和脂肪酸等物质。其中甘油多半转变成丙酸，而脂肪酸的最大变化是不饱和脂肪酸加水氢化，变成饱和脂肪酸。饲料中脂肪是体脂和乳脂的主要来源。

(4)维生素的合成。瘤胃微生物能合成硫胺素、核黄素、生物素、吡哆醇、泛酸和维生素 B_{12} 等 B 族维生素以及维生素 K 和维生素 C，供动物机体利用。当幼龄反刍动物瘤胃开始发酵以后，即使饲料中缺乏这类维生素，也不会影响健康。

3. 产生气体

在瘤胃的发酵过程中，不断地产生大量气体，主要是 CO_2 和 CH_4，还含有少量的 N_2 和微量的 H_2、O_2 或 H_2S，其中 CO_2 占 50%～70%，CH_4 占 30%～40%。瘤胃发酵的产气量、速度以及气体组成，随饲料的种类、饲喂后的时间不同而有显著差异。健康动物瘤胃内 CO_2 量比 CH_4 多，但饥饿或气胀时，则 CH_4 量大大超过 CO_2 的量。

CO_2 大部分是由糖类发酵和氨基酸脱羧所产生，少部分来自唾液及透过瘤胃上皮的碳酸氢盐。瘤胃 CH_4 主要是在产 CH_4 的细菌作用下还原 CO_2 或由甲酸生成的。

瘤胃的气体一部分通过瘤胃壁吸收，小部分随同饲料残渣经胃肠道排出，大部分靠嗳气逸出口外。

4. 前胃的运动及其调节

前胃的运动与 3 部分有着密切联系，最先为网胃收缩。网胃连续收缩 2 次，第 1 次只收缩一半即行舒张，接着就进行第 2 次几乎完全的收缩。

在网胃的第 2 次收缩之后，紧接着发生瘤胃的收缩。瘤胃的收缩有 2 种波形，第 1 种为 A 波，先由瘤胃前庭开始，沿背囊由前向后，然后转入腹囊，接着又沿腹囊由后向前，同时食物在瘤胃内也顺着收缩的次序和方向移动和混合。在收缩之后，有时瘤胃还有一次 B 波，即单独的附加收缩。B 波由瘤胃本身产生，起始于后腹盲囊，行进到后背囊及前背囊，最后到达主腹囊。它与嗳气有关，而与网胃收缩没有直接联系(图 4-24)。

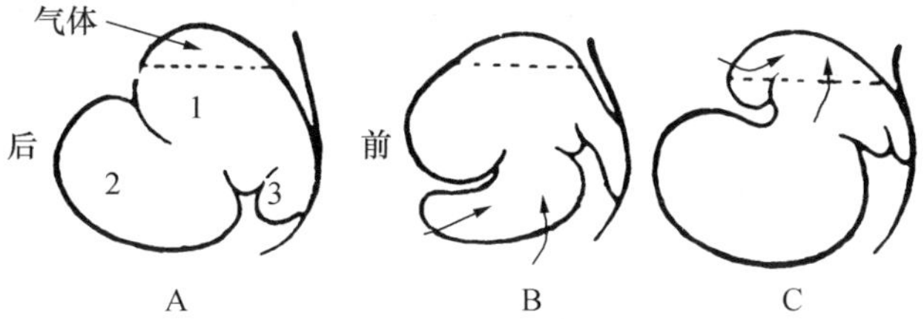

图 4-24　瘤胃运动简图

A. 全部舒张　B. 背囊舒张、腹囊收缩　C. 背囊收缩、腹囊舒张、网胃收缩

1. 背囊　2. 腹囊　3. 网胃

瓣胃运动比较缓慢而有力，其收缩与网胃相配合。当网胃收缩时，网瓣孔开放，瓣胃舒张，压力降低，于是一部分食糜由网胃移入瓣胃，其中液体部分可通过瓣胃管直接进入皱胃。

前胃运动受反射性调节。刺激口腔感受器以及刺激前胃的机械感受器和压力感受器都能引起前胃运动加强;刺激网胃感受器,除引起收缩加速,还出现反刍和逆呕。前胃各部运动还受其后段负反馈性抑制调节。

知识链接 因为网胃的第2次收缩比较完全,所以,当饲料中混入的尖锐异物被牛吞食留于网胃时,常因网胃收缩而穿过胃壁引起创伤性网胃炎。因为网胃与膈紧贴,而膈与心包的距离又很近,严重时异物还可穿过膈进入心包,继发创伤性心包炎。所以,在反刍动物饲养管理上要特别注意,严防金属等异物混入饲料。

5. 反刍

反刍动物在摄食时,饲料不经充分咀嚼即吞入瘤胃,在瘤胃内浸泡和软化。当其休息时,较粗糙的饲料刺激网胃、瘤胃前庭和食管沟黏膜的感受器,能将这些未经充分咀嚼的饲料逆呕到口腔,经仔细咀嚼后再吞咽入胃,这一系列过程称为反刍。

当反刍时,网胃在第1次收缩之前还有一次附加收缩,使胃内食物逆呕到口腔。反刍的生理意义在于把饲料嚼细,并混入适量的唾液,以便更好地消化。反刍周期包括逆呕、再咀嚼、再混合唾液和再吞咽4个过程。动物一般饲喂后0.5～1 h出现反刍,每次反刍持续40～50 min,其间有一短暂的间隙,一昼夜可进行6～8次反刍。

6. 嗳气

嗳气是反刍动物特有的生理现象,指瘤胃微生物发酵产生的气体经由食道和口腔向外排出的过程。嗳气是一种反射动作。当瘤胃气体增多,胃壁张力增加时,就兴奋瘤胃背盲囊和贲门括约肌处的牵张感受器,经过迷走神经传到延髓嗳气中枢。中枢兴奋就引起背盲囊收缩,开始瘤胃第2次收缩,由后向前推进,压迫气体移向瘤胃前庭,同时前肉柱与瘤胃、网胃肉褶收缩,阻挡液状食糜前涌,贲门区的液面下降,贲门口舒张,于是气体即被驱入食管。

7. 食管沟的作用

食管沟是由2片肥厚的肉唇构成的一个半关闭的沟。它起自贲门,经网胃伸展到网瓣孔。牛犊和羊羔在吸吮乳汁时,能反射性地引起食管沟肉唇蜷缩,闭合成管,使乳汁直接从食管沟到达网瓣孔,经瓣胃管进入皱胃,不落入前胃。

知识链接 食管沟闭合程度与饮乳方式及动物年龄有密切关系。若用桶喂乳时,食管沟闭合不完全,一部分乳汁会流入发育不完善的网胃、瘤胃,引起发酵而产生乳酸,造成腹泻。食管沟闭合反射随着动物年龄的增长而减弱。某些化合物尤其是NaCl和$NaHCO_3$溶液可使2岁牛的食管沟闭合,$CuSO_4$溶液能引起绵羊的食管沟闭合反射。在临床实践中利用这一特点,可将药物直接输送到皱胃用于治疗。

(二)瓣胃的消化

瓣胃主要起过滤器作用。来自网胃的流体食糜含有许多微生物和细碎的饲料以及微生物发酵的产物,当通过瓣胃的叶片之间时,其中一部分水分被瓣胃上皮吸收,一部分被叶片挤压出来流入皱胃,食糜变干。截留于叶片之间的较大食糜颗粒,被叶片的粗糙表面糅合研磨,使之变得更为细碎。

(三)皱胃的消化

皱胃的化学性消化与单胃动物胃的化学性消化相似。皱胃运动不如前胃那样富有节律。一般情况下,胃体部处于静止状态,皱胃运动只在幽门窦处明显,半流体的皱胃内容物随幽门运动而排入十二指肠。

四、小肠内消化

小肠内消化主要通过小肠的运动,使胰液、胆汁、小肠液与食糜充分混合,发挥胰液、胆汁和小肠液的化学性消化作用。

(一)胰液的消化作用

胰液是无色、无臭的碱性液体,pH 为 7.8～8.4。胰液中含无机物与有机物。无机成分中,除含有 Cl^-、Na^+、K^+、Ca^{2+} 等外,还有含量最高的碳酸氢盐,其主要作用是中和进入十二指肠的胃酸,使肠黏膜免受强酸的侵蚀;同时也为小肠内多种消化酶活动提供了最适合的 pH 环境。

胰液中有机物主要是蛋白质,由多种消化酶组成。

(1)胰淀粉酶。不需激活就有活性,可分解淀粉为麦芽糖。

(2)胰脂肪酶。分解脂肪为甘油和脂肪酸。

(3)胰蛋白酶和糜蛋白酶。都以酶原形式存在于胰液中,经激活后,分解蛋白质为际和胨,2 种酶共同作用时可分解蛋白质为小分子的多肽和氨基酸。

(4)核糖核酸酶和脱氧核糖核酸酶。使相应的核酸部分地水解为单核苷酸。

(5)羧基肽酶。作用于多肽末端的肽键,释放具有自由羧基的氨基酸。

(二)胆汁的消化作用

1. 胆汁的性质和成分

胆汁是黏稠具有苦味的黄绿色液体,肝胆汁呈弱碱性,胆囊胆汁呈弱酸性。胆汁中没有消化酶,除水外,还有胆色素、胆盐、胆固醇、脂肪酸、卵磷脂以及其他无机盐等。

2. 胆汁的作用

(1)胆盐、胆固醇和卵磷脂可乳化脂肪,增加胰脂肪酶的作用面积。

(2)胆盐可与脂肪酸结合成水溶性复合物,促进脂肪酸的吸收。

(3)胆汁促进脂溶性维生素 A、维生素 D、维生素 E、维生素 K 的吸收。

(4)胆汁可以中和十二指肠中的部分胃酸。

(5)胆盐排到小肠后,绝大部分由小肠黏膜吸收入血,再入肝脏重新形成胆汁,即为胆盐的肠-肝循环。

(三)小肠液的消化作用

小肠液呈弱碱性,pH 约为 7.6。小肠液中含有多种酶,肠激酶可激活胰蛋白酶原,蔗糖酶、麦芽糖酶和乳糖酶可分解双糖,此外,还有淀粉酶、肽酶及脂肪酶。只是有些酶并不是由肠腺分泌入肠腔的,而是存在于肠上皮细胞内的酶,随脱落的上皮细胞进入肠液。禽类小肠黏膜分布有肠腺,但没有哺乳动物的十二指肠腺。肠腺分泌的肠液是呈淡黄色、弱酸性到弱碱性的液体,含有黏液和蛋白酶、淀粉酶、脂肪酶等。

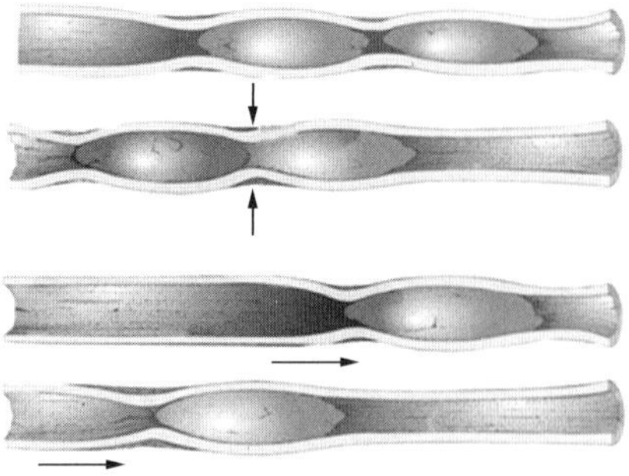

图 4-25 小肠的运动形式

A. 分节运动 B. 蠕动

(四)小肠的运动

1. 小肠的运动形式

小肠肌经常处于紧张状态，是其他运动形式的基础(图 4-25)。

(1)蠕动。小肠蠕动速度很慢，1～2 cm/s，每个蠕动波只把食糜推进一段短距离(约数厘米)后即消失。此外，小肠还有一种传播速度很快、传播距离较远的蠕动称为蠕动冲。它由进食时吞咽动作或食糜进入十二指肠引起，可将食糜从小肠始端一直推送到末端。在十二指肠和回肠末段还出现逆蠕动，有利于食糜的消化和吸收。

(2)分节运动。分节运动是以环行肌为主的节律性收缩与舒张运动。小肠各段分节运动的强度及频率以十二指肠最高，其次是空肠，回肠最低。分节运动的作用主要是使食糜和消化液充分混合，便于化学性消化；为吸收创造良好的条件；能挤压肠壁，有助于血液和淋巴的回流。

(3)钟摆运动。以纵行肌节律性舒缩为主。当食糜进入一段小肠后，这一段肠的纵行肌一侧发生节律性的舒张和收缩，对侧发生相应的收缩和舒张，使肠段左右摆动，肠内容物随之充分混合，以利消化和吸收。

2. 小肠运动的调节

(1)内在神经丛的作用。食糜对肠壁的机械和化学刺激通过局部反射产生蠕动。

(2)外来神经的作用。副交感神经兴奋增强肠运动，交感神经兴奋则抑制肠运动。

(3)体液因素的作用。5-羟色胺、P 物质、胃泌素和胆囊收缩素可加强肠运动；胰高血糖素和肾上腺素则使肠运动减弱。

3. 回盲括约肌的功能

回盲括约肌平时保持轻度的收缩状态。当食物入胃时即引起胃-肠反射，蠕动波到达回肠末端时，括约肌舒张，食糜被驱入结肠。胃泌素也能引起括约肌压力下降。而盲肠黏膜受刺激可通过局部反射引起括约肌收缩，从而阻止回肠内容物进入结肠。回盲括约肌的主要功能是防止回肠内容物过快地进入结肠，有利于食糜在小肠内充分消化和吸收。

五、大肠内消化

大肠是消化道的最后一段，是微生物消化的主要场所之一。

(一)大肠液及微生物的作用

大肠黏膜上的腺体分泌富含黏液和碱性分泌物(主要为碳酸氢盐)的大肠液，含消化酶很少。黏液的作用在于保护肠黏膜和润滑粪便；碱性分泌物能中和酸性内容物，以利于微生物的繁殖和活动。

各种动物大肠内的消化过程不完全一样，分述如下。

1. 草食动物大肠内消化

草食动物大肠内消化特别重要，尤其是马属动物和兔等单胃动物，饲料中的纤维素等多糖物质的消化和吸收，全靠大肠内微生物的作用。大肠的容积庞大，与反刍动物的瘤胃相似，具备微生物繁殖和发酵的条件。随同食糜进入大肠的少数未被杀死的微生物可以在大肠内大量繁殖，消化纤维素的微生物与瘤胃微生物的区别主要是菌株类型之间的比例不同。大肠内的细菌全部是厌氧菌。

大肠内的微生物也能合成B族维生素和维生素K，并被大肠黏膜吸收，供机体利用。大肠壁还能排泄钙、铁、镁等矿物质。

2. 杂食动物大肠内消化

猪大肠内具备与草食动物相似的微生物繁殖条件，猪在饲喂植物性饲料条件下，微生物的作用就很重要。

3. 肉食动物大肠内消化

饲料中的营养物质在小肠内已基本被消化吸收，所以肉食动物大肠的主要功能是吸收水分、电解质和小肠来不及吸收的物质，其余残渣形成粪便。

肉食动物大肠内的环境也很适合大肠埃希菌、葡萄球菌等很多种类细菌的繁殖。这些细菌总称为“肠道常居菌群”或“共生菌”。正常情况下，它们以腐败作用为主，也具有发酵分解作用。

（二）大肠的运动

大肠运动与小肠运动大体相似，但速度较慢，强度较弱。盲肠和大结肠间有明显的蠕动，还有逆蠕动。两者相互配合，推动食糜在一定肠管内来回移动，使食糜得以充分混合，并使之在大肠内停留较长时间。这样能使细菌充分消化纤维素，并保证挥发性脂肪酸和水分的吸收。此外，还有一种进行得很快的蠕动，称为集团蠕动，它能把粪便推向直肠引起便意。

如果大肠运动功能减弱，则粪便停留时间延长，水分吸收过多，粪便干燥以致便秘；若大肠或小肠运动增强，水分吸收过少，则粪便稀软，甚至发生腹泻。

随着大肠运动和食糜移动，发生类似雷鸣或远炮的声音，称为大肠音。

大肠壁和小肠壁一样，存在着2种神经丛。副交感神经兴奋时，运动加强；而交感神经兴奋时，则运动减弱。

（三）粪便的形成和排粪

食糜经消化吸收后，残渣进入大肠后段，水分被大量吸收，逐渐浓缩而形成粪便，大肠后段的运动被强烈搅和，并压成团块。

排粪是一种复杂的反射动作。粪便停留在直肠内，量小时，肛门括约肌处于收缩状态。当积聚到一定量时，刺激肠壁压力感受器产生冲动，通过盆神经传至荐部脊髓，再传至大脑皮层。冲动经整合后，通过盆神经传至大肠后段，引起直肠收缩，肛门括约肌舒张，在腹肌收缩配合下，增加腹压进行排粪。荐部脊髓如果受损，则肛门括约肌紧张性收缩丧失，引起排粪失禁。

六、吸收

饲料经消化后，其分解产物经消化道的上皮细胞进入血液或淋巴液的过程称为吸收。消化道吸收的营养物质被运输到机体各部位，供机体代谢利用。

（一）吸收部位及机制

在消化道的不同部位，吸收的效率是不同的，这种差别主要取决于消化道各部位的组织结

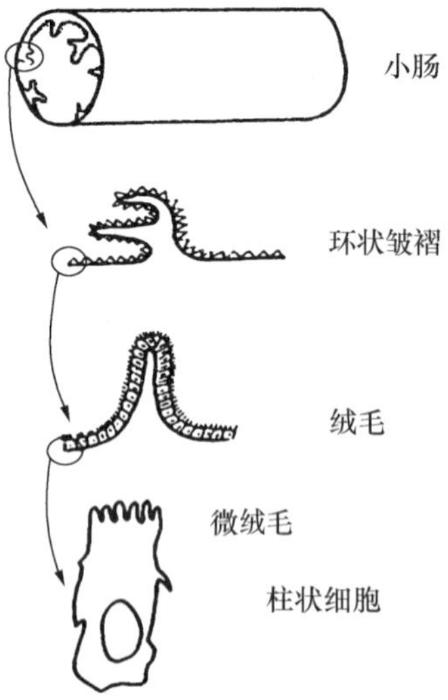

图 4-26 小肠的微细结构

构,以及食物在该处的状态和停留时间。小肠是吸收的主要部位。它的黏膜具有环状皱褶,并拥有大量的绒毛,绒毛表面有微绒毛,使吸收面积增大(图 4-26)。食物在小肠内停留时间较长,且已被消化到适于吸收的状态,从而易被肠壁吸收。

营养物质的吸收机制大致可分为被动转运和主动转运 2 类。被动转运包括滤过、扩散、渗透和易化扩散作用;主动转运则由于细胞膜上存在一种具有"泵"样作用的转运,可以逆电化学梯度转运 Na^+、Cl^-、K^+、I^- 等电解质及单糖和氨基酸等非电解质。

(二)各种主要营养物质的吸收

1. 盐类和水分的吸收

(1)钠的吸收。由钠泵主动转运吸收。

(2)铁的吸收。主要在小肠上段。食物中的铁绝大部分是三价铁,必须还原为亚铁后方被吸收。肠黏膜吸收铁的能力决定于黏膜细胞内的含铁量,存积于细胞内的铁量高会抑制铁的再吸收。

被吸收的亚铁在肠黏膜细胞内氧化为三价铁,并和细胞内的去铁蛋白结合形成铁蛋白暂时贮存起来,慢慢向血液中释放。亚铁一小部分被吸收,但尚未与去铁蛋白结合的亚铁则以主动吸收方式转移至血浆中。铁的转运过程需消耗能量,为主动转运。

(3)钙的吸收。钙盐只有在水溶液状态,且不被肠腔内任何物质沉淀的情况下才能被吸收。钙的吸收也是主动转运,需要有充分的维生素 D。肠内容物偏酸以及脂肪食物都会影响钙的吸收。

(4)负离子的吸收。小肠内吸收的负离子主要是 Cl^- 和 HCO_3^-。由钠泵所产生的电位可使负离子向细胞内转移,负离子也可按浓度差独立进行被动转运。

(5)水分的吸收。主要在小肠。小肠主要借助渗透、滤过作用吸收水分。

2. 糖的吸收

饲料中的糖类在肠腔和黏膜细胞的外表面,经消化酶降解成单糖和双糖。大部分单糖被吸收后,经门静脉送到肝脏,一些单糖也能经淋巴液转运。绝大多数动物肠黏膜上皮的刷状缘含有各种双糖酶,保证在吸收时所有双糖都分解为单糖。

单糖的吸收是耗能的主动转运过程。

3. 挥发性脂肪酸的吸收

反刍动物瘤胃产生的挥发性脂肪酸大部分是在瘤胃中被吸收的。瘤胃挥发性脂肪酸以未解离的分子状态和离子状态存在,且被吸收速度与存在状态和分子质量有关。分子状态的挥发性脂肪酸被吸收速度较离子状态快,分子质量越小被吸收越慢,即丁酸>丙酸>乙酸。

挥发性脂肪酸吸收时在瘤胃上皮还发生强烈代谢作用。据测定,被吸收的丁酸有 85%、乙酸有 45%被代谢产生大量酮体;丙酸有 65%在瘤胃上皮内转变成乳酸和葡萄糖。由于瘤胃的作用,来自瘤胃血液中的挥发性脂肪酸浓度与吸收速度相反,即乙酸>丙酸>丁酸。

单胃草食家畜盲肠和结肠吸收挥发性脂肪酸,与反刍动物的瘤胃相似。

4. 蛋白质的吸收

绝大部分蛋白质被分解为小肽和氨基酸后吸收，未经消化的大然蛋白质及蛋白质的不完全分解产物只能被微量吸收进入血液。

吸收氨基酸的部位是小肠，氨基酸的吸收是主动转运，需要提供能量。氨基酸被吸收后几乎完全进入血液。

新生哺乳动物在最初一段时间内，可从初乳中以胞饮方式完整吸收免疫球蛋白，从而获得被动免疫。

5. 脂肪的吸收

摄入的脂肪大约有 95％被吸收。脂肪消化后生成甘油、游离脂肪酸和甘油一酯，在胆盐的作用下形成水溶性复合物，再经聚合形成脂肪微粒。在吸收时，脂肪微粒中各主要成分被分离开来，分别进入小肠上皮。甘油一酯和脂肪酸靠扩散作用在十二指肠和空肠被吸收；胆盐靠主动转运在回肠末段被吸收。脂肪吸收后，各种水解产物重新合成中性脂肪，外包一层卵磷脂和蛋白质的膜成为乳糜微粒，通过淋巴和血液 2 条途径（主要是淋巴途径）进入肝脏。

6. 胆固醇和磷脂的吸收

胆固醇在胆盐、胰液和脂肪酸的帮助下，通过简单扩散进入肠上皮细胞再转入淋巴管而被吸收。磷脂只有小部分可不经水解直接进入肠上皮，大部分需完全水解为脂肪酸、甘油、磷酸盐等才能进入肠上皮再转入淋巴管而被吸收。

7. 维生素的吸收

水溶性维生素吸收各有特点，一般认为吡哆醇以简单的单纯扩散方式吸收；维生素 C、硫胺素、核黄素、烟酸、生物素等的吸收是依赖于特异性载体的主动转运过程；维生素 B_{12} 必须与内因子结合才能在回肠被吸收。脂溶性维生素（包括维生素 A、维生素 D、维生素 E、维生素 K）的吸收与类脂物质相似。

专 项 实 训

一、消化器官形态、位置与构造的识别

［实训目标］准确识别牛、羊、猪消化器官的形态、位置和构造。

［材料设备］牛消化器官浸制标本、模型；羊、猪的新鲜尸体。

［方法步骤］

（1）观察牛消化器官浸制标本及模型，观察各消化器官的形态。

（2）在羊的新鲜尸体上识别口腔、食管、瘤胃、网胃、瓣胃、皱胃、小肠、大肠、肝和胰等器官的形态、结构和位置。剖开瘤胃、网胃、瓣胃和皱胃，分别观察 4 个胃的内部结构、胃黏膜的形态，观察结肠形态。

（3）在猪的新鲜尸体上识别口腔、食管、胃、小肠、大肠、肝和胰等器官的形态、结构和位置。观察结肠圆锥的形态，并与牛、羊的结肠进行比较。

二、胃、小肠和肝组织构造的观察识别

［实训目标］识别真胃、小肠和肝的组织构造。

［**材料设备**］显微镜，真胃胃底部、空肠、肝的组织切片。

［**方法步骤**］在教师的指导下，观察真胃、小肠和肝的组织构造。

(1)胃的组织构造。先用低倍镜观察胃壁的4层结构和胃小凹，再换高倍镜观察黏膜上皮和胃腺。

(2)小肠的组织构造。先用低倍镜观察小肠壁的4层结构和肠绒毛，再换高倍镜观察黏膜上皮、肠腺和肠绒毛。

(3)肝的组织构造。先用低倍镜观察肝小叶的形态、结构，再换高倍镜观察肝细胞和库普弗细胞。

三、牛胃肠体表投影位置识别及其蠕动音的听取

［**实训目标**］在牛体表上准确指出瘤胃、网胃、瓣胃、皱胃及小肠的体表投影，并准确听取其蠕动音。

［**材料设备**］牛、听诊器、六柱栏、保定器械。

［**方法步骤**］

(1)将牛保定。

(2)在教师的指导下，识别瘤胃、网胃、瓣胃、皱胃和小肠的体表投影。

(3)准确听取瘤胃和小肠的蠕动音。

四、小肠运动的观察

［**实训目标**］观察小肠运动的各种形式及其影响因素。

［**材料设备**］兔、手术台、手术器械、注射器、电刺激器、10%水合氯醛溶液、丝线、生理盐水、0.01%肾上腺素、0.01%乙酰胆碱。

［**方法步骤**］

以10%水合氯醛溶液耳静脉注射，用量约为每千克体重0.5 mL，将兔麻醉。将麻醉后的兔仰卧固定于手术台上，剪去颈部与腹部被毛，在颈部的一侧分离出迷走神经，并于其下穿一提线备用。随后顺腹部正中线切开皮肤并剖开腹腔，将腹腔中的脏器推至右侧，在其左侧肾上腺附近找出内脏大神经，于其下穿一提线备用。手术完成后立即将兔体腹部剖开部分的所有外露部分用浸有温生理盐水(37 ℃左右)的纱布蒙住，并不时地向温纱布上滴加温生理盐水，以保持其接近正常体温。同时，用止血钳夹住创口两侧皮肤并向四周扯开，以闭合腹腔露出小肠便于观察。

观察项目：

(1)小肠的正常运动观察。术后先观察一下正常时小肠运动的形式和速度，以便与刺激后相比较。

(2)电刺激颈部一侧迷走神经的离中枢端，观察小肠运动的变化。

(3)电刺激内脏大神经，观察小肠运动的变化。

(4)以镊子轻夹小肠的任何一处，观察小肠运动的变化。

(5)在小肠表面滴加0.01%的乙酰胆碱数滴，观察小肠运动的变化情况。然后用温生理盐水冲洗小肠，待小肠运动恢复原来状态时，再向其表面滴加0.01%的肾上腺素数滴，观察小肠运动的变化，并与前面比较。

五、小肠吸收过程观察

[**实训目标**] 了解小肠吸收与肠内容物渗透压间的关系。

[**材料设备**] 兔、手术台、手术器械、10%水合氯醛溶液、饱和硫酸镁溶液、0.7%氯化钠溶液、注射器、棉线等。

[**方法步骤**]

将兔麻醉、固定、手术，从腹中线处剖开腹腔，拉出长约 16 cm 的一段空肠，在中点处用棉线结扎，另在距中点前、后各 8 cm 处分别结扎，把空肠分为 2 段等长的肠腔。在前段小肠中注入 5 mL 饱和硫酸镁溶液，在后段小肠中注入 10～15 mL 0.7%氯化钠溶液，注射完毕后将肠置入腹腔中闭合腹壁或用浸有温生理盐水的纱布覆盖。

30 min 后检查前、后 2 段小肠的吸收情况，观察肠管的变化，并分析原因。

[**注意事项**]

(1)结扎时应注意不要扎得过紧，以免因妨碍血液循环而影响吸收。

(2)时刻注意用温生理盐水纱布覆盖外露部分，以保持温度。

复习思考题

1. 简述消化系统的组成。
2. 比较牛(羊)、猪、马的结肠形态特点。
3. 瘤胃内的环境有何特点?
4. 为什么牛易得创伤性网胃炎和创伤性心包炎?
5. 为什么说草食动物的微生物消化具有重要的意义?
6. 为什么说小肠是消化和吸收的重要场所?
7. 结合实践说明反刍动物对含氮饲料的利用过程。

脂肪的吸收　　　糖和蛋白的吸收　　　瘤胃尿素再循环

第五章
呼吸系统

【学习目标】

- 熟悉呼吸系统的组成、掌握各呼吸器官的主要功能。
- 能够说出肺的体表投影位置。
- 能用显微镜观察识别出肺的组织构造。
- 能熟练掌握呼吸的意义以及呼吸的基本过程和原理。
- 能理解胸内压的形成及生理意义,并通过实验证明。
- 能掌握肺通气和肺换气原理、气体运输过程。
- 了解呼吸运动的反射性调节和化学因子对呼吸运动的调节过程。

【素质目标】

- 树立辩证唯物主义世界观。
- 注重理论联系实际,培养科学严谨的学习态度和精益求精的工匠精神。
- 培养动手操作能力及团队协作精神。

【学习建议】

通过教师讲解,理解动物机体呼吸过程的有关知识;利用显微镜识别肺的组织构造;利用实践操作加强对呼吸过程机理的理解。有条件的学校可以进行理实一体化教学。

第一节　呼吸系统构造

呼吸系统由鼻、咽、喉、气管、支气管和肺等呼吸器官,以及胸膜和胸膜腔等辅助器官组成(图 5-1)。鼻、咽、喉、气管和支气管是气体出入肺的通道,称为呼吸道。呼吸道是气体进出肺的通道,其特征是由骨或软骨作为支架围成开放性管腔,以保证气体出入畅通。肺泡是气体交换的主要场所,肺泡内气体能与空气进行气体交换,是由肺的张缩引起肺泡内压周期性变化,造成肺泡与外界大气压之间的压力差而引起的,但是肺组织本身不能够进行主动的张缩运动,

第二节 呼吸生理

动物机体在新陈代谢过程中，需要不断地从外界环境中摄取氧气，以氧化营养物质获取能量。同时，又必须把代谢过程中产生的二氧化碳排出体外。机体与外界环境之间的这种气体交换过程称为呼吸。整个呼吸过程包括以下 3 个连续的环节。

(1)外呼吸。外呼吸又称为肺呼吸，是指外界环境与肺内气体实现的交换，即外界环境中的氧气转运到血液中，又将血液中的二氧化碳转运到外界环境中的过程。外呼吸由肺通气(气体经呼吸道出入肺的过程)和肺换气(肺泡气与肺泡壁毛细血管血液间的气体交换)组成。

(2)血液的气体运输。血液的气体运输是指血液把来自肺泡的氧气运送到组织，又把组织细胞产生的二氧化碳运送到肺排出体外的过程。

(3)内呼吸。内呼吸又称为组织呼吸，是指组织细胞从血液中摄取氧气并向血液排放二氧化碳的过程。

一、呼吸运动

呼吸运动表现为胸廓节律性地扩大和缩小，可分为吸气动作和呼气动作 2 个时相。参与呼吸运动的肌肉称为呼吸肌，其中能使胸廓扩大而产生吸气动作的肌肉称为吸气肌，主要有膈肌和肋间外肌；使胸廓缩小而产生呼气动作的肌肉称为呼气肌，主要有肋间内肌和腹壁肌。当用力呼吸时，还有一些辅助的呼吸肌参与，如斜角肌、胸锁乳突肌以及胸背部的其他肌肉。

(一)吸气动作

平静呼吸时，吸气动作是一个主动性的过程，可以使胸腔前后径、左右径和背腹径变大，主要是膈肌和肋间外肌相互配合收缩的结果。吸气时，膈肌收缩，膈向后移动，膈肌的隆起中心向后退缩，使胸腔前后径加长，同时腹内压升高，腹壁向下凸出；肋间外肌收缩时，肋骨向前向外移动，胸骨也随着向前向下移动，使胸腔左右径加宽。这样胸腔就扩大了，肺被动地被牵引而扩张，肺容积扩大，肺内压低于大气压，外界空气顺压力梯度进入肺内，引起吸气。随着空气的进入，肺内压又逐渐上升，当升至与大气压相等时，吸气停止。

(二)呼气动作

呼气动作在平静呼吸时是被动性的过程，是靠膈肌和肋间外肌舒张，腹腔脏器向前挤压，膈、肋骨和胸骨自然恢复原位，结果胸腔前后径、左右径和背腹径都缩小，肺容积减少，使肺内压上升至大于大气压，肺内气体经呼吸道被压出体外，完成呼气运动。随着气体的排出，肺内压又逐渐下降，当降至与大气压相等时，呼气停止。

动物用力呼吸时，除膈肌和肋间外肌舒张外，肋间内肌和腹部肌群也参与收缩活动，因肋间内肌肌纤维的走向与肋间外肌相反，腹部肌肉收缩又挤压腹腔脏器向前移位，迫使胸腔和肺的容积变得更小，呼气动作变得更为明显，这时呼气动作是主动过程。

(三)呼吸运动的形式

根据引起呼吸运动的主要肌群的不同和胸腹部起伏变化的程度，呼吸型可分为 3 种。

1. 腹式呼吸

呼吸时以膈肌舒缩、腹部起伏为主的呼吸运动。

2. 胸式呼吸

呼吸时以肋间肌舒缩、胸部起伏为主的呼吸运动。

3. 胸腹式呼吸

呼吸时，肋间外肌和膈肌都同等程度地参与活动，胸部和腹部都有明显起伏的呼吸运动。一般情况下，健康动物的呼吸多属于胸腹式呼吸。

知识链接 认识动物正常的呼吸形式对于疾病的认识是有帮助的。当胸部或腹部活动受限时，才呈现出某一呼吸运动的形式，如患胸膜炎时，动物主要靠膈肌运动来呼吸，以避免胸廓运动引起炎症部位的疼痛，这时表现为腹式呼吸。当腹部患有疾病时，如腹膜炎、胃肠炎时，则以胸式呼吸明显。

(四)胸膜腔内压

1. 概述

呼吸运动中，肺之所以随胸廓的运动而运动，是因为在肺和胸廓之间存在一密闭的潜在的胸膜腔和肺本身具有可扩张性的缘故。胸膜有 2 层：内层是脏层，紧贴于肺的表面；外层是壁层，紧贴于胸壁内侧。正常情况下，2 层胸膜之间实际没有真实的空间，内有少量的浆液将它们黏附，浆液的黏滞性很低，在呼吸运动时，2 层胸膜可相互滑动，减少摩擦力，在 2 层膜之间起到润滑作用。此外，浆液分子内聚力使 2 层胸膜贴附在一起不易分开，胸廓扩张时，肺就可以随胸廓的运动而运动。

若胸膜腔破裂与大气相通，空气就进入胸膜腔，形成气胸，造成 2 层胸膜彼此分开，肺将因其回缩力而塌陷。

知识链接 气胸形成后，虽然呼吸运动仍然进行，但是肺失去随胸廓运动而运动的能力，肺通气无法进行，且对血液和淋巴循环造成影响，如果不紧急处理，就会危及生命。

胸内压又称胸膜腔内压，是指胸膜腔内压力，此压力为负值。胸内压可用直接法和间接法进行测定，其中直接法测定胸内压是将连于水银检压计的针头经胸壁插入胸膜腔内，检压计的液面即可直接指示胸膜腔内的压力值。

2. 胸内负压的形成原理

胸内压为何是负值？胸膜壁层的表面由于受到坚固的胸腔和肌肉的保护，作用于胸壁的大气压影响不到胸膜腔，所以胸膜腔内的压力是通过胸膜脏层作用于胸膜腔内，作用于胸膜脏层的力有 2 种：一是肺内压，即肺泡内压力，使肺泡扩张，通常在吸气和呼气之末，肺内压等于大气压；二是肺的回缩力，肺是一弹性组织，而且始终处于一定的扩张状态，具有弹性回缩力，使肺泡缩小。因此，胸膜腔内的压力实际上是这 2 种相反力的代数和，即：

胸内压＝肺内压(大气压)－肺回缩力

可见，胸内压始终低于大气压，习惯上把低于大气压的压力称为负压，所以胸内压也称为胸内负压，若以大气压视为生理“0”标准，则：

胸内压＝－肺回缩力

所以，胸腔内负压是由肺的回缩力形成的，在一定限度内，肺越扩张，肺的回缩力越大，胸腔内负压的绝对值也就越大。正常动物在平静呼吸的全过程中，胸内压持续存在，并随着呼吸周期而变化。吸气时，肺扩张，肺的回缩力增大，胸内负压也增大。呼气时，肺缩小，肺回缩力减小，胸内压力减小。如马在平和呼吸时，吸气末胸内负压值为－2.133 kPa，呼气末为－0.79 kPa。

3. 胸内负压的生理意义

胸内负压有重要的生理意义。首先，负压对肺有牵张作用，使肺泡保持充盈气体的膨隆状态，保证肺泡与血液持续进行气体交换，有利于肺通气。其次，胸内负压对胸腔内其他器官有明显影响。如吸气时，胸内负压加大，引起腔静脉和胸导管扩张，促进静脉血和淋巴回流。胸内负压也可作用于食管，利于呕吐反射，对反刍动物的逆呕也有促进作用。

(五)呼吸频率

每分钟的呼吸次数称为呼吸频率，各种动物的呼吸频率见表5-3。

表5-3 各种动物的呼吸频率 次/min

动物种类	频率	动物种类	频率
马	8～16	犬	10～30
牛	10～30	兔	50～60
水牛	9～18	猫	10～25
绵羊	12～24	鸡	22～25
山羊	10～20	鸽	50～70
猪	15～24		

呼吸频率可因年龄、外界温度、海拔高度、新陈代谢强度以及疾病等的影响而发生改变，如幼龄动物呼吸频率比成年的略高；在气温高、寒冷、高海拔、使役等条件下，呼吸频率也会升高；乳牛在高产乳期呼吸频率高于平时。

(六)肺容量与肺通气量

1. 肺容量

肺容量是指肺能够容纳的气体，取决于呼吸运动的深浅，即与胸廓扩张程度有关，反映了肺的呼吸功能，由肺活量和余气量组成。

(1)肺活量。肺活量是指最大吸气后从肺内所能呼出的最大气体量，是潮气量(每次平静呼吸时吸入或呼出的气体量)、补吸气量(平静吸气后，以最大限度的加强吸气，所能再吸入的气量)和补呼气量(平静呼气后再竭力深呼，所能再呼出的气量)之和。肺活量反映了肺一次通气的最大能力，在一定程度上可作为肺通气功能的指标。

(2)余气量。最大呼气末尚存留于肺中不能呼出的气体量。

2. 肺通气量

(1)每分肺泡通气量。每分肺泡通气量指每分钟进或出肺的气体总量，等于潮气量与呼吸频率的乘积。

(2)无效腔与肺泡通气量。从鼻腔至呼吸性细支气管之间的呼吸道，从气体交换的观点上来看，这部分气体基本上不能与血液进行气体交换，故称为"解剖无效腔"或"死腔"。吸气时解剖无效腔内的气体先进入肺泡，然后才是从外界吸入的新鲜空气。呼气时则先将解剖无效腔中的气体呼出，然后才将肺泡内的气体呼出。因此，真正有效的通气量应以肺泡的通气量为准，必须减去解剖无效腔气体量。

每分肺泡通气量=(潮气量−解剖无效腔气体量)×呼吸频率

进入肺泡的气体，由于各种原因造成一部分肺泡气不能与血液进行交换，这部分肺泡的容量，也造成无效腔，称为"肺泡无效腔"，"解剖无效腔"与"肺泡无效腔"合称为"生理无效腔"。

(七)呼吸音

呼吸运动时，气体通过呼吸道及出入肺泡产生的声音称为呼吸音，在肺部表面和颈部气管附近，可以听到下列呼吸音。

1. 肺泡呼吸音

类似于"V"的延长音，是由于空气进入肺泡，引起肺泡壁紧张所产生，正常的肺泡呼吸音在吸气时能够较清楚地听到，肺泡呼吸音的强弱取决于呼吸运动的深浅、肺组织的弹性及胸壁的厚度。当动物剧烈呼吸时，如用力、兴奋、疼痛等，肺泡呼吸音加剧。当肺部气体含量减少，如肺炎初期或肺泡受到液体压迫时则肺泡呼吸音减弱。

2. 支气管呼吸音

类似于"Ch"的延长音，在喉头和气管常可听到(在呼气时能听到较清楚的支气管音)，小动物和很瘦的大动物也可在肺的前部听到，健康动物的肺部一般只能听到肺泡呼吸音。

二、气体交换与运输

动物机体通过呼吸运动吸入新鲜空气，进入肺泡的空气和肺毛细血管的血液进行气体交换，氧气由肺泡进入血液，并随血液运输到全身各组织，在组织中再进行一次气体交换，最后进入组织细胞。组织细胞代谢所产生的 CO_2，经组织液进入血液，随血液循环到肺，进入肺泡，通过呼气运动排出体外。在呼吸过程中气体交换发生在 2 个部位：一是肺与血液间的气体交换，称为肺换气；二是组织细胞与血液间的气体交换，称为组织换气。呼吸时气体的交换是通过气体分子的扩散运动实现的，推动气体分子扩散的动力来源于不同气体分压之间的差值。

(一)气体交换原理

各种气体都具有弥散性，从分压高处向分压低处产生净移动，称为气体扩散，是气体交换的原理。混合气体中，每种气体分子运动所产生的压力为该气体的分压。它们是由混合气体的总压力乘以各组成气体在混合气体中所占的容积百分比求得。例如，空气的总压力为 101.3 kPa。其中，O_2 的容积约占 20.96%，这样氧分压(p_{O_2})为 101.3 kPa×20.96%=21.273 kPa；CO_2 容积约占 0.04%，则二氧化碳分压(p_{CO_2})为 101.3 kPa×0.04%=0.04 kPa。肺泡气、血液和组织内 p_{O_2} 和 p_{CO_2} 各不相同，彼此间存在着分压差，是驱使气体交换的动力。

(二)肺换气

1. 肺换气的过程

气体在肺泡与血液之间的交换，是通过肺泡壁和毛细血管壁进行的，从肺泡到毛细血管间经过肺泡膜、肺泡间液、肺泡毛细血管壁等组成的呼吸膜，呼吸膜的厚度很薄，气体极易透过。

随着肺通气的不断进行，空气进入肺内，肺泡内 p_{CO_2} 为 13.59 kPa，p_{O_2} 为 5.33 kPa，而血液中 p_{O_2} 为 5.33 kPa，p_{CO_2} 为 6.13 kPa，由此可见，肺泡内 p_{O_2} 比毛细血管血液（含混合静脉血）内高，p_{CO_2} 低于混合静脉血。因此，肺泡中的 O_2 透过呼吸膜扩散入毛细血管内，使静脉血变成动脉血，CO_2 则透过呼吸膜扩散进入肺泡内（图 5-13）。

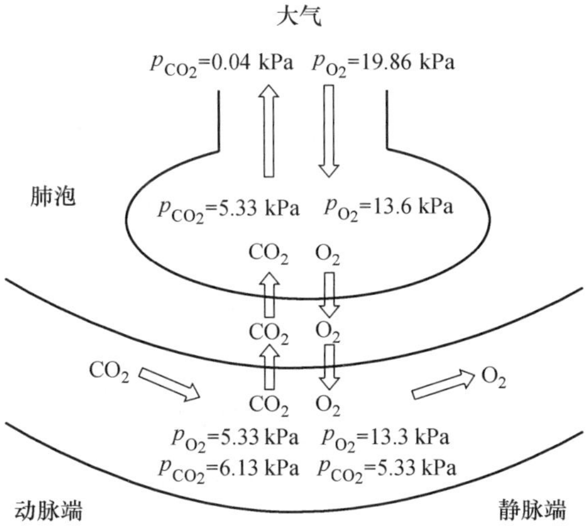

图 5-13 外呼吸过程示意图

2. 影响肺换气的因素

影响肺换气的因素主要有呼吸膜厚度、呼吸膜面积、肺血流量。

（1）呼吸膜厚度。呼吸膜是肺泡与肺毛细血管血液之间的结构，由 6 层结构组成，即含表面活性物质的液体层、肺泡上皮细胞层、肺泡上皮基膜层、肺泡与毛细血管的间隙、毛细血管基膜层和毛细血管内皮细胞层（图 5-14）。在肺部，肺泡气通过呼吸膜与血液气体进行交换，虽然呼吸膜有 6 层结构，但却很薄，总厚度不到 1 μm，有的地方只有 2 μm，气体易于扩散通过。气体扩散速率与呼吸膜的厚度呈反比关系，膜越厚，单位时间内交换的气体量就越少，所以在病理条件下，如患肺炎时呼吸膜增厚，通透性降低，影响肺换气。

（2）呼吸膜面积。呼吸膜的面积极大，所以为 O_2 与 CO_2 在肺部的气体交换提供了巨大的表面积。一般来讲，呼吸膜面积越大，扩散的气体量就会越多。当动物运动或使役时，呼吸面积会增大；患肺气肿时，肺泡融合使扩散面积减小，使气体交换出现障碍。

（3）肺血流量。机体内的 O_2 与 CO_2 靠血液循环运输，所以单位时间内肺血流量增多会影响呼吸膜两侧的 p_{O_2} 与 p_{CO_2}，从而影响肺换气。

（三）组织换气

1. 组织换气的过程

血液与组织的气体交换是指组织中的气体通过组织细胞和组织毛细血管壁，与血液中的气体进行交换。在组织内细胞有氧代谢不断消耗 O_2，并产生 CO_2，使组织中 p_{O_2} 低于动脉血，而 p_{CO_2} 高于动脉血。当动脉血流经组织毛细血管时，O_2 便顺分压差由血液向组织扩散，CO_2 则由组织向血液扩散，使动脉血因失去 O_2 和得到 CO_2 而变成了静脉血。

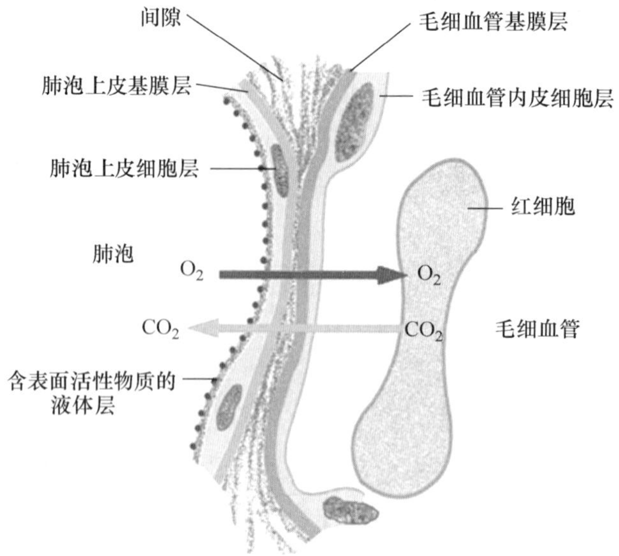

图 5-14 呼吸膜结构示意图

2. 影响组织换气的因素

影响组织换气的因素除与影响肺换气的因素基本相同外，还受组织细胞代谢水平以及组织血流量的影响。

(1)当血流量不变，代谢增强，耗氧量增大，p_{O_2} 下降，p_{CO_2} 升高。

(2)当代谢强度不变，血流量增大，p_{O_2} 升高，p_{CO_2} 下降。

以上气体分压的变化将直接影响气体扩散和组织换气功能。

从肺泡扩散入血液的 O_2 必须通过血液循环到组织，从组织扩散入血液的 CO_2 也必须由血液循环运输到肺泡。血液运输 O_2 和 CO_2 的方式有物理溶解和化学结合 2 种形式，以物理溶解形式存在的只有少部分，绝大部分呈化学结合形式存在。

在肺或组织进行气体交换时，进入血液中的 O_2 和 CO_2 都是先溶解，然后才能再结合为化学结合状态。同样，气体从血液中释放时，也必须从化学结合状态解离为溶解状态，然后才能离开血液，所以溶解状态的气体与结合状态的气体经常维持着动态平衡。溶解的气体增加，结合的气体也随之增加，溶解的气体减少，结合的气体也相应减少，直至形成新的平衡。

(四)氧的运输过程

血液中的 O_2 溶解的量极少。血液中的 O_2 主要是与红细胞内的血红蛋白(Hb)结合，以氧合血红蛋白的形式运输，占血液中 O_2 总量的 98.5%。

红细胞内的 Hb 是一种结合蛋白，由 1 个珠蛋白和 4 个亚铁血红素组成。Hb 与 O_2 结合的特点是结合快、可逆、解离也快。当血液流经肺毛细血管与肺泡交换气体后，血液中 p_{O_2} 升高，促进结合形成氧合血红蛋白(HbO_2)。当 HbO_2 经血液运送至组织毛细血管时，组织中 p_{O_2} 低时，HbO_2 迅速解离为脱氧血红蛋白(HHb)，释放出 O_2。

$$Hb + O_2 \underset{p_{O_2}\text{低时(组织)}}{\overset{p_{O_2}\text{高时(肺)}}{\rightleftharpoons}} HbO_2$$

每 100 mL 血液中，Hb 所能结合的最大 O_2 量称为 Hb 氧容量(血氧容量)。Hb 实际结合的 O_2 量称为 Hb 氧含量(血氧含量)。Hb 氧含量和氧容量的百分比为 Hb 氧饱和度。通常情况下，由于血液中溶解的 O_2 甚少，可以略而不计。所以，常以 Hb 氧容量代表血氧容量，以 Hb 氧含量代表血氧含量，以 Hb 氧饱和度代表血氧饱和度。

HbO_2 呈鲜红色，多见于动脉血中，HHb 呈暗红色，静脉血中含量大，所以动脉较静脉血鲜红。

知识链接 血红蛋白有促进氧扩散作用，这与血红蛋白与氧的亲和力有关，生活在缺氧环境下的动物，其血红蛋白含量升高，所以，高原上生活的动物血液中红细胞和血红蛋白含量高于生活在海拔低的地区的动物。

(五)二氧化碳的运输

血液中 CO_2 的运输是以化学结合方式为主，约占总量的 95%，而溶解形式存在的量约占 5%。二氧化碳化学结合运输的形式有 2 种：一是形成碳酸氢盐，约占 88%；二是与血红蛋白结合成氨基甲酸血红蛋白，约占 7%。

1. 碳酸氢盐形式

组织中的 CO_2 扩散进入血液后，少量在血液中缓慢地与水结合形成碳酸，绝大部分进入红细胞，由于红细胞内碳酸酐酶(CA)较丰富，可使进入的 CO_2 和 H_2O 迅速生成 H_2CO_3，又迅速解离成为 H^+ 和 HCO_3^-。

随着生成 HCO_3^- 的增多，当超过血浆中含量时，HCO_3^- 可透过红细胞膜扩散进入血浆，此时有等量的 Cl^- 由血浆扩散进入红细胞，以维持细胞内外正负离子平衡。这样，HCO_3^- 不会在红细胞内积聚，使反应向右方不断进行，利于组织中产生的 CO_2 不断进入血液。

所生成的 HCO_3^- 在红细胞内与 K^+ 结合，在血浆内与 Na^+ 结合，分别以 $KHCO_3$ 和 $NaHCO_3$ 的形式存在，所生成的 H^+ 大部分与 Hb 结合成为 HHb。

以上各项反应均是可逆的，当碳酸氢盐随血液循环到肺毛细血管时，新解离出的 CO_2 经扩散被交换到肺泡中，随动物的呼气，将 CO_2 排出体外。

2. 氨基甲酸血红蛋白形式

一部分进入红细胞内的 CO_2，与血红蛋白的氨基(—NH_2)相结合，形成氨基甲酸血红蛋白(Hb—NHCOOH)进行运输，也称为碳酸血红蛋白($HbCO_2$)。

$$Hb—NH_2 + CO_2 \rightleftharpoons Hb—NHCOOH$$

Hb—NHCOOH 是不稳定的化合物，这一反应很快，无须酶的催化。在组织毛细血管内，CO_2 容易结合形成 Hb—NHCOOH；在肺毛细血管部，Hb—NHCOOH 被迫分离，促使 CO_2 释放进入肺泡，最后被呼出体外。

三、呼吸的调节

呼吸运动是一种节律性的活动，其深度和频率与机体代谢相适应，是通过神经和体液的调节使呼吸运动正常而有节律地进行，同时还能依机体不同情况需要，改变呼吸运动的节律和深度，以适应机体的需要。

(一)呼吸的神经调节

参与呼吸运动的肌肉属于骨骼肌,没有自动产生节律性收缩的能力,呼吸运动依靠呼吸中枢的节律性兴奋而有节律地进行。

1. 呼吸中枢

呼吸中枢是指中枢神经系统内发动和调节呼吸运动的神经细胞群所在的位置,它们分布在大脑皮层、间脑、脑桥、延髓和脊髓等部位,脑的各级部位在呼吸节律的产生和调节中所起的作用不同,正常的呼吸运动是在各级呼吸中枢的相互配合下进行的。

(1)脊髓。脊髓是呼吸运动的初级中枢,有支配呼吸肌的运动神经元,脊髓是联系上位呼吸中枢和呼吸肌的中继站和整合某些呼吸反射活动的基本中枢。

(2)延髓和脑桥。呼吸运动的基本中枢在延髓,延髓中的呼吸神经元集中分布在背侧和腹侧的 2 组神经核团内。脑桥前端的 2 对神经核团可能作用是限制吸气并促使吸气向呼气转化。

(3)高级呼吸中枢。脑桥以上部位,如大脑皮层、边缘系统、下丘脑等对呼吸也有影响。低位脑干的呼吸调节系统是不随意的自主呼吸调节系统,如情绪激动、血液温度升高时,通过对边缘系统和下丘脑体温调节中枢的刺激作用,反射性引起呼吸加快加强。而高位脑的调控是随意的,大脑皮层可以随意控制呼吸,在一定限度内可以随意屏气或加强加快呼吸,使呼吸精确而灵敏的适应环境的变化。

2. 呼吸的反射性调节

呼吸节律虽然产生于脑,然而呼吸活动可受机体内、外环境各种刺激的影响使呼吸发生反射性改变,其中最重要的是肺牵张反射。

(1)肺牵张反射。肺是由肺扩张或缩小引起的吸气抑制或兴奋的反射。它由肺扩张反射(肺扩张引起吸气反射性抑制)和肺缩小反射(肺缩小引起反射性吸气)组成。肺扩张反射的感受器位于气管到支气管的平滑肌中,属牵张感受器,传入纤维在迷走神经干内。吸气过程中,当肺扩张到一定程度时,牵张感受器兴奋,冲动沿迷走神经传入延髓,在延髓内经一定的神经联系,导致吸气终止,转入呼气。维持了一定的呼吸频率和深度。所以,切断迷走神经后,吸气延长,呼吸加深变慢。

(2)呼吸肌本体感受性反射。和其他骨骼肌一样,呼吸肌被牵拉时,刺激位于肌梭内的本体感受器,可反射性引起呼吸肌收缩,这一反射活动为呼吸肌本体感受性反射,其意义在于克服呼吸道阻力,加强吸气肌、呼气肌的收缩,保持足够的肺通气量。

(3)防御性呼吸反射。在整个呼吸道都存在着防御性呼吸反射感受器,它们是分布在黏膜上皮的迷走传入神经末梢,受到机械或化学刺激时,引起防御性呼吸反射,以清除异物,避免其进入肺泡。

①咳嗽反射:感受器位于喉、气管和支气管的黏膜。位于支气管以上部位的感受器对机械刺激敏感,支气管以下部位的感受器对化学刺激敏感。传入冲动经舌咽神经、迷走神经传入延髓,触发一系列协调的反射效应,引起咳嗽反射。剧烈咳嗽时,因胸膜腔内压显著升高,可阻碍静脉回流,使静脉压和脑脊液压升高。

②喷嚏反射:刺激作用于鼻黏膜感受器,传入神经是三叉神经,呼出的气体主要从鼻腔喷出,以清除鼻腔中的刺激物。

(二)呼吸的化学性调节

机体通过呼吸运动调节血液中 O_2、CO_2、H^+ 的浓度，而动脉血中 O_2、CO_2、H^+ 的浓度又可以通过化学感受器反射性调节呼吸运动。

1. 化学感受器

化学感受器是指其适宜刺激是化学物质的感受器，按所在部位可把参与呼吸调节的化学感受器分为外周化学感受器和中枢化学感受器，参与呼吸调节的化学感受器对血液中的 O_2、CO_2、H^+ 的浓度非常敏感。

(1)外周化学感受器。颈动脉体和主动脉体是调节呼吸和循环的重要外周化学感受器，能感受到动脉血 p_{O_2}、p_{CO_2} 和 H^+ 浓度的变化。当动脉血中 p_{O_2} 降低、p_{CO_2} 和 H^+ 浓度升高时，可反射性引起呼吸加深加快。在呼吸调节中颈动脉体的作用远大于主动脉体。p_{O_2} 降低、p_{CO_2} 和 H^+ 浓度升高这 3 种刺激，对化学感受器的刺激有协同作用，能增强呼吸运动，有利于吸入 O_2 和呼出 CO_2。

(2)中枢化学感受器。位于延髓腹外侧浅表部位。中枢化学感受器的生理刺激是脑脊液和局部细胞外液中的 H^+。血液中的 CO_2 能迅速透过血-脑屏障，与脑脊液中的 H_2O 结合成 H_2CO_3，然后解离出 H^+，刺激中枢化学感受器。中枢化学感受器的兴奋通过一定的神经联系，能引起呼吸中枢的兴奋，增强呼吸运动。但脑脊液中碳酸酐酶的含量少，CO_2 水合反应慢，所以对 CO_2 的反应有一定时间延迟。血液中的 H^+ 不易通过血-脑屏障，故血液 pH 的变化对中枢化学感受器的直接作用不大。

2. p_{CO_2}、pH 和 p_{O_2} 对呼吸的影响

(1)p_{CO_2} 的影响。CO_2 是调节呼吸最重要的经常起作用的生理性体液因子，一定水平的 p_{CO_2} 对维持呼吸和呼吸中枢的兴奋性是必要的。当吸入气中 CO_2 含量升高时，肺泡气及动脉血液 p_{CO_2} 随之升高，呼吸加快加深，肺通气量增加，以促进 CO_2 的排出，使肺泡气与动脉血液 p_{CO_2} 可维持接近正常水平。但当吸入气 CO_2 含量超过一定水平时，肺通气量不能作相应增加，致使肺泡气、动脉血 p_{CO_2} 陡升，CO_2 堆积，压抑中枢神经系统的活动，包括呼吸中枢，发生呼吸困难，头痛、头昏，甚至昏迷，出现 CO_2 麻醉。

CO_2 调节呼吸的作用是通过中枢、外周 2 条途径实现的，以中枢机制为主，如果去掉外周化学感受器的作用，CO_2 的通气反应仅下降约 20%，可见中枢化学感受器在 CO_2 通气中起主要作用。但在动脉血 p_{CO_2} 突然大增及中枢化学感受器受抑制时，CO_2 的反应降低，外周化学感受器就起重要作用。

(2)pH 的影响。当动脉血 H^+ 浓度增加，呼吸加深加快，肺通气增加，当 H^+ 浓度降低，呼吸就受到抑制，H^+ 浓度调节呼吸的作用也是通过中枢、外周 2 条途径实现的。中枢化学感受器对 H^+ 的敏感性约为外周的 25 倍，但是由于血-脑屏障的存在，限制了它对中枢化学感受器的作用，脑脊液中的 H^+ 才是中枢化学感受器的最有效刺激。

(3)p_{O_2} 的影响。当吸入气 p_{O_2} 降低时，肺泡气、动脉血 p_{O_2} 都随之降低，呼吸加深加快，肺通气增加。缺氧对延髓的呼吸中枢有直接的抑制作用，当严重缺氧时，外周化学感受器的兴奋呼吸作用不足以克服低氧对中枢的抑制作用，将导致呼吸障碍，甚至呼吸停止。

上述 3 种因素是相互联系、相互影响的，在探讨它们对呼吸的调节时，必须全面地进行观

察分析，才能有正确的结论。

专项实训

一、呼吸器官形态构造和位置的观察

[实训目标] 了解家畜呼吸系统的组成及其相互关系，掌握牛、马、猪等家畜气管、支气管和肺的形态、位置及结构特点。利用显微镜观察肺组织构造。

[材料设备] 呼吸器官浸制标本，鼻腔纵、横断面标本，肺组织切片。

[方法步骤] 在呼吸系统整体标本上观察鼻腔、咽、喉、气管和肺的位置和相互关系。

1. 鼻

在鼻腔纵、横断面标本上观察鼻孔，鼻中隔，上、中、下鼻道，注意各鼻道的通路以及副鼻窦与鼻腔的关系。

2. 喉

观察喉软骨、喉腔、喉黏膜（声带）和喉肌。

3. 气管、支气管

观察气管颈段、胸段的走向及与周围器官的关系，观察气管环的形态特点。

4. 肺

比较观察牛、猪肺的分叶和肺小叶间结缔组织，观察肺门。在肺的铸型标本上观察支气管树和肺动脉、肺静脉的相互关系。

肺的组织构造观察：低倍镜观察，可见大小不等、形态不规则的管腔和空泡样结构，包括肺的导管部和呼吸部，导管部包括小支气管、细支气管和终末细支气管；呼吸部包括呼吸性细支气管、肺泡管、肺泡囊和肺泡。肺泡表面覆盖肺泡上皮，包括扁平的Ⅰ型肺泡细胞和圆形的Ⅱ型肺泡细胞；肺泡隔有丰富的毛细血管、结缔组织和单核细胞。

二、呼吸运动观察及调节

[实训目标] 观察呼吸运动的调节及其影响因素，了解正常呼吸运动的调节原理。

[材料设备] 兔、兔固定器、PcLab 生物信号采集器、气管插管、生理多用仪、保护电极、手术器械、棉线、10%水合氯醛、碳酸钙、3%乳酸液、盐酸和玻璃分针等。

[方法步骤]

(1)安装仪器，将气管插管与 PcLab 生物信号采集器相连。

(2)将兔称重麻醉、固定。

(3)颈腹侧剪毛，切开皮肤分离出两侧迷走神经并穿线备用。分离气管，穿线备用，在气管的第 2～3 软骨环处剪一个“T”形口，将气管插管朝向肺脏方向插入并结扎固定。

(4)将气管插管的侧管接上一小段胶管，并用止血钳子夹闭一部分，开动 PcLab 生物信号采集器，记录正常呼吸曲线。

(5)将侧管上的胶管完全夹闭约 20 s，观察呼吸运动的变化。

(6)向盛有碳酸钙的烧瓶中滴入少量稀盐酸后，将气管插管的侧管对准烧瓶口，使动物吸入 CO_2，观察呼吸运动的变化。

(7)耳静脉注射3%乳酸液2 mL,观察呼吸运动的变化。

(8)切断一侧迷走神经,观察呼吸运动的变化。再切断另一侧迷走神经,观察呼吸运动的变化。刺激迷走神经向中枢端,观察呼吸运动的变化。

[**分析讨论**]通过观察,分析各种因素对动物呼吸运动的影响。

复习思考题

1. 肺导管部与呼吸部包括哪些结构?构造有何不同?
2. 牛、马、猪、羊等动物肺的形态、位置有何不同?
3. 在呼吸运动过程中,肺为何能随胸廓而运动?
4. 动物的呼吸型有哪些?认识动物呼吸型在临床诊断上有何意义?
5. 试述胸膜腔内负压的形成及生理意义。
6. 影响肺换气的因素有哪些?
7. O_2 和 CO_2 在血液中如何运输?
8. 呼吸的反射性调节是如何进行的?

第六章
泌尿系统

【学习目标】

- 认识泌尿系统的组成及作用。
- 掌握常见动物肾的位置、形态、构造特点。
- 能够在显微镜下正确识别肾的组织构造。
- 理解尿液生成的过程及影响尿液生成的因素。
- 能够正确分析临床上尿量增多或减少的原因。

【素质目标】

- 树立辩证唯物主义世界观。
- 注重理论联系实际，培养科学严谨的学习态度和精益求精的工匠精神。
- 关注畜牧场粪便污染问题，树立环境保护意识。

【学习建议】

理论讲解在多媒体教室进行，利用课件教学，展示大量图片以便于学生直观性学习；在实训室观察泌尿系统的标本和组织切片，通过实验来观察影响尿液生成的各种因素对尿液生成的实际影响；在综合实训阶段，观看新鲜活体动物泌尿系统的各器官组成，以学生为主体进行动手操作和主动性学习，教师进行指导。

动物机体在新陈代谢过程中，不断产生对自身无用或有害的代谢终产物，如果它们在体内聚积，就会影响正常的生命活动，甚至危及生命。因此，动物机体必须及时地将它们排出体外，才能维持正常的生命活动。这些代谢产物主要由皮肤、呼吸器官、消化器官和泌尿器官排出体外，其中，泌尿器官是以尿液的形式排出多种代谢产物和某些异物，如尿素、尿酸、马尿酸、肌酐、水及进入体内的药物等。由泌尿器官排出的代谢终产物不仅种类多、数量大，而且其还能随着机体的活动情况来调节尿液的质和量，因而，泌尿器官是动物机体最主要的排泄器官，泌尿系统是动物机体内最重要的排泄系统。

第一节 泌尿系统构造

泌尿系统由肾、输尿管、膀胱和尿道组成(图 6-1)。其中,肾是生成尿液的器官,输尿管是输送尿液入膀胱的管道,膀胱是暂时贮存尿液的器官,尿道是排出尿液的通道。

一、肾

(一)肾的位置和一般结构

肾是成对的实质性器官,左右各一,位于最后几个胸椎和前 3 个腰椎横突的腹侧,腹主动脉和后腔静脉的两侧,一般呈红褐色。营养状况好的动物,肾周围有脂肪包裹,称为肾脂囊(或脂肪囊),其发达程度与动物品系和营养状况有关,具有保护、固定肾的作用。肾的内侧缘中部凹陷,称为肾门,是输尿管、血管(肾动脉和肾静脉)、淋巴管和神经出入肾的地方。肾门深入肾内形成肾窦,肾窦是由肾实质围成的腔隙,以容纳肾盏或肾盂等,内有输尿管的起始部、肾盏、血管、淋巴管和神经等。肾的表面包有一层薄而坚韧的纤维膜,称为纤维囊,也称被膜。健康动物肾的纤维囊容易剥离。

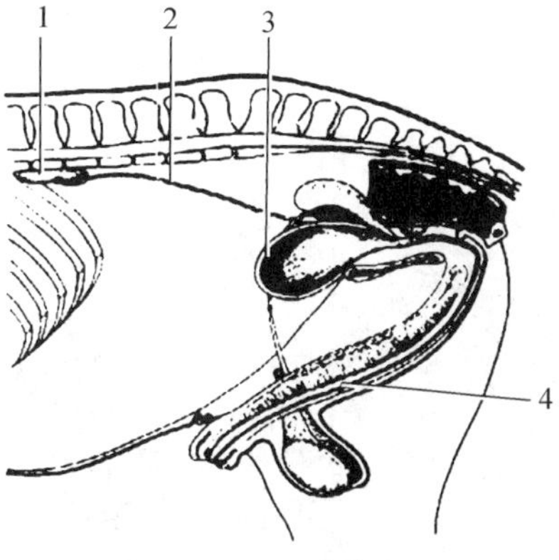

图 6-1 泌尿系统的组成

1. 肾 2. 输尿管 3. 膀胱 4. 尿道

肾的实质由若干个肾叶组成。每个肾叶分为浅部的皮质和深部的髓质。皮质因富有血管,故新鲜标本呈红褐色。切面上有许多细小颗粒状小体,称为肾小体。髓质颜色较浅,切面上可见许多纵向条纹,它是由许多肾小管构成的。呈圆锥形的髓质部分称为肾锥体。伸入相邻肾锥体之间的皮质,在肾的切面上称为肾柱。肾锥体的顶(末端)形成肾乳头,乳头上有许多乳头孔,形成筛区,与肾盏或肾盂相对。

动物种类不同,肾叶的合并程度不同,由此可分出各种不同的肾类型:有沟多乳头肾,这种肾仅肾叶中间部合并,肾表面有沟,内部有分离的乳头,如牛肾;平滑多乳头肾,肾叶的皮质部完全合并,但内部仍有单独存在的乳头,如猪肾;平滑单乳头肾,肾叶的皮质部和髓质部完全合并,肾乳头连成脊状,如马肾、羊肾、犬肾。

(二)常见动物肾的形态特点

1. 牛肾

牛肾(图 6-2)呈红褐色,左、右肾不对称。牛的右肾呈长椭圆形,上下稍扁,位于第 12 肋间隙和第 2、3 腰椎横突的腹侧。前端位于肝的肾压迹内。肾门位于肾腹侧面的前部,接近内侧缘。左肾厚,呈三棱形,前端较小,后端大而钝圆,因其有较长的系膜,故位置不固定。当瘤胃充满时,左肾横过体正中线到右侧,位于右肾的后下方;当瘤胃空虚时,则左肾的一部分仍位于左侧。初生犊牛由于瘤胃不发达,左、右肾位置近于对称。

牛肾属于有沟多乳头肾。肾叶大部分融合在一起,肾的表面有沟,将肾分为 16~20 个大小不等的肾叶，肾乳头单个存在。肾乳头孔流出的尿液汇入输尿管的起始部。输尿管的起始部在肾窦内形成前、后 2 条集收管。每条集收管又分出许多分支，分支的末端膨大形成肾小盏，每个肾小盏包围着 1 个肾乳头。牛肾无明显肾盂。

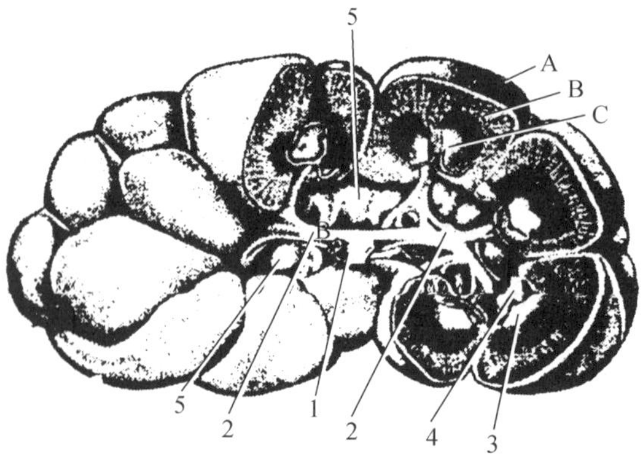

图 6-2　牛肾的构造

A. 纤维囊　B. 皮质　C. 髓质

1. 输尿管　2. 集收管　3. 肾乳头　4. 肾盏　5. 肾窦

2. 猪肾

猪肾(图 6-3)属于平滑多乳头肾。肾叶的皮质部完全合并，但髓质分开，肾乳头单独存在。每个肾乳头与 1 个肾小盏相对，肾小盏汇入 2 个肾大盏，后者汇成肾盂，延接输尿管。左、右肾呈豆形，较长扁。两侧肾位置对称，位于最后胸椎和前 3 个腰椎横突腹侧。右肾前端不与肝相接。

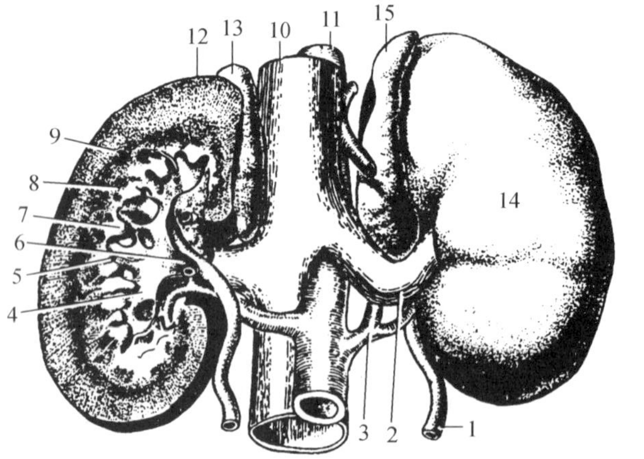

图 6-3　猪肾的构造

1. 左输尿管　2. 肾静脉　3. 肾动脉　4. 肾大盏　5. 肾小盏　6. 肾盏

7. 肾乳头　8. 髓质　9. 皮质　10. 右肾　11. 右肾上腺

12. 后腔静脉　13. 腹主动脉　14. 左肾上腺　15. 左肾

3. 马肾

马肾(图 6-4)属于平滑单乳头肾，不仅肾叶之间的皮质部完全合并，而且相邻肾叶髓质部之间也完全合并，肾乳头融合成脊状，称为肾脊。从切面上观察，在皮质和髓质之间，可见有血管断面，血管之间的肾组织的髓质部分称为肾锥体。皮质部肾组织伸入肾锥体之间，形成肾柱。肾盂呈漏斗状，中部稍宽，肾盂两端接裂隙状终隐窝。肾盂延接输尿管。

右肾略大，呈钝角三角形，位于最后 2、3 肋骨椎骨上端及第 1 腰椎横突的腹侧。右肾前端与肝相接，在肝上形成明显的肾压迹。左肾呈豆形，位置较右肾偏后，位于最后肋骨和前 2 或 3 个腰椎横突的腹侧。

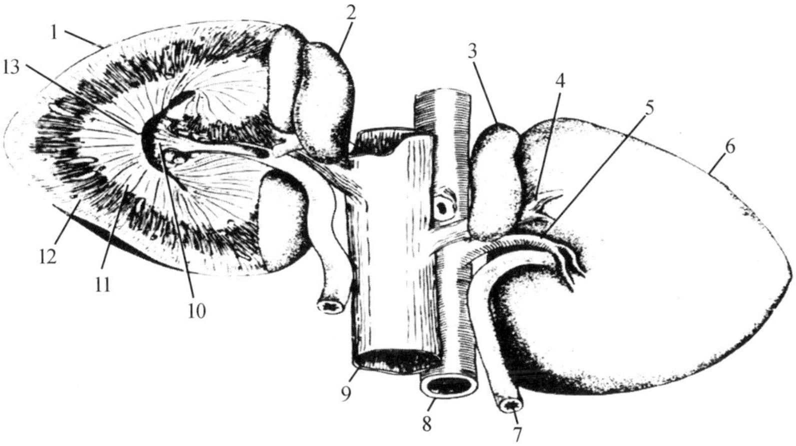

图 6-4 马肾的构造

1. 右肾 2. 肾上腺(右) 3. 肾上腺(左) 4. 肾静脉 5. 肾动脉 6. 左肾 7. 输尿管
8. 腹主动脉 9. 后腔静脉 10. 肾盂 11. 髓质 12. 皮质 13. 肾脊

4. 羊肾和犬肾

羊肾和犬肾均属于平滑单乳头肾。两肾均呈豆形。羊的右肾位于最后肋骨至第 2 腰椎下,左肾在瘤胃背囊的后方,第 4～5 腰椎下。犬的右肾位置比较固定,位于前 3 个腰椎椎体的腹侧,有的前缘可达最后胸椎。羊的左肾位置变化较大,当瘤胃近于空虚时,左肾的位置相当于第 2～4 腰椎椎体下方。当胃内食物充满时,左肾便向后移,左肾的前端约与右肾后端相对应。羊和犬的肾除在中央纵轴为肾总乳头突入肾盂外,在总乳头两侧还有多个肾脊,肾盂除有中央的腔外,并形成相应的隐窝。

(三)肾的组织构造

肾的实质由肾叶组成,肾叶由肾单位、集合管系和血管组成。

1. 肾单位

肾单位是肾的基本结构和功能单位。肾单位按其所在部位的不同,可分为皮质肾单位和髓旁肾单位。皮质肾单位主要分布于皮质浅层和中部,数量较多,占肾单位总数的绝大部分;髓旁肾单位分布于靠近髓质的皮质深层。

每个肾单位都由肾小体和肾小管 2 部分构成。

(1)肾小体。肾小体(图 6-5)是肾单位的起始部,位于皮质内,呈球形,由肾小球和肾小囊 2 部分组成。肾小体的一侧有血管极,是血管进出肾小球的部位;血管极的对侧是尿极,是肾小囊延接近曲小管处。

肾小球是一团毛细血管球,位于肾小囊中。进入肾小球的血管称为入球小动脉,离开肾小球的血管称为出球小动脉。入球小动脉较粗,出球小动脉较细。

肾小囊是肾小管起始部盲端膨大凹陷形成的杯状囊,分为内、外 2 层,内层称为脏层,外层称为壁层。脏层上皮细胞为多突起的细胞,又称为足细胞。足细胞紧贴在肾小球毛细血管外面,参与构成滤过屏障;壁层细胞为单层扁平上皮。脏层与壁层之间的腔隙称为肾小囊腔,与肾小管腔直接连通。

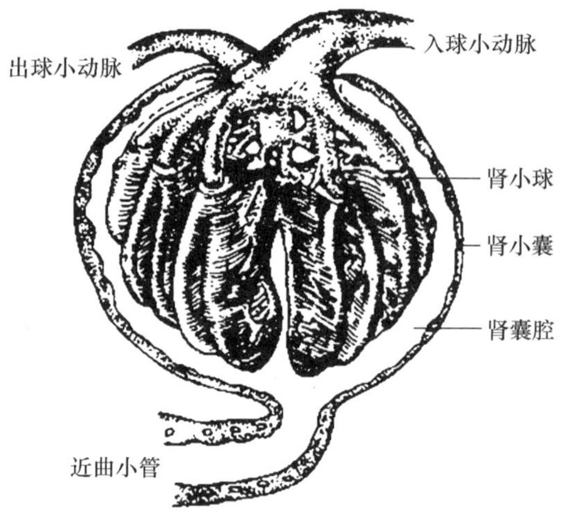

图 6-5 肾小体模式图

(2)肾小管。肾小管是一条细长而弯曲的小管,起始于肾小囊腔,依次为近曲小管、髓袢和远曲小管,末端汇入集合管。

近曲小管是肾小管中长而弯曲的部分,在肾小体附近弯曲盘旋。管壁由单层锥体形细胞构成,腔面有刷状缘。

髓袢是由皮质进入髓质,又从髓质返回皮质的 U 形小管,为发夹状管袢。前接近曲小管,后接远曲小管。髓袢可分为降支和升支。皮质肾单位髓袢降支有一细段;髓旁肾单位细段较长,参与形成髓袢降支和升支。

远曲小管位于皮质内,比近曲小管短而且弯曲少,管壁由单层立方上皮构成,其末端汇入集合管。

2. 集合管系

集合管系包括集合管和乳头管。许多条肾单位的远曲小管在末端汇合形成较粗的集合管,集合管汇集形成集合管系,包括弓形集合小管、直集合小管。集合管在肾椎体内汇入乳头管,乳头管末端开口于肾乳头内的肾盏。集合管的管壁均由单层立方上皮或单层柱状上皮构成,具有良好的重吸收功能。

3. 肾小球旁器

肾小球旁器包括球旁细胞和致密斑。

(1)球旁细胞。入球小动脉进入肾小囊处,由动脉管壁中的平滑肌细胞转变为上皮样细胞,称为球旁细胞。球旁细胞呈立方形或多角形,核为球形,胞质内有分泌颗粒,颗粒内含肾素。

(2)致密斑。在靠近肾小体血管极一侧,远曲小管的上皮细胞由立方形变为高柱状细胞,呈斑状隆起,称为致密斑。致密斑是一种化学感受器,可感受肾小管原尿中 Na^{+} 浓度的变化,并将信息传递至球旁细胞,调节肾素的释放。

(四)肾的血液循环

1. 肾血液循环的途径

由腹主动脉发出的肾动脉,入肾门后分出若干条叶间动脉,走向锥体之间,在皮质与髓质交界处形成弯曲的弓形动脉。弓形动脉向皮质发出许多小叶间动脉,小叶间动脉又分支为入球小动脉。入球小动脉进入肾小球后分为数支毛细血管,盘曲形成肾小球,之后汇合成出球小动脉。出球小动脉离开肾小囊后,在皮质和髓质的肾小管周围再次分支,形成毛细血管网,称为球后毛细血管网。肾小管周围的毛细血管网逐渐汇集成小叶间静脉,小叶间静脉汇集成弓形静脉、叶间静脉,最后汇集成肾静脉,经肾静脉出肾门后开口于后腔静脉。

2. 肾血液循环的主要特点

肾动脉直接来自腹主动脉,口径粗、行程短、血流量大;入球小动脉短而粗,出球小动脉长而细,因而肾小球内的血压较高,有利于原尿的形成;动脉在肾内 2 次形成毛细血管网,即血管球(肾小球)和球后毛细血管网。第2次形成的毛细血管网血压很低,便于物质的重吸收。

二、输尿管

输尿管为输送尿液到膀胱的一对细长的肌膜性管道。牛的输尿管起自于2条集收管,马、猪和羊的输尿管起自肾盂。输尿管自肾门出肾后,沿腰椎腹侧在腰肌和腹肌之间向后伸延,越过髂外动脉和髂内动脉进入盆腔,在生殖褶中(公畜)或沿子宫阔韧带背侧缘(母畜)向后伸达膀胱颈的背侧,斜向穿入膀胱壁,在膀胱壁内延伸数厘米,末端开口于膀胱附近的黏膜面上。输尿管末端斜穿膀胱壁突入膀胱内,这种结构有利于防止尿液逆流。

输尿管壁由黏膜、肌层和外膜3层构成。黏膜常形成许多纵行皱襞,致使管腔横断面呈星状,黏膜上皮为变移上皮;肌层较发达,由平滑肌构成,可分为内纵行肌、中环行肌和薄而分散的外纵行肌层;外膜为疏松结缔组织,内有血管和神经。

三、膀胱

膀胱是暂时贮存尿液的器官,略呈梨形。膀胱的前端钝圆称为膀胱顶,中部膨大称为膀胱体,后端狭窄称为膀胱颈。膀胱的形态、大小及位置随含尿量多少而改变。当膀胱空虚或尿液少时,位于盆腔前部的腹侧;当尿液充满时,膀胱的前半部分可突入腹腔。公畜的膀胱位于直肠、生殖褶及精囊腺的腹侧;母畜的膀胱位于子宫的后部及阴道的腹侧。

胎儿时期或初生幼畜,膀胱主要位于腹腔,呈细长的囊状,其顶端伸达脐孔,并经此孔与尿囊相连通,以后逐渐缩入盆腔内。

膀胱由黏膜、黏膜下层、肌层和浆膜4层构成。黏膜上皮为变移上皮,当膀胱收缩时,黏膜形成许多皱褶,近膀胱颈部(膀胱后端逐渐变细处)背侧有一三角区,称为膀胱三角。肌层由内纵行肌、中环行肌、外纵行肌3层平滑肌组成。中环行肌厚,在膀胱颈部形成膀胱内括约肌。在膀胱顶(膀胱正前部)和膀胱体部覆以浆膜,膀胱颈部仅覆以结缔组织外膜。

膀胱表面的浆膜从膀胱体折转到邻近的器官和盆腔壁上,形成一些浆膜褶,起固定膀胱的作用。膀胱背侧的浆膜,母畜折转到子宫上,公畜折转到生殖褶上。膀胱腹侧的浆膜褶沿正中矢状面与盆腔底壁相连,形成膀胱中韧带。膀胱两侧壁的浆膜褶与盆腔侧壁相连,形成膀胱侧韧带。在膀胱侧韧带的游离缘内含有一索状物,称为膀胱圆韧带,是胎儿时期脐动脉的遗迹。

四、尿道

尿道起于膀胱颈的尿道内口,后段并入生殖道中。公畜尿道外口在阴茎头的尿道突上,因而整个尿道细长而弯曲。公畜的尿道除有排尿功能外,还兼有排精的作用,故又称为尿生殖道。根据尿道所在的位置,可将其分为骨盆部和阴茎部(具体在公畜生殖系统中讲述)。母畜尿道外口隐藏在尿生殖前庭内的前端底壁,因而整个尿道比较宽短。母牛尿道在阴道前庭尿道开口处的腹侧面有一凹陷,称为尿道憩室(图6-6)。因而,临床上给牛导尿时注意切忌将导尿管误插入尿道憩室。母猪尿道外口处的尿道憩室比较小。母马尿道短而宽,长6～8 cm,位于阴道腹侧,尿道外口开口于阴道前庭腹侧壁阴瓣的后方,无尿道憩室。

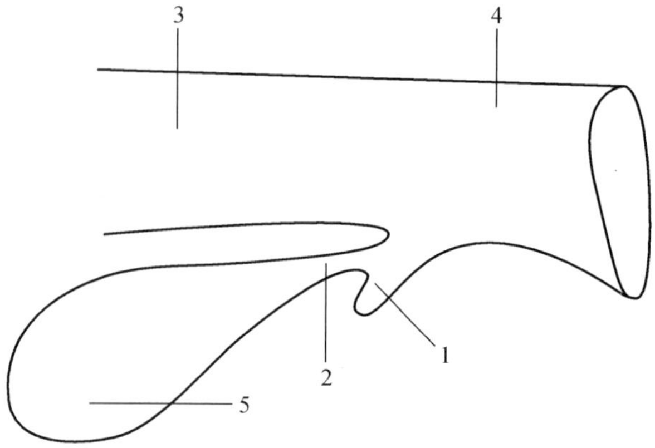

图 6-6 母牛尿道憩室位置示意图

1. 尿道憩室 2. 尿道 3. 阴道 4. 尿生殖前庭 5. 膀胱

第二节 泌尿生理

动物机体在新陈代谢过程中产生的许多代谢产物，如尿素、尿酸、马尿酸和多余的水分及无机盐等，由血液带到肾，在肾内形成尿液，经尿道排出体外。肾除排泄功能外，在维持机体水盐代谢、渗透压和酸碱平衡方面也起着重要作用。此外，肾还具有内分泌功能，能产生多种生物活性物质如肾素、前列腺素等，对机体的某些生理功能起调节作用。

一、尿的成分及理化特性

尿主要来源于血液，是肾脏活动的产物。尿的成分和理化性质常因动物种类、个体差异、生理状态、饲料和饮水的质和量、气候和季节等因素的影响而有所变动。因而，在分析尿液时要考虑这些因素，以保证判断的正确性。

（一）尿的成分

一般情况下，尿是由水和固体物所组成的。其中水占 96%～97%，固体物占 3%～4%。固体物包括有机物和无机物。无机物主要是氯化钠、氯化钾、氯化钙、氯化镁，其次是碳酸盐、硫酸盐和磷酸盐。有机物大部分是蛋白质和核酸的代谢终产物，主要是尿素，尿酸、肌酐、马尿酸、肌酸及少量的氨、尿胆素、某些激素、维生素和酶等。在动物使用药物时，尿液成分中还会出现药物的残余排泄物。

（二）尿的理化特性

1. 色泽与透明度

动物尿的颜色，因畜种、饲料种类、饮水量多少和使役程度等情况不同而变化很大，可为淡黄色、黄白色，乃至深黄色。尿的颜色差异与其中所含色素（尿色素、尿胆素）数量多少有直接关系。在一般情况下，马尿呈深黄白色、黄牛尿呈淡黄色、水牛和猪尿色淡如水样。

尿的透明度常因家畜种类不同而异。刚排出的尿为清亮的水样液，如放置时间较长，则因尿中碳酸钙逐渐沉淀而变得浑浊。一般多数动物的尿透明、不浑浊，也无沉淀。但马属动物的尿常浑浊不透明，主要是由于其尿中含有大量碳酸钙、不溶性磷酸盐及黏性物质。

2. 相对体积质量

正常动物尿的相对体积质量与溶解于其中固体物的量成正比，即溶解物多，相对体积质量大；溶解物少，相对体积质量小。同时，尿的相对体积质量与排尿量的多少成反比，即尿量多，相对体积质量小；尿量少，相对体积质量大。在一般情况下，草食动物尿的相对体积质量较杂食动物要稍大。表 6-1 列出了在一般饲料条件下正常家畜尿的相对体积质量值。

表 6-1　正常家畜尿的相对体积质量

家畜种类	尿的比重	家畜种类	尿的比重
牛	1.025～1.055	猪	1.018～1.050
绵羊	1.025～1.070	马	1.025～1.055
山羊	1.015～1.070	骆驼	1.030～1.060

3. 酸碱度

在正常情况下，尿的酸碱度因家畜种类而不同（表 6-2）。草食动物的尿一般为碱性；肉食动物的则为酸性；杂食动物的有时呈酸性，有时呈碱性，这与它们采食的饲料种类有关。在一般情况下，草食动物多采食植物性饲料，这类饲料中含有大量柠檬酸、苹果酸、乙酸等的钾盐，这些物质在体内氧化时，生成碳酸氢钾随尿排出，所以尿一般呈碱性。肉食动物所采食的大都是蛋白质含量较高的食物，在体内代谢可生成硫酸、磷酸等，这类酸一部分随尿排出，因此肉食动物的尿通常为酸性。杂食动物由于它们既能采食植物性饲料，也可采食动物性食物，所以尿或为碱性或为酸性。

表 6-2　正常家畜尿的酸碱度

项目	家畜种类			
	牛	羊	猪	马
酸碱度	7.7～8.7	8.0～8.5	6.5～7.8	7.2～8.7

一般情况下，动物的排尿量：牛每昼夜排尿量为 6～8 L，羊每昼夜排尿量为 1～1.5 L，猪昼夜的排尿量为 2～4 L，马每昼夜排尿量为 3～8 L。

知识链接　由上可见，尿的成分和理化性质的变化反映泌尿系统的功能状态，而且在一定程度上也能代表体内物质代谢情况和全身功能活动状态。因此，在兽医临床诊断上常以尿液检查作为诊断一些疾病的主要辅助手段。在畜牧生产上也以分析尿液来作为动物代谢平衡试验和制订动物饲料标准的重要参考依据。

二、尿的生成及影响因素

（一）尿的生成

尿的生成在肾脏完成。肾脏的结构和功能的基本单位称为肾单位，肾单位包括肾小体和肾小管。肾小体是微小的球体，包括肾小球和肾小囊，其主要功能是滤出并形成原尿。肾小管是一弯曲的小管，分为近曲小管、髓袢和远曲小管3部分，其主要功能是重吸收原尿中的水分、营养物质以及分泌代谢产物。

因此，尿的生成包括2个阶段：一是肾小球的滤过作用，生成原尿；二是肾小管和集合管的重吸收、分泌和排泄作用，生成终尿。

1. 肾小球的滤过作用

循环血液流经肾小球毛细血管时，由于血压较高，除血细胞和大分子蛋白质外，血浆中的水和其他物质（如葡萄糖、氯化物、无机磷酸盐、尿素和肌酐等）都能通过滤过膜滤过到肾小囊腔内，这种滤出液称为原尿。因此，原尿中其他成分，如葡萄糖、氯化物、无机磷酸盐、尿素、尿酸和肌酐等各种晶体物质的浓度都与血浆非常接近，而且渗透压及酸碱度也与血浆相似，由此可见肾小囊腔内液是血浆的超滤液。原尿是通过肾小球滤过作用而产生的。而肾小球的滤过作用取决于2个因素：一是肾小球滤过膜的通透性；二是肾小球的有效滤过压。其中，前者是原尿产生的前提条件，后者是原尿滤过的必要动力。

(1)肾小球滤过膜的通透性。肾小球滤过膜有3层结构(图6-7)，最内层是肾小球毛细血管的内皮细胞，厚约40 nm，上面有许多窗孔，其孔径大小为50～100 nm，可阻止血细胞通过，但血浆蛋白可滤过；中间层是非细胞结构的基膜层，厚325 nm，是一种微纤维网，网孔的大小为4～8 nm，是滤过膜的主要滤过屏障，只有水和部分溶质可以通过；最外层是肾小囊的上皮细胞层，厚40 nm，其细胞表面有足状突起并交错形成裂隙称为足细胞。交错的足细胞间隙上有一层滤过裂隙膜，膜上有直径4～14 nm的孔，是大分子物质滤过的最后一道屏障。一般认为，基膜的孔隙较小，因此对大分子物质的滤过起到机械屏障作用。另外，在3层膜上都覆盖着带负电荷的糖蛋白，能阻止带负电荷的物质通过，起到电化学屏障作用。在病理情况下，滤过膜上带负电荷的糖蛋白减少或消失，就会导致带负电荷的血浆蛋白滤过量比正常时明显增加，从而出现蛋白尿。

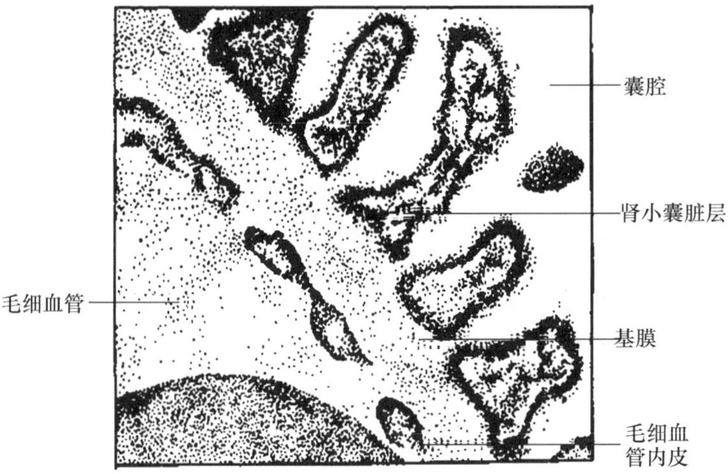

图6-7 肾小球滤过膜示意图

不同物质通过滤过膜的能力称为肾小球滤过膜的通透性，取决于被滤过物质的分子质量大小及其所带的电荷。一般有效半径小于2.0 nm的中性物质(如葡萄糖，相对分子质量180，有效半径0.36 nm)可以自由通过；有效半径大于4.2 nm的大分子物质则不易通过；有效半径

2.0～4.2 nm的各种物质分子随有效半径的增加，它们的滤过率逐渐降低。但有效半径约为3.6 nm的血浆蛋白(相对分子质量69 000)因其带负电荷，因此也很难通过滤过膜。

肾小球滤过膜的结构决定了滤过膜有良好的通透性。因此，水、晶体物质和分子质量较小的部分清蛋白均可从血浆滤过到肾小囊腔中。

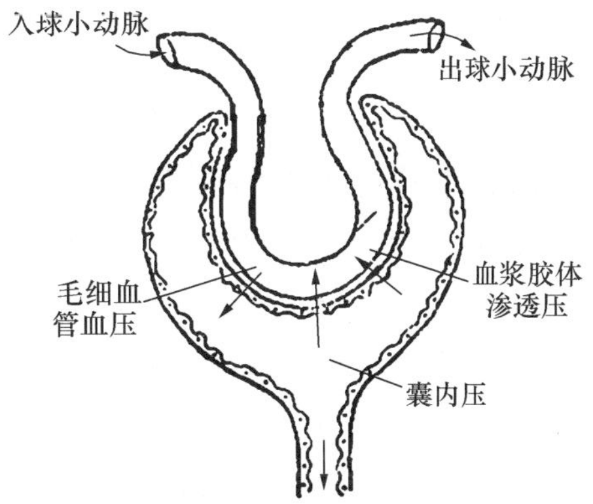

图6-8 肾小球有效滤过压示意图

(2)肾小球的有效滤过压(图6-8)。肾小球滤过作用的发生，其动力是滤过膜两侧的压力差。这种压力差称为肾小球的有效滤过压。肾小球有效滤过压由3部分压力组成：肾小球毛细血管血压、血浆胶体渗透压和肾小囊的囊内压。肾小球毛细血管血压是推动血浆从肾小球滤过的力量，后两者的作用相反，是对抗滤过的力量。可用以下公式表示：

肾小球有效滤过压＝肾小球毛细血管血压－(血浆胶体渗透压＋囊内压)

肾小球毛细血管血压较高，其主要原因是入球小动脉粗而短，出球小动脉细而长，相应地提高了血压，所以肾小球毛细血管血压较其他器官内的高，这是保证有效滤过的主要动力。

直接测定肾小体内各段压力的结果表明：入球小动脉和出球小动脉的血压几乎相等，平均为6.0 kPa；囊内压平均为1.3 kPa；至于血浆胶体渗透压，从入球小动脉端开始，不断发生滤过作用，因而不同部位的胶体渗透压不同；入球小动脉端的胶体渗透压为2.7 kPa，出球小动脉端则增至4.7 kPa。由以上公式可计算得：

入球小动脉端有效滤过压(kPa)＝6.0－(1.3＋2.7)＝2.0
出球小动脉端有效滤过压(kPa)＝6.0－(1.3＋4.7)＝0

上述结果说明，并不是肾小球毛细血管全部都有滤过作用，只有有效滤过压为正值的血管段才发生滤过作用。生理条件下，肾小球毛细血管内的血浆胶体渗透压随着滤过液不断生成而升高，因此有效滤过压也逐渐下降。当有效滤过压下降至零时，即达到了滤过平衡时，滤过作用停止。

2. 肾小管和集合管的重吸收、分泌和排泄作用

血液经肾小球的滤过作用后生成原尿，原尿在流经肾小管和集合管时，其中的许多物质被重新吸收到血液中，称为重吸收作用。肾小管和集合管的重吸收作用具有一定的选择性。凡是对机体有用的物质，如葡萄糖、氨基酸、钠、氯、钙、重碳酸根等，几乎全部或大部分被重吸收；对机体无用或用处不大的物质，如尿素、尿酸、肌酐、硫酸根、碳酸根等，则只有少量被重吸收或完全不被重吸收。

肾小管和集合管能将血浆或肾小管上皮细胞内形成的物质，如H^+、K^+和NH_4^+等分泌到肾小管腔中。同时也能将某些不易代谢的物质(如尿胆素、肌酸)或由外界进入体内的物质(如药物等)排泄到管腔中。习惯上把前者称为分泌作用，后者称为排泄作用。

肾小管和集合管的重吸收、分泌和排泄作用是通过物质跨膜转运功能实现的。

原尿生成后进入肾小管被称为小管液。小管液经过肾小管和集合管的重吸收与分泌作用

后成为终尿，最后被排出体外。在此过程中，小管液的数量会大幅度减少（99%以上的小管液被重吸收），质量也发生重大改变（小管液的营养物质含量急剧减少，而排泄物的浓度迅速增高），使原尿最终被改造成为终尿。

（二）影响尿生成的因素

尿液是通过肾小球的滤过作用及肾小管和集合管的重吸收、分泌和排泄作用而生成的。因此，凡能影响上述2个作用的因素都可影响尿的生成。

1. 影响肾小球滤过作用的因素

肾小球的滤过作用主要受以下2种因素的影响：一是肾小球滤过膜的通透性，二是肾小球的有效滤过压。这2种因素发生任何变化时，都能影响肾小球的滤过作用，从而改变肾脏尿的生成。

（1）肾小球滤过膜通透性的改变。在正常情况下，肾小球滤过膜的通透性比较稳定，血细胞和大分子的血浆蛋白不能透过滤过膜，所以尿中不含有这些物质。但在机体缺氧或中毒的情况下，肾小球滤过膜通透性增大，滤过率增加，同时，原来不能通过的那些物质如血细胞和蛋白质可以通过滤过膜，因而，尿量增加，尿中含有一定数量的血细胞和蛋白质（血尿和蛋白尿）。在急性肾小球肾炎时，肾小球内皮细胞肿胀，基底膜增厚，可使肾小球滤过膜的通透性减小，还可能部分或完全阻断肾小球毛细血管血流，减少活动肾小球的数量，使有效滤过面积显著缩小，从而导致滤过率降低，原尿生成不多，出现少尿。

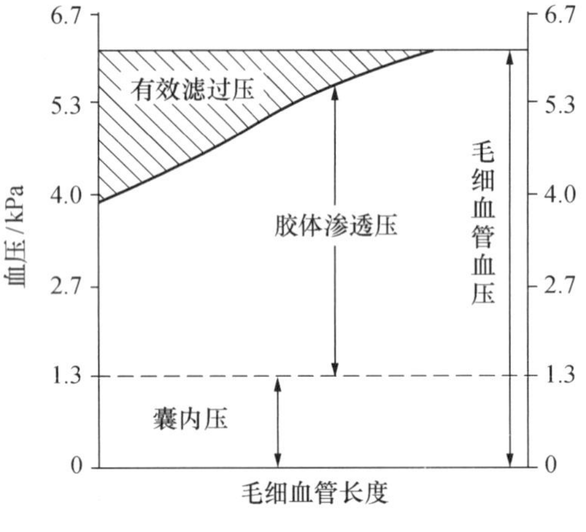

图6-9　肾小球毛细血管血压、血浆胶体渗透压和囊内压对肾小球滤过率的影响

（2）肾小球有效滤过压的改变。肾小球的有效滤过压取决于肾小球毛细血管血压、血浆胶体渗透压和肾小囊的囊内压3种压力的对比变化（图6-9）。凡能影响这3种压力的因素，都可以使肾小球的有效滤过压改变，从而影响尿量。例如：

①当家畜因创伤、失血、烧伤等原因而引起全身血压下降，或者在入球小动脉收缩、阻力加大时，肾小球毛细血管血压也随之降低，致使有效滤过压减小，于是滤过率降低，原尿生成不多，因而尿量减少。反之，全身血压升高或者出球小动脉收缩，引起肾小球毛细血管血压增大，有效滤过压增加，尿量增多。

②当静脉输入大量生理盐水后，一方面升高血压，另一方面又降低了血浆胶体渗透压，从而使肾小球有效滤过压升高，于是滤过率加大，原尿生成增多，尿量也增加。

③在输尿管或肾盂有异物（如结石）堵塞或者因发生肿瘤而压迫肾小管时，都可造成囊内压升高，致使有效滤过压下降，故滤过率降低，原尿生成不多，尿量相应减少。

同时，肾血流量的变化也具有一定的影响。肾血流量增加，肾小球滤过率增大，原尿生成增多；反之，原尿生成减少。

2. 影响肾小管和集合管重吸收、分泌和排泄的因素

影响肾小管和集合管重吸收、分泌和排泄的因素主要有4个：一是原尿中溶质的浓度，二

是肾小球的滤过率，三是肾小管上皮细胞的功能状态，四是激素的作用。

(1)原尿中溶质的浓度。当原尿中溶质浓度增加，并超过肾小管对溶质的重吸收限度时，原尿的渗透压就会升高，而渗透压的升高必将妨碍肾小管对水的重吸收，于是尿量增加。例如，静脉注射高渗葡萄糖后，血糖浓度升高，原尿中糖的浓度也随之增加，如果浓度的增加超过了肾小球重吸收的限度，即所谓的肾糖阈时，则有一部分糖因不能被重吸收而使原尿的渗透压升高，影响肾小管上皮细胞对水的重吸收作用，从而使尿量增加。

知识链接　由于增加原尿中溶质的浓度能减少肾小管对水的重吸收作用，故在临床上有时给病畜服用不被肾小管重吸收的物质，利用它来提高小管液中溶质的浓度，从而妨碍水的重吸收，借此达到利尿和消除水肿的目的。

(2)肾小球的滤过率。正常情况下，近曲小管重吸收率始终为肾小球滤过率的65%～70%。肾小球滤过率增大，滤液中的 Na^+ 和水的含量增加，近曲小管对 Na^+ 和水的重吸收率也升高。反之，肾小球滤过率减小，滤液中 Na^+ 和水的含量也减少，对它们的重吸收率也相应降低。这种现象称为球-管平衡。球-管平衡的意义在于使尿液中排出的溶质和水不至于因肾小球滤过率的增减而出现大幅度的变动。

此外，研究表明，肾小管重吸收功能的改变也可反过来引起肾小球滤过率发生相应的变化。如近端小管的重吸收量减少，可导致小管内压增加，进而使囊内压增加，于是有效滤过压降低，肾小球滤过率因而减少，这也是一种球-管平衡现象。

(3)肾小管上皮细胞的功能状态。当肾小管上皮细胞因某种原因被损害时，往往会影响它的正常重吸收功能，从而使尿的质和量发生改变。例如，当机体因根皮苷中毒时，能引起肾小管上皮细胞功能发生障碍，使它重吸收葡萄糖的能力大大减弱，于是有较多的葡萄糖随尿排出，并因终尿中含有较多的葡萄糖而使尿量和排尿次数都有增加。

(4)激素的作用。肾小管活动的效应主要表现为它对水的重吸收以及对离子的重吸收和分泌。肾小管的这些活动效应是受神经-体液调节的。一般认为，抗利尿激素和醛固酮的作用是肾小管活动效应的主要调节因素。

抗利尿激素的作用是增加远曲小管对水的通透性，促进水的重吸收，从而使排尿量减少。在反刍动物，抗利尿激素还能增加 K^+ 排出。血浆渗透压升高和循环血量的减少均可引起抗利尿激素的释放，创伤及一些药物也能引起抗利尿激素的分泌，减少排尿量。

醛固酮对尿生成的调节是促进远曲小管重吸收 Na^+，同时促进 K^+ 排出，即醛固酮有保 Na^+ 排 K^+ 作用。

三、尿的排出

终尿在肾脏生成后，先经集合管进入肾盂，然后借输尿管蠕动，流入膀胱贮存。膀胱是中空的肌性贮尿器官，大部分是逼尿肌，由平滑肌构成。膀胱与尿道连接处有2块括约肌，连着膀胱的为内括约肌，紧靠尿道部的为外括约肌。尿液生成过程是连续不断的，而生成的尿液进入膀胱后要积存达一定量时，才间歇性地引起排尿反射动作，将尿液经尿道排出体外。

(一)膀胱与尿道的神经支配

膀胱的逼尿肌与尿道内、外括约肌由3组神经支配。

1. 盆神经

盆神经又称泌尿神经，自腰荐部脊髓发出。盆神经中含有副交感神经纤维，当其兴奋时，可使逼尿肌收缩，尿道内括约肌松弛，促进排尿。

2. 腹下神经

腹下神经又称充盈神经，自脊髓胸腰段侧角发出的交感神经纤维经腹下神经到达膀胱。当其兴奋时，可使逼尿肌松弛，尿道内括约肌收缩，抑制排尿，有助贮尿。在排尿活动中交感神经的作用较为次要。

3. 阴部神经

阴部神经又称躯体神经，自腰荐部脊髓发出，支配尿道外括约肌，是高级中枢意识控制排尿活动的主要传出途径。它的兴奋可使外括约肌收缩。当阴部神经受反射性抑制时，外括约肌放松，利于排尿。

上述3组神经均有传入神经纤维：盆神经中含有来自膀胱牵张感受器的传入纤维，可把膀胱充胀感传入中枢；腹下神经中含传入膀胱过度膨胀及疾病引起的疼痛感的神经纤维；阴部神经含传入尿道感觉的神经纤维。由于调节膀胱和尿道活动的神经都来自腰荐部脊髓，所以通常把该段脊髓视为低级排尿中枢所在的部位。在机体内脊髓低级排尿中枢受延髓、中脑、下丘脑以及大脑皮层的调节(图6-10)。

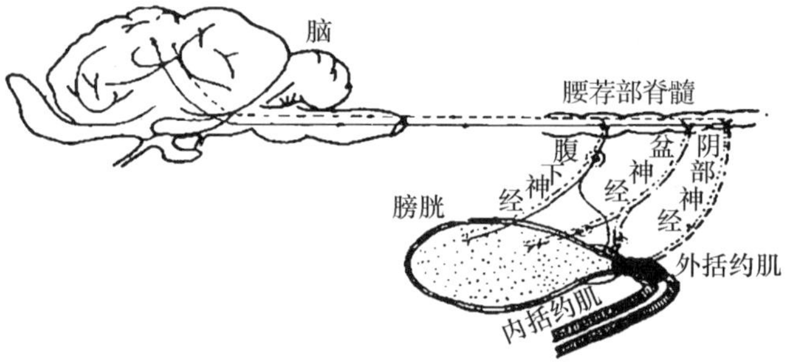

图6-10 排尿的神经调节

(二)排尿反射

排尿是一种反射性活动。膀胱中的尿液贮存到一定容量时，膀胱壁的牵张感受器受到刺激而兴奋。冲动沿盆神经传入，到达腰荐部脊髓排尿反射的初级中枢。同时，冲动也上传到脑干和大脑皮层的排尿反射高位中枢，产生尿意。如果当时的条件不适于排尿，低级排尿中枢可被大脑皮层抑制，使膀胱壁进一步松弛，继续贮存尿液，直至有排尿的条件或膀胱内压过高时，低级排尿中枢的抑制才被解除。这时排尿反射的传出冲动沿盆神经传到膀胱，引起逼尿肌收缩、内括约肌松弛，于是尿液进入尿道。这时进入尿道的尿液刺激尿道的感受器，冲动沿阴部神经也传到脊髓排尿中枢，进一步加强其活动，使外括约肌开放，于是尿液被排出。逼尿肌的收缩又可刺激膀胱壁的牵张感受器，它的兴奋又进一步反射性地引起膀胱收缩，尿液对尿道的刺激可进一步反射性地加强排尿中枢活动。这是一种回馈，它使排尿反射一再加强，直至尿液排完为止。在排尿末期，由于尿道海绵体肌肉收缩，可将残留于尿道的尿液排出体外。此外，在排尿时，腹肌和膈肌的收缩也产生较高的腹内压，协助克服排尿的阻力。

大脑皮层能控制排尿反射活动。动物排尿的地点及频率可通过调教或训练加以控制，使动物能定时、定点排尿，这对于节省管理用工、减轻劳动强度和改善环境条件均具有实际意义。

专项实训

一、泌尿器官的识别

［实训目标］识别牛、羊、猪、马等动物的肾和膀胱的形态、位置和构造。

［材料设备］动物肾模型、动物尸体或肾及膀胱离体标本、解剖器械。

［方法步骤］

(1)在动物尸体上识别肾、输尿管、膀胱等器官的位置、形态和构造。

(2)在新鲜肾或肾标本的横断面上识别肾叶、皮质、髓质、肾乳头、肾小盏等构造。

［技能考核］正确识别各种肾的形态、构造。

二、肾组织结构的观察

［实训目标］识别肾的组织构造，进一步理解尿的生成过程。

［材料设备］生物显微镜、动物肾脏组织切片、幻灯机、动物肾组织幻灯片。

［方法步骤］教师先用幻灯片演示并讲解牛肾的组织构造。学生在显微镜下，识别肾的下列结构：肾小球、肾小囊、肾小腔和肾小管等。

［技能考核］在显微镜下正确识别动物肾的组织构造。

复习思考题

1. 简述泌尿系统的组成。
2. 比较牛、羊、猪、马肾的形态、构造特点。
3. 简述肾单位的组成。
4. 简述尿的生成过程。
5. 影响尿生成的因素有哪些？
6. 从肾乳头渗出的尿液属于原尿还是终尿？试说明其来源和去路。
7. 说明动物大量饮水、大剂量注射生理盐水和注射高渗葡萄糖溶液后出现多尿的原因。
8. 大量出汗后，尿量会发生什么变化？为什么？

肾上腺内分泌功能

肾小球的滤过功能

第七章
生殖系统

【学习目标】

- 能够熟练掌握生殖器官的形态、位置、结构及功能。
- 熟悉牛、羊、猪、马生殖器官的结构特点。
- 熟悉雄、雌性动物的生殖生理特征。
- 能理解乳的生成、分泌及排乳反射过程。

【素质目标】

- 树立辩证唯物主义世界观。
- 注重理论联系实际，培养科学严谨的学习态度和精益求精的工匠精神。
- 探索生命起源，珍爱生命，树立动物保护意识。
- 树立动物福利意识，关注动物健康。

【学习建议】

通过教师讲解，理解动物生殖器官的形态结构和生殖生理规律及泌乳的有关知识；利用动物或动物标本、模型认识各器官的形态和位置；利用显微镜观察生殖器官组织结构；通过实际观察了解生殖生理功能。

生殖系统包括雄性生殖系统和雌性生殖系统，主要功能是产生生殖细胞（精子和卵子），分泌性激素和繁殖后代，保证种族的延续。

第一节　雄性生殖系统构造

雄性生殖系统由睾丸、附睾、输精管、精索、尿生殖道、副性腺、阴囊、阴茎和包皮组成（图 7-1）。

一、睾丸

(一)睾丸的位置和形态

睾丸位于阴囊内，左、右各1。睾丸可产生精子、分泌雄性激素，促进第二性征出现和其他性器官的发育。

睾丸呈左、右稍扁的椭圆形，表面光滑。外侧面稍隆凸，内侧面平坦。附睾附着的一侧为附睾缘，另一侧为游离缘。血管和神经进出的一端为睾丸头，与附睾头相接；另一端为睾丸尾，借睾丸固有韧带与附睾尾相连。

在胚胎时期，睾丸位于腹腔内肾的附近。出生前后，睾丸和附睾一起经腹股沟管下降到阴囊内，这一过程称为睾丸下降。动物出生后，如果有一侧或两侧睾丸仍留在腹腔内，称为单睾或隐睾，其生殖能力较弱或无生殖能力，不宜作种用。

牛(羊)的睾丸(图7-2)较大，位于两股部之间的阴囊内，呈长椭圆形，长轴与地面垂直，睾丸头位于上方，前缘为游离缘，后缘为附睾缘。牛的睾丸实质呈灰黄色，羊的呈白色。

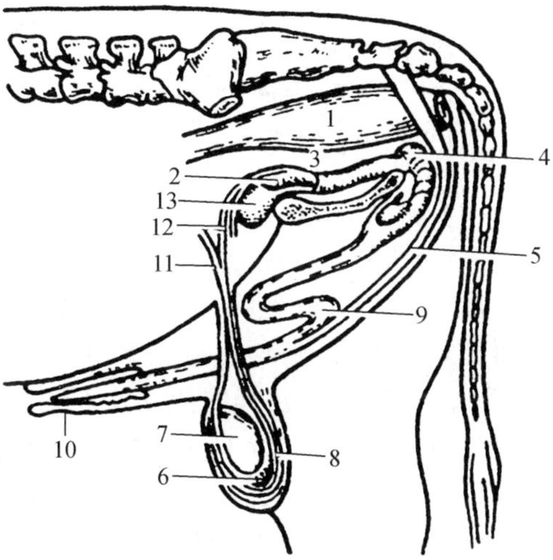

图7-1　公牛生殖器官模式图

1. 直肠　2. 精囊腺　3. 前列腺　4. 尿道球肌　5. 阴茎缩肌　6. 附睾　7. 睾丸　8. 阴囊　9. 阴茎“乙”状弯曲　10. 包皮　11. 精索　12. 输精管　13. 膀胱

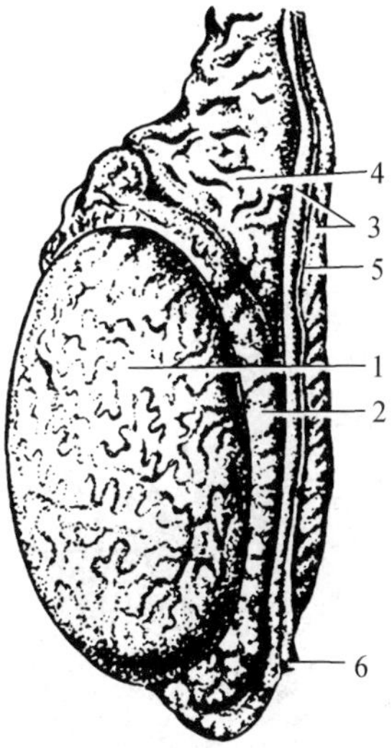

图7-2　公牛的睾丸(外侧面)

1. 睾丸　2. 附睾　3. 输精管及褶　4. 精索　5. 睾丸系膜　6. 附睾尾韧带

猪的睾丸很大，质较柔软，位于会阴部，长轴斜向后上方，睾丸头朝向前下方，睾丸尾朝向后上方，前背侧缘为附睾缘，后腹侧缘为游离缘。睾丸实质呈灰色或淡灰色。

马的睾丸位置与牛的相近似，外形呈椭圆形，长轴与地面平行，睾丸头向前，睾丸尾向后，背侧缘为附睾缘，腹侧缘为游离缘。睾丸实质呈淡棕色。

(二)睾丸的组织结构

睾丸除附睾缘外，表面均被覆着一层浆膜，即睾丸固有鞘膜。浆膜下方为厚而坚韧的致密结缔组织膜，称为白膜，内含大量的胶原纤维和少量的弹性纤维。在睾丸头处，白膜的结缔组织伸入睾丸内形成睾丸纵隔。马的睾丸纵隔仅限在睾丸头。从睾丸纵隔又发出许多睾丸小隔，呈放射状伸入睾丸实质，将睾丸实质分成许多锥形的睾丸小叶。牛、羊的睾丸小隔薄而不完整，猪和马的睾丸小隔较发达。每个睾丸小叶内有 2～3 条精小管，精小管之间为间质组织。精小管进入睾丸纵隔相互吻合成睾丸网，最后形成 10 余条睾丸输出小管进入附睾(图 7-3)。

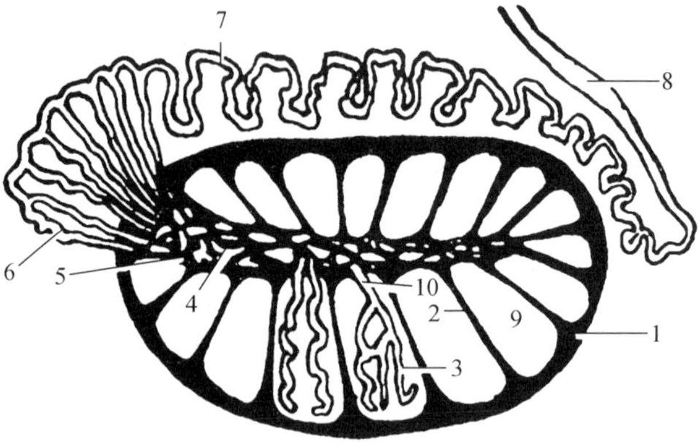

图 7-3 睾丸和附睾结构模式图

1. 白膜 2. 睾丸间隔 3. 曲精小管 4. 睾丸网 5. 睾丸纵隔 6. 输出小管 7. 附睾管 8. 输精管 9. 睾丸小叶 10. 直精小管

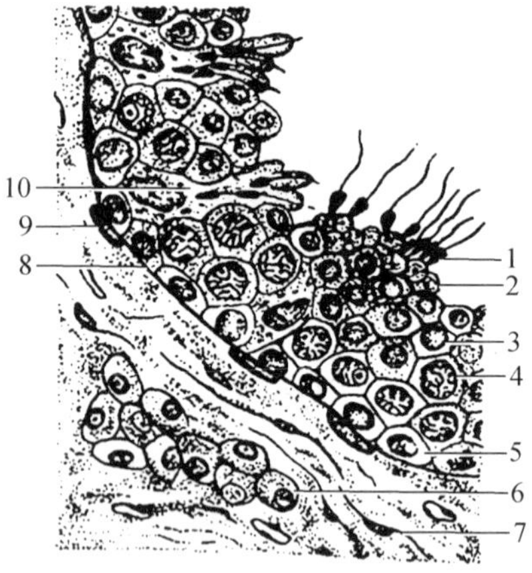

图 7-4 睾丸曲精小管及间质

1. 精子 2. 精子细胞 3. 次级精母细胞 4. 初级精母细胞 5. 精原细胞 6. 间质细胞 7. 结缔组织 8. 基膜 9. 肌样细胞 10. 支持细胞

1. 精小管

精小管分为曲精小管和直精小管。

(1)曲精小管。曲精小管(图 7-4)为精子发生的场所，是盘曲的袢状管，两端均连接直精小管，有的以盲端起始于小叶边缘，向纵隔延伸与直精小管相接。管壁由基膜和多层上皮细胞组成。上皮包括 2 种类型的细胞，即生精细胞和支持细胞。上皮外有一薄层基膜，基膜外有胶原纤维和一层肌样细胞，能进行收缩，有助于精子的排出。

①生精细胞：性成熟的动物，在睾丸曲精小管的管壁中，由基膜到腔面，可见许多不同发育阶段的生精细胞，包括精原细胞、初级精母细胞、次级精母细胞、精子细胞和精子。从精原细胞增殖分化形成精子的过程称为精子发生。

精原细胞是生成精子的干细胞，紧靠基膜分布，呈圆形或椭圆形，体积较小，分 A、B 2 型。A 型细胞核染色质细小，核仁常靠近核膜，根据核的结构和着色的深浅不同，A 型又分暗 A 型和明 A 型 2 种。暗 A 型细胞核着色深，常有一小空泡，能不断地分裂增殖。分裂后产生的子细胞中，一半仍为暗 A 型细胞，继续保持其作为干细胞的分化能力；另一半为明 A 型细胞。明 A 型细胞核着色浅，再经分裂数次产生 B 型精原细胞。B 型精原细胞的核膜内侧附有粗大异染色质粒，核仁位于中央，经过数次有丝分裂后，体积增大，分化为初级精母细胞。

初级精母细胞多位于精原细胞的内侧，有 1～2 层，体积较大，胞核大而圆，在曲精小管的断面上常可见到较多处于不同分裂时期的初级精母细胞。每个初级精母细胞经第一次成熟分裂(减数分裂)后，产生 2 个单倍体的次级精母细胞。

次级精母细胞位于初级精母细胞内侧，临近曲精小管管腔。细胞体积较初级精母细胞小，呈圆形，核大而圆，不见核仁。次级精母细胞存在时间很短，切片上不易见到，很快进行第二次成熟分裂，生成 2 个精子细胞。

精子细胞位置靠近曲精小管管腔，常排成数层，细胞体积更小，呈圆形。细胞核小而圆，染色深，核仁明显。精子细胞不再分裂，经过复杂的形态变化后形成精子。

精子是精子细胞经变态而成的，形似蝌蚪，分头、颈、尾 3 部分(图 7-5)。头部主要由细胞核构成，核的前部为顶体。颈部由位于中央的近端中心粒、远端中心粒和外周的 9 条致密纤维组成。尾部是精子的运动器官，分为中段、主段和末段。尾部的中心贯串由微管构成的轴丝，即中央为 1 对单微管，外周为 9 对二联微管。中段轴丝外周被 9 条致密纤维包裹，再外面由螺旋形的线粒体鞘包围。主段含有轴丝和 9 条致密纤维，外面由纤维鞘包绕。末段仅有轴丝和外被的细胞膜构成。刚形成的精子头部嵌于支持细胞的顶部，尾部朝向管腔。精子成熟后，即脱离支持细胞进入管腔。

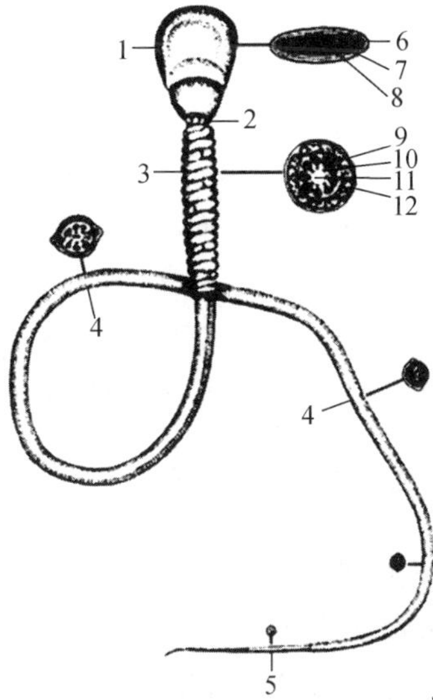

图 7-5　精子外形及其各部切面模式图

1. 头部　2. 颈部　3. 尾部中段　4. 尾部主段　5. 尾部末段　6. 细胞膜　7. 顶体　8. 细胞核　9. 周围 9 根粗丝　10. 9 对内部纤丝　11. 中央纤丝　12. 线粒体

②支持细胞：呈不规则的高柱状或锥状，底部附着在基膜上，顶端伸向管腔，侧面和腔面内镶嵌着各级生精细胞。细胞界线不清，胞核较大，呈三角形或椭圆形，着色浅，核仁明显。相邻支持细胞在靠近基底部的侧面形成紧密连结，这种连结装置与曲精小管的基膜及血管内皮和基膜等结构共同构成血-睾屏障，该屏障对保护曲精小管内稳定的微环境具有重要作用。支持细胞具有支持、保护和营养各级生精细胞，吞噬退化的精子及合成雄激素结合蛋白的功能。

(2)直精小管。直精小管是曲精小管在近睾丸纵隔处变成短而直的一段管道，其管径细，管壁衬以单层立方或扁平上皮。细胞游离面有短的微绒毛和 1 根纤毛，纤毛的摆动对管腔内液体有搅拌作用。

2. 睾丸网

睾丸网位于睾丸纵隔内，由直精小管互相吻合而成的网状小管，管腔宽窄不一，管壁上皮是单层立方或扁平上皮。公牛睾丸网的管壁上皮呈 2 层排列的复层上皮。公猪在立方上皮细胞顶端常有水泡状隆突，可能有分泌活动。公马的上皮细胞含有大量糖原。

3. 间质组织

间质组织是位于曲精小管之间的疏松结缔组织，除含有丰富的血管和淋巴管外，还有一种内分泌细胞，即睾丸间质细胞，它们成群地分布在曲精小管之间。间质细胞体积较大，呈卵圆形或多边形。胞核大而圆，胞质呈嗜酸性，含有脂滴和褐色素颗粒。褐色素颗粒的含量随年龄增长而增多。间质细胞分泌雄激素，主要是睾酮，可促进精子的发生和成熟，维持正常的性欲活动，促进生殖器官发育和第二性征的出现。

二、附睾

附睾是贮存精子和精子进一步成熟的场所，附着于睾丸的附睾缘，分为附睾头、附睾体和附睾尾，外面也被覆有固有鞘膜和薄的白膜。附睾由睾丸输出小管和附睾管组成。附睾头膨大，由睾丸输出小管构成，与睾丸头相对。睾丸输出小管汇合成一条很长的附睾管，迂曲并逐渐增粗，构成附睾体和附睾尾。附睾尾末端管径增大，最后延续为输精管。附睾尾借睾丸固有韧带与睾丸尾相连。

牛、羊的附睾位于睾丸的后缘，附睾头长，附睾尾较大；猪的附睾位于睾丸的前背侧缘，附睾尾很发达；马的附睾位于睾丸背侧缘。

三、输精管和精索

（一）输精管

输精管是输送精子的管道，在附睾尾处由附睾管延续而来，沿附睾体至附睾头附近，进入精索后缘内侧的输精管褶中，经腹股沟管入腹腔，随即向后上方进入骨盆腔，在膀胱背侧的尿生殖褶内继续向后伸延，开口于尿生殖道起始部背侧壁的精阜。输精管在尿生殖褶内的一段，因管壁内含有大量的腺体（壶腹腺）而呈纺锤形膨大，称为输精管壶腹。壶腹腺的分泌物有稀释和营养精子的作用。

牛、羊的输精管壶腹很小，猪的不明显，马的很发达。

（二）精索

精索呈扁圆锥形，基部附着于睾丸和附睾，上端达腹股沟管内环，长短因动物种类而有不同。精索由睾丸动脉、静脉、神经、淋巴管、睾内提肌和输精管等组成，外表包以固有鞘膜，并借输精管系膜固定在总鞘膜的后壁。精索内的睾丸动脉长而弯曲，与之伴行的静脉细而密，形成精索的蔓状丛，它们构成精索的大部分，具有延缓血流和降低血液温度的作用。动物去势时需切断精索，同时采取止血措施。

四、尿生殖道

雄性动物的尿道兼有排精作用，故称为尿生殖道。尿生殖道起于膀胱颈的尿道内口，以尿道外口开口于阴茎头的尿道突上，可分为骨盆部和阴茎部，两部以坐骨弓为界。交界处尿生殖道的管腔稍变窄，称为尿道峡。导尿时，要在坐骨弓部压迫导尿管的前端，使其绕过坐骨弓，转向骨盆腔，以利插入膀胱。

尿生殖道骨盆部（图 7-6）是位于骨盆腔内的部分，自尿道内口起，在直肠腹侧，沿骨盆腔底壁向后伸延，绕过坐骨弓，进入阴茎转为尿生殖道阴茎部。在起始部背侧壁的中央有一圆形隆起，称为精阜。输精管和精囊腺管开口于此。此外，在骨盆部黏膜表面，还有前列腺和尿道球腺排泄管的开口。公猪的尿生殖道骨盆部较长，牛、羊次之，马的最短。

尿生殖道阴茎部是骨盆部的直接延续，起于坐骨弓，经左、右阴茎脚之间进入阴茎，在阴茎内沿阴茎海绵体腹侧的尿道沟向前伸延，开口于阴茎头的尿道突上。

尿生殖道管壁从内向外由黏膜、海绵体层、肌膜和外膜构成。黏膜平时集成纵襞，被覆变移上皮。骨盆部的黏膜中含有腺体(尿道腺)。海绵体层主要是静脉血管迷路形成的海绵腔，在尿道峡处海绵体层稍变厚，形成尿道球；在阴茎部较发达，称为尿道海绵体。肌膜由深层的平滑肌和浅层的横纹肌组成。横纹肌在骨盆部呈环形，称为尿道肌；延续至尿道球和尿道海绵体部则称为球海绵体肌。肌膜有协助射精和排空余尿的作用。外膜为结缔组织，与周围器官相连。

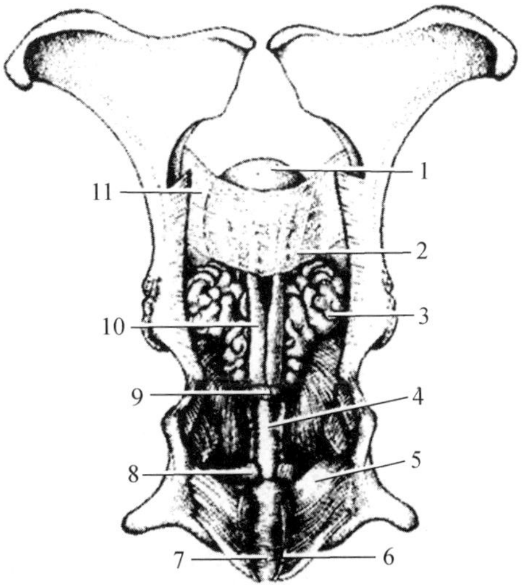

图 7-6 公牛尿生殖道骨盆部

1. 膀胱 2. 输精管 3. 精囊腺 4. 尿生殖道 5. 坐骨海绵体肌 6. 阴茎缩肌 7. 尿道球 8. 尿道球腺 9. 前列腺体 10. 输精管壶腹 11. 尿生殖褶

五、副性腺

副性腺包括精囊腺、前列腺和尿道球腺(图 7-7)。其发育和功能受性激素的影响，幼龄时期去势的动物，腺体不能充分发育；如在性成熟后去势，则腺体逐渐萎缩。副性腺的分泌物参与构成精液，具有稀释精子、营养精子、改善阴道内环境等作用，有利于精子的生存和活动。

(一)精囊腺

精囊腺有一对，位于膀胱颈背侧的尿生殖褶中，在输精管壶腹的外侧。其分泌物为弱碱性黄白色黏稠液体，富含果糖，有稀释精子、供给精子能量、促进精子运动等作用。

牛的精囊腺呈不规则的长卵圆形，表面凹凸不平，分叶清楚，两侧精囊腺的大小和形态常不对称，每侧的导管与输精管共同开口于精阜上。羊的精囊腺与牛的相似，但较小。

猪的精囊腺特别发达，呈三棱形，分叶明显。其排泄管单独或与输精管一同开口于精阜。有时两侧排泄管在通入尿道之前先合并成一总管。

马的精囊腺为一对长梨形囊，囊腔宽大。盲端向前，后方缩细，导管深入前列腺腹侧，穿过尿道背侧壁，在输精管一旁或两侧共同开口于精阜。

(二)前列腺

前列腺位于尿生殖道起始部的背侧，排泄管开口于尿道。幼龄时前列腺较小，到性成熟期较大，老年时又逐渐退化。其分泌物可中和精液中精子代谢时产生的 CO_2。

牛的前列腺由体和扩散部构成。前列腺体较小，横向位于膀胱颈和尿生殖道起始部的背侧。扩散部发达，分布于尿生殖道骨盆部黏膜周围。腺管成行地开口于精阜后方的两黏膜襞之间及襞的外侧。羊的前列腺仅有扩散部，而无体部。

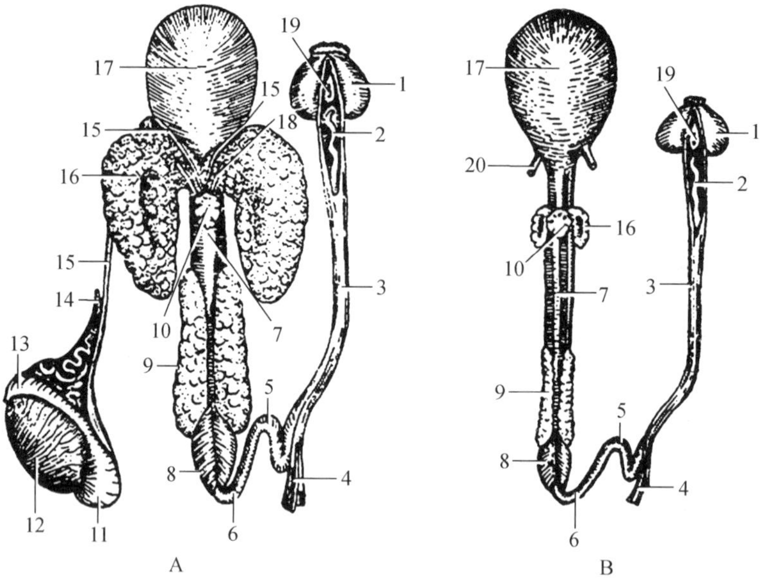

图 7-7 公猪生殖器官

A. 成年猪 B. 去势猪

1. 包皮憩室 2. 剥开的包皮囊中的阴茎头 3. 阴茎 4. 阴茎缩肌 5. 阴茎"乙"状弯曲 6. 阴茎根 7. 尿生殖道骨盆部 8. 球海绵体肌 9. 尿道球腺 10. 前列腺 11. 附睾尾 12. 睾丸 13. 附睾头 14. 精索的血管 15. 输精管 16. 精囊腺 17. 膀胱 18. 精囊腺的排出管 19. 包皮盲囊入口 20. 输尿管

猪的前列腺与牛的相似，也分为体和扩散部。前列腺体位于尿生殖道起始部的背侧，大部分被精囊腺覆盖。扩散部形成一腺体层，分布于尿生殖道骨盆部的壁内。两部均有许多导管开口于尿生殖道骨盆部背侧壁。

马的前列腺较发达，由左、右两叶和中间的峡部构成。两叶形状相似，略呈梨形。峡为一薄带状，连接两叶。每侧前列腺管有 15～20 条，开口于精阜外侧。

(三)尿道球腺

尿道球腺为一对，位于尿生殖道骨盆部后端的背面两侧，导管开口于尿生殖道。其分泌物可冲洗和润滑尿生殖道及母畜的阴道。

牛、羊的尿道球腺为圆形的实质性腺体，外面被一层厚的致密结缔组织和球海绵体肌覆盖。每侧腺体有 1 条导管，开口于尿生殖道骨盆部后端背侧的小盲囊。

猪的尿道球腺很发达，呈圆柱状，成年公猪长达 12 cm，位于尿生殖道骨盆部后 2/3 的背外侧，部分被球海绵体肌覆盖。每个腺体有一大的导管，开口于坐骨弓处的尿生殖道背侧壁。

马的尿道球腺呈卵圆形，背腹稍压扁，长轴斜向前外侧，表面有尿道肌覆盖。每侧腺体有 6～8 条导管，开口于尿生殖道背侧壁近中央的 2 列小乳头上。

六、阴囊

阴囊是呈袋状的腹壁囊，借助腹股沟管与腹腔相通，内有睾丸、附睾和部分精索。阴囊内的温度略低于体腔内的温度，有利于精子的生成和发育。

阴囊壁的结构由外向内依次分为皮肤、肉膜、阴囊筋膜和鞘膜(图 7-8)。

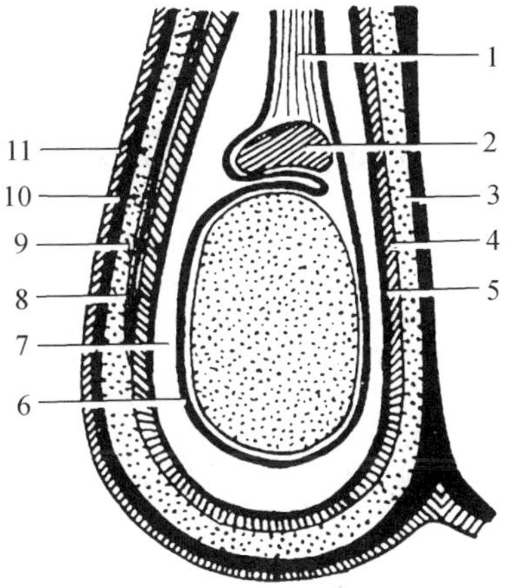

图 7-8　阴囊结构模式图

1. 精索　2. 附睾　3. 阴囊中隔　4. 总鞘膜纤维层　5. 总鞘膜　6. 固有鞘膜　7. 鞘膜腔　8. 睾外提肌　9. 筋膜　10. 肉膜　11. 皮肤

(一)皮肤

阴囊皮肤薄而柔软,富有弹性,被毛稀疏短细,含有许多皮脂腺和汗腺。阴囊表面的腹侧正中有 1 条阴囊缝,将阴囊从外表分为左、右 2 部分。阴囊缝是畜牧生产中去势定位的标志。

(二)肉膜

肉膜紧贴于皮肤的内面,相当于皮下组织,含有弹性纤维和平滑肌。肉膜在阴囊正中矢状面形成阴囊中隔,将阴囊分为左、右互不相通的 2 个腔。阴囊中隔的下缘正对阴囊缝,背侧分为 2 层,沿阴茎两侧上行,附着于腹壁。肉膜有调节阴囊内温度的作用,冷时肉膜收缩,使阴囊起皱,天热时肉膜松弛,使阴囊下垂。

(三)阴囊筋膜

阴囊筋膜位于肉膜深面,由腹壁深筋膜和腹外斜肌腱膜延伸而来,将肉膜与总鞘膜较疏松的连接起来。其深面有睾外提肌,是由腹内斜肌分出的横纹肌,经腹股沟管下伸,包于总鞘膜的外侧面和后缘。睾外提肌收缩和舒张,可升降阴囊和睾丸与腹壁间的距离,借以调节温度,以利于精子发育和生存。

(四)鞘膜

鞘膜包括总鞘膜和固有鞘膜。总鞘膜为阴囊最内层,由腹膜壁层延伸而来,其外表还有一薄层,是由腹横筋膜的纤维组织所加强。总鞘膜折转而覆盖于睾丸和附睾表面,称为固有鞘膜。在总鞘膜和固有鞘膜之间的腔隙,称为鞘膜腔,内有少量浆液。鞘膜腔上段细窄,呈管状,称为鞘膜管,位于腹股沟管内,以鞘膜管口或鞘环与腹膜腔相通。当鞘膜管口过大时,小肠可脱入鞘膜管或鞘膜腔内,形成腹股沟疝或阴囊疝,须进行手术整复。固有鞘膜和总鞘膜折转处形成的浆膜褶,称为睾丸系膜。附睾尾与阴囊之相连的睾丸系膜下端增厚的部分,称为附睾尾韧带或阴囊韧带。去势时,切开阴囊后,必须切断附睾尾韧带和睾丸系膜,才能摘除睾丸和附睾。

牛、羊的阴囊位于两股之间,在松弛状态下呈瓶状,阴囊颈较明显。绵羊阴囊被毛较密;猪的阴囊位于股后部、肛门腹侧,与周围皮肤的界线不明显;马的阴囊位于两股之间,略呈球形,左、右常不对称。

七、阴茎和包皮

(一)阴茎

阴茎是雄性动物的交配器官,位于腹底壁皮下,自坐骨弓起始,经左、右股部之间向前延伸至脐部,可分为阴茎根、阴茎体和阴茎头 3 部分。

阴茎根以 2 个阴茎脚附着于坐骨弓的两侧,外面覆盖着坐骨海绵体肌。两阴茎脚向前合并为阴茎体,在起始部由 2 条扁平的阴茎悬韧带固着于坐骨联合的腹侧面。阴茎头位于阴茎的前端，其形态因动物种类不同而有差异。

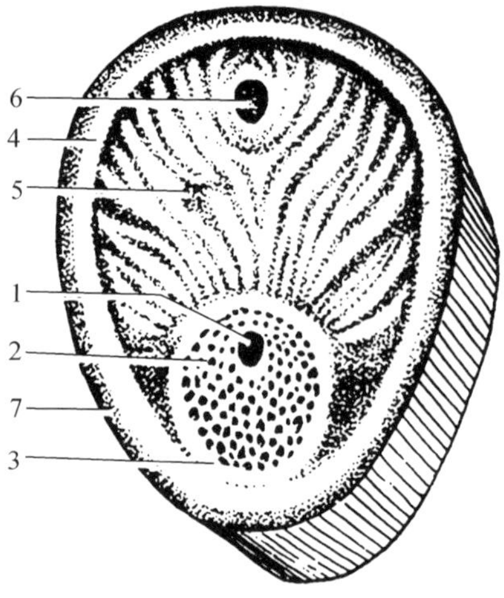

图 7-9　公牛阴茎横断面

1. 尿生殖道　2. 尿道海绵体　3. 尿道白膜　4. 阴茎白膜　5. 阴茎海绵体　6. 阴茎海绵体血管　7. 阴茎筋膜

阴茎(图 7-9)主要由阴茎海绵体和尿生殖道阴茎部构成。阴茎海绵体位于尿生殖道阴茎部的背侧，外面包有很厚的致密结缔组织膜，称为阴茎白膜，富含弹性纤维。白膜的结缔组织伸入海绵体内形成小梁，并分支互相连接成网。小梁内含有血管和神经。在小梁及其分支之间有许多腔隙，称为海绵腔。腔壁衬以内皮，与血管相通。海绵腔为扩大的毛细血管。当充血时，阴茎膨大变硬而勃起，故海绵体又称为勃起组织。尿生殖道阴茎部位于阴茎海绵体腹侧的尿道沟内，其周围的尿道海绵体有较发达的海绵腔，尿道海绵体的表面覆以尿道白膜。

阴茎的肌肉包括球海绵体肌、坐骨海绵体肌和阴茎缩肌。球海绵体肌起于坐骨弓，覆盖尿道球腺和尿生殖道阴茎部。坐骨海绵体肌较发达，呈纺锤形，起于坐骨结节，止于阴茎脚的表面。收缩时将阴茎向后向上牵拉，压迫阴茎海绵体及阴茎背侧静脉，阻止血液回流，使海绵体腔充血，阴茎勃起，故又称为阴茎勃起肌。阴茎缩肌为 2 条带状平滑肌，起于尾椎或荐骨，经直肠或肛门两侧至肛门腹侧汇合，沿阴茎腹侧向前伸延，止于阴茎头后方。收缩时可使阴茎退缩，将阴茎头隐藏于包皮腔内。

牛的阴茎呈圆柱状，细而长，阴茎体在阴囊的后方形成“乙”状弯曲，勃起时伸直。阴茎头长而尖，呈扭转状，尿道外口位于阴茎头前端的尿道突上。

羊的阴茎与牛的基本相似，阴茎头前端有一细而长的尿道突，绵羊的长 3～4 cm，呈弯曲状，山羊的稍短而直。

猪的阴茎与牛的相似，但“乙”状弯曲部位于阴囊前方。阴茎头呈螺旋状扭转，尿道外口呈裂隙状，位于阴茎头前端的腹外侧。

马的阴茎粗大，呈左右稍扁的圆柱状，不形成“乙”状弯曲。阴茎海绵体发达。阴茎头因尿道海绵体膨大形成龟头，其基部的周缘显著隆起形成龟头冠。在龟头前端的腹侧面有一凹陷的龟头窝，窝内有一短的尿道突，尿道外口在此开口。

(二)包皮

包皮为皮肤折转而形成的管状鞘，有容纳和保护阴茎头的作用。阴茎勃起时包皮即展平。

牛的包皮长而狭窄，包皮口位于脐后方，周围的长毛形成特殊的毛丛，具有 2 对发达的包皮肌。

猪的包皮口狭窄，周围生有长的硬毛。包皮腔前宽后窄，前部背侧有一卵圆形的盲囊，称为包皮憩室，借一圆孔与包皮腔相通。

马的包皮为双层皮肤褶，分为外包皮和内包皮，均由深、浅 2 层构成。

知识链接　在公畜采精操作前，需要对公畜阴茎进行认真清洗，以去除在包皮中存留的尿液和污垢，以免对精液造成污染，影响精液的质量。

第二节 雌性生殖系统构造

雌性生殖系统由卵巢、输卵管、子宫、阴道、阴道前庭和阴门等器官组成(图 7-10)。

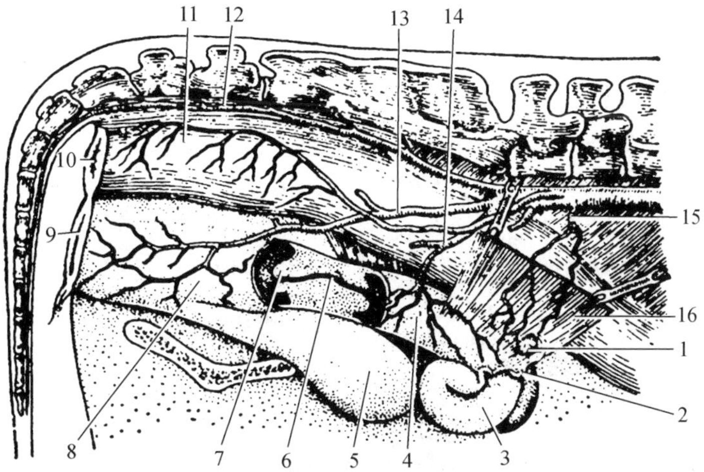

图 7-10 母牛生殖器官位置关系(右侧观)

1. 卵巢 2. 输卵管 3. 子宫角 4. 子宫体 5. 膀胱 6. 子宫颈管 7. 子宫颈阴道部 8. 阴道 9. 阴门 10. 肛门 11. 直肠 12. 荐中动脉 13. 尿生殖动脉 14. 子宫动脉 15. 卵巢动脉 16. 子宫阔韧带

一、卵巢

(一)卵巢的位置和形态

卵巢有 1 对,是产生卵子和分泌雌性激素的器官,其位置、形状和大小随动物种类、个体、年龄及性周期的不同而异。卵巢由卵巢系膜悬吊在腹腔的腰下部,在肾的后方或骨盆前口两侧。卵巢的前端为输卵管端,与输卵管伞相连;后端为子宫端,借卵巢固有韧带连于子宫角。卵巢固有韧带与输卵管系膜之间形成卵巢囊。卵巢的背侧缘为卵巢系膜缘,有血管、神经和淋巴管出入,此处称为卵巢门。腹侧缘为游离缘。

牛的卵巢位于骨盆前口的两侧,子宫角起始部的上方。未产母牛的卵巢多位于骨盆腔内;经产母牛的卵巢向前移入腹腔内,在耻骨前缘的前下方。卵巢呈稍扁的椭圆形,平均长约 3.7 cm,宽 2.5 cm,厚 1.5 cm,重 15～20 g。成年牛右侧的卵巢比左侧的稍大。卵巢系膜较短,卵巢囊宽大。

羊的卵巢的位置与牛相同,呈杏仁形,长约 1.5 cm,宽 1～1.8 cm。性成熟后,卵巢表面不平整,黄体较大。

猪的卵巢的位置、形状、大小因年龄和个体不同而有明显差异。4 月龄前未性成熟的小母猪,卵巢位于荐骨岬两侧稍后方,在腰小肌腱附近,呈卵圆形,表面光滑,淡红色,约 0.5 cm×0.4 cm。5～6 月龄接近性成熟时,卵巢位置稍下垂前移,位于髋结节前缘横断面处的腰下部,表面因有突出的小卵泡而呈桑葚状,大小约 2 cm×1.5 cm。性成熟后及经产母猪,卵巢位于髋结节前缘约 4 cm 的横断面上，或在髋结节与膝关节连线中点的水平面上，一般左侧卵巢在正中矢状面上，右侧卵巢在正中面稍偏右侧，表面因有卵泡及黄体突出而呈结节状，长 3～5 cm，重 7～9 g，包于发达的卵巢囊内。

马的卵巢位于腰下部，借卵巢系膜悬于第 4 或第 5 腰椎横突腹侧，常与腰部的腹壁相接。经产老年马的卵巢，因卵巢系膜松弛，常被大肠挤到骨盆腔入口处。卵巢呈豆形，平均长 7.5 cm，宽 3.5 cm，厚 2.5 cm，重 40～80 g。腹侧游离缘有一凹陷部，称为排卵窝，成熟卵泡由此排出卵细胞，这是马属动物的特征。

(二)卵巢的组织结构

卵巢(图 7-11)为实质性器官，其组织结构随动物种类、年龄和性周期不同而异。卵巢的表面除卵巢系膜附着部外，均覆有一层生殖上皮，幼龄及成年动物生殖上皮为单层立方上皮或单层柱状上皮，随着年龄的增长逐渐变为单层扁平上皮。马卵巢仅在排卵窝处有生殖上皮，其余部分均被覆浆膜。在生殖上皮的下方为致密结缔组织构成的白膜。

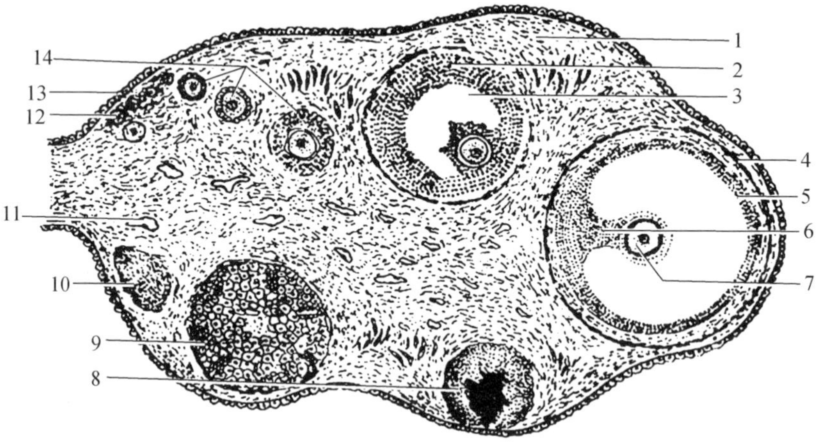

图 7-11 卵巢结构模式图

1. 基质 2. 次级卵泡 3. 卵泡腔 4. 成熟卵泡 5. 颗粒层 6. 卵丘 7. 卵母细胞 8. 血体 9. 黄体 10. 白体 11. 血管 12. 原始卵泡 13. 生殖上皮 14. 初级卵泡

卵巢的实质由外周的皮质和中央的髓质构成，两者之间无明显的界线。皮质较厚，由不同发育阶段的卵泡、闭锁卵泡、黄体以及结缔组织构成。结缔组织内含有梭形基质细胞和网状纤维。髓质范围小，由疏松结缔组织构成，其中含有较多的弹性纤维和较大的血管。马属动物卵巢皮质和髓质的位置颠倒，皮质集中在排卵窝处，髓质在外周。在卵巢门靠近卵巢系膜根部有成群的上皮样细胞，称为门细胞，其形态结构与睾丸间质细胞相似，能分泌少量雄激素。

1. 卵泡的发育

卵泡呈球形，由中央的 1 个卵母细胞和包在其周围的一些卵泡细胞所构成。卵泡根据发育程度的不同，分为原始卵泡、生长卵泡和成熟卵泡。很多卵泡在发育过程中退化形成闭锁卵泡。

(1)原始卵泡。原始卵泡位于卵巢皮质的浅层，反刍动物、猪和马的散在分布，肉食动物的聚集成群。原始卵泡数量多、体积小，一般由 1 个大而圆的初级卵母细胞和周围一层扁平的卵泡细胞构成。但在多胎动物，如猪和肉食动物的原始卵泡中，有时可见到 2～6 个初级卵母细胞。初级卵母细胞体积较大，细胞质嗜酸性，核圆形，呈空泡状，核仁明显。原始卵泡到性成熟才开始陆续成长发育。

(2)生长卵泡。生长卵泡由原始卵泡生长发育而成，其主要变化是卵母细胞增大，卵泡细胞和卵泡周围结缔组织增生。生长卵泡又可分为初级卵泡和次级卵泡。

初级卵泡是指从卵泡开始发育到出现卵泡腔之前的卵泡。卵泡内的初级卵母细胞体积增大，卵泡细胞由单层扁平变成立方形或柱状，进而增生为多层。在初级卵母细胞与卵泡细胞间出现一层富有糖蛋白的均质状嗜酸性膜，称为透明带。它是由卵母细胞与卵泡细胞共同分泌形成的。随着卵泡的变大，围绕在卵泡周围的结缔组织细胞逐渐分化成卵泡膜。

当卵泡逐渐增大时，在多层的卵泡细胞间出现大小不等的卵泡腔，继而汇合成一个大的卵泡腔，腔内有卵泡细胞分泌的卵泡液。此时的卵泡称为次级卵泡。由于卵泡腔的扩大，卵母细胞与其周围的卵泡细胞位于卵泡腔的一侧，形成一个丘状隆起突入卵泡腔，称为卵丘。卵丘上紧靠透明带的一层卵泡细胞体积增大，变成高柱状，围绕透明带呈放射状排列，称为放射冠。卵泡腔周围的卵泡细胞紧密排列成数层，称为颗粒层，组成颗粒层的卵泡细胞也可称为颗粒细胞。卵泡周围结缔组织内的梭形细胞增殖分化，形成卵泡膜。进而卵泡膜分化成内、外 2 层，内膜层为细胞性膜，含有较多的毛细血管和多边形细胞，可分泌雌激素；外膜层为结缔组织性膜，纤维较多，毛细血管相对较少，与周围结缔组织无明显界线。

(3)成熟卵泡。次级卵泡发育到最后阶段即为成熟卵泡。此时卵泡体积很大，向卵巢表面隆起。成熟卵泡的大小因动物种类而异，牛的直径约 15 mm，羊和猪的 5～8 mm，马的 25～40 mm。在成熟卵泡阶段，初级卵母细胞直径可达 100～150 μm，此后不再增大。

2. 排卵

成熟卵泡的卵泡液迅速增多，卵泡体积增大，部分突出于卵巢表面，导致隆起部分的卵泡壁、白膜和生殖上皮变薄，并出现一个卵圆形透明小区，称为小斑。继而小斑处的组织被胶原酶、透明质酸酶分解而破裂，次级卵母细胞连同外周的透明带、放射冠随卵泡液一起排出，这一过程称为排卵(图 7-12)。

在一个性周期中，各种动物排卵的数目不同。单胎动物一般只有一个卵泡成熟并排出一个卵子，而多胎动物则有多个卵泡同时成熟并排出多个卵子。

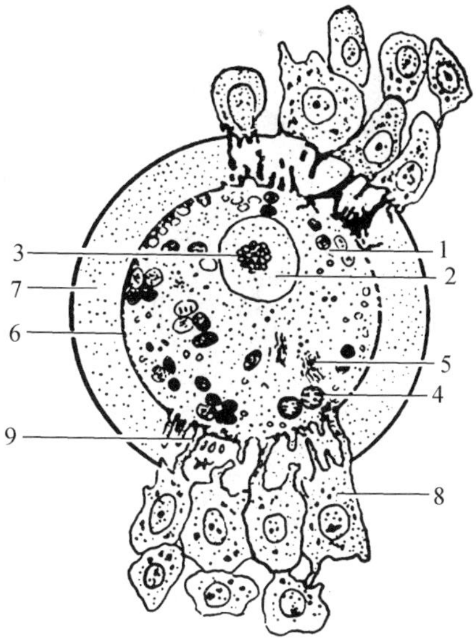

图 7-12 哺乳动物排卵时卵细胞结构模式图

1. 细胞质 2. 细胞核 3. 核仁 4. 线粒体 5. 高尔基复合体 6. 膜 7. 透明带 8. 放射冠 9. 卵细胞的突起及放射冠的突起伸到透明带中

3. 黄体

排卵后，卵泡壁塌陷形成皱襞，卵泡内膜毛细血管破裂，基膜破碎，因此卵泡腔内含血液，称血体(红体)。同时卵泡内膜伸入腔内，在黄体生成素(LH)的作用下，颗粒层细胞和内膜细胞增生分化，血液很快被吸收，形成一个体积很大又富有血管的内分泌细胞团，新鲜时呈黄色，称为黄体。其中由颗粒层细胞分化来的黄体细胞称为粒性黄体细胞，数量多，胞体大，染色浅，主要分泌孕激素和松弛素。由卵泡内膜细胞分化而来的黄体细胞称为膜性黄体细胞，数量少，体积小，染色较深，位于黄体的周边，主要分泌雌激素。

黄体的发育和存在时间的长短取决于排出的卵是否受精。如卵未受精，黄体逐渐退化，这种黄体称为发情黄体或假黄体。如卵受精，则黄体继续发育，并维持到妊娠后期(马除外)，这种黄体称为妊娠黄体或真黄体。无论是假黄体还是真黄体，在完成功能后都自行退化，退化的黄体被结缔组织代替，形成白色瘢痕，称为白体。

4. 闭锁卵泡

在正常情况下，卵巢内的绝大多数卵泡都不能发育成熟，而在不同发育阶段中退化，退化的卵泡称为闭锁卵泡。原始卵泡和初级卵泡退化时，初级卵母细胞和卵泡细胞最后都解体消失。次级卵泡和成熟卵泡闭锁时，有时可见萎缩的卵母细胞和皱缩的透明带，此时的卵泡内膜细胞增大，呈多角形，形似黄体细胞，并被结缔组织和毛细血管分隔成分散的细胞团索，形成间质腺。间质腺主要分泌雌激素。兔和猫等动物的卵巢中有较多的间质腺，最后也退化，由结缔组织代替。

二、输卵管

输卵管是位于卵巢和子宫角之间的一对细长而弯曲的管道，是输送卵细胞和受精的场所。输卵管由输卵管系膜固定。输卵管系膜与卵巢固有韧带之间形成卵巢囊，开口朝向腹侧，将卵巢整个或部分包埋其中(图 7-13)。卵巢囊能保证卵巢排出的卵细胞顺利地进入输卵管。

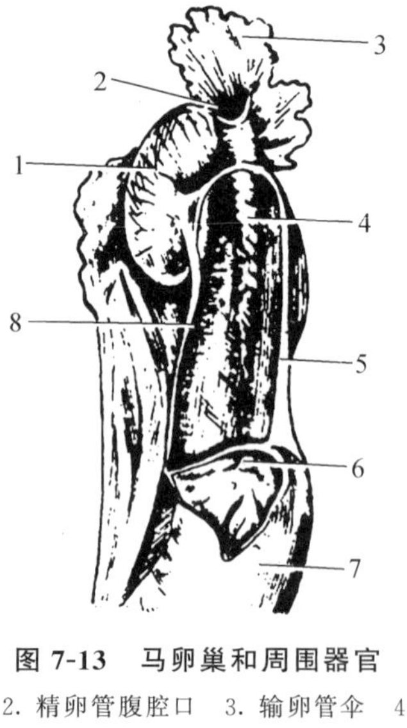

图 7-13 马卵巢和周围器官

1. 卵巢 2. 精卵管腹腔口 3. 输卵管伞 4. 输卵管 5. 输卵管系膜 6. 输卵管子宫口 7. 子宫角 8. 卵巢固有韧带

输卵管可分为漏斗部、壶腹部和峡部 3 段。漏斗部为输卵管前端膨大的部分，漏斗的边缘有许多不规则的皱褶，称为输卵管伞。漏斗中央的小孔为输卵管腹腔口，与腹膜腔相通，卵子由此进入输卵管。壶腹部较长，是位于漏斗部和峡部之间的膨大部分，壁薄而弯曲，为卵子受精处。峡部位于壶腹部之后，细而直，末端以小的输卵管子宫口与子宫角相接。

输卵管的管壁由黏膜、肌层和浆膜 3 层构成。黏膜形成许多纵行的皱襞，上皮为单层柱状上皮。猪和反刍动物有的部分是假复层柱状上皮。上皮细胞有 2 种：有纤毛的柱状细胞和无纤毛的分泌细胞，两者相间排列。肌层主要由环行平滑肌构成，极少数纵行或斜行平滑肌存在于环行肌外。浆膜由疏松结缔组织和间皮组成。

牛的输卵管长，弯曲少，壶腹不明显，输卵管伞较大，末端与子宫角的连接处无明显分界。羊的输卵管相对较长，较牛的弯曲。

猪的输卵管弯曲度小，输卵管腹腔口大，末端与子宫角分界不明显。

马的输卵管壶腹明显且特别弯曲，向后逐渐变细，末端稍变直，与子宫角之间界线明显。

三、子宫

(一)子宫的位置和形态

子宫是胎儿生长发育的器官，借子宫阔韧带悬于腰下，大部分位于腹腔内，小部分位于骨盆腔内。前端与输卵管相接，后端与阴道相通。背侧与直肠接触，腹侧与膀胱相邻，两侧为骨盆腔侧壁。子宫可分为子宫角、子宫体和子宫颈 3 部分。

子宫角有 1 对，为子宫的前部，呈弯曲的圆筒状，位于腹腔内。前端以输卵管子宫口与同侧输卵管相通，后端会合形成子宫体。

子宫体呈背腹略扁的圆筒状，位于骨盆腔内，部分在腹腔内。前接子宫角，向后延续为子宫颈。

子宫颈为子宫的后部，位于骨盆腔内，管壁厚，内腔狭窄，称为子宫颈管。前端以子宫颈内口通子宫体，后端以子宫颈外口开口于阴道。子宫颈管平时闭合，发情时稍松弛，分娩时扩大。

牛的子宫(图 7-14)子宫角较长，平均 35～40 cm。向前端逐渐缩细变尖，移行为输卵管。两子宫角的前部分开，每侧子宫角开始先弯向前下方，然后又转向后上方，卷曲呈绵羊角状。后部靠拢，被肌组织和结缔组织连接，表面包以腹膜，外观很像子宫体，故称为伪体。子宫体很短，长 3～4 cm。子宫颈长 10 cm，壁厚而坚实，后端突入阴道内形成子宫颈阴道部。子宫颈管因黏膜的突起互相嵌合而呈螺旋状，平时紧闭，不易开张。子宫颈外口周围黏膜形成辐射状皱褶，呈菊花瓣状。子宫角和子宫体黏膜上有特殊的圆形隆起，称为子宫阜或子宫子叶，约 100 个，排成 4 排。未妊娠时子宫阜小，直径约 15 mm，妊娠时显著增大，直径可达 10～12 cm。

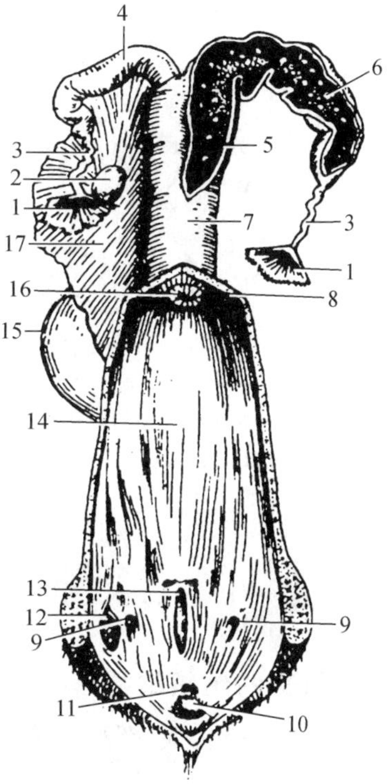

图 7-14 母牛的生殖器官(背侧面)

1. 输卵管伞 2. 卵巢 3. 输卵管 4. 子宫角 5. 子宫黏膜 6. 子宫阜 7. 子宫体 8. 阴道穹隆 9. 前庭大腺开口 10. 阴蒂 11. 前庭小腺开口 12. 剥开的前庭大腺 13. 尿道外口 14. 阴道 15. 膀胱 16. 子宫颈外口 17. 子宫阔韧带

羊的子宫与牛的相似，子宫角长 10～20 cm，后部伪体长 2～3 cm。子宫体长约 2 cm，子宫颈长约 4 cm。子宫阜约 60 个，其顶端有一凹陷。

猪的子宫(图 7-15)子宫角很长，有 1.2～1.5 m，外形弯曲似小肠，但壁较厚。小母猪子宫角细而弯曲，色泽粉红。性成熟后，子宫角增粗，色较白。子宫体短，长约 5 cm。子宫颈长，为 10～15 cm。后端直接移行为阴道，两者无明显界线，无子宫颈阴道部。子宫颈黏膜在两侧集拢形成 2 行半圆形隆起，交错相嵌，使子宫颈管呈狭窄的螺旋形。

马的子宫(图 7-16) 呈“Y”形。子宫角长 20～25 cm，略呈弧形。背侧缘凹，有子宫阔韧带附着。腹侧缘凸而游离。子宫体长 16～20 cm，前端稍阔，两侧接子宫角。子宫颈长 5～7 cm，后 1/3 缩细突入阴道内形成子宫颈阴道部，子宫颈外口黏膜褶呈花冠状。

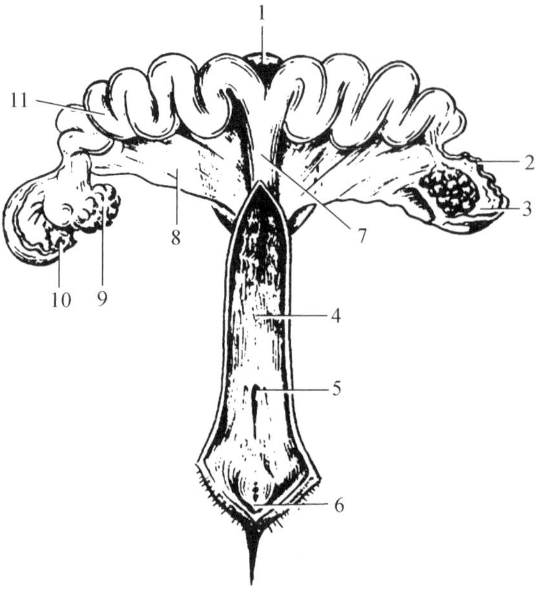

图 7-15　母猪的生殖器官（背侧面）

1. 膀胱　2. 输卵管　3. 卵巢囊　4. 阴道黏膜　5. 尿道外口　6. 阴蒂　7. 子宫体　8. 子宫阔韧带　9. 卵巢　10. 输卵管腹腔口　11. 子宫角

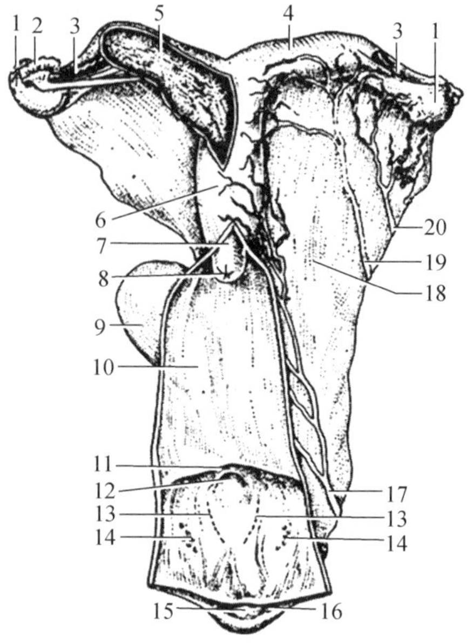

图 7-16　母马的生殖器官（背侧面）

1. 卵巢　2. 输卵管伞　3. 输卵管　4. 子宫角　5. 子宫黏膜　6. 子宫体　7. 子宫颈阴道部　8. 子宫颈外口　9. 膀胱　10. 阴道　11. 阴瓣　12. 尿道外口　13. 前庭小腺开口　14. 前庭大腺开口　15. 阴蒂　16. 阴蒂窝　17. 子宫后动脉　18. 子宫阔韧带　19. 子宫中动脉　20. 子宫卵巢动脉

（二）子宫的组织结构

子宫壁由子宫内膜、肌层和外膜 3 部分组成。

1. 子宫内膜

子宫内膜由上皮和固有层组成，无黏膜下层。上皮随动物种类和发情周期而不同，马为单层高柱状，猪和反刍动物为单层柱状或假复层柱状。上皮具有分泌功能，细胞游离缘有暂时性纤毛。

固有层由富含血管的胚性结缔组织构成，分深、浅 2 层。浅层有较多的细胞成分，主要是梭形或星形的胚性结缔组织细胞，细胞借突起互相连接，其间有巨噬细胞、肥大细胞和白细胞等。深层为疏松结缔组织，细胞成分较少，内有子宫腺。子宫腺为弯曲的分支管状腺，其数量与分布状况因动物品种、妊娠、胎次和发情周期不同而异。牛、羊的子宫阜上无子宫腺分布。腺上皮为单层柱状上皮，分泌物为富含糖原等营养物质的浓稠黏液，称为子宫乳，对附植前的早期胚胎有营养作用。

2. 肌层

肌层很厚，由内环、外纵 2 层平滑肌组成。在内、外肌层间为血管层，内有许多血管和神经分布。牛和猪的血管层有时夹于环行肌内。在牛、羊的子宫阜处血管层特别发达。

3. 外膜

外膜为浆膜，由疏松结缔组织和间皮组成，在子宫外膜中有时可见少量平滑肌。

四、阴道

阴道是雌性动物的交配器官，也是分娩时的产道，位于骨盆腔内，背侧为直肠，腹侧为膀胱和尿道，左、右两侧为荐结节阔韧带。阴道前端与子宫颈相接，除猪外，阴道腔前部由于子宫颈突入而形成一个环状（马）或半环状（牛）的陷窝，称为阴道穹隆，后端与阴道前庭相通。阴道黏膜呈粉红色，较厚，形成许多纵褶，无腺体。肌层为内环行和外纵行平滑肌。阴道外面前部被覆有浆膜，后部为结缔组织外膜。

五、阴道前庭

阴道前庭又称为尿生殖前庭，是交配器官和产道，尿液也经此排出体外。阴道前庭左、右压扁，前接阴道，后连阴门，背侧为直肠和肛门，腹侧为骨盆腔底壁。在与阴道交界处的腹侧形成一横行的黏膜褶，称为阴瓣，靠近阴瓣的后方有一尿道外口。牛、羊在尿道外口下方的尿道腹侧面，有一个伸向前方的短盲囊，称为尿道下憩室，给母牛导尿时应避免导尿管插入憩室内。阴道前庭黏膜呈淡红色，在尿道外口后方的两侧壁和底壁分别有前庭大腺和前庭小腺及其开口。

知识链接　母畜尿生殖前庭是家畜生殖道的外段，它与体轴呈现一定角度；因此，在家畜人工授精的过程中，输精器要与母畜体轴呈一定夹角，才能顺利进入生殖道。

六、阴门

阴门位于肛门腹侧，以短的会阴部与肛门隔开，由左、右两阴唇构成。在背侧和腹侧互相联合，分别形成阴门背侧联合和阴门腹侧联合。两阴唇间的裂缝为阴门裂。阴门裂的腹侧联合呈锐角，背侧联合稍钝圆，马的则相反。在阴门腹侧联合前方有一阴蒂窝，内有小而凸出的阴蒂。阴蒂由海绵体构成，与雄性动物的阴茎是同源器官。阴唇外面被覆皮肤，内面衬有黏膜，皮下有丰富的脂肪、血管、淋巴管和神经。

第三节　生殖生理

生殖是生物借以繁衍种系的重要生命活动。生物体生长发育成熟后，具有产生与自己相似子代个体的能力，这种功能称为生殖。生殖是通过两性生殖器官的活动来实现的。生殖过程包括两性生殖细胞形成、交配、受精、妊娠、分娩和哺乳等环节。

一、性成熟、体成熟和性季节

（一）性成熟

哺乳动物生长发育到一定时期，生殖器官和副性征基本发育完全，具备了繁殖的能力，这一时期称为性成熟。到性成熟时，雌、雄个体性腺中开始形成成熟的生殖细胞（精子和卵子）和产生性激素，表现出各种性反射，能交配和受精，并完成妊娠和胚胎发育过程。

性成熟需要经历若干时间的发展过程，其开始阶段称初情期。雌性动物达到初情期的标志是初次发情，但这时的发情和发情周期是不正常和不完全的；雄性动物的初情期比较难以判断，这时可表现出多种多样的性行为。从初情期到性的最后成熟，往往要经过数月（猪、羊）或1～2年（牛、马）的时间。

（二）体成熟

动物性成熟后，身体的正常发育仍在继续进行，直到具有成年动物所固有的形态和结构特点，称为体成熟。动物开始配种的年龄应在体成熟之后，过早配种会直接影响动物本身的生长发育和体质，同时也会影响子代的生活力、体质和生产性能。但初配年龄也不宜过分推迟，过晚配种既不利于畜牧业生产，也会对雌、雄动物产生不良影响。

动物性成熟和体成熟的年龄可因品种、饲养管理、外界环境和群体因素等而有差异。常见动物性成熟和体成熟的年龄见表 7-1。

表 7-1 常见动物性成熟与体成熟的年龄

动物种类	性成熟	体成熟	动物种类	性成熟	体成熟
牛	10～18 个月	2～3 周岁	山羊	5～8 个月	12～15 个月
马	18～24 个月	3～4 周岁	骆驼	24～36 个月	5～6 周岁
猪	3～6 个月	9～12 个月	犬	4～8 个月	品种多，差异大
绵羊	5～8 个月	12～15 个月	家兔	3～4 个月	6～8 个月

（三）性季节

性季节是指在一年的一定季节内，某些动物出现周期性的发情表现并能够进行繁殖的季节。羊和马在一定季节里表现多次发情，称为“季节性多次发情”。牛、猪等动物在一年中除妊娠外，都可能周期性的出现发情，称为“终年多次发情”。在性季节以外的季节里无发情表现，这段时间称为乏情期。在乏情期，垂体的促性腺功能处于抑制状态，停止周期性发情。雄性动物本身不受性季节限制，只是随雌性动物的发情而显示性的活动。

性季节发情的动物，在接近原始类型或在粗放的条件下饲养的品种，发情的性季节较明显。有的动物经过长期驯化和饲养管理的改善，季节性的发情逐渐不明显。影响季节性发情的主要因素是光照、温度、饲养等外界环境的变化。

二、雄性生殖生理

（一）睾丸的功能

睾丸具有产生精子和分泌雄激素的功能。睾丸的曲精小管是产生精子的场所，雄激素则是由睾丸间质细胞合成和分泌的。

1. 精子的生成

精子的生成是指睾丸曲精小管中的精原细胞转化为精子的过程，可分为繁殖期、生长期、成熟期和成形期 4 个时期。

(1)繁殖期。精原细胞进行有丝分裂,每个细胞分裂出一个不活动的精原细胞(暗 A 型),用于精子发生的延续。同时分裂出一个活动的精原细胞(明 A 型),由它分裂 4 次,形成 16 个初级精母细胞。

(2)生长期。初级精母细胞不断生长,体积增大,核内 DNA 增多。

(3)成熟期。初级精母细胞进行 2 次成熟分裂。第 1 次成熟分裂生成 2 个次级精母细胞,1 个次级精母细胞经第 2 次成熟分裂生成 2 个精子细胞。

(4)成形期。精子细胞不再分裂,经过一系列变化过程,最后形成有尾巴的精子。

精子的生成过程是在一定时间内有规律地进行的,1 个精原细胞经多次分裂后生成 64 个精子,但在精子生成过程中有一些细胞会退化。生成的精子经直精小管、睾丸网而移向附睾贮存,并在其中发育成熟和获得运动能力。贮存于附睾内的精子,通过射精而随精液排出。若长期不射精,精子则逐渐衰老、死亡并被吸收。

2. 睾丸的内分泌功能

睾丸间质细胞分泌的雄激素主要为睾酮。睾酮不仅在精子发生时起重要作用,还能刺激雄性动物副性器官的发育和第二性征的出现。雄激素在体内不能贮存,而是迅速被利用或降解,降解产物主要从尿中排出,少量随粪便排出。睾丸支持细胞分泌抑制素和合成少量的雌激素(详见第十二章)。

3. 睾丸功能的调节

睾丸的生精和内分泌功能活动是通过下丘脑-垂体-性腺(睾丸)轴及靶腺激素的反馈性调节的。在内、外环境因素的作用下,下丘脑释放促性腺激素释放激素(GnRH),GnRH 通过垂体门脉作用于腺垂体,引起卵泡刺激素(FSH)和黄体生成素(LH)的释放。FSH 可促进精子生成,LH 可促进睾酮的分泌。当睾酮在血浆中达到一定浓度时,反馈性抑制 GnRH 和 LH 的分泌,从而使睾酮的分泌量维持在一定的水平。睾丸支持细胞分泌的抑制素作用于下丘脑和腺垂体,抑制 FSH 的分泌,对精子生成起抑制作用。

此外,在睾丸内还存在复杂的局部调节机制,参与睾丸功能的调节。

(二)附睾和副性腺的功能

1. 附睾的功能

附睾具有使精子成熟、贮存精子及吸收和分泌的功能。精子经过附睾的时间因种别不同而异,牛约为 10 d,绵羊 13～15 d,猪 9～12 d,马 8～11 d。

(1)精子成熟。精子由曲精小管输送到附睾时还没有成熟,从附睾头部取出的精子没有受精能力。未成熟的精子在附睾内发生一系列形态和代谢方面的变化,才能获得运动能力,达到功能上的成熟。

(2)贮存精子。精子在附睾体部成熟,输送至尾部贮存。尾部较粗,能贮存较多的精子。在附睾尾部的精子处于休眠状态,有利于精子的长期存活。

(3)吸收功能。睾丸产生的睾丸液在通过附睾时被重新吸收。重吸收有选择性,使附睾液能维持正常的渗透压,保持附睾液内环境的稳定,有利于精子的存活。

(4)分泌功能。附睾上皮细胞的分泌物能供给精子发育所需要的养分,附睾管内呈弱酸性,而且温度较低,适宜于精子的存活和发育成熟。

2. 副性腺的功能

副性腺主要有尿道球腺、前列腺和精囊腺3种。

(1)尿道球腺。分泌物是碱性的水状液。其作用是在射精前冲洗尿道中剩余的尿液,为精子的通过做好准备。进入雌性动物阴道后,可中和其中的酸性分泌物。猪的尿道球腺特别发达,而犬则没有尿道球腺。

(2)前列腺。分泌物较稀薄,具有特别的臭味,呈碱性。含有 Na^{+}、K^{+}、Ca^{2+}、蛋白质、氨基酸、胆固醇和多种酶类,还有抗精子凝集素的结合蛋白,能防止精子头部互相凝集。前列腺分泌物的主要作用是中和阴道的酸性分泌物,吸收精子排出的 CO_2,促进精子的运动等。

(3)精囊腺。分泌物黏稠,呈白色胶状,含有球蛋白、果糖、Na^{+}、K^{+} 和柠檬酸等。猪的精囊腺分泌物能在雌性阴道内形成栓塞以防止精液倒流,增加受精的机会。果糖为精子的活动提供能源,某些盐类能刺激精子的运动。犬、猫等无精囊腺,而猪的很发达。

在射精过程中,副性腺的分泌活动按照一定的顺序进行。首先是尿道球腺分泌,以冲洗、中和并润滑尿道,然后附睾排出精子,前列腺开始分泌,以促进精子在雌性生殖道内的运动能力;最后排出精囊腺分泌物,以防止精液从阴道外流。

(三)精液

精液由精子和精清2部分组成。精子在精液中所占比例很小,精液量的大小主要取决于动物副性腺的分泌量。

1. 精子

精子在睾丸的曲精小管产生,贮存于附睾内,经输精管和尿生殖道排出。精子头部多呈扁卵圆形,主要为浓缩的细胞核。核由与蛋白质结合的DNA组成,精子携带的遗传信息保存在DNA的分子里。核的前2/3有顶体覆盖。顶体来源于高尔基复合体,含有与受精有关的酶类,能进入卵细胞并与卵细胞结合。精子尾部细长,又称鞭毛,是精子的运动装置。

精子具有独立运动的能力,它是借助于尾部的螺旋运动与S形平面波动重叠在一起的一种复杂运动。运动形式分为3种类型:直线前进、原地摆动和原地转圈运动。只有前进运动的精子才有可能达到受精的目的。精清的pH、渗透压、电解质的种类和含量、温度及光线等因素均影响精子的活力和存活时间。

2. 精清

精清是各种副性腺的混合分泌物,pH约为7.0,渗透压与血浆相似。其化学成分极为复杂,含有 Na^{+}、K^{+}、Ca^{2+}、Mg^{2+} 等无机离子和果糖、山梨醇、柠檬酸、肌醇、甘油磷酸胆碱等有机物。

精清的生理作用有:

(1)稀释精子,便于精子的运行和输入雌性动物的生殖道。

(2)提供精子运动和存活的适宜环境。

(3)提供精子活动的能源。

(4)刺激雌性动物生殖道的活动,有利于精子的运行。

(5)有些动物(如猪、马)的精清能在雌性动物生殖道内凝固,防止精液倒流。

三、雌性生殖生理

雌性生殖包括卵细胞的形成、受精、妊娠和分娩等生理过程。

(一)卵巢的功能

卵巢具有产生卵子和分泌性激素(雌激素、孕激素等)的功能。卵巢的表面被覆生殖上皮,皮质内有很多卵原细胞。卵细胞发育是在卵泡内进行的,卵细胞及其周围的卵泡细胞共同构成卵泡,原始卵泡在发育过程中,历经初级卵泡、次级卵泡的不同发育阶段,最后成为成熟卵泡。

1. 卵子的生成

卵细胞起源于卵巢的生殖上皮,它的生长和成熟要经过增殖期、生长期和成熟期 3 个阶段。

(1)增殖期。卵巢内的卵泡由原始卵泡发育成初级卵泡时,卵原细胞经过多次有丝分裂,数目增多,成为初级卵母细胞。这一过程直到动物出生前才结束。

(2)生长期。卵泡由初级卵泡发育成次级卵泡时,初级卵母细胞经第 1 次成熟分裂,核内 DNA 加倍,胞质内积累大量营养物质,体积增大,形成次级卵母细胞和第一极体。

(3)成熟期。次级卵母细胞进行第 2 次成熟分裂,至分裂中期停止下来,虽然这时卵泡已发育成熟,但卵子仍处于次级卵母细胞阶段,须等排卵后卵子进入输卵管并受精后,暂停的第 2 次成熟分裂才继续进行,直到最后成熟。

2. 卵巢的内分泌功能

卵巢是一个重要的内分泌器官,能分泌多种激素,如雌激素、孕激素、雄激素、松弛素和抑制素等(其生理作用详见第十二章)。

3. 卵巢功能的调节

卵巢的功能活动主要受下丘脑-垂体-性腺(卵巢)及靶腺激素的反馈作用调节。在内、外环境因素的影响下,下丘脑释放 GnRH,作用于腺垂体使其释放 FSH 和 LH,FSH 和 LH 作用于卵巢。FSH 可促进卵泡的生长发育和成熟,并使其分泌雌激素,同时能使颗粒细胞产生芳香化酶,将内膜细胞产生的雄激素转化为雌激素。当血液中雌激素达到一定浓度时,又可对 GnRH 和 FSH 的产生起到负反馈作用。

卵巢中的雌激素可通过局部正反馈作用,增加卵泡对 LH 和 FSH 的敏感性,在 FSH 的分泌减少的情况下,继续促进卵泡的生长发育。在排卵前夕高浓度的雌激素通过正反馈使垂体分泌大量 LH,引起排卵。卵泡的颗粒细胞能分泌抑制素,对 FSH 的分泌产生抑制作用。

通过下丘脑-垂体-卵巢轴对卵巢活动的调节及卵巢自身的调节过程,既保证血液中雌激素和孕激素的水平,又保证性周期不同时期对雌激素和孕激素的需要,从而维持雌性动物的正常生殖过程。

(二)输卵管和子宫的功能

1. 输卵管的功能

输卵管是输送卵子的肌性管道。其生理功能如下。

(1)接纳卵巢排出的卵子。卵巢排出的卵子被纳入输卵管的伞端。

(2)对卵子和精子的转运作用。在卵巢激素的作用下,输卵管上皮纤毛和管壁肌层发生有规律的蠕动,使精子和卵子分别向着输卵管上 1/3 的壶腹部转运。

(3)输卵管是精子获能和受精的地点。

(4)输卵管是受精卵卵裂和早期胚胎发育的场所。输卵管分泌细胞分泌的管腔液可提供受精卵卵裂、胚胎早期发育的营养,有利于受精卵向子宫方向的转运。

2. 子宫的功能

子宫是胚胎发育的场所,妊娠期在子宫所形成的胎盘是重要的内分泌器官。子宫在生殖过程中的主要生理作用如下。

(1)子宫肌的运动对生殖功能的影响。发情期,在卵巢激素和交配等因素的作用下,子宫肌发生节律性的收缩,可促进精子向输卵管方向移动,有利于受精。妊娠期,在孕激素的作用下,子宫肌运动减弱,处于相对静止,有利于胎儿的生长发育。分娩时,在神经、体液的调节下,子宫肌发生强力收缩,促进胎儿排出。

(2)提供胎儿生长发育所需的各种物质和环境。胎儿在生长发育过程中所需的所有营养物质及其代谢产物的排出,均是通过胎盘而实现的,胎盘是母体子宫组织和胚胎组织共同构成的临时性器官。

(3)溶解黄体的作用。子宫能分泌前列腺素,前列腺素可通过子宫-卵巢的局部循环而引起黄体溶解。

(4)子宫颈能分泌黏液。在发情期,子宫颈分泌较为稀薄的黏液,从而有利于精子通过;在妊娠期,其分泌物黏稠,闭塞子宫颈口,可以防止感染物侵入子宫。

(三)发情周期

雌性动物发育到初情期,直到性功能衰退前,在未受孕情况下,伴随卵巢出现周期性的卵泡成熟和排卵,整个机体,特别是生殖器官发生一系列的形态和功能的变化,同时动物还出现同期性的性反射和性行为过程,这种周期性出现的性活动称为发情周期或性周期。发情周期常以前一次发情开始至下一次发情开始前,或由这一次排卵到下一次排卵的间隔时间表示。常见动物的发情周期、发情持续时间和排卵时间有各自的规律(表 7-2)。

表 7-2 常见动物的发情周期、发情持续时间和排卵时间

动物种类	发情周期/d	发情持续时间	排卵时间
马	19～25	4～8 d	发情结束前 1～2 d
乳牛	21～22	18～19 d	发情结束后 10～11 h
黄牛	18～21	1～2 d	发情结束后 10～15 h
水牛	20～21	1～3 d	发情结束后 10～18 h
绵羊	16～17	24～36 h	发情开始 24～30 h
山羊	19～21	32～40 h	发情开始 30～36 h
猪	19～21	48～72 h	发情开始 35～45 h

1. 发情周期的分期

发情周期是一系列逐渐变化的复杂生理过程,难以严格地加以区分,通常将其分为发情前期、发情期、发情后期和间情期(休情期)。

(1)发情前期。发情前期是指性周期的准备阶段和性活动开始的时期。这时动物处于安静状态,没有交配欲表现,但生殖器官却发生一系列变化。卵巢内新的卵泡开始发育,在接近发情期前迅速增大，其中充满卵泡液。雌激素分泌逐渐增加。子宫角蠕动加强，子宫内膜的血管大量增生。阴道上皮细胞增生加厚，整个生殖道腺体活动加强，分泌增多。

(2)发情期。发情期是指性周期的高潮时期。动物性兴奋强烈，食欲减退，有交配欲，主动接近雄性动物。此时卵巢中的卵泡迅速发育成熟，并排出卵子。输卵管出现蠕动。子宫黏膜血管大量增生，子宫角蠕动增强，腺体大量分泌。子宫颈口张开，阴道黏膜充血，阴唇肿胀，有黏液从阴门流出。

(3)发情后期。发情后期是指发情结束后的一段时期。此期内雌性动物恢复安静并拒绝交配。卵巢中的卵泡细胞逐渐形成黄体，并分泌孕酮。在孕酮的影响下，子宫内膜的子宫腺增殖，分泌营养液，为接纳胚泡和它的营养作准备。如果排出的卵子受精，发情周期就中止，并开始进入妊娠阶段，直到分娩后再重新出现。若未受精，就进入间情期。

(4)间情期。间情期是指雌性动物发情后的生理活动相对静止期。此时黄体由活动状态逐渐萎缩退化，子宫内膜变薄。待黄体完全消失，卵巢内又有新的卵泡发育，并逐渐向下一个发情周期过渡。如黄体持续存在，则间情期延长。

2. 发情周期的调节

动物的发情周期受光照、温度和饲料等因素的影响，它们主要通过下丘脑-垂体-卵巢神经内分泌轴的调节发生作用。在内、外环境因素的刺激下，下丘脑分泌的 GnRH 作用于腺垂体，促进 FSH 和 LH 分泌，两者协同作用于卵巢，调节卵泡生长发育。随着卵泡的成熟，卵泡细胞分泌大量雌激素，雌激素一方面作用于生殖器官，另一方面与少量孕酮协同作用于中枢神经系统引起发情。同时，通过负反馈作用抑制 FSH 分泌，正反馈引起 LH 的分泌高峰，从而发生排卵。

排卵后雌激素浓度下降，卵巢内形成黄体并分泌孕酮，而使 FSH 和 LH 分泌减少，新卵泡不再发育，动物不再发情，发情周期转入发情后期和间情期。若排出的卵子没有受精，在前列腺素的作用下，黄体退化，血液中孕激素浓度大幅度下降，解除对下丘脑和腺垂体的抑制作用，GnRH 和 FSH、LH 的分泌随之增加，从而进入下一个发情周期。如果卵子受精，则转入妊娠期。

(四)交配

交配是由性成熟的雄性动物和雌性动物共同完成的一种性行为。在自然条件下，通过交配，精液从雄性生殖道排出并被射入雌性生殖道内完成受精过程，这是生殖过程的一个重要环节。

1. 交配行为

交配行为是复杂的性行为，经过一系列性反射和性行为而完成，这些反射包括求偶反射、勃起反射、爬跨反射、插入反射和射精反射等。交配行为要求雌、雄两性个体协调配合。雄性的交配行为阶段清楚，而雌性的表现则不甚显著。各种动物交配所需时间不同，猪 5～8 min，马 1.5～2 min，牛、羊只有几秒钟。

2. 射精

射精是指雄性动物将精液射入雌性动物生殖道内的过程，是交配行为的最终结果。由于各种动物生殖道的结构、精液量、交配时间不同，射精的部位也存在差别，一般可分为以下 2 种类型。

(1)阴道射精型。将精液射至阴道深处和子宫颈口附近,如牛、绵羊、山羊等。

(2)子宫射精型。将精液射入子宫内,如猪、马、驴、骆驼等。

(五)受精

受精是指两性配子(卵子和精子)结合而形成一个新细胞——合子的过程。它包括精子和卵子的运行、精子的获能、精子和卵子的相遇及顶体反应、精子穿过透明带进入卵细胞及合子的形成等重要生理过程(图 7-17)。

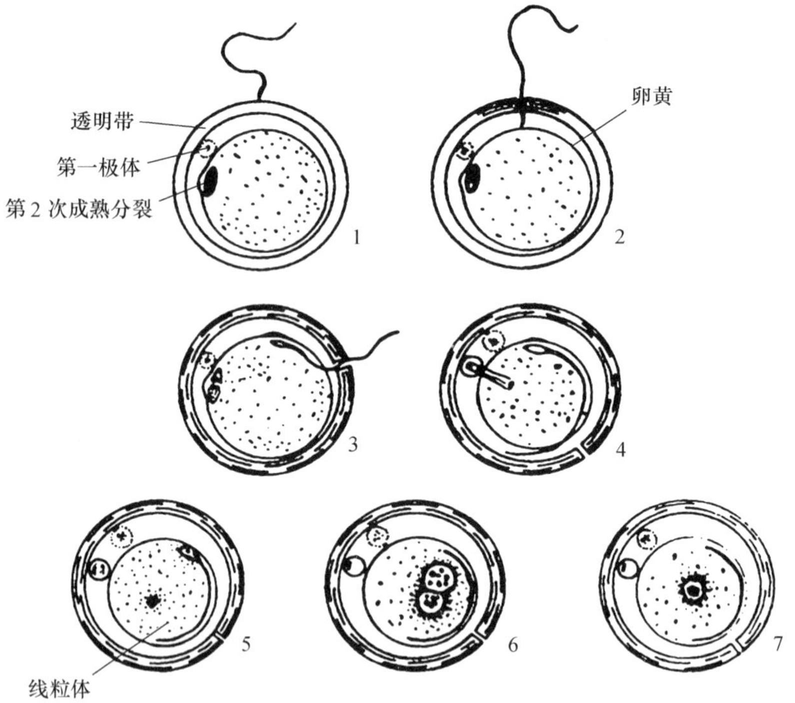

图 7-17 受精过程模式图

1. 精子与透明带接触,第一极体被挤出,卵子的细胞核正在进行第 2 次成熟分裂 2. 精子已经过透明带,与卵黄接触,引起透明带反应,阴影表示透明带的扩展 3. 精子头部进入卵黄,平躺在卵黄的表面之内,该处表面凸出,透明带围绕卵黄转动 4. 精子几乎完全进入卵黄,头部胀大,卵黄体积缩小,第二极体被挤出 5. 雄原核和雌原核发育,线粒体聚集在原核周围 6. 原核充分发育,含有很多核仁,雄原核比雌原核大 7. 受精完成,原核消失,以染色体团代替,染色体团并成一组染色体,处于第 1 次卵裂的前期

1. 受精部位和时间

精子和卵子均要运行到输卵管的壶腹部相遇而受精。精子的运行主要是靠精子本身的前进运动和雌性生殖道(子宫和输卵管)的节律性收缩而实现。射入雌性生殖道内的精子抵达受精部位所需时间各种动物不一,牛 2～12 min,羊几分钟至几小时,猪 15～30 min,马约 24 min。精子在生殖道内保持受精能力的时间:牛 15～56 h,羊 48 h,猪 50 h,马在配种 5 d 后仍有活精子。

卵子的运行首先是要靠输卵管伞端对排出的卵子的捕获,然后靠输卵管平滑肌及上皮细胞的纤毛运动,最后转运到输卵管壶腹部。卵子排出后在输卵管内保持受精能力的时长:牛

8～12 h，羊 16～24 h，猪 8～10 h，马 6～8 h。未受精的卵子常很快破碎，最后在子宫内被白细胞吞噬。

精子和卵子在雌性生殖道内保持受精能力的时间比较短，因此选择恰当的时间进行配种，对于提高受精率是十分重要的。

2. 精子与卵子在受精前的准备

动物刚射出的精子并不能使卵子受精，必须在雌性生殖道内停留一段时间，才获得受精的能力，这种现象称为精子获能。精子的获能机制极为复杂，目前认为在附睾和精清中存在一种称为去能因子（一种糖蛋白）的物质，它使精子的受精能力受到抑制。当精子进入雌性生殖道（主要是子宫和输卵管）后，去能因子被解除，从而获得受精能力。各种动物精子获能时间不同：牛 2～3 h，羊 1.5 h，猪 3～6 h。获能后的精子，其活力、运动方式、代谢和膜功能都发生较大的改变。没有获能的精子不具备受精能力。

卵子在受精前也有一个与精子获能类似的生理成熟过程，各种动物卵子的成熟程度不尽相同。牛、绵羊、猪排出的卵子是次级卵母细胞，第 2 次成熟分裂已进行到分裂中期，直到受精时第 2 次成熟分裂才完成。马排出的卵子为初级卵母细胞，在输卵管中成熟。

3. 受精过程

受精过程主要分为以下 3 个阶段。

(1)精子和卵子相遇。雄性动物一次射精中精子的总数可达几亿或几十亿个，但到达壶腹部的数目一般不超过 1 000 个，最后只有 1 个精子受精。射精后精子在 15 min 之内到达受精部位。精子与卵子相遇具有选择性。

(2)精子进入卵子。卵子的外周具有放射冠和透明带。精子和卵子相遇后，精子质膜与顶体外膜发生点状融合，然后破裂，释放出顶体内酶，精子顶体的这种变化称为顶体反应。精子经顶体反应释放出透明质酸酶和顶体蛋白酶，溶解放射冠和透明带，使精子进入卵周隙，接近卵质膜。当精子与卵质膜接触时，卵子开始发生一系列变化，原来在卵质膜下规则排列的皮质颗粒胞吐到卵周隙中，这个过程称为皮质反应。排出的皮质颗粒释放出蛋白酶或糖苷酶等溶酶体酶样物质，引起透明带的结构发生变化，称为透明带反应。其主要作用是阻止其他精子穿越透明带，保证单精子受精。而后，精子和卵子质膜相互融合，整个精子进入卵内。

(3)原核形成和配子组合。精子进入卵细胞后，头、尾部分离。头部膨大，细胞核内出现核仁、核膜，形成雄原核。卵子受到精子激活后，完成第 2 次成熟分裂，排出第二极体，形成核仁和核膜，成为雌原核。然后，雌、雄原核逐渐在卵细胞中央靠拢，核膜消失，染色体相互聚集在一起重新进行组合，恢复为二倍体细胞，至此，完成受精全过程。接着发生第 1 次卵裂。

自精子入卵到完成受精的时间：牛 20～24 h，羊 16～21 h，猪 12～24 h，兔约 12 h，马的合子第 1 次卵裂约在排卵后 24 h。

(六)妊娠

受精卵在母体子宫内生长发育为成熟胎儿的过程，称为妊娠。其间除母体的生殖器官发生显著的形态和功能变化外，整个机体也发生一系列生理变化。

1. 卵裂和胚泡附植

受精卵在输卵管内不断地进行细胞分裂的过程，称为卵裂。当卵裂为 16～32 个细胞时，形似桑葚，称为桑葚胚。随着细胞的进一步分裂，卵裂球之间出现腔隙，并逐渐加大成为囊胚腔，此时的胚胎称为囊胚。在囊胚腔的一侧有一群细胞称为内细胞团，将来发育为胚体和部分胎膜。其余位于囊胚壁上的细胞称为滋养层，将来发育为绒毛膜，通过它向胚胎提供营养。这时期的胚胎透明带消失，呈透明的泡状，称为胚泡。牛的胚泡期在排卵后 8～10 d，绵羊 8～9 d，山羊 7～8 d，猪 6～8 d。

胚泡初期游动于子宫内，随后，胚泡滋养层逐渐与子宫内膜发生组织及生理联系，使胚泡固定于子宫内膜，称为附植或着床。附植是在雌激素的协同下，由孕酮起主导作用完成的。此时子宫内膜发生与胚胎发育同步的相应变化。另外，胚泡产生的激素和化学物质也有利于胚泡附植。完成附植的时间：牛在受精后 45～75 d，绵羊 10～22 d，猪 20～30 d，马 90～105 d。

2. 胎盘的形成及功能

胎盘是胎儿和母体进行物质交换的结构。由母体胎盘和胎儿胎盘 2 部分构成。母体胎盘为子宫内膜，胎儿胎盘为尿囊绒毛膜。根据绒毛膜上绒毛的分布方式，把胎盘分为下面 4 种类型。

(1)弥散型胎盘。胎盘大部分绒毛膜上的绒毛都均匀分布(猪、马、骆驼等)。

(2)子叶型胎盘。绒毛在绒毛膜表面集合成群，形成绒毛叶或子叶(牛、绵羊、山羊等)。

(3)带状胎盘。绒毛集中在胚泡的赤道部周围，形成环带状(犬、猫、熊等)。

(4)盘状胎盘。绒毛集中在绒毛膜的一个盘状区域(兔、大鼠、小鼠等)。

胎盘不仅是胎儿的营养器官、呼吸器官和排泄器官，而且也是重要的内分泌器官。胎儿发育过程中所需的各种营养物质和 O_2 通过胎盘从母体血液中摄取，胎儿的各种代谢产物(如 CO_2、尿素等)又通过胎盘排泄。胎儿循环和母体循环在胎盘中并不直接相通，物质交换是通过渗透、扩散、主动运输、胞饮和吞噬等生理过程实现的。有些物质不能通过胎盘膜，故胎盘通过的物质具有选择性。胎盘能分泌雌激素、孕酮、松弛素、催乳素和促性腺激素等，对维持妊娠起重要作用。

3. 妊娠期胚胎的生长发育与营养

从受精卵到发育成足月胎儿，一般要经历 3 个时期。

(1)胚芽期(合子期)。合子不断地进行细胞分裂和增殖，细胞数目增加，但形态变化不大。胚芽期的持续时间在牛、马约 1 周，实验小动物不到 1 周。

(2)胚胎发生期。细胞发生分化，形成内胚层、中胚层和外胚层，并由各胚层分别形成各器官和系统，这一时期在牛发生在妊娠第 2～6 周。

(3)胎儿生长期。胎儿重量和体积不断增长。胎儿生长速度早期比较缓慢，随后快速生长，至分娩前又趋缓慢。

在胚芽期细胞分裂和增殖所需的营养，由合子自身胞质中贮存的物质提供。进入囊胚期以后，在胎盘形成以前，养分从组织营养物质中获得。组织营养物质即子宫乳，是由子宫腺分泌物、分解的上皮细胞碎屑和渗出的淋巴细胞、红细胞共同构成，含较丰富的蛋白质和脂肪等。胎盘形成以后，则主要依靠胎盘从母体取得营养。

4. 妊娠期母体的变化

在妊娠期，随着胎儿的生长发育，母体发生一系列的变化，以适应妊娠的需要。其主要变化如下。

(1)生殖器官变化。卵巢上的妊娠黄体分泌大量孕酮；新的卵泡虽然仍在不断生长，但不成熟、不排卵;子宫的体积和重量增加,子宫肌活动减弱,黏膜增厚;子宫颈收缩,分泌黏液,形成宫颈塞封闭子宫颈通道;乳房增大,导管和腺泡发育完全,为哺乳作准备。

(2)内分泌变化。甲状腺、甲状旁腺、肾上腺和垂体功能亢进;孕酮在整个妊娠期维持高水平,至分娩之前迅速下降;雌激素含量在妊娠中期增加,分娩前几天急剧上升;催产素和肾上腺皮质激素含量也在分娩前上升。

(3)消化代谢变化。在妊娠前期和中期,母体代谢增强,食欲旺盛,对饲料的消化吸收能力提高,因此体重增加,全身被毛平直而光亮;到妊娠后期由于胎儿快速生长而母体反见消瘦。

(4)其他变化。由于胎儿的生长发育,腹围加大,内脏受到子宫挤压向前移动,出现浅而快的胸式呼吸;心脏负担加重而出现代偿性心肌肥大;排粪排尿次数增多,尿中出现蛋白质。

5. 妊娠期

从卵子受精至正常分娩所经历的时间,称为妊娠期。妊娠期的长短,因动物种类、季节、年龄、胎儿的性别和数目、营养等不同而有差异。各种动物的妊娠期见表 7-3。

表 7-3 各种动物的妊娠期 d

动物种类	平均妊娠期	变动范围	动物种类	平均妊娠期	变动范围
马	340	307～402	牦牛	257	224～284
驴	380	360～390	犬	62	59～65
牛	282	240～311	猫	58	55～60
水牛	310	300～327	兔	30	28～33
绵羊、山羊	152	140～169	豚鼠	60	59～62
猪	115	110～140	大鼠	22	20～25
骆驼	365	335～395			

(七)分娩

发育成熟的胎儿及胎衣通过母体生殖道产出的生理过程称为分娩。分娩主要靠子宫肌、腹壁肌和膈肌的一系列强烈收缩而将胎儿排出。经短时间的停歇之后,靠子宫肌收缩而排出胎衣(胎膜和胎盘)。分娩前雌性动物有一系列生理和行为的变化,包括子宫颈开始变软、黏液塞溶化、骨盆韧带松弛、乳腺排出少量初乳、食欲减少、出现做窝行为等。

1. 分娩过程

分娩过程一般分为开口期、胎儿排出期和胎衣排出期 3 个阶段。

(1)开口期。在开口期,子宫肌出现一系列阵缩。开始收缩频率较低,以后频率增加,收缩时间延长,停歇时间变短。阵缩时胎儿和胎水被挤入已经松软和扩张的子宫颈,迫使子宫颈开放,部分胎膜通过子宫颈突入阴道内。随着子宫肌的强烈阵缩而使胎膜破裂,流出部分胎水,胎儿的前部顺着液流进入骨盆腔。

(2)胎儿排出期。这时期子宫肌发生更加频繁、强烈而持久的收缩,同时腹壁肌和膈肌也发生协调性收缩,使腹腔内压升高,迫使胎儿从子宫颈经阴道排出体外。反刍动物的胎儿在被排出的过程中,胎儿的绒毛子叶仍与母体子宫阜保持联系,母体能继续向胎儿供氧,直到胎儿完全产出后与母体子宫阜脱离。因此在胎儿能独立呼吸以前,不会缺氧。猪和马的胎盘在开口期后不久就脱离母体，如果胎儿排出期过于延迟，胎儿常因窒息而死亡。

(3)胎衣排出期。胎儿排出后，经过短时间的间歇，子宫肌又重新收缩。但此时收缩力较弱，收缩期短，间歇期较长。随着阵缩使胎衣与子宫壁分离并排出体外。马和猪的胎盘都较易脱落，胎衣排出较快。马在胎儿排出的 1 h 内就排出胎衣，猪在全部胎儿产出后很快排出胎衣。牛的胎衣不易脱落，排出较慢，在胎儿排出后约 12 h 排出胎衣。

胎衣排出后，分娩过程完成，进入产后期。在产后期，所有在妊娠过程中发生的变化都逐渐恢复到未孕前状态。

2. 分娩的机制

有关分娩的机制，虽经长期研究，但至今仍未完全清楚。一般认为是由内分泌、神经、机械及免疫等多种因素相互作用、彼此协调完成的。现在的研究表明，牛、羊胎儿的下丘脑-垂体-肾上腺轴在启动分娩中起决定性作用。当胎儿发育完全时，下丘脑释放促肾上腺皮质激素释放激素(CRH)引起垂体分泌促肾上腺皮质激素(ACTH)，ACTH 又促进肾上腺皮质分泌皮质醇作用于胎盘，继而引起胎盘分泌大量雌激素和前列腺素。前列腺素可刺激子宫肌收缩，溶解黄体，使血液中孕酮浓度下降，同时子宫肌又受雌激素的刺激而发生收缩，启动分娩。在开始分娩后，胎儿压迫子宫颈，反射性地引起催产素的释放，加强子宫收缩。胎盘和黄体释放松弛素，使产道加宽，胎儿产出，完成分娩过程。具体分娩机制如图 7-18 所示。

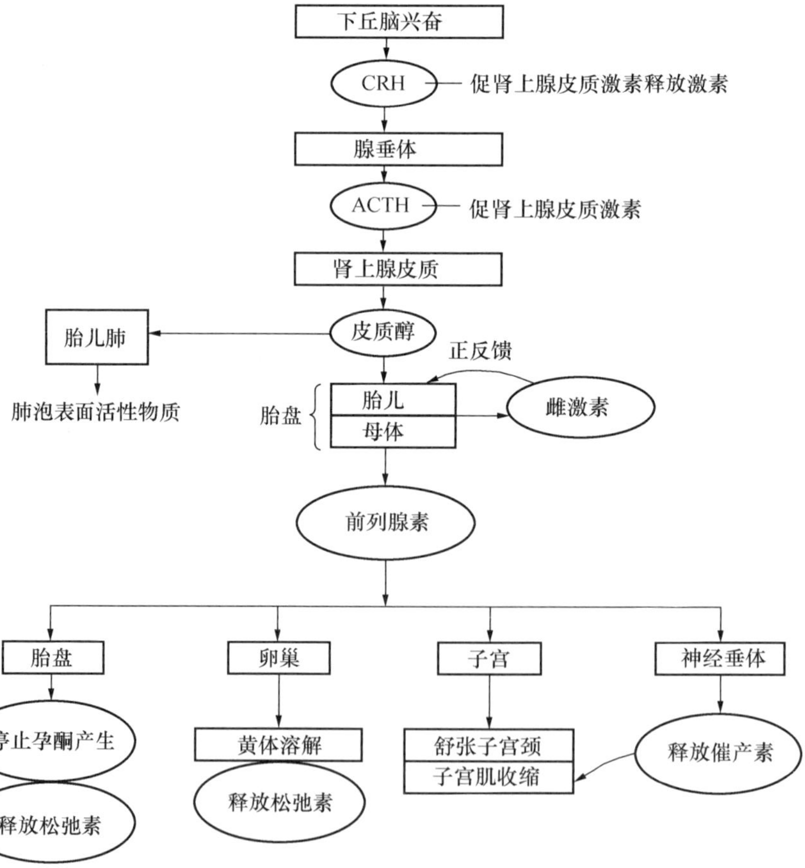

图 7-18 分娩机制示意图

此外，母体的生殖激素分泌量的变化也与分娩启动有关，但这些变化在不同的动物中有很大差异。近年来证明外周神经机制在分娩过程中也起重要作用，子宫中的交感神经纤维能提高子宫肌肉对催产素的敏感性。当胎儿头部压迫子宫颈时，刺激壁内的感受器通过荐部脊髓反射地引起子宫收缩。大脑皮层对分娩活动也起一定的调节作用。

第四节 泌 乳

泌乳是哺乳动物延续后代的一个重要的生理过程。母乳中含有丰富的营养物质，是幼龄动物生长发育最理想的食物。泌乳包括乳的分泌和乳的排出 2 个独立而又相互联系的过程。在正常生理状态下，乳腺在初次妊娠过程中达到完全发育，分娩后开始分泌乳汁。雌性动物每次分娩后乳腺持续分泌乳汁的时期，称为泌乳期。黄牛和水牛的泌乳期为 90～120 d，而经人工培育的乳牛泌乳期可长达 300 d 左右。泌乳期结束后不再泌乳的时期，称为干乳期。

一、乳腺

(一)乳腺的发育

雌性动物的乳腺构造随动物的生长而变化。出生时，乳腺只有很小的腺乳池和极不发达的导管系统，但纤维结缔组织和脂肪组织发育良好。从出生到初情期，随着动物的生长发育，乳腺的脂肪组织和纤维结缔组织增生，乳房增大。

性成熟后，乳腺在发情周期中经历生长发育的周期性变化。在发情期，乳腺导管系统迅速生长，并形成少量发育不全的腺泡。在间情期，乳腺停止生长，导管系统稍缩小。随着雌性动物性周期的重复出现，导管逐渐形成分支复杂的导管系统，脂肪组织沉积于结缔组织中，乳房体积明显增大。

在妊娠期，乳腺导管迅速发育，数量增多，并且在每个细小导管的末端形成腺泡(图 7-19、图 7-20)。在妊娠前半期，腺泡没有分泌腔。到妊娠中期，腺泡内逐渐出现分泌腔，腺泡和导管的体积不断增大，逐渐代替脂肪组织和结缔组织，同时乳房内的血管和神经纤维也不断增生。到妊娠后期，腺泡的分泌上皮细胞开始具有分泌功能，临分娩前即开始分泌少量初乳。分娩后，腺泡进行大量的分泌。

经过一段时期的泌乳活动后，腺泡和导管又逐渐缩小，分泌腔逐渐消失，腺组织被脂肪组织和结缔组织所代替。这时乳房体积变小，泌乳量逐渐减小，最后泌乳活动完全停止。

(二)乳腺发育的调节

乳腺的发育既受卵巢、腺垂体和胎盘等分泌的各种激素的控制，又受中枢神经系统的调节。

卵巢分泌的雌激素主要促进乳腺导管的生长，而卵泡发育则需要雌激素和孕酮的共同作用。试验表明，如果性成熟前摘除卵巢，将引起乳腺的发育不全。相反，给性未成熟或已切除卵巢的雌性动物周期性地注射雌激素，可引起乳腺导管系统的生长发育，但不能引起腺泡的生长发育，必须同时再注射孕酮才能引起乳腺腺泡的正常发育。应用雌激素与孕酮需要一定的比率，而且有明显的种间差异，孕酮的需要量通常显著高于雌激素。

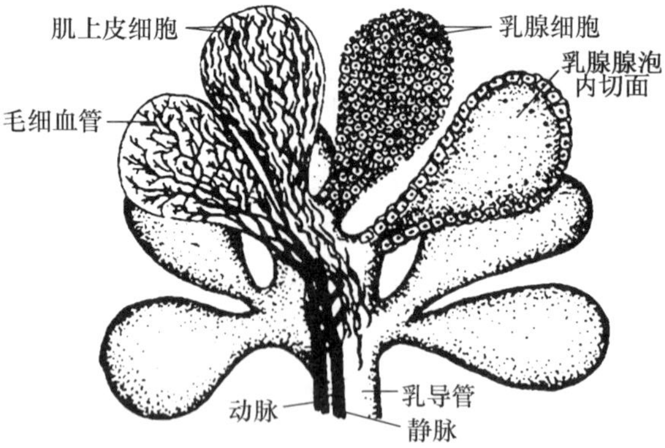

图 7-19 乳腺腺泡简图

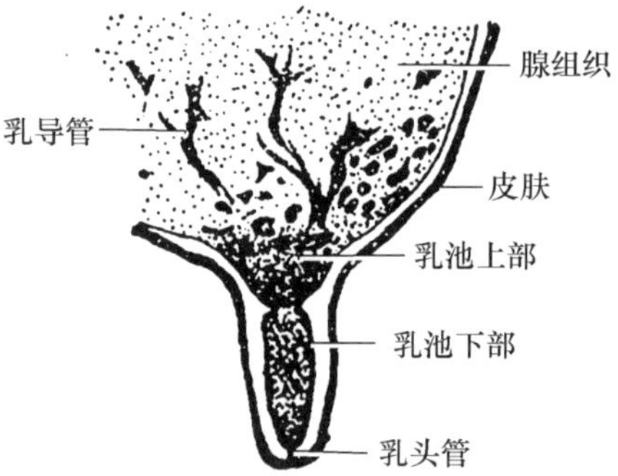

图 7-20 牛乳房乳头部的纵切面

乳腺小叶-腺泡的充分发育除需要雌激素和孕酮外，还需要多种垂体激素的存在，如催乳素、生长激素、促肾上腺皮质激素和肾上腺皮质所分泌的几种激素。通过切除兔和大鼠的脑垂体、卵巢和肾上腺的研究表明，手术后如果适当注射雌激素＋生长激素＋肾上腺皮质激素，可刺激萎缩的乳腺导管系统充分发育达到妊娠后期的程度。在妊娠期胎盘所产生的雌激素及孕酮对乳腺的发育也起着很重要的作用。

乳腺的发育还受神经系统的调节和支配。刺激泌乳的感受器，发出冲动传到中枢神经系统，通过下丘脑-垂体系统或直接支配乳腺的传出神经，控制乳腺的发育。在生产实践中通过按摩初胎母牛或怀胎母猪的乳房，能增强乳腺发育和产后的泌乳量。实验发现，神经系统对乳腺还有营养性作用，如在性成熟前切断母山羊的乳腺神经，乳腺发育受阻；在妊娠期切断乳腺神经，乳腺结缔组织增生，不形成腺泡腔与小叶；在泌乳期切断乳腺神经，则大部分腺泡处于不活动状态。

二、乳的分泌

乳腺组织的分泌细胞，从血液中摄取营养物质生成乳汁后，分泌入腺泡腔内，这一生理过程称为乳的分泌。

(一)乳的化学成分

乳是乳腺分泌的产物。乳中含有水分、蛋白质、脂类、糖类、无机物质、维生素、酶类、激素、生长因子、有机酸以及气体等化学成分。乳可分为初乳和常乳 2 种。

1. 初乳

雌性动物分娩后最初 3～5 d 内产生的乳称为初乳。初乳较黏稠、呈淡黄色，稍有咸味和腥味，煮沸时凝固。初乳中各种成分的含量和常乳显著不同，其中干物质含量较高，可超出常乳数倍。初乳内含有丰富的清蛋白和球蛋白。初生动物吸吮初乳后，蛋白质能透过肠壁而被吸收，有利于增加血浆蛋白质的浓度。初乳中还含有大量的免疫抗体、酶、维生素及溶菌素等，初生动物主要依赖初乳中的抗体或免疫球蛋白形成体内的被动免疫，以增加机体抵抗疾病的能力。初乳中的维生素 A 和维生素 C 的含量比常乳约多 10 倍，维生素 D 比常乳多 3 倍。初乳中含有较多的无机盐，其中特别富含镁盐，镁盐有轻泻作用，能促进肠道排出胎便。所以，初乳对于初生动物是其他营养物质所不能代替的食物，饲喂初乳对保证初生动物的健康成长具有重要的生理意义。乳牛初乳化学成分的逐日变化情况如表 7-4 所示。

表 7-4　乳牛初乳化学成分的逐日变化情况　　%

项目	产犊后天数/d						
	1	2	3	4	5	8	10
干物质	24.58	22.0	14.55	12.76	13.02	12.48	12.53
脂肪	5.4	5.0	4.1	3.4	4.6	3.3	3.4
酪蛋白	2.68	3.65	2.22	2.88	2.47	2.67	2.61
清蛋白及球蛋白	12.40	8.14	3.02	1.80	0.97	0.58	0.69
乳糖	3.34	3.77	3.77	4.46	4.89	3.88	4.74
灰分	1.20	0.93	0.82	0.85	0.80	0.81	0.76

2. 常乳

初乳期过后，乳中的蛋白质和无机盐的含量逐渐减少，酪蛋白和乳糖的含量不断增加，至 6～15 d 以后变为常乳。各种动物常乳的化学成分见表 7-5。

表 7-5　各种动物常乳的化学成分　　%

项目	干物质	脂肪	蛋白质	乳糖	灰分
乳牛	12.8	3.8	3.5	4.8	0.7
水牛	17.8	7.3	4.5	5.2	0.8
牦牛	18.0	6.5	5.0	5.6	0.9
山羊	13.1	4.1	3.5	4.6	0.9
绵羊	17.9	6.7	5.8	4.6	0.8
骆驼	13.6	4.5	3.5	6.9	0.7
马	11.0	2.0	2.0	6.7	0.3
猪	16.9	5.6	7.1	3.1	1.1
兔	30.5	10.5	15.5	2.0	2.5

(1)蛋白质。乳中蛋白质的种类较多，是乳的主要成分。哺乳动物乳中蛋白质主要由酪蛋白和乳清蛋白 2 部分组成。酪蛋白包括 α-酪蛋白、β-酪蛋白、κ-酪蛋白等，乳清蛋白主要是指 β-乳球蛋白、α-乳清蛋白、血清蛋白、免疫球蛋白、转铁蛋白和溶菌酶等。

乳中还含有多种非蛋白氮化合物，其中含量较多的是尿素。这些含氮化合物大都是蛋白质的代谢产物，从乳腺进入乳。

(2)脂肪。乳脂的主要成分是甘油三酯，以脂肪球形式存在，外面包裹磷脂蛋白膜，强烈振动时，脂肪球膜破坏，脂肪球就互相黏合而析出。乳中还有少量的磷脂、胆固醇和其他脂类。

(3)糖。乳中的糖称为乳糖，大多数动物乳中含量都较高，它也是维持乳正常渗透压的主要溶质。乳糖能被乳酸菌分解生成乳酸，也可被某些微生物分解产生乙酸，酸牛乳和乳酒就是根据这个特性制成的。

(4)维生素。乳中含有动物体所具有的各种维生素。脂溶性维生素A、维生素D、维生素E和维生素K都可与脂肪球结合,各种水溶性维生素都存在于乳的脱脂部分。乳中维生素的含量因营养、遗传、生产、环境、加工等因素影响而有所变化,如放牧较舍饲牛乳中的维生素含量高,一般在较多青饲料的放牧期,乳中维生素A、胡萝卜素和维生素C的含量较冬春季节有明显的增加。

(5)无机物。乳中的无机盐包括钠、钾、钙、镁的氯化物、磷酸盐和硫酸盐等,其中钙磷的比例一般为1.2∶1,有利于钙的吸收利用。乳中还含有铁、铜、锌、锰等微量元素,但乳中铁的含量不足,特别是对哺乳仔猪来说,为避免贫血,应有少量含铁物质的补给。

此外,乳中还有多种酶,如过氧化氢酶、过氧化物酶、脱氢酶和各种水解酶等。同时,乳腺本身也被认为是内分泌器官,有些激素(如甲状腺素、催乳素)和生长因子(如胰岛素样生长因子、松弛素)是在乳腺内合成并转到乳中的。

(二)乳的生成过程

乳的生成过程是在乳腺腺泡和细小乳导管的分泌上皮细胞(图7-21)内进行。生成乳的原料来自血液。乳中的酪蛋白、乳清蛋白、乳脂和乳糖等是上皮细胞利用血液提供的原料,经过复杂生物合成而来的。而乳中的球蛋白、酶、激素、维生素和无机盐等虽然来源于血浆,但通过乳腺分泌上皮细胞的选择性吸收和浓缩,种类和含量与血浆明显不同。与血液相比较,乳中的钙增加了13倍,钾和磷增加7倍,镁增加4倍以上,但钠只有血液中的1/7。

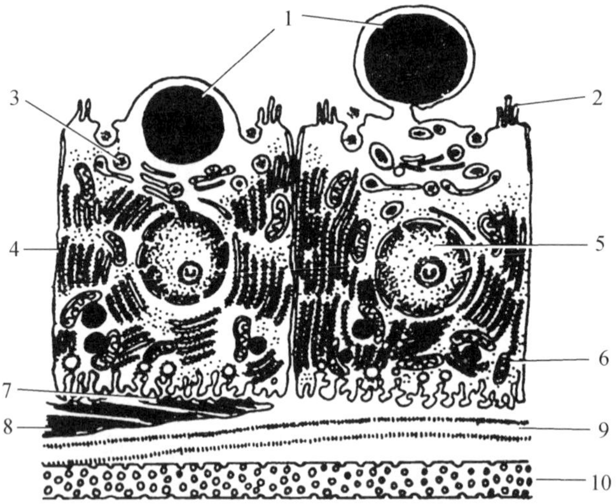

图7-21 乳腺分泌上皮细胞的超显微结构模式图

1. 脂肪小球 2. 微绒毛 3. 高尔基体(内含蛋白质颗粒) 4. 粗面内质网 5. 核 6. 线粒体 7. 细胞膜 8. 肌丝 9. 基底膜 10. 毛细血管壁

1. 蛋白质

乳中的主要蛋白质(酪蛋白、β-乳球蛋白和α-乳清蛋白)是乳腺分泌上皮细胞利用血液提供的氨基酸合成的。这些氨基酸在上皮细胞内被核糖体聚合成短链肽,移行至高尔基体。在高尔基体内肽进一步缩合,形成酪蛋白颗粒和β-乳球蛋白,然后由高尔基体移行至上皮细胞表面,最后进入腺泡腔构成乳的组成成分。

2. 乳糖

乳糖的主要原料是血液中的葡萄糖。一部分葡萄糖在乳糖合成酶的催化下，先转变成半乳糖，然后再与葡萄糖结合生成乳糖。反刍动物瘤胃发酵所产生的丙酸易被用于合成乳糖。

3. 乳脂

乳脂几乎全部以甘油三酯状态存在。乳中的脂肪酸，在非反刍动物是利用血浆中的葡萄糖为原料合成的。反刍动物可利用其瘤胃发酵生成的乙酸和其他低分子脂肪酸合成乳脂。合成脂肪所需要的甘油主要由血浆中的葡萄糖转变而来，也可来自血液甘油三酯的甘油。此外，各种动物均能利用血浆中的中性脂肪和脂肪酸合成乳脂。

乳腺腺泡合成乳的过程是一个复杂的生化过程。它需要 ATP 提供能量和酶的参与才能完成。

(三)乳的分泌过程

乳腺分泌细胞内合成的乳组分，先从合成部位到达细胞膜顶端，然后越过细胞膜进入腺泡腔中。

1. 乳脂的分泌

分泌细胞质内的脂肪小球，在由细胞基底部向顶端膜移行的过程中逐渐凝集，小球越来越大。当脂肪小球接近细胞顶膜区时，即被质膜包围，最后释放入腺泡腔中。

2. 乳蛋白的分泌

细胞内的蛋白质颗粒移行至细胞顶膜时，发生颗粒膜与细胞膜的融合，然后以出胞的方式释放出蛋白质。

3. 乳糖的分泌

乳糖分子存在于高尔基体小泡内，乳糖分泌与乳蛋白密切联系。乳糖也以出胞方式进入腺泡腔。

4. Na^+ 和 K^+ 的分泌

在分泌细胞基底膜和侧膜“钠泵”作用下，将 Na^+ 转运出细胞而 K^+ 进入细胞。在顶膜区 Na^+ 和 K^+ 进行被动扩散，Cl^- 也顺浓度差由细胞内被动扩散至细胞外，同时，在基底膜和顶膜的“氯泵”作用下，通过主动转运，使 Cl^- 在细胞内蓄积。

(四)乳分泌的调节

泌乳期间乳的分泌包括泌乳的启动和泌乳的维持 2 个过程，主要通过神经-激素的途径来进行调节。

乳汁分泌由腺垂体的催乳素直接控制，雌激素和孕酮对催乳素的释放起抑制作用。在妊娠期间，由于胎盘和卵巢分泌大量的雌激素和孕酮，故无分泌功能。分娩以后，孕酮水平突然下降，结果催乳素迅速释放，对乳的生成产生强烈的促进作用，于是引起泌乳。以后血浆中维持一定水平的催乳素，所以在泌乳期能维持正常的泌乳状态。

腺垂体分泌催乳素是一种反射活动。哺乳或挤乳刺激乳房感受器，神经冲动沿传入神经到达脑部，兴奋下丘脑的有关中枢，然后通过神经和体液途径，使腺垂体释放催乳素增多，从而对乳的生成活动发生调节性影响。

乳的分泌除需要催乳素外，还需要甲状腺激素、肾上腺皮质激素等协同作用，通过调节机体的代谢，影响乳的生成过程。如甲状腺激素能提高机体的新陈代谢，因而对乳生成有显著的促进作用；肾上腺皮质激素对机体的蛋白质、糖类、无机盐和水代谢都具有显著的调节作用，因此对乳生成也有一定的影响。

乳的分泌还受大脑皮层的影响，增强其兴奋过程，可加强乳的分泌。

三、排乳

(一)乳的蓄积

乳在乳腺的上皮细胞内生成后，不断地分泌入腺泡腔。当乳充满腺泡腔和细小乳导管时，腺泡周围的肌上皮细胞和导管系统的平滑肌反射性收缩，将乳周期性地转移到较大的乳导管和乳池中。乳腺的全部腺泡腔、导管、乳池构成蓄积乳的容纳系统。在乳蓄积的起初阶段，腺泡上皮的压力感受器反射性地引起腺导管平滑肌紧张性降低，于是乳在容纳系统中贮存。当乳充盈到一定程度时，乳汁继续积聚就使乳腺容纳系统被动扩张，内压迅速升高，以致压迫乳腺中的毛细血管和淋巴管，阻碍乳腺的血液循环，结果使乳的生成速度显著减慢。在乳生成量减少的同时，乳的成分也发生相应的变化。乳排出后，乳房内压下降，乳的生成随之增加。

(二)排乳过程

哺乳或挤乳引起乳房容纳系统紧张度改变，使腺泡和乳导管中的乳汁迅速流向乳池，这一过程称为排乳。在排乳过程中，最先排出的一部分乳称为乳池乳，它贮存在乳池内，当乳头括约肌开放时，只需借助本身重力即可排出。乳牛的乳池乳一般占泌乳量的 1/3～1/2，我国黄牛、水牛和牦牛的乳池乳很少，甚至完全没有乳池乳。此后，由排乳反射从腺泡和乳导管排出的乳，称为反射乳，占总乳量的 1/2～2/3，黄牛和牦牛的反射乳不能一次排尽，一般分 2～3 个周期排出。哺乳刺激乳房不到 1 min，即可引起乳牛的排乳反射。但猪的排乳反射需要较长时间，仔猪用鼻吻突撞猪乳房 2～3 min 后才能开始排乳。牛排乳反射持续 3～5 min，因此挤乳必须加速进行，这样才能使乳房内的乳汁较彻底地排出。反射乳排出后，乳房内还残留一部分不能排出的乳，称为残留乳，它将与新生成的乳汁混合，在下一次哺乳(或挤乳)时排出。

(三)排乳的神经-激素调节

排乳是由大脑皮层、下丘脑和垂体参加的复杂反射活动(图 7-22)。在排乳过程中，由于非条件刺激，如挤乳、按摩或吮吸等，兴奋了乳房感受器，冲动经精索外神经传至脊髓，再沿脊髓-丘脑束传到丘脑，最后到达下丘脑的室旁核和视上核。室旁核和视上核是排乳反射的基本中枢，在大脑皮层中有相应的代表区。丘脑还可发出传入纤维，把冲动传到大脑皮层的相应代表区，再由此发出冲动，控制下丘脑的活动。

排乳反射的传出途径有 2 条：一条是神经途径，传出纤维存在于精索外神经和交感神经中，直接支配乳导管周围平滑肌的舒缩活动。另一条是神经-体液途径，通过下丘脑-垂体轴引起垂体释放催产素，使腺泡和细小乳导管周围的肌上皮细胞收缩，促进腺泡乳的排出。挤乳时，大约经过 5 s 的潜伏期后，出现纯神经性排乳反射，这是交感神经兴奋引起乳导管平滑肌收缩，排出较大乳导管中的乳，即反射乳。之后，神经垂体在中枢神经系统控制下反射性地释放催产素，在牛经 20～25 s 后引起腺泡和细小乳导管周围的肌上皮收缩，将腺泡乳排出。这是以催产素为媒介的神经-体液性反射。由于大多数动物的乳汁主要积聚在腺泡腔中，所以神经-体液途径所引起的排乳反射有更重要的作用。

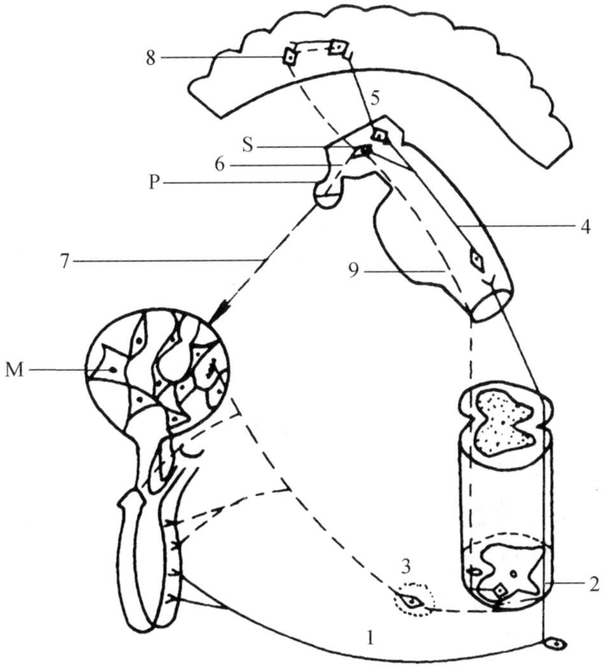

图 7-22　排乳反射性调节模式图

1. 背根的传入神经　2. 与植物性神经元联系　3. 走向乳腺平滑肌的交感神经元　4. 自脊髓至下丘脑的上行途径　5. 自下丘脑至大脑皮层的途径　6. 视上核-垂体途径　7. 体液作用(催产素)　8. 皮层中枢　9. 自皮层至脊髓的下行途径　P. 垂体后叶　M. 肌上皮　S. 视上核

在排乳反射过程中,各个环节都可以形成条件反射。挤乳的地点、时间、设备、操作人员等,都能成为条件刺激而形成条件性排乳反射。这些条件反射对于排乳活动有明显的影响。在正确的饲养管理制度下,可形成一系列有利于排乳的条件反射,常能促进排乳和增加挤乳量。相反,异常的刺激如喧扰、新挤乳员、挤乳设备改变、不正确的挤乳操作等,都能抑制排乳反射,使产乳量下降。

专 项 实 训

一、生殖器官的观察与识别

[实训目标] 了解动物生殖系统的组成,观察并识别各生殖器官的形态、构造、位置及它们之间的相互关系。

[材料设备] 牛、羊、猪等动物的新鲜尸体标本,生殖器官的离体标本。

[方法步骤] 在牛、羊、猪等动物的新鲜尸体标本上找出各生殖器官,先观察各器官的外形和位置,然后解剖。

1. 雄性生殖器官

注意观察阴囊、睾丸、附睾、精索和输精管的形态、结构及它们之间的位置关系。

2. 雌性生殖器官

注意观察卵巢、子宫的形态、结构、位置及各器官之间的位置关系。

二、睾丸和卵巢组织构造的观察

[实训目标] 认识睾丸和卵巢的组织结构。

[材料设备] 睾丸和卵巢组织切片、显微镜。

[方法步骤] 用显微镜(先用低倍镜,后用高倍镜)观察睾丸和卵巢的组织切片,注意观察睾丸和卵巢各部分组织的结构特点。

复习思考题

1. 雄性生殖系统和雌性生殖系统各由哪些器官组成?其功能如何?
2. 阴囊结构分几层?去势时在何处切口?应切断哪些结构?
3. 母猪各期卵巢的位置形态如何?
4. 牛、猪、马子宫的结构有何特点?
5. 简述卵泡的发育过程和各级卵泡的结构。
6. 简述射精时副性腺分泌的顺序及其意义。
7. 发情周期为什么能周而复始地出现?
8. 睾丸功能的调节受哪些因素影响?
9. 试述下丘脑与卵巢间的功能关系。
10. 试述乳腺生长发育、泌乳和排乳的调节。
11. 何谓初乳?初生幼畜为什么要喂给初乳?

雌性生殖系统结构与功能

第八章 心血管系统

【学习目标】

- 掌握心脏的形态、位置及结构，动物全身血管的分布。
- 了解血液的成分及作用。
- 掌握血液循环基本原理及过程。
- 能识别动物体表主要静脉血管。
- 能准确听取动物心音，测量心率，检查动脉脉搏。

【素质目标】

- 树立辩证唯物主义世界观。
- 注重理论联系实际，培养科学严谨的学习态度和精益求精的工匠精神。
- 培养动手操作能力及团队协作精神。
- 树立生物安全意识，严格遵守实验操作规范。

【学习建议】

本章涉及内容较多，建议通过以下环节完成本章学习：通过实践观察，识别心脏的形态、位置和结构及血管的分布情况；通过教师讲解，了解心脏和血管的生理功能，掌握血液循环基本原理；在教师指导下进行动物心音听取、动脉脉搏检查及血液成分测定等操作。

心血管系统由心脏、血管（包括动脉、静脉和毛细血管）和血液组成。

心脏是血液的动力器官，在神经、体液调节下，进行有节律的收缩和舒张，使血管内的血液按一定的方向流动。

动脉起于心脏，输送血液到肺和全身各处，沿途反复分支，管径越来越小，管壁越来越薄，最后移行为毛细血管。毛细血管是连接于小动脉与小静脉之间的微细血管，互相吻合成网，遍布全身。静脉则从毛细血管起始逐渐汇集成小、中、大静脉，收集血液最后回到心脏。全身回流的淋巴也从前腔静脉进入心脏。

血液是由血浆和血细胞组成的营养性结缔组织，是体液的重要组成部分。血液在心脏的推动下循环流动，具有运输各种代谢产物及营养物质、维持机体内环境的稳定等生理功能。成年动物血液循环模式如图 8-1 所示。

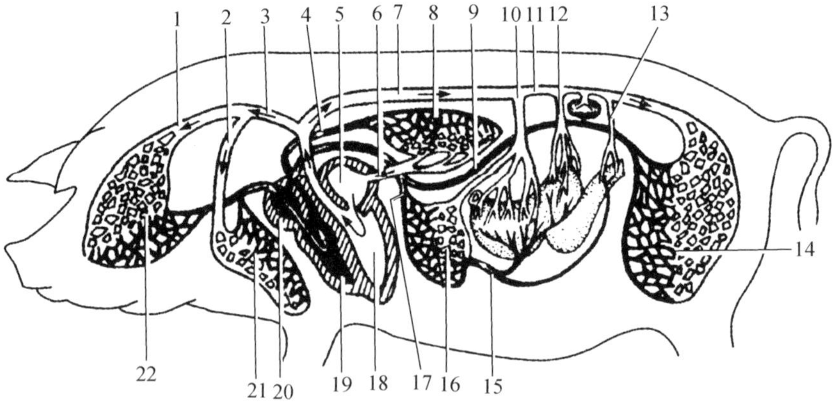

图 8-1　成年动物血液循环模式图

1. 颈总动脉　2. 腋动脉　3. 臂头动脉　4. 肺动脉　5. 左心房　6. 肺静脉　7. 胸主动脉　8. 肺毛细血管　9. 后腔静脉　10. 腹腔动脉　11. 腹主动脉　12. 肠系膜前动脉　13. 肠系膜后动脉　14. 骨盆部和后肢毛细血管　15. 门静脉　16. 肝毛细血管　17. 肝静脉　18. 左心室　19. 右心室　20. 右心房　21. 前肢毛细血管　22. 头颈部毛细血管

第一节　心　　脏

一、心脏的形态和位置

心脏(图 8-2)呈左、右稍扁的倒圆锥形，为中空的肌质性器官，外被心包包裹。心的上部大，称为心基，有进出心的大血管，位置较固定；下部小而游离，称为心尖。心的前缘凸，后缘短而直。

心的表面有冠状沟和左、右纵沟，在牛心的后面还有一条副纵沟。冠状沟靠近心基，是心房和心室的外表分界。沟的上部为心房，下部为心室。左纵沟位于心的左前方，自冠状沟向下伸延，几乎与心的后缘平行。右纵沟位于心的右后方，自冠状沟向下伸至心尖。两沟是左、右心室的外表分界，两沟前部为右心室，后部为左心室。副纵沟位于心的后面，自冠状沟向下伸延。在冠状沟、纵沟及副纵沟内有营养心脏的血管，并有脂肪填充。

心脏位于胸腔纵隔内，夹于左、右两肺之间，略偏左侧，在第 2 肋间隙(或第 3 肋骨)和第 6 肋间隙(或第 6 肋骨)之间。牛的心基大致位于肩关节的水平线上。心尖位于最后胸骨片的背侧，距膈 2～5 cm。马的心脏位于第 3～6 肋骨，心基最高点与第 1 肋骨中点水平线相对，心尖达第 6 肋骨远端距胸骨 1 cm 处。猪的心脏位于第 2～5 肋骨，心尖位于第 7 肋骨和肋软骨的连结处。

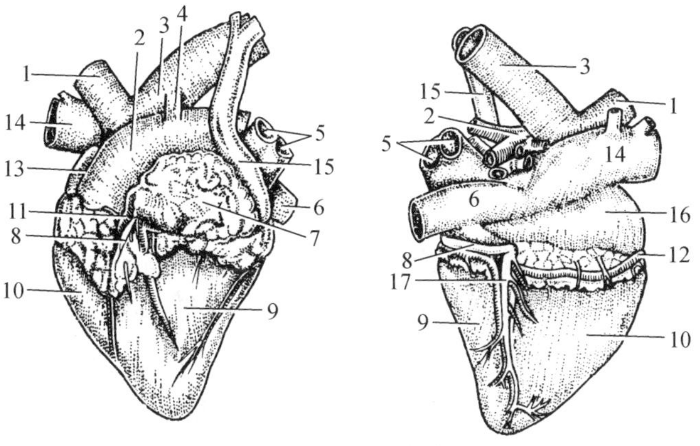

图 8-2　牛心脏

A. 左侧面　B. 右侧面

1. 臂头动脉干　2. 肺动脉　3. 主动脉　4. 动脉导管索　5. 肺静脉　6. 后腔静脉　7. 左心房　8. 心大静脉　9. 左心室　10. 右心室　11. 左冠状动脉　12. 右冠状动脉　13. 右心耳　14. 前腔静脉　15. 左奇静脉　16. 右心房　17. 心中静脉

二、心腔的构造

心腔以纵走的房中隔和室中隔分为左、右互不相通的 2 部分，每部分又分为上部的心房和下部的心室，同侧的心房和心室以房室口相通(图 8-3)。

1. *右心房*

右心房构成心基的右前部，包括静脉窦和右心耳 2 部分。静脉窦是体循环静脉的开口部。右心耳呈圆锥状盲囊，尖端向左再向后伸至肺动脉干的前方，壁内面有许多梳状肌。右心房的背侧壁和后壁分别有前腔静脉和后腔静脉的开口。在后腔静脉口的腹侧有一冠状窦，为心大静脉、心中静脉和左奇静脉的开口。在后腔静脉口附近的房中隔上有一卵圆窝，为胚胎时期卵圆孔的遗迹。20％的成年猪的卵圆孔封闭不全。

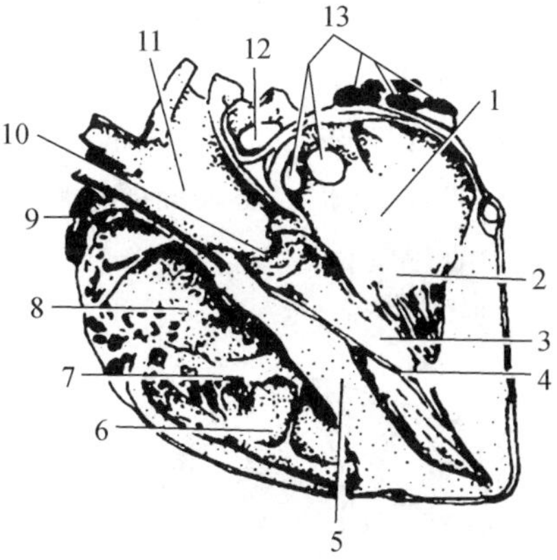

图 8-3　心脏纵剖面

1. 左心房　2. 二尖瓣　3. 左心室　4. 心横肌　5. 室中隔　6. 右心室　7. 三尖瓣　8. 右心房　9. 前腔静脉　10. 主动脉瓣　11. 主动脉　12. 肺动脉　13. 肺静脉

右心房通过右房室口和右心室相通。

2. *右心室*

右心室位于心的右前方，顶端向下，不达心尖，入口为右房室口，出口为肺动脉口。

右房室口附着有 3 片三角形的瓣膜，称为右房室瓣或三尖瓣。瓣膜的游离缘向下垂入心室，通过腱索连于乳头肌上。乳头肌为突出于心室壁的圆锥状肌肉。当心房收缩时，房室口打开，血液由心房流入心室，当心室收缩时，心室内压升高，血液将瓣膜向上推使其相互合拢，由于腱索的牵引，瓣膜不致翻向右心房，从而可防止血液倒流。

肺动脉口位于右心室的左前上方，有一纤维环支持，上端附着有 3 个半月形的瓣膜，称为肺动脉瓣或半月瓣。每个瓣膜均呈袋状，袋口向着肺动脉干，防止血液倒流回心室。

心室里面，在室中隔上有横过室腔走向室侧壁的心横肌，也称为隔缘肉柱，当心室舒张时，有防止其过度扩张的作用。

3. 左心房

左心房构成心基的左后部。左心房的构造与右心房相似，有向左前方凸出到肺动脉干后方的圆锥状盲囊，称为左心耳，其内壁也有梳状肌。在左心房的后背侧壁上有 6～8 个肺静脉口；腹侧有 1 个左房室口，为血液流向左心室的出口。

4. 左心室

左心室位于左心房的下方，空腔略呈圆锥状，顶端伸至心尖，室腔的上方有左房室口和主动脉口。左房室口位于左心室的后上方，附着 2 片强大的瓣膜，称为左房室瓣或二尖瓣，其结构和作用与三尖瓣相似。主动脉口为左心室血液的出口，位于左心室的前上方。其构造与肺动脉口相似，纤维环上也具有 3 个半月瓣，称为主动脉瓣。左心室内也有心横肌。

三、心壁的构造

心壁分为 3 层，由外向内依次为心外膜、心肌和心内膜。

1. 心外膜

心外膜为被覆于心肌表面的一层浆膜，由间皮和薄层结缔组织构成。其表面光滑、湿润，紧贴于心肌表面，但心脏表面的冠状沟和纵沟内无心外膜分布。心外膜在心脏基部的血管周围移行为心包壁层。

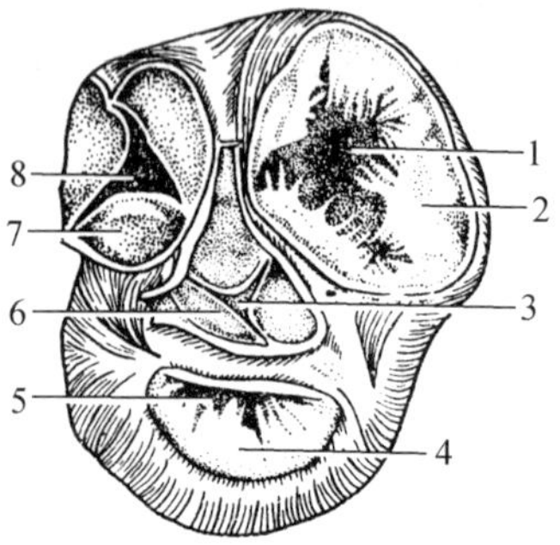

图 8-4 心脏瓣膜(心室底部)

1. 右房室口 2. 右房室瓣 3. 主动脉口 4. 左房室瓣 5. 左房室口 6. 主动脉瓣 7. 肺动脉瓣 8. 肺动脉口

2. 心肌

心肌为心壁的主要组成部分，主要由心肌纤维构成，内有血管、淋巴管和神经等。心肌被房室口的纤维环分为心房肌和心室肌 2 个独立的肌系。因此，心房和心室可分别收缩和舒张。心房肌薄，心室肌厚，左心室肌最厚，厚度为右心室肌的 2～3 倍。

3. 心内膜

心内膜为被覆于心房和心室内表面的一层光滑的薄膜，与血管的内膜相延续。其深面有血管、淋巴管、神经和心脏传导系的分支。

心脏的各种瓣膜(图 8-4)就是由心内膜向心腔折转成的双层内皮，中间夹着一层致密结缔组织。瓣膜上没有血管分布，但其基部有血管和平滑肌。

四、心脏的血管

心脏本身的血液循环称为冠状循环，包括冠状动脉、毛细血管和心静脉。

1. 冠状动脉

冠状动脉有左、右 2 条，分别从主动脉根部发出。左冠状动脉起自主动脉根部的左侧，经肺动脉和左心耳之间进入冠状沟，立即分为 2 支，一支沿冠状沟向后伸延，另一支沿左纵沟伸达心尖；右冠状动脉起自主动脉根部，经动脉圆锥与右心耳之间进入冠状沟，沿冠状沟向右、向后伸至右纵沟。冠状动脉分支分布于心房和心室，在心肌内形成丰富的毛细血管网。

2. 心静脉

心静脉分为心大静脉、心中静脉和心小静脉。心大静脉和心中静脉伴随左、右冠状动脉分布，最后注入右心房的冠状窦；心小静脉分成数支，在冠状沟附近直接开口于右心房。

五、心脏的传导系统与神经

(一)心脏的传导系统

心脏的传导系统（图 8-5）由特殊的心肌纤维组成，其主要功能是产生并传导心搏动的冲动至整个心脏，调控心脏的节律性收缩和舒张。心传导系统包括窦房结、房室结、房室束和浦肯野纤维。其中窦房结细胞的自律性最高，为心正常功能的起搏点。心脏的起搏总是从窦房结开始，沿上述顺序依次传播，从而引起心脏有节律地收缩和舒张。

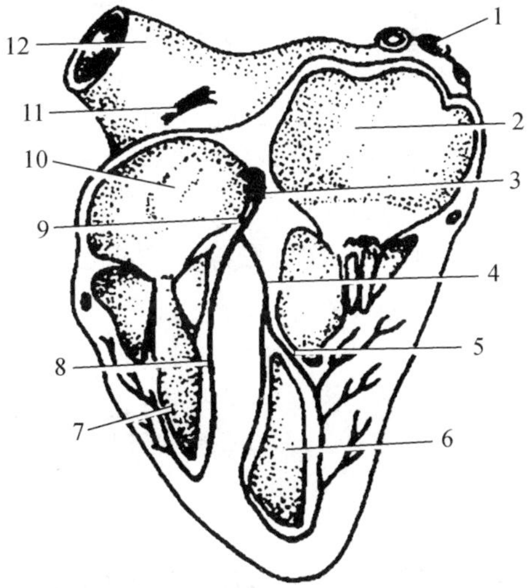

图 8-5 心脏传导系统示意图

1. 肺静脉 2. 左心房 3. 房室结 4. 左束支 5. 心横肌 6. 左心室 7. 右心室 8. 右束支 9. 房室束 10. 右心房 11. 窦房结 12. 前腔静脉

1. 窦房结

窦房结位于前腔静脉和右心耳间界沟内的心外膜下，除分支到心房肌外，还分出数支结间束与房室结相连。窦房结能自动产生节律性波动，并传导至心房肌使心房收缩；同时，还通过结间束将搏动传导至房室结，引起房室结搏动。

2. 房室结

房室结位于房间隔右心房的心内膜下、冠状窦的前方，分支分别与心房肌和房室束相连。房室结可将来自窦房结的搏动传导至心房和房室束。

3. 房室束

房室束为房室结的直接延续，在室中隔上部分出一较细的右束支和一较粗的左束支，分别在室中隔的左室侧和右心室心内膜下延伸，分出小分支至室中隔，还分出一些分支通过心横肌到心室侧壁。以上分支在心内膜下分散为浦肯野纤维丛，与心肌纤维相延续。

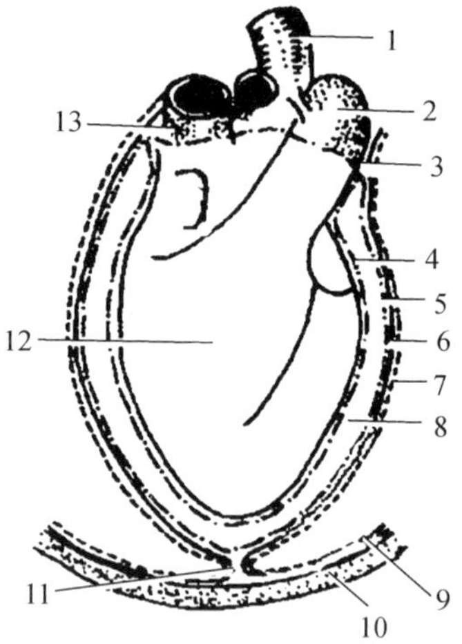

图 8-6 心包模式图

1. 主动脉 2. 肺动脉 3. 心包浆膜脏层与壁层转折处 4. 心外膜 5. 心包浆膜壁层 6. 纤维膜 7. 心包胸膜 8. 心包腔 9. 肋胸膜 10. 胸壁 11. 胸骨心包韧带 12. 右心室 13. 前腔静脉

(二)心脏的神经

分布于心脏的运动神经有交感神经和副交感神经(迷走神经),前者可兴奋窦房结,使心肌活动加强,因此称为心加强神经;后者作用正好相反,称为心抑制神经。心感觉神经分布于心壁各层,其纤维随交感神经和迷走神经进入脊髓和脑。

六、心包

心包(图 8-6)为包裹心脏的锥形囊,囊壁由外层的纤维膜和内层的浆膜组成,具有保护心脏的作用。

纤维膜为一层坚韧的结缔组织膜,在心基部与起止于心脏的大血管外膜相延续;在心尖部折转到胸骨背侧,与心包胸膜共同构成胸骨心包韧带,使心脏附着于胸骨。

浆膜分为壁层和脏层。壁层衬于纤维膜的内面,在心基处向内折转后成为脏层;脏层即心外膜。壁层和脏层之间的腔隙称为心包腔,内有少量浆液(心包液)。浆液有润滑作用,可减少心脏搏动时的摩擦。

第二节 血 管

一、血管的分类、构造和功能特点

无论是体循环还是肺循环,由心室射出的血液都流经由动脉、毛细血管和静脉相互串联形成的血管系统,再返回心房。

1. 动脉系统

(1)大动脉。大动脉是指动脉主干及其发出的最大的分支。这些血管的管壁厚而富有弹性纤维,可扩张性和弹性较大。当心室收缩将血液射入大动脉时,大动脉扩张,容纳心脏射入的血液,使血压不致过高,血液不致突然涌入较小的动脉。在心舒期,射血停止,动脉瓣关闭,被扩张的动脉由于弹性回缩,把心舒期贮存的位能释放出来,维持血压的稳定,推动血液继续流向外周。大动脉的这种弹性血库的作用,使心室的间断性射血转变成动脉中持续不断的血流。需要指出的是,动脉管壁的弹性随年龄的增长而减小。

(2)中动脉。中动脉的功能是将血液输送至各器官组织,又称为分配血管。

(3)小动脉和微动脉。小动脉和微动脉的管壁有丰富的平滑肌,有较强的收缩力,对血流的阻力大,又称为毛细血管前阻力血管。尤其后者的舒缩活动可使局部血管的口径和血流阻力发生明显变化，从而改变所在器官、组织的血流量。

2. 毛细血管

（1）毛细血管前括约肌。在真毛细血管的起始部常有平滑肌环绕，称为毛细血管前括约肌。它的收缩和舒张可控制其后的毛细血管的关闭和开放，因此可决定某一时间内毛细血管开放的量。

（2）交换血管。交换血管是指真毛细血管。管壁仅由单层内皮细胞构成。它们的口径平均只有几微米，长度也只有 0.2～0.4 μm。但是，它们的数量很大，彼此连接成网，几乎遍及全身各器官组织。真毛细血管的通透性很高，允许气体和各种晶体分子自由通过，小分子蛋白质也能微量通过，因此成为血管内血液和血管外组织液物质交换的场所。

3. 静脉

静脉也可分为大静脉、中静脉、小静脉和微静脉。它们的共同特点是管壁薄而柔软，口径比相应的动脉大，弹性和收缩性都比较小。多数较大的静脉都有瓣膜，它们朝着向心方向开放，借以防止血液倒流。

（1）微静脉。微静脉因管径小，对血流也产生一定的阻力，又称为毛细血管后阻力血管。其舒缩可影响毛细血管前阻力和毛细血管后阻力的比值，从而改变毛细血管压以及体液在血管内和组织间隙内的分布情况。

（2）静脉。指大、中、小静脉由于数量多、口径粗、管壁薄，故其容量较大，而且可扩张性较大，即较小的压力变化就可使容积发生较大的变化。在安静状态下，整个静脉系统容纳了全身循环血量的 60%～70%。静脉的口径发生较小的变化时，静脉内容纳的血量就可发生很大的变化，而压力的变化较小。静脉在血管系统中起着血液贮存库的作用，因此将静脉称为容量血管。

正常情况下，心血管系统各个部分的血容量所占的循环血液总量的百分比大致如下（近似值）：心脏血管容量占 12%，主动脉占 2%，体循环动脉系统占 10%，毛细血管占 4%～6%，体循环静脉系统占 50%～52%，肺循环系统占 20%。

4. 短路血管

短路血管指一些血管床中直接联系小动脉和小静脉之间的血管。它们可使小动脉内的血液不经过毛细血管而直接流入小静脉。蹄部、耳郭等处的皮肤中有许多短路血管存在，它们在功能上与体温调节有关。

二、肺循环的血管

肺循环血管包括肺动脉、毛细血管和肺静脉。

肺动脉干起于右心室的肺动脉口，在升主动脉的左侧向后上方延伸，于心基后上方分为左、右肺动脉。左、右肺动脉在同侧主支气管的前方由肺门入肺，在肺内随支气管分支而分支，直到肺泡壁移行为毛细血管网。

肺静脉属支起于肺毛细血管网，在肺内沿肺动脉和支气管的分支逐级汇合，最后汇集成 6～8 支，由肺门出肺后开口于左心房。

三、体循环的血管

(一)动脉

主动脉为体循环动脉的总干,全身所有的动脉支都直接或间接自此发出(图 8-7)。主动脉起于左心室的主动脉口。主动脉弓为主动脉的第一段,自主动脉口斜向背后侧,呈弓状延伸至第 6 胸椎腹侧;然后再继续延伸至膈的主动脉裂孔处,为胸主动脉;胸主动脉穿过膈的主动脉裂孔进入腹腔,称为腹主动脉。腹主动脉在盆腔前口处或第 5、第 6 腰椎腹侧分出左、右髂外动脉和左、右髂内动脉,其主干移行为荐中动脉、尾中动脉,依次沿荐椎和尾椎向后伸延至尾端。

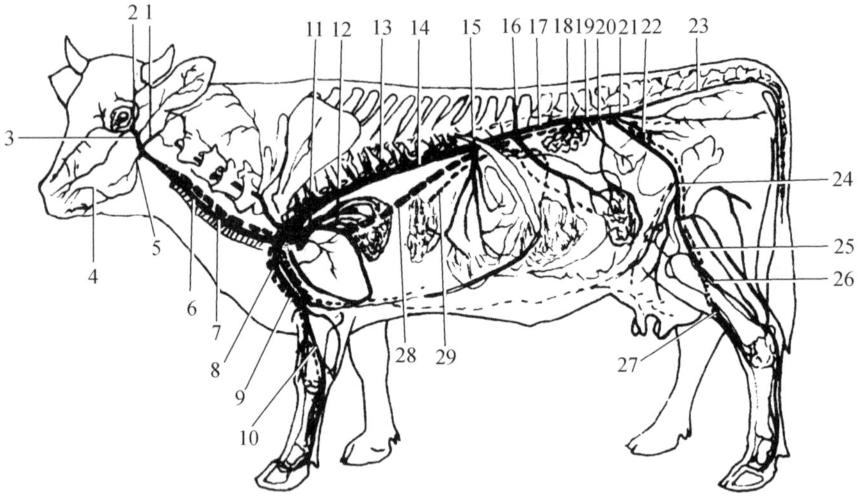

图 8-7 牛全身动、静脉分布图

1. 枕动脉 2. 颌内动脉 3. 颈外动脉 4. 面动脉 5. 颌外动脉 6. 颈动脉 7. 颈静脉 8. 腋动脉 9. 臂动脉 10. 正中动脉 11. 肺动脉 12. 肺静脉 13. 胸主动脉 14. 肋间动脉 15. 腹腔动脉 16. 前肠系膜动脉 17. 腹主动脉 18. 肾动脉 19. 精索内动脉 20. 后肠系膜动脉 21. 髂内动脉 22. 髂外动脉 23. 荐中动脉 24. 股动脉 25. 腘动脉 26. 胫后动脉 27. 胫前动脉 28. 后腔静脉 29. 门静脉

1. 主动脉弓及分支

主动脉弓的主要分支有左、右冠状动脉,臂头动脉总干,双颈动脉干和前肢动脉。

(1)左、右冠状动脉。由主动脉在其根部发出,大部分分布到心脏。

(2)臂头动脉总干。为分布于胸廓前部、头颈和前肢的动脉总干,出心包后沿气管腹侧向前延伸,分出左锁骨下动脉后,移行为臂头动脉。臂头动脉分出短而粗的双颈动脉干后,移行为右锁骨下动脉。

左、右锁骨下动脉绕过第 1 肋骨前缘出胸腔前口,分别移行为左、右前肢的腋动脉。左锁骨下动脉发出的分支有:肋颈动脉、颈深动脉、椎动脉、胸内动脉和颈浅动脉;右侧的肋颈动脉、颈深动脉和椎动脉自臂头动脉发出,胸内动脉和颈浅动脉自右锁骨下动脉发出。

(3)双颈动脉干(颈动脉总干)。双颈动脉干(图 8-8)很短,是头颈部的动脉主干,沿气管腹侧向前延伸，在胸腔前口附近分为左、右颈总动脉。左、右颈总动脉在颈静脉沟的深部，分别沿食管和气管的外侧向前向上延伸，至环枕关节腹侧分为枕动脉、颈内动脉和颈外动脉。颈总动脉在枕动脉起始处略膨大，称为颈动脉窦，窦壁内有感受血压变化的压力感受器。颈总动脉在延伸途中分出很多分支，分布于附近的肌肉、皮肤、食管、气管、腮腺、甲状腺、咽和喉等。

①枕动脉：向上延伸通过枕骨大孔入颅腔，分布于咽、软腭、脑膜、脑和颈部肌肉。

②颈内动脉：仅犊牛有，而且也较细，分布于脑。成年牛的颈内动脉退化。

③颈外动脉：3 支中最粗的一支，为颈总动脉的直接延续，向前向上伸延至下颌关节腹侧，分出颞浅动脉后，移行为颌内动脉。颈外动脉在下颌支内分支为颌外动脉，颌外动脉又分支为舌动脉和面动脉。面动脉向前伸至下颌支腹侧，与同名静脉和腮腺管一起绕过血管切迹转到面部。

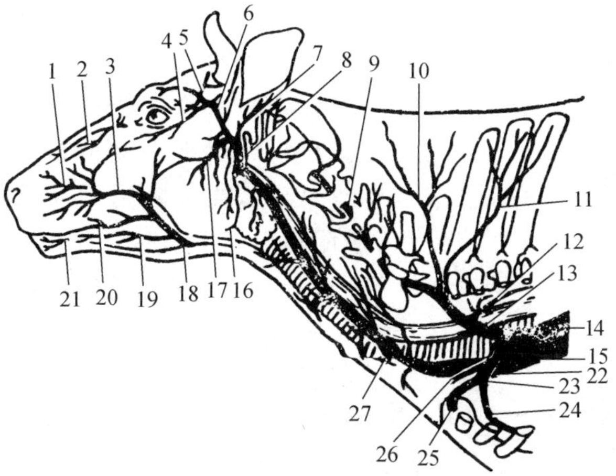

图 8-8 牛头颈部动脉

1. 眶下动脉 2. 鼻背动脉 3. 上唇动脉 4. 泪腺动脉 5. 角动脉 6. 颞浅动脉 7. 耳后动脉 8. 枕动脉 9. 椎动脉 10. 颈深动脉 11. 肩胛背侧动脉 12. 最上肋间动脉 13. 肋颈动脉干 14. 臂头动脉干 15. 臂头动脉 16. 咬肌动脉 17. 面横动脉 18. 面动脉 19. 下唇浅动脉 20. 下唇深动脉 21. 颏动脉 22. 双颈动脉干 23. 左锁骨下动脉 24. 胸廓内动脉 25. 腋动脉 26. 胫浅动脉 27. 左颈总动脉

(4)前肢动脉。前肢动脉(图 8-9)由锁骨下动脉延伸而来，在肩关节内侧称为腋动脉，在臂部称为臂动脉，在前臂部位于前臂内侧的正中沟内，称为正中动脉，在掌部称为指总动脉，指总动脉分为指内、外侧动脉，分别沿指间下行至指端。前肢动脉干各段均有分支分布于相应部位的肌肉、皮肤和骨骼等处。

2. 胸主动脉及分支

胸主动脉是主动脉弓向后的直接延续，其分支有肋间动脉和支气管食管动脉。牛的肋间动脉有 13 对，前 3 对由左锁骨下动脉和臂头动脉的分支分出，后 10 对均由胸主动脉分出，主要分布于胸部脊柱附近的肌肉和皮肤。支气管食管动脉在第 6 胸椎处以一主干起自于胸主动脉腹侧，然后分为支气管动脉和食管动脉，分别分布于肺组织和食管。

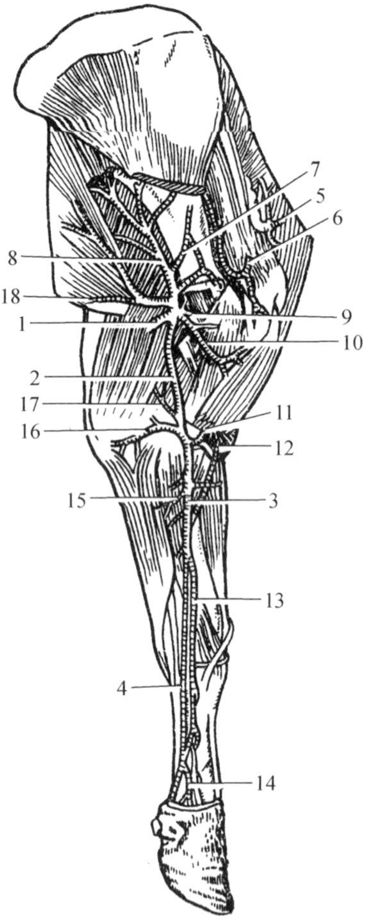

图 8-9　牛前肢动脉(内侧)

1. 腋动脉　2. 臂动脉　3. 正中动脉　4. 指掌侧第 3 总动脉　5. 颈浅动脉　6. 肩胛上动脉　7. 旋肩胛动脉　8. 肩胛下动脉　9. 旋肱后动脉　10. 旋肱前动脉　11. 二头肌动脉　12. 肘横动脉　13. 桡动脉　14. 指掌侧第 2 总动脉　15. 骨间总动脉　16. 尺侧副动脉　17. 臂深动脉　18. 胸背动脉

3. 腹主动脉及分支

腹主动脉为腰腹部的动脉主干，其分支可分为壁支和脏支。壁支主要为腰动脉，有 6 对，分布于腰部肌肉、皮肤及脊髓脊膜等处；脏支主要分布于腹腔、盆腔的器官上，由前向后依次为腹腔动脉、肠系膜前动脉、肾动脉、肠系膜后动脉和睾丸动脉（子宫卵巢动脉）。

(1)腹腔动脉。在膈的主动脉裂孔稍后处由腹主动脉分出，主要分布于脾、胃、肝、胰及十二指肠。

(2)肠系膜前动脉。在第 1 腰椎腹侧处由腹主动脉分出，主要分布于小肠、结肠、盲肠和胰脏。

(3)肾动脉。在第 2 腰椎处由腹主动脉分出，成对，分布于肾。

(4)肠系膜后动脉。在第 4、5 腰椎处由腹主动脉分出，比较细，主要分布于结肠后段和直肠。

(5)睾丸动脉（子宫卵巢动脉）。在肠系膜后动脉附近由腹主动脉分出。公畜称为睾丸动脉，向后下行走进入腹股沟管的精索，分支分布于睾丸、输精管、附睾和睾丸鞘膜。母畜称为子宫卵巢动脉，在子宫阔韧带中向后延伸，分支为卵巢动脉和子宫前动脉，分布于卵巢、输卵管和子宫角上。

4. 骨盆部及荐尾部动脉

(1)髂内动脉。为分布于骨盆部及尾部的动脉主干，在第 5、6 腰椎腹侧由腹主动脉分出，沿荐骨腹侧及荐坐韧带内侧向后伸延。其分支有脐动脉、髂腰动脉、臀前动脉及阴部内动脉等，分布于骨盆腔器官和荐臀部、尾部的肌肉皮肤。

脐动脉在胎儿时期发达，出生后管壁增厚，管径变小，末段闭塞而形成膀胱圆韧带，沿膀胱侧韧带的游离缘伸至膀胱顶。脐动脉还分出侧支至输尿管、输精管（公畜）或子宫（母畜）等，其中到母畜子宫的子宫中动脉很发达。子宫中动脉在子宫阔韧带内下行，走向子宫角小弯，分为前、后 2 支。前支分布到子宫角前部，并有分支与卵巢动脉的子宫支吻合；后支分布于子宫角后部和子宫体。妊娠期，做直肠检查可触摸到该动脉的脉搏。

(2)荐中动脉。为腹主动脉分出左、右髂内动脉后的直接延续，沿荐骨盆面正中线向后伸延，在荐部发出 3～4 对荐外侧动脉；在第 1 尾椎处发出尾外侧背、腹动脉后，本干延续为尾中动脉。尾中动脉沿尾椎腹侧正中线向后伸延，分布于尾腹侧肌和皮肤。临床上，常在牛尾根部检查尾中动脉触诊脉搏。

5. 后肢动脉

分布于后肢的动脉主干为左、右髂外动脉，它们在第5腰椎处由腹主动脉向后左、右侧分出，沿髂骨前缘和后肢内侧面下伸至趾端。在股部为股动脉，在膝关节后为腘动脉，在胫骨背侧面为胫前动脉，在趾骨背侧为趾背侧动脉，向下分为第3、4趾动脉（牛）（图8-10）。主干沿途形成分支，分布于后肢相应部位的骨骼、肌肉和皮肤。在耻骨前缘部，髂外动脉分支出阴部腹壁动脉干，其分支为阴部动脉（在母牛为乳房动脉），分布于乳房上。

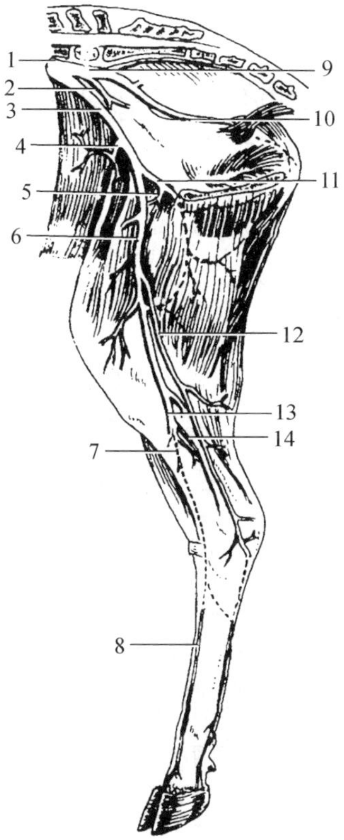

图 8-10　牛后肢主要动脉

1. 腹主动脉　2. 脐动脉　3. 髂外动脉　4. 旋髂深动脉　5. 腹壁阴动脉干　6. 股动脉　7. 胫前动脉　8. 跖背侧动脉　9. 髂内动脉　10. 阴部内动脉　11. 股深动脉　12. 隐动脉　13. 腘动脉　14. 胫后动脉

（二）静脉

体循环的静脉可归纳为前腔静脉系、后腔静脉系、左奇静脉系和心静脉系。

1. 前腔静脉系

由左、右颈内静脉和左、右颈外静脉及左、右腋静脉在胸腔前口汇合而成，于心前纵隔内沿气管和臂头动脉干的腹侧向后伸延，途中接受胸廓内静脉和肋颈静脉，最后开口于右心房（图8-11、图8-12）。

胸廓内静脉较大，于同名动脉并行，主要接受腹皮下静脉的血液，末端开口于前腔静脉的起始部。腹皮下静脉在乳牛非常发达，接受乳房的血液，又称乳静脉，于剑状软骨附近第8肋下端穿过躯干皮肌和腹直肌上的孔（乳井）转为胸廓内静脉。

颈外静脉较粗，由舌面静脉和上颌静脉在腮腺后角汇合而成，于皮肤与颈静脉沟之间向后伸延，沿途接受一些小静脉，至胸腔前口处接受头静脉，并于颈内静脉汇合，然后开口于前腔静脉。在颈的前半部，颈外静脉与颈总动脉之间以肩胛舌骨肌相隔，此处为临床上静脉注射和采血常用的部位。

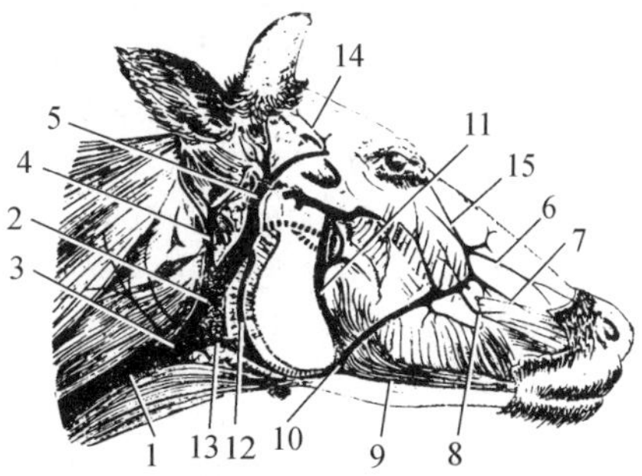

图 8-11　牛头部静脉

1. 颈外静脉　2. 上颌静脉　3. 枕静脉　4. 耳后静脉　5. 颞浅静脉　6. 鼻背静脉　7. 鼻外静脉　8. 上唇静脉　9. 下唇静脉　10. 面静脉　11. 颊静脉　12. 咬肌静脉　13. 舌面静脉　14. 角静脉　15. 鼻额静脉

2. 后腔静脉系

由左、右髂总静脉和荐中静脉在第5或第6腰椎腹侧汇合而成，沿腹主动脉右侧前行，经肝壁面的腔静脉沟和隔的腔静脉孔进入胸腔，再经右肺副叶与后叶之间向前开口于右心房。

后腔静脉在伸延途中接受肝静脉、门静脉、腰静脉、睾丸（或卵巢）静脉和肾静脉等属支。除肝静脉和门静脉外，其他属支均与同名动脉伴行（图 8-13）。

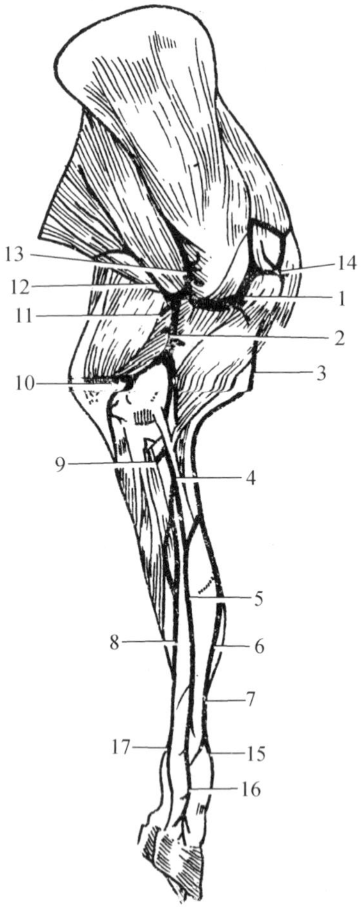

图 8-12　牛前肢的静脉

1. 腋静脉　2. 臂静脉　3. 头静脉　4. 正中静脉　5. 前臂头静脉　6. 副头静脉　7. 掌心内侧静脉　8. 掌心外侧静脉　9. 骨间总动脉　10. 尺侧副静脉　11. 臂深静脉　12. 胸背静脉　13. 肩胛下静脉　14. 肩胛上静脉　15. 指背侧静脉　16. 第3指掌远侧静脉　17. 指掌侧第3总静脉

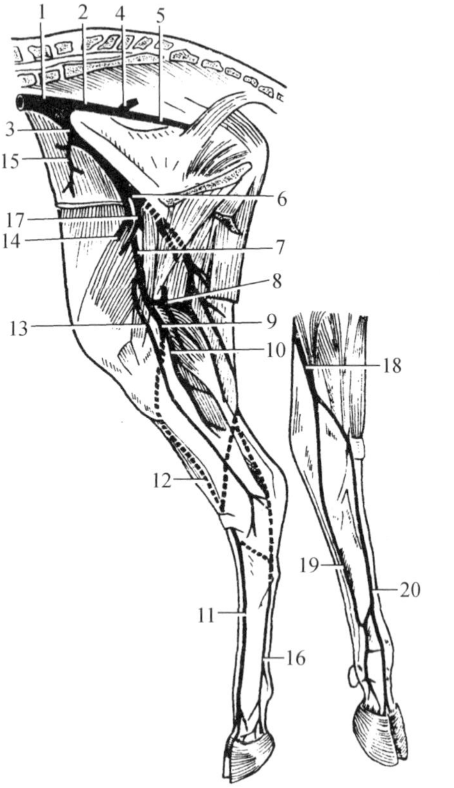

图 8-13　牛后肢的静脉

1. 髂总静脉　2. 髂骨静脉　3. 髂外静脉　4. 臀前静脉　5. 阴部内静脉　6. 股深静脉　7. 股静脉　8. 股后静脉　9. 腘静脉　10. 胫后静脉　11. 跖背侧第2静脉　12. 胫前静脉　13. 内侧隐静脉　14. 旋股外侧静脉　15. 旋髂深静脉　16. 足底内侧静脉　17. 阴部腹壁静脉　18. 外侧隐静脉　19. 足底外侧静脉　20. 跖背侧第3、4静脉

肝静脉有3～4支，收集肝动脉和门静脉的回流血，在肝壁面的腔静脉沟中开口于后腔静脉。

门静脉（图 8-14）为腹腔中引导胃、小肠、大肠（直肠后部除外）、脾和胰等的血液入肝的一条较大的静脉，位于后腔静脉腹侧。它由胃十二指肠静脉、脾静脉、肠系膜前静脉和肠系膜后静脉汇合而成，穿过胰走向肝门，与肝动脉一起经肝门入肝。入肝后反复分支至窦状隙（扩大的毛细血管），最后汇合为数支肝静脉而导入后腔静脉。

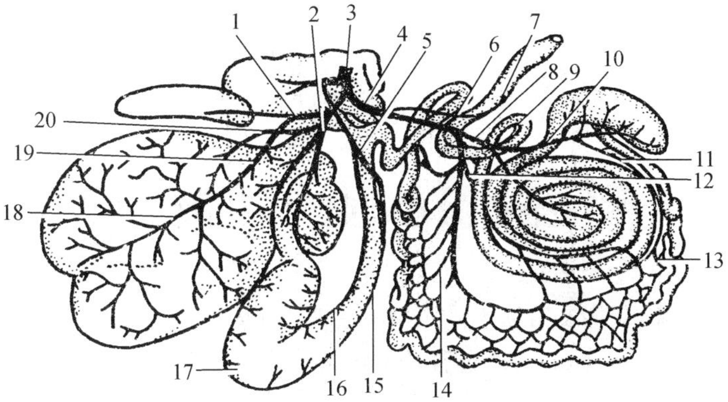

图 8-14　牛门静脉

1. 脾静脉　2. 胃左静脉　3. 门静脉　4. 肠系膜前静脉　5. 胃十二指肠静脉　6. 肠系膜后静脉　7. 结肠左静脉　8. 回盲结肠静脉　9. 结肠中静脉　10. 盲肠静脉　11. 回肠系膜支　12. 侧副支　13. 回肠静脉　14. 空肠静脉　15. 胃网膜右静脉　16. 胃右静脉　17. 胃网膜左静脉　18. 瘤胃右静脉　19. 瘤胃左静脉　20. 网胃静脉

直肠后部的血液汇入髂内静脉，再经髂总静脉、后腔静脉返回右心房。因此，对肝有害及通过肝影响药效的药物可进行灌肠给药，以免危害肝或影响药物的疗效。

阴部外静脉与同名动脉伴行，接受阴囊和阴茎（公畜）或乳房（母畜）的血液，并与腹皮下静脉及阴部内静脉吻合。母牛的阴部外静脉以乳房底前静脉与腹皮下静脉相吻合，以乳房底后静脉与阴部内静脉相吻合（图 8-15）。乳房的静脉血大部分经阴部外静脉注入髂外静脉，一部分经腹皮下静脉注入胸廓内静脉；阴部内静脉虽与乳房底后静脉相连，但因其静脉瓣开向乳房，故乳房的静脉血不能由此流向髂内静脉。

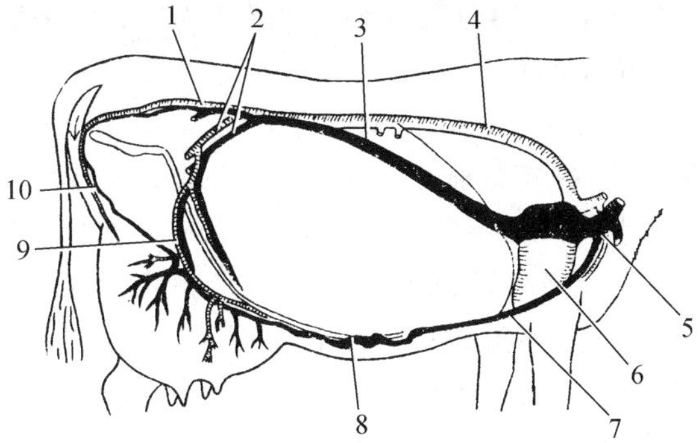

图 8-15　母牛乳房静脉循环模式图

1. 髂内动、静脉　2. 髂外动、静脉　3. 后腔静脉　4. 胸主动脉　5. 前腔静脉　6. 心　7. 胸廓内静脉　8. 腹皮下静脉　9. 阴部外动、静脉　10. 会阴动、静脉

3. 左奇静脉系

左奇静脉为胸壁静脉主干，起于第 1、第 2 腰椎腹侧，沿胸主动脉左背侧缘向前伸延，至第 3 胸椎处向下方，越过胸主动脉左侧转而向前向右伸延，最后注入冠状窦。其属支有第 1～

2 对腰静脉、肋腹背侧静脉、第 5～12 对肋间背侧静脉、食管静脉、支气管静脉、心包静脉和纵隔静脉。以上静脉均与同名动脉同行。

4. 心静脉系

心脏的静脉血通过心大静脉、心中静脉和心小静脉注入右心房。

第三节 血 液

血液是一种红色、略带腥味和黏性的液体，充满于心血管系统中，在心脏的推动下循环于全身血管系统之中。血液在不断流动过程中，实现其运输物质、维持稳态、保护机体以及参与神经、体液调节等生理功能。

一、体液与机体内环境

(一)内环境

动物有机体含有大量的水分，这些水分及溶解于水中的物质总称为体液。体液占体重的 60%～70%，根据存在部位不同，体液被划分为细胞内液和细胞外液。细胞内液是指存在于细胞内的液体，是细胞内进行生化反应的场所，占体重的 40%～45%；细胞外液是指存在于细胞外的液体，包括血浆、组织液、淋巴液和脑脊液等，占体重的 20%～25%，由于它是细胞直接生活的具体环境，故又称为机体的内环境。

各种体液彼此隔开而又相互联系，通过细胞膜和毛细血管壁进行物质交换。

(二)血液对内环境稳定的意义

内环境能为细胞提供营养物质和接受来自细胞代谢的终产物，并能保持其中各种成分和 pH、渗透压、各种离子浓度以及温度等理化特性的相对稳定，从而保证了细胞的各种代谢活动(各种酶促反应过程)和生理功能的正常进行。

内环境的稳定性是细胞进行生命活动的必要条件。内环境的成分和各种理化性质之所以能保持相对稳定，有赖于各器官系统在神经-体液调节下的相互协调活动的结果。由于有机体通过内环境与外环境进行物质交换并不断地代谢，所以，内环境的成分和理化性质不是固定不变的，而是在一定范围内波动，保持着动态的平衡。血液在不停地循环流动之中，不仅具有运输各种物质的功能，而且在维持内环境稳定方面起着重要作用。

(1)在组织与各内脏器官之间运输各种物质，从而维持内环境稳定。

(2)血液对内环境某些理化因素的变化具有一定的缓冲作用。

(3)血液可以反映内环境理化性质的微小变化，为维持内环境稳定的调节系统提供必要的反馈信息。

二、血液的组成和理化特性

(一)血液的基本组成

正常血液为红色黏稠的液体。它由血浆和悬浮在血浆内的有形成分组成。血液的组成如表 8-1 所示。

表 8-1 血液的组成

- 血液
  - 血浆
    - 血浆蛋白（有机物）
      - 纤维蛋白原
      - 白蛋白
      - 球蛋白
    - 营养物质（有机物）
    - 激素等（有机物）
    - 水（无机物）
    - 无机盐（无机物）
  - 有形成分
    - 红细胞
    - 白细胞
    - 血小板

血液离开血管后很快凝固，由液态变为胶冻状。能够防止血液凝固的物质称为抗凝血剂。常用的抗凝血剂有草酸盐、柠檬酸盐和肝素等。把加有抗凝血剂（如柠檬酸钠或肝素等）的血液置于离心管中离心沉淀后（3 000 r/min，30 min），能明显地分成 3 层：上层液体部分为血浆；下层的深红色沉淀物为红细胞；在红细胞与血浆之间有一白色薄层是白细胞和血小板。按上述条件离心沉淀后全血中被压紧的红细胞容积占全血容积百分率称为红细胞压积或红细胞比容，简称为血液压积或血液比容。当血浆量或红细胞数发生改变时，均可使红细胞压积发生改变。所以，测定红细胞压积有助于了解血液浓缩和稀释的情况，帮助诊断疾病。

离体血液不做抗凝处理，所凝固的血块不久后将进一步紧缩，并析出淡黄色的清亮液体，这种液体称为血清。血清与血浆的主要区别在于，血浆是血液中未经凝固的液体部分，含有可溶性的纤维蛋白原；血清中不含有一种称为纤维蛋白原的血浆蛋白成分，这是因为该种物质在血液凝固过程中，转变成为不溶性的纤维蛋白，并留在血凝块之中。因此，可把血清看作是不含纤维蛋白原的血浆。临床上即根据此原理提取血清。

（二）血量

动物体内的血液总量称为血量，是血浆量和血细胞量的总和。血量占体重的 6%～8%（表 8-2），并随动物的种类、性别、年龄、营养状况、妊娠、泌乳和所处的外界环境而发生变动。

表 8-2 几种动物的血量 mL

动物种类	每千克体重血量	动物种类	每千克体重血量
马（赛马）	109.6	鸡	74.0
马（役用马）	71.7	犬	92.5
奶牛	57.4	猫	66.7
猪	7.0	兔	56.4
绵羊	58.0	小鼠	54.3
山羊	70.0	豚鼠	72.0

绝大部分血液在心血管系统中循环流动着，这部分称为循环血量；其余部分（主要是红细胞）贮存在肝、脾和皮肤中，称为贮存血量。当动物剧烈运动或大出血时，贮存血量可释放出来，以补充循环血量的不足。

血量的相对恒定对于维持正常血压、保证各器官的血液供应非常重要。如动物一次性失血量不超过总血量的10%，对生命活动没有明显影响，所失血液中的水和无机盐可在1～2 h内由组织间液渗入血管得到补充，血浆蛋白由肝脏加速合成，可在几天内恢复，红细胞也能在1个月内恢复。如一次失血量达20%，就会对生命活动产生显著影响。如一次急性失血量达25%～30%，可引起血压急剧下降，导致脑和心脏等重要器官的血液供应不足而危及生命。

(三)血液的化学成分

血液除有形成分外，其余成分就是血浆。血浆中含90%～92%的水分，8%～10%的溶质。溶质中包括无机盐和有机物。

1. 无机盐

血浆中无机盐约占0.9%，主要以离子形式存在，少数以分子或与蛋白质结合状态存在。主要的阳离子有Na^+、K^+、Ca^{2+}、Mg^{2+}；主要的阴离子有Cl^-、HCO_3^-、HPO_4^{2-}和SO_4^{2-}。主要的微量元素有铜、锌、铁、锰、碘、钴等，它们主要存在于有机化合物分子中。这些无机离子的主要生理功能如下。

(1)维持血浆晶体渗透压。

(2)维持体液的酸碱平衡。

(3)维持组织细胞的兴奋性。

2. 有机物

(1)血浆蛋白。血浆蛋白占血浆的6.2%～7.9%，是血浆中多种蛋白质的总称。根据分子质量不同，血浆蛋白分为白蛋白(又称清蛋白)、球蛋白和纤维蛋白原等。其中白蛋白含量最多，球蛋白次之，纤维蛋白原最少。纤维蛋白原主要在血液凝固过程中起作用，可形成血凝块，当组织受伤出血时，有堵塞血管破口，起止血的作用。

(2)血浆中其他有机物。

①非蛋白含氮化合物：通常称这类化合物所含的氮称为非蛋白氮(NPN)，它们主要是蛋白质代谢的中间产物，包括尿素、尿酸、肌酐、氨基酸、胆红素和氨等。

②血浆中不含氮的有机物：如葡萄糖、甘油三酯、磷酸、胆固醇和游离脂肪酸等，它们与糖代谢和脂类代谢有关。

③血浆中微量的活性物质：主要包括酶类、激素和维生素等。

(四)血液的理化特性

1. 血色、血味

动物血液呈红色，颜色随红细胞中血红蛋白的含氧量而变化。含氧量高的动脉血呈鲜红色。含氧量低的静脉血则呈暗红色。血液中因含有氯化钠而呈咸味，因含有挥发性脂肪酸而具有特殊的血腥味，肉食动物腥味更甚。

2. 血液的相对密度

健康动物血液的相对密度为1.050～1.060。红细胞相对密度最大，白细胞次之，血浆最小。几种动物血液的相对密度见表8-3。

表 8-3　几种动物血液的相对密度

项目	动物种类					
	牛	猪	绵羊	山羊	马	鸡
血液相对密度	1.046～1.061	1.035～1.055	1.041～1.061	1.035～1.051	1.046～1.051	1.045～1.060

3. 血液的黏滞性

血液流动时，由于内部分子间相互摩擦产生阻力，表现出流动缓慢和黏着的特性，称为黏滞性。哺乳动物全血的黏滞性是水的 4～6 倍，母鸡全血是水的 3.08 倍，公鸡全血是水的 3.67 倍。其大小主要取决于红细胞数量和血浆蛋白浓度。红细胞数量越多，血浆蛋白浓度越高，黏滞性也越大。血液的黏滞性对血液的流动阻力和速度影响极大。血液黏滞性降低时，血流阻力减小，速度加快；反之血流阻力增大，速度减弱。

4. 血浆的渗透压

水通过半透膜向溶液中扩散的现象称为渗透。溶液促使水向半透膜另一侧溶液中渗透的力量，称为渗透压。渗透压的高低取决于溶液中溶质颗粒的多少，而与溶质的种类和颗粒的大小无关。在单位体积的溶液中，颗粒越多，渗透压越高。

血浆渗透压约为 7.6 个大气压，相当于 770 kPa。血浆的渗透压由 2 种压力构成：一种是由血浆中的晶体物质，特别是各种电解质构成，称为晶体渗透压，约占总渗透压的 99.5%；另一种是由血浆蛋白构成的胶体渗透压，仅占总渗透压的 0.5%。血浆胶体渗透压虽小，但由于蛋白质不易透过毛细血管壁，而且血浆蛋白浓度又高于组织液，所以有利于血管中保留一定的水分。

有机体细胞的渗透压与血浆的渗透压相等。与细胞和血浆的渗透压相等的溶液，称为等渗溶液，常用的等渗溶液是 0.9%氯化钠溶液，又称为生理盐水。渗透压比它高的溶液称为高渗溶液，如 10%的氯化钠溶液；渗透压比它低的溶液称为低渗溶液。

5. 血液的酸碱度

动物的血液呈弱碱性，pH 在 7.35～7.45。生命活动能够耐受的血液 pH 最大范围为 6.9～7.8。在正常情况下，血液 pH 保持稳定，除通过肺和肾排出过多酸性或碱性物质外，主要依赖于血液中的缓冲对。缓冲对通常是由弱酸和碱性弱酸盐这一对物质所组成。血浆中的缓冲对有：$NaHCO_3/H_2CO_3$、Na_2HPO_4/NaH_2PO_4、Na-蛋白质/H-蛋白质；红细胞中的缓冲对有：KHb/HHb、$KHbO_2/HHbO_2$。这些缓冲对中，以 $NaHCO_3/H_2CO_3$ 最为重要。每当血液中的酸性物质增加时，碱性弱酸盐与之起反应，使其变为弱酸，于是酸性降低；而每当血液中的碱性物质增加时，则弱酸与之起反应，使其变为弱酸盐，缓解了碱性物质的冲击。生理学中常把血浆中的 $NaHCO_3$ 含量称为血液的碱贮。在一定范围内，碱贮增加表示机体对固定酸的缓冲能力增强。

知识链接　家畜在过度运动或饲喂大量酸性饲料，或因代谢性疾病（糖尿病、酮血症等）导致血液中酸性物质显著增加而超过调节能力时，都会使碱贮异常减少，造成代谢性酸中毒。

三、血细胞生理

(一)红细胞

1. 红细胞的形态与数量

大多数哺乳动物的成熟红细胞(RBC)无细胞核和细胞器,呈双面内凹的圆盘状。这种双面内凹的圆盘形态可使红细胞的表面积与体积的比值增大。较大的表面积可使内含物在细胞内有较多的活动的余地,因而红细胞具有很强的形变可塑性,当红细胞进出比其直径还小的毛细血管和血窦孔隙时,可避免挤压受损。此外,这种形态可使中央细胞膜到达细胞内部的距离缩短,这对于 O_2 和 CO_2 的扩散、营养物质和代谢产物的运输都非常有利。

红细胞在血细胞中数量最多,以每升血液中含有多少 10^{12} 个(10^{12}/L)表示。常见成年健康动物红细胞数量和血红蛋白含量见表 8-4。其正常数量随动物种类、品种、性别、年龄、饲养管理和环境条件而有所变化。

表 8-4 成年健康动物红细胞数量和血红蛋白含量

动物种类	红细胞数量/($\times 10^{12}$/L)	血红蛋白含量/(g/L)
猪	6.5(5.0～8.0)	130(100～160)
牛	7.0(5.0～10.0)	110(80～150)
绵羊	10.0(8.0～12.0)	120(80～160)
山羊	13.0(8.0～18.0)	110(80～140)
马	7.5(5.0～10.0)	115(80～140)
犬	6.8(5.5～8.5)	150(120～180)
猫	7.5(5.0～10.0)	120(80～150)
兔	6.9	120
鸡	3.5(3.0～3.8)	100(80～120)

红细胞的细胞质内充满大量血红蛋白(Hb),约占红细胞成分的 33%。血红蛋白由亚铁血红素和珠蛋白结合而成,具有携带 O_2 和 CO_2 的功能。血红蛋白的含量受品种、性别、年龄、饲养管理等因素的影响,常以每升血液中含有的克数(g/L)表示。

单位容积红细胞数量、血红蛋白含量同时或其中之一显著减少而低于正常值,都称为贫血。

2. 红细胞的生理特性与功能

(1)红细胞的生理特性。

①红细胞膜的通透性。红细胞膜对各种物质的通透具有选择性。H_2O、O_2 和 CO_2 等分子可以自由通过细胞膜;葡萄糖、氨基酸、尿素较易通过;Cl^-、HCO_3^- 和 H^+ 也较易通过;Ca^{2+} 则很难通过,所以红细胞内几乎没有 Ca^{2+}。至于 Na^+,正常状态下进入细胞后又被推出细胞膜外,并经 Na^+-K^+ 交换而将 K^+ 纳入细胞内,以维持细胞膜内、外 K^+ 与 Na^+ 的浓度差,保持细胞的正常兴奋性。红细胞膜的这种有选择的通透性能维持红细胞内的化学组成和红细胞的各种正常生理功能。

②红细胞的渗透脆性。通常红细胞内、外液体的渗透压相等,使红细胞能保持一定的形态

和大小。将红细胞置于等渗溶液中，溶液的渗透压与红细胞的相等，能维持其正常形态而不变形。若将红细胞置于高渗溶液中，则红细胞由于水分逐渐外移而皱缩，严重时即丧失其功能。若将红细胞放入低渗溶液中，红细胞将因吸水而膨胀，红细胞膜终被胀破并释放出血红蛋白，这种现象称为溶血。红细胞对低渗溶液有一定的抵抗力，当周围液体的渗透压降低不大时，细胞虽有胀大但并不破裂溶血，对低渗的这种抵抗力称之为红细胞渗透脆性。对低渗的抵抗力大，则脆性小；反之，对低渗的抵抗力小，则脆性大。衰老的红细胞脆性大，在某些病理状态下，红细胞脆性会显著增大或减小。

③红细胞的悬浮稳定性。红细胞密度虽较血浆大，但它在血浆中的沉降却很缓慢，红细胞这种悬浮于血浆中不易下降的特性称为悬浮稳定性。悬浮稳定性的大小可用红细胞沉降率表示，通常以 1 h 内红细胞下沉的距离表示红细胞的沉降率（简称血沉），动物种别不同血沉也不同，常见健康动物的血沉率如表 8-5 所示。动物患某些疾病时，红细胞的沉降率会发生明显变化。

表 8-5　常见健康动物的血沉率　　mm

动物种类	血沉率平均值			
	15 min	30 min	45 min	60 min
猪	3.0	8.0	20.0	30.0
牛	0.1	0.25	0.40	0.58
绵羊	0.2	0.4	0.6	0.8
山羊	0	0.1	0.3	0.5
马	31.0	49.0	53.0	55.0
骡	23.0	47.0	52.0	54.0
犬	0.2	0.9	1.7	2.5
兔	0	0.3	0.9	1.5
母鸡	1.35	5.30	10.5	18.5

知识链接　红细胞的沉降率在临床诊断上有一定的参考价值，如马传染性贫血时，血液稀薄，血沉加快；如患传染性脑脊髓炎时，血液黏稠，血沉减慢。

（2）红细胞的功能。红细胞的主要功能是运输 O_2 和 CO_2，并对酸、碱物质具有缓冲作用，而这些功能均与红细胞中的血红蛋白有关。

①气体运输：红细胞内容物主要成分是血红蛋白，它约占红细胞干重的 90%。血红蛋白既能与 O_2 结合，形成氧合血红蛋白（HbO_2）；又易于将它释放，形成脱氧（或“还原”）血红蛋白（HHb）。释放出的 O_2 供组织细胞代谢需要。此外，CO_2 也可以与血红蛋白结合。

血红蛋白与 O_2 结合形成氧合血红蛋白的过程并非氧化反应，氧合血红蛋白释放氧后形成脱氧血红蛋白的过程也不是还原过程。

知识链接　一氧化碳（CO）中毒俗称“煤气中毒”。由于 CO 与血红蛋白亲和力比 O_2 大 200 多倍，所以只要空气中的 CO 浓度达到 0.05%，血液中就有 30%～40% 的血红蛋白与之结合，血红蛋白运输 O_2 能力大为降低，严重时动物可因组织缺氧而死亡。

亚硝酸盐中毒是因为亚硝酸盐能将血红蛋白中的二价铁氧化为三价铁，形成高铁血红蛋白，而高铁血红蛋白与 O_2 结合后不易解离，因而失去运氧能力。如果高铁血红蛋白超过 2/3，会导致组织严重缺氧，动物可因窒息而死亡。菜蔬类茎、叶中含大量硝酸盐，如加工或贮藏不当，硝酸盐可转化为亚硝酸盐。动物采食后易中毒，如猪的“白菜叶子病”。

②血红蛋白的酸碱缓冲功能：HHb 和 HbO_2 均为弱酸性物质，它们一部分以酸分子形式存在，一部分与红细胞内的 K^+ 构成血红蛋白钾盐，因而组成了 2 个缓冲对，即 KHb/HHb 和 $KHbO_2/HHbO_2$，共同参与血液酸碱平衡的调节。

3. 红细胞的生成和破坏

(1)红细胞的生成。哺乳动物出生以后，红骨髓是正常情况下生成红细胞的唯一器官。造血过程中除需要骨髓造血功能正常外，还需要供应造血原料和促进红细胞成熟物质。蛋白质和铁是红细胞生成的主要原料，若供应或摄取不足，造血将发生障碍，出现营养性贫血。促进红细胞发育和成熟的物质主要是维生素 B_{12}、叶酸和铜离子。

(2)红细胞的破坏。红细胞平均寿命约 120 d。红细胞的破坏主要是由于自身衰老所致。衰老的红细胞变形能力减退，脆性增加，容易在血流的冲击下破裂或滞留于脾中被巨噬细胞吞噬。红细胞被破坏后，释放出的血红蛋白很快被分解成为珠蛋白、胆绿素和铁 3 部分。珠蛋白和铁可重新参加体内代谢，胆绿素立即被还原成胆红素，经肝脏随胆汁排入十二指肠。

(二)白细胞

1. 白细胞的数量和分类

白细胞(WBC)是血液中无色、有核的细胞，体积比红细胞大，在组织中能做变形运动，因而形态多变。根据白细胞胞浆中有无粗大颗粒可分成颗粒细胞和无颗粒细胞两大类。颗粒细胞按其染色特点，又可分为 3 类，即中性粒细胞、嗜酸性粒细胞和嗜碱性粒细胞；无颗粒细胞包括单核细胞和淋巴细胞。

白细胞数量以每升血液中有多少 10^9 个(10^9/L)表示。其变动范围较大，可随动物生理状态而变化。如下午的数量比早晨多，运动后比安静时多，但是各类白细胞之间的百分比却是相对恒定的，如表 8-6 所示。

表 8-6 成年动物白细胞总数及各类白细胞百分比

动物种类	白细胞总数/(10^9/L)	各类白细胞的百分比/%				
		中性粒细胞	嗜酸性粒细胞	嗜碱性粒细胞	单核细胞	淋巴细胞
猪	8.5	53.0	4.0	0.6	3.0	39.4
牛	8.0	31.0	7.0	0.7	7.0	54.3
绵羊	8.2	37.2	4.5	0.6	3.0	54.7
山羊	9.6	42.2	3.0	0.8	4.0	50.0
马	14.8	46.1	3.0	1.2	2.1	47.6
犬	9.0	61.0	6.0	1.0	7.0	25.0
猫	18.0	68.25	4.5	0.25	1.2	25.8
兔	7.6	35.0	1.0	2.5	2.0	59.0
鸡♂	16.6	25.8	1.4	2.4	6.4	64.0
鸡♀	29.4	13.3	2.5	2.4	5.7	76.1

2. 白细胞的主要功能

白细胞依靠其具有的游走、趋化性和吞噬作用等特性，抵抗外来微生物对机体的损害，实现对机体的保护功能。白细胞的趋化性是指白细胞能够向其周围环境中存在的某些化学物质靠近的特性。各类白细胞的功能如下。

(1)中性粒细胞。中性粒细胞是粒细胞中数量最多的一种，占粒细胞总数的50%左右，胞体呈球形，具有很强的变形运动和吞噬能力。当机体的局部受到细菌侵害时，中性粒细胞对细菌产物和受损组织所释放的某些化学物质有趋化性，以变形运动穿出毛细血管，聚集到病变部位吞噬细菌和清除组织碎片。在急性化脓性炎症时，中性粒细胞显著增多。

(2)嗜酸性粒细胞。嗜酸性粒细胞数量较少，细胞呈圆球形，基本上没有杀菌能力，它的主要功能在于缓解过敏反应和限制炎症过程。当机体发生抗原-抗体相互作用而引起过敏反应时，可引起大量嗜酸性粒细胞以变形运动穿出毛细血管进入结缔组织，吞噬抗原抗体复合物，释放组胺酶，灭活组织胺，从而减轻过敏反应。

(3)嗜碱性粒细胞。数量最少，细胞呈球形。胞核常呈S形或分叶形。胞质内含有大小不等、分布不均的嗜碱性颗粒，染成深紫蓝色，胞核常被颗粒掩盖。颗粒内有肝素、组织胺和白三烯。嗜碱性粒细胞能变形游走，但无吞噬功能。颗粒中的组织胺对局部炎症区域的小血管有舒张作用，能加大毛细血管的通透性，有利于其他白细胞的游走和吞噬活动，它所含的肝素对局部炎症部位起抗凝血作用。

(4)单核细胞。单核细胞是白细胞中体积最大的细胞，呈圆形或椭圆形。胞核呈肾形、马蹄形或扭曲折叠的不规则形。其功能与中性粒细胞类似，也具有运动与吞噬能力，并能激活淋巴细胞的特异性免疫功能，促使淋巴细胞发挥免疫作用。

(5)淋巴细胞。数量较多，细胞呈球形。胞核圆形、椭圆形或肾形，淋巴细胞按其直径分为大、中、小3种。中淋巴细胞和大淋巴细胞核多为圆形，核染色质较疏松，着色较浅，有时可见核仁；胞质相对较多，胞核周围的淡染晕比较明显。小淋巴细胞核多为圆形或椭圆形，核的一侧有小凹陷，核染色质呈致密的块状，染成深蓝紫色；胞质很少，仅在核周围有一薄层，呈嗜碱性，染成天蓝色。健康动物的血液中，大淋巴细胞极少，中淋巴细胞较少，主要是小淋巴细胞。淋巴细胞主要参与体内免疫反应。

3. 白细胞的生成与破坏

各类白细胞来源不同，颗粒白细胞由红骨髓的原始粒细胞分化而来；单核细胞大部分来源于红骨髓，一部分来源于单核巨噬细胞系统，在血液中经短暂生活之后进入疏松结缔组织，最后分化成巨噬细胞；淋巴细胞生成于脾、淋巴结、胸腺、骨髓、扁桃体及散在于肠黏膜下的集合淋巴结内。

白细胞在血液中停留的时间一般都不长，若干小时至几天。衰老的白细胞大部分被单核巨噬细胞系统的巨噬细胞所清除，小部分可在执行防御功能中被细菌或毒素所破坏，或经由唾液、尿、肺和胃肠黏膜被排出。

(三)血小板

1. 形态与数量

哺乳动物的血小板很小，呈两面凸起的圆盘形或椭圆形。血小板是从骨髓中成熟的巨核细胞的胞浆裂解脱落下来的、具有生物活性的生物质块。在血涂片上，其形状不规则，常成群分布于血细胞之间。在 Wright 染色的标本上，可见血小板周围部分染成浅蓝色，称为透明区。中央部分有蓝紫色颗粒，称为颗粒区。颗粒中贮存有吞噬颗粒 5-羟色胺（5-HT）、二磷酸腺苷（ADP）等。几种动物每升血液中血小板的数量见表 8-7。

表 8-7 几种动物每升血液中血小板的数量 $10^9/L$

动物种类	数量	动物种类	数量
马	200～900	驴	400
牛	260～710	骆驼	367～790
绵羊	170～980	犬	199～577
山羊	310～1 020	猫	100～760
猪	130～450	兔	125～250

2. 生理特性

血小板的主要功能与其生理特性是密切相关的，现将血小板的生理特性分述如下。

（1）黏附。当血管内皮损伤而暴露胶原组织时，立即引起血小板的黏着，这一过程称为血小板黏附。血小板黏附可促血小板聚集和促血管收缩作用。

（2）聚集。血小板彼此之间互相黏附、聚合成团的过程，称为血小板聚集，它有利于血小板聚集于破损部位。

（3）释放反应。指血小板受刺激后，可将颗粒中的二磷酸腺苷、5-羟色胺、儿茶酚胺、Ca^{2+}、血小板因子 3（PF_3）等活性物质向外释放的过程。

（4）收缩。指血小板内的收缩蛋白发生的收缩过程。它可导致血凝块回缩、血栓硬化，有利于止血过程。

（5）吸附。血小板能吸附血浆中多种凝血因子于表面。血管一旦破损，大量血小板黏附、聚集于破损部位，破损局部凝血因子浓度则因此升高，促进并加速凝血过程。

3. 生理功能

血小板的主要功能是维持血管内皮的完整性，参与生理性止血和血液凝固过程。

（1）生理性止血。生理性止血是指当血小管受损，血液自血管内流出数分钟后，出现自行停止的过程。生理性止血主要包括以下 3 个过程。

①受损伤局部的血管收缩：当小血管受损时，神经调节反射性引起局部血管收缩，继之血管因内皮细胞和黏附于损伤处的血小板释放缩血管物质[5-羟色胺、二磷酸腺苷、血栓素 A_2（TXA_2）、内皮素等]，使血管进一步收缩封闭创口。

②血栓的形成：血管内膜损伤，暴露内膜下组织，激活血小板，使血小板迅速黏附、聚集，形成松软的止血栓堵住伤口，实现初步止血。

③纤维蛋白凝块形成：血小板血栓形成的同时，激活血管内的凝血系统，在局部形成血凝块，加固止血栓，起到有效止血作用。机体对大出血一般不能有效控制，如果是小血管出血，主要依靠血管收缩和形成纤维蛋白凝块而止血；如果是毛细血管出血，主要依靠血小板的修复而止血。

（2）参与凝血。血小板破裂后，对凝血过程有极强的促进作用。血小板中的血小板因子 3 是血小板膜上的磷脂，能将凝血因子Ⅸ、因子Ⅷ、因子Ⅹ、因子Ⅴ、因子Ⅱ、Ca^{2+} 吸附于其表面，参与凝血过程；血小板因子 2（PF_2）能促进纤维蛋白原转变为纤维蛋白单体；血小板因子 4（PF_4）有抗肝素作用，从而有利于凝血酶生成和加速凝血。

(3)保持血管内皮的完整性。同位素电镜资料表明，血小板可以融合并进入血管内皮细胞，因而可能对保持内皮细胞完整或对内皮细胞修复有重要作用。如内皮细胞脱落，血小板能及时填补，促进内皮修复。当血小板减少时，血管脆性增加，可出现出血倾向。

四、血液凝固与纤维蛋白溶解

机体在正常情况下，凝血、抗凝和纤维蛋白溶解过程经常处于动态平衡状态，相互配合，既有效地防止出血和渗血，又保证了血管内血流的畅通。

(一)血液凝固

血液凝固是指血液由流动的液体状态转变为不流动的胶冻状凝块的过程。凝血过程是一个多因子参与的一系列酶促反应，最后使血浆中呈溶胶状态的纤维蛋白原转变成为呈凝胶状态的纤维蛋白。最后，纤维蛋白呈丝状交错重叠，将血细胞网罗其中，成为胶冻样血凝块。动物偶尔受伤出血，凝血作用可避免失血过多，因此凝血也是机体的一种保护功能。

1. 凝血因子

血浆和组织中直接参与凝血的物质统称凝血因子，已发现的凝血因子有十几种，按照国际统一规定，依发现年代顺序以罗马数字命名，即因子Ⅰ、因子Ⅱ……直至因子ⅩⅢ。其中因子Ⅵ并非独立成分，而是活化了的因子Ⅴ，因而删去。习惯上因子Ⅰ至因子Ⅳ不用数码代号，而直接称其某物质名称，详见各种凝血因子表（表 8-8）。

表 8-8　各种凝血因子表

凝血因子	同义名	合成部位	凝血过程中的作用
因子Ⅰ	纤维蛋白原	肝	变为纤维蛋白
因子Ⅱ	凝血酶原	肝	变为有活性的凝血酶
因子Ⅲ	组织凝血激酶	各种组织	启动外源性凝血
因子Ⅳ	钙离子（Ca^{2+}）	来自细胞外液	参与凝血的多步过程
因子Ⅴ	前加速素	肝	参与外源性和内源性凝血
因子Ⅶ	前转变素	肝	参与外源性凝血
因子Ⅷ	抗血友病因子	肝为主	参与内源性凝血
因子Ⅸ	血浆凝血激酶	肝	变为有活性的因子Ⅸ（Ⅸ→Ⅸa）
因子Ⅹ	Stuart-Prower 因子	肝	变为有活性的因子Ⅹ（Ⅹ→Ⅹa）
因子Ⅺ	血浆凝血激酶前质	肝为主	变为有活性的因子Ⅺ（Ⅺ→Ⅺa）
因子Ⅻ	接触因子	未明确	启动内源性凝血
因子ⅩⅢ	纤维蛋白稳定因子	肝为主	参与不溶性纤维蛋白形成

在凝血因子中，除因子Ⅳ和磷脂外，都是蛋白质；因子Ⅱ、因子Ⅶ、因子Ⅸ、因子Ⅹ、因子Ⅺ、因子Ⅻ都是蛋白酶，而且因子Ⅱ、因子Ⅸ、因子Ⅹ、因子Ⅺ、因子Ⅻ都以酶原形式存在于血液中，通过有限水解后成为有活性的酶，此过程称激活。因子Ⅱ、因子Ⅶ、因子Ⅸ、因子Ⅹ在肝脏合成

还需维生素 K 的参与，使肽链上某些谷氨酸残基的 γ 位羧化，以构成这些因子的 Ca^{2+} 结合部位。所以，缺乏维生素 K 将会出血。

2. 凝血过程

大体经历 3 个主要步骤：第 1 步为凝血酶原激活物的形成；第 2 步为凝血酶原激活物催化凝血酶原转变为凝血酶；第 3 步为凝血酶催化纤维蛋白原转变为纤维蛋白，至此血凝块形成。

在上述 3 个步骤中，各种凝血因子相继参与，往往是前一个因子使后一个因子活化，而活化了的因子又作为下一个因子的激活因素，如此因果相应，构成连锁式复杂的酶促反应过程（图 8-16）。

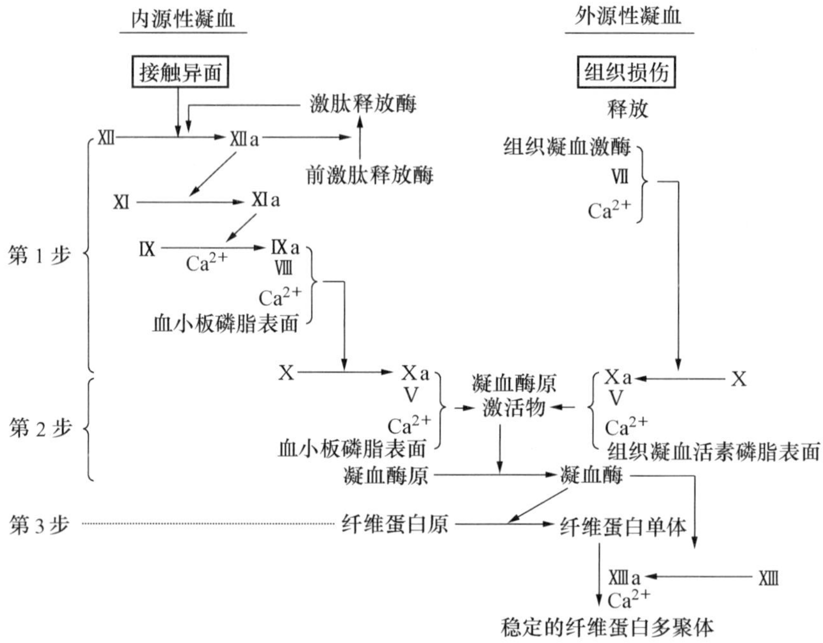

图 8-16 血液凝固过程示意图

（1）凝血酶原激活物的形成。凝血酶原激活物是由多种凝血因子参与的一系列化学反应而形成的。它的形成有内源性和外源性 2 种途径，前者指仅依赖血液中存在的各种凝血物质的作用就能形成该种物质；后者是指该物质的形成除需要血浆中的凝血因子外，还需要组织损伤时释放的物质参与。

①内源性激活途径：指血管内皮受损时暴露出的胶原纤维与血浆中的无活性的接触因子Ⅻ相接触，将其活化成因子Ⅻa（活化型加“a”表示），即因子Ⅻ→因子Ⅻa，因子Ⅻa 先在 Ca^{2+} 存在下与因子Ⅺ、因子Ⅸ、因子Ⅷ、因子Ⅹ和因子Ⅴ等连锁反应，最后在血小板磷脂（血小板因子 3）上形成凝血酶原激活物。至此，完成可凝血过程 3 个主要步骤的第 1 步。据研究，血管受伤所暴露出的胶原纤维，因其带有的负电荷是激活因子Ⅻ所必需，所以凡具有负电荷的物质，如玻璃、棉纱、金属和黏土等，也能激活因子Ⅻ。与其相反，细胞色素 C、溶菌酶等带正电荷物质，因能占据负电荷表面而抑制内源性凝血酶原激活物的形成。

②外源性激活途径：指由损伤组织释放的因子Ⅲ触发激活因子Ⅹ的过程，参与的因子有因子Ⅲ、因子Ⅶ、因子Ⅹ。因子Ⅹa 又与因子Ⅴ、血小板因子 3 和 Ca^{2+} 形成凝血酶原酶复合物，激

活凝血酶原(因子Ⅱ)生成凝血酶(因子Ⅱa)。在凝血酶原激活物形成之后,随后的凝血过程完全相同,没有内源性和外源性之分。

(2)凝血酶原转变为凝血酶。正常的血浆中存在无活性的凝血酶原,在 Ca^{2+} 的参与下,凝血酶原激活物可将其催化成具有活性的凝血酶。

(3)纤维蛋白原转变为纤维蛋白。血浆中可溶性的纤维蛋白原,在凝血酶和 Ca^{2+} 的参与下转变为不溶性的纤维蛋白。凝血酶还能激活因子ⅩⅢ生成因子ⅩⅢa,因子ⅩⅢa使胶冻态的纤维蛋白进一步形成牢固的不溶于水的纤维蛋白多聚体,即不溶于水的血纤维。

3. 抗凝系统

血液在血管内能保持正常运行和防止血栓形成,除血管内膜光滑完整、血液流动快对已被激活的凝血因子的稀释作用和纤维蛋白溶解系统的作用外,抗凝系统也起了重要作用。现已证明抗凝系统包括细胞抗凝系统和体液抗凝系统,现主要介绍体液抗凝系统。

(1)丝氨酸酶抑制物。抗凝血酶Ⅲ是由肝细胞合成的一种脂蛋白,为一种抗丝氨酸蛋白酶。抗凝血酶Ⅲ分子可以与因子Ⅶa、因子Ⅸa、因子Ⅹa、因子Ⅺa和因子Ⅻa和凝血酶的活性中心——丝氨酸残基结合,封闭了这些酶的活性中枢而使凝血因子失活,达到抗凝作用。

(2)肝素。肝素也是血浆中重要的抗凝物质,为一种酸性黏多糖,主要由肥大细胞和嗜碱性粒细胞产生,存在于大多数组织中。肝素与抗凝血酶Ⅲ结合,可使抗凝血酶Ⅲ和凝血酶的亲和力增强约 100 倍,对因子Ⅻa、因子Ⅺa、因子Ⅸa、因子Ⅹa抑制作用也大大加强,和肝素辅助因子Ⅱ结合后,肝素辅助因子Ⅱ被激活并与凝血酶结合成复合物,而使凝血酶失活。肝素还可以刺激血管内皮细胞大量释放凝血抑制物,抑制凝血过程;释放纤溶酶原激活物,增强对纤维蛋白的溶解。

(3)蛋白质 C。蛋白质 C 是由肝脏合成的维生素 K 依赖因子。蛋白质 C 激活后,在磷脂和 Ca^{2+} 存在的条件下,能灭活因子Ⅴa、因子Ⅷa;阻碍因子Ⅹa与血小板上的磷脂结合,削弱因子Ⅹa对凝血酶原的激活作用;刺激纤溶酶原激活物的释放,增强纤溶酶的活性,促进纤维蛋白溶解。

(4)组织因子途径抑制物(TFPI)。组织因子途径抑制物主要来自小血管内皮细胞,通过直接抑制体液抗凝系统因子Ⅹa的催化活性,灭活因子Ⅶa-TF 复合物,反馈性抑制外源性凝血途径。

4. 抗凝和促凝措施

在实际工作中,常采取一些措施促进凝血过程(如减少出血、提取血清时)或防止、延缓凝血过程(如避免血栓形成、获取血浆等)。

(1)抗凝或延缓凝血的常用方法。

①移钙法。在凝血的 3 个阶段中,Ca^{2+} 都是必需的。如果设法除去血浆中的 Ca^{2+} 就能制止凝血。如加草酸钾、草酸铵等,其与血浆中 Ca^{2+} 结合成不易溶解的草酸钙,为化验时所常用。柠檬酸钠可与血浆中 Ca^{2+} 结合成不易电离的可溶性络合物柠檬酸钠钙,也有抗凝作用。

②低温。血液凝固主要是一系列酶促反应,而酶的活性受温度影响较大,把血液置于较低温度下因降低酶促反应速度而能延缓凝固。另外,低温措施还能增强抗凝剂的效能。例如,在室温条件下,1 mg 肝素钠(约含 140 IU)可使 300～500 mL 血液保持 4 h 不凝固,而在 0 ℃条件下同量肝素钠的抗凝效果可增大 10 倍以上。

③将血液置于特别光滑的容器或预先涂有石蜡的器皿内。该法可以减少血小板的破坏，延缓血凝。

④使用肝素。肝素在体内和体外都具有抗凝作用(见肝素抗凝作用)。

⑤使用双香豆素。由于双香豆素的主要结构与维生素K很相似，其作用与维生素K相对抗，它可阻止因子Ⅹ、因子Ⅸ、因子Ⅶ和因子Ⅱ在肝内合成，故注射于循环血液后能延缓血凝。

知识链接 草木樨青贮后或干草腐霉时，所含的香豆素能转变为双香豆素，牛、羊连续采食此种饲料后，常引起皮下和肌肉中广泛血肿及胸腔、腹腔内出血。

⑥搅拌。若将流入容器内的血液迅速用木棒搅拌，或容器内放置玻璃球加以摇晃，血小板迅速破裂，加快了纤维蛋白的形成，并使形成的纤维蛋白附着在木棒或玻璃球上。这种去掉纤维蛋白原的血液称为脱纤血，不再凝固。

(2)加速凝血的方法。

①血液加温能提高酶的活性，加速凝血反应。接触粗糙面可促进凝血因子Ⅻ的活化，促使血小板解体释放凝血因子，最后形成凝血酶原酶复合物。

②维生素K对出血性疾病具有加速血凝和止血的作用，是临诊常用的止血剂。肝脏在合成凝血酶原的过程中，先合成凝血酶原的前体。在有充足维生素K存在时，凝血酶原的前体在肝脏进一步转化成凝血酶原，并释放入血液。维生素K还可促进凝血因子Ⅶ、因子Ⅸ、因子Ⅹ在肝脏合成，而间接发挥止血作用。

(二)纤维蛋白溶解

凝血过程形成的纤维蛋白及血管创伤愈合后的血栓的血纤维都能被液化发生溶解，这一过程称为纤维蛋白溶解，简称纤溶。参与纤溶的物质有纤溶酶原、纤溶酶以及激活物和抑制物等，总称纤维蛋白溶解系统，简称纤溶系统。纤溶的基本过程大致可分为2个阶段进行。

1. 纤溶酶原的激活阶段

纤溶酶原主要在肝脏、骨髓、肾脏和嗜酸性粒细胞等处合成。其激活物主要有3类。

①血管激活物：在小血管内皮细胞中合成后释放于血液中。

②组织激活物：存在于很多组织中，是由血管内皮细胞和各种组织合成的组织型纤维溶酶原激活物，活性很强。

上述2类激活物均属外源性激活途径，它们可以防止血栓形成；在组织修复、伤口愈合中发挥作用。

③凝血因子Ⅻa、激肽释放酶：属于内源性激活途径。

2. 纤维蛋白(与纤维蛋白原)的降解

纤维蛋白原除可被凝血酶水解外，还可被纤溶酶降解，两者的机制不同。纤溶酶是通过使纤维蛋白及纤维蛋白原中的赖氨酸-精氨酸键裂解，逐步将整个纤维蛋白或纤维蛋白原分子分割成可溶性小肽，称为纤维蛋白降解产物。这些降解产物通常不再凝固；相反，其中一部分还有抗凝作用。

正常情况下，血管表面经常有低水平的纤溶活动和低水平的凝血过程，凝血与纤溶是对立统一的2个系统，当它们之间的平衡遭到破坏，将会导致纤维蛋白形成过多或不足，而引起血栓形成或出血性疾病。

动物体内还存在许多物质能抑制纤溶系统的活性。如补体C_1抑制物可灭活激肽释放酶和因子Ⅶa，阻止尿激酶原的活化。另外，还有 α_2-抗纤溶酶、蛋白酶 C 抑制物等都能抑制纤溶系统。事实上，这些抑制物既能抑制纤溶，又能抑制凝血，这对于将凝血和纤溶局限在创伤局部有重要意义。

第四节　心脏生理

一、心肌细胞的生理特性

心肌细胞生理特性包括自律性、兴奋性、传导性和收缩性。其中自律性、兴奋性和传导性是在心肌细胞生物电活动的基础上形成的，属于心肌的电生理特性，而收缩性则属于心肌细胞的机械特性。

(一)心肌细胞的自律性

心肌细胞在没有神经支配和外来刺激的情况下，能自动发生节律性兴奋的特性，称为自动节律性，简称自律性。单位时间内自动产生兴奋的次数是衡量自律性高低的指标。生理情况下，心肌的自律性来源于心脏特殊传导系统的自律细胞，病理情况下，非自律细胞的心房肌或心室肌也可能表现自律性。

心脏的起搏点、心脏特殊传导系统的自律细胞均具有自律性，但各部分的自律性高低不一。窦房结细胞的自律性最高，房室交界和房室束及其分支次之，心肌传导细胞的自律性最低。在无神经支配的情况下，窦房结的兴奋节律可达 100 次/min，通常整体内由于迷走神经的抑制作用，其自律性约 70 次/min，房室交界处自律性约 50 次/min，而心肌传导细胞的自律性只有 25 次/min。由于窦房结自律性最高，它产生的节律性冲动按一定顺序传播，引起其他部位的自律组织和心房、心室肌细胞兴奋，产生与窦房结一致的节律性活动，故窦房结是心脏的正常起搏点。其他自律组织的自律性较低，通常处于窦房结的控制之下，其本身的自律性并不表现，只起传导兴奋的作用，故称为潜在起搏点。在异常情况下，如窦房结功能降低，或窦房结的兴奋下传受阻(传导阻滞)，此时潜在起搏点则可取代窦房结的功能而表现自律性，以维持心脏的兴奋和搏动，这时的潜在起搏点就称为异位起搏点，其表现的心搏节律称为异位节律。

(二)心肌细胞的兴奋性

心肌对适宜刺激发生反应的能力称为兴奋性。各类心肌细胞均为可兴奋细胞，具有兴奋性。

1. 心肌兴奋时其周期性的变化

心肌细胞也和其他可兴奋细胞一样，发生一次兴奋后，兴奋性也要经历各个时期的变化之后才恢复正常。心肌细胞兴奋性的重要特点之一在于有效不应期特别长。

(1)绝对不应期和有效不应期：心肌细胞兴奋后，先进入绝对不应期。此期间，细胞兴奋性为零，施以任何强大的刺激均不发生反应。过一段时间，细胞兴奋性有所恢复，但尚未达到备用状态，给予足够强度的刺激可引起局部反应，但不能引起细胞兴奋。此期和绝对不应期合称有效不应期，在此期间，心肌细胞对任何强度的刺激均不能产生兴奋，因此，在有效不应期内，心肌细胞是不可能发生收缩的。与其他可兴奋的细胞相比,心肌细胞的有效不应期要长得多,这对保证心肌细胞完成正常的功能极其重要。

(2)相对不应期:在经历有效不应期后,心肌细胞的兴奋性有所恢复,但仍低于正常水平,此时给予较强的刺激方可引起细胞兴奋,但兴奋的程度低于正常,兴奋的传导速度也比较慢。此期为相对不应期。

(3)超常期:在心肌舒张完毕之前的一段时间内,细胞兴奋性高于正常,此时给予较小强度的刺激即可引起细胞兴奋,故称超常期。超常期过后,细胞的兴奋性也恢复正常。

2. 期前收缩和代偿间歇

引发心搏动的兴奋来自窦房结,在 2 次窦房结兴奋之间,给予心室肌一次额外刺激,是否能引起兴奋,就要看这次刺激的时间是在前一次窦房结传来兴奋的有效不应期之内,还是之后。如在有效不应期之内,则不能引起兴奋;如在有效不应期之后,就可能引发一次兴奋和收缩。由于它发生在下一个心动周期的窦房结节律性兴奋传来之前,故称为期前兴奋和期前收缩,又称早搏。期前兴奋同样有较长的有效不应期,随后一次来自窦房结的节律性兴奋往往会落在期前兴奋的有效不应期内而失去作用,形成一次“脱失”。必须到再下一次窦房结的节律性兴奋传来时才能引起心室的兴奋和收缩。因此,在一次期前收缩之后往往有一段较长的心舒期,称为代偿间歇(图 8-17)。代偿间歇,恰好补偿上一个额外收缩所缺的间歇期时间,以保证心脏有充足的补偿氧和营养物的时间,而不致发生疲劳。代偿间歇后的收缩往往比正常收缩强而有力。

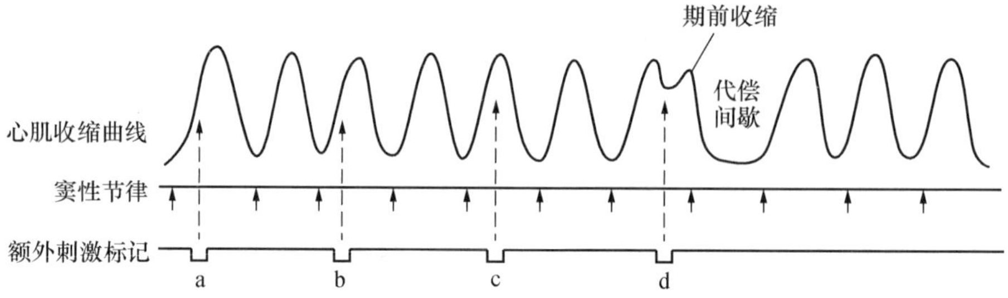

图 8-17 期前收缩与代偿间歇

(刺激 a、b、c 落在有效不应期内不起反应;刺激 d 落在相对不应期内,引起期前收缩与代偿间歇)

(三)心肌细胞的传导性

心肌细胞之间兴奋的扩布是通过局部电流实现的。心肌细胞间存在闰盘结构,允许电荷顺利通过闰盘传递到另一个心肌细胞,从而引起整个心肌的兴奋和收缩,使心肌组织俨然成为一个功能合胞体。

1. 心脏内兴奋传播的途径

心脏特殊传导系统具有起搏和传导兴奋的功能。窦房结位于上腔静脉和右心房的连接处,含有分化较原始的心肌细胞(称 P 细胞),是心脏起搏点细胞,心脏兴奋起源于此,窦房结的兴奋经此传至两心房,使两心房同步兴奋和收缩。窦房结的兴奋经心房肌下传至房室交界,由房室交界将兴奋继续下传至心室传导组织,包括房室束、左右束支及其分支以及心肌传导细胞构成的末梢纤维网,最后到达心室肌,引起心室肌兴奋。心室肌将兴奋由内膜侧向外膜侧扩布，引起整个心室兴奋。

2. 心脏内兴奋传导的特点

心脏各部位的心肌细胞，其传导性能并不相同，故兴奋在各部位的传导速度也不相等。兴奋从窦房结开始传导到心室外表面为止，整个心内传导时间约为 0.22 s，其中心房内传导约需 0.06 s，心室内传导约需0.06 s，房室交界处传导约需 0.1 s。

房室交界处兴奋传导速度较慢，使兴奋通过房室交界时，延搁的时间较长，称为房-室延搁。这一传导延搁，使心房和心室不会同时兴奋，心房兴奋而收缩时，心室仍处于舒张状态。因此，房-室延搁对于保证心房、心室顺序活动和心室有足够充盈血液的时间，有重要的生理意义。

心房内和心室内兴奋传导的速度较快，其生理意义是使兴奋几乎同时传到所有的心房肌或心室肌，从而保证全心房肌或全心室肌几乎同时发生收缩（同步收缩）。同步收缩效果好，力量大，有利于实现泵血功能。

（四）心肌细胞的收缩性

心肌细胞的收缩性是指心房和心室工作细胞具有接受阈刺激产生收缩反应的能力。正常情况下它们仅接收来自窦房结的节律性兴奋的刺激。心肌细胞收缩机理与骨骼肌相同，但有其特点。

1. 同步收缩（全或无式收缩）

心房和心室内特殊传导组织的传导速度快，且心肌细胞之间的闰盘电阻又低，因此兴奋在心房或心室内传导很快，几乎同时到达所有的心房肌或心室肌，从而引起全心房肌或全心室肌同时收缩，称为同步收缩。同步收缩效果好，力量大，有利于心脏射血。同步收缩的特性，使心脏或不发生收缩，或一旦产生收缩，则全部心房肌或心室肌都参与收缩，称为全或无式收缩。

2. 不发生强直收缩

心肌一次兴奋后，其有效不应期长，相当于整个收缩期和舒张早期。即在此时期内，任何刺激都不能使心肌再发生兴奋而收缩。因此，心肌不会发生如骨骼肌那样的强直收缩，能始终保持收缩后必有舒张的节律性活动，从而保证心脏的射血和充盈的正常进行。

二、心动周期

心脏每收缩和舒张一次，称为心动周期（图 8-18）。由于左、右心房和左、右心室都是同步收缩，所以心脏的一个心动周期包括心房收缩期、心房舒张期以及心室收缩期、心室舒张期 4 个过程，其中心房舒张开始与两心室同步收缩在时间上重叠，并有一定的顺序关系。即在一个心动周期中，首先是两心房收缩，继而两心房舒张。当心房开始舒张时两心室同步收缩，然后心室舒张。接着两心房又开始收缩进入下一个心动周期。心动周期时程的长短与心率有关。如心率为 75 次/min，则每个心动周期历时 0.8 s，其中心房收缩期 0.1 s、舒张期 0.7 s，心室收缩期 0.3 s、舒张期 0.5 s。在一个心动周期中，不论是心房还是心室，其舒张期均长于收缩期。从全心分析，房、室同处于舒张状态占半个心动周期，称为全心舒张期。舒张期心肌耗能较少，有利于心脏休息，心室舒张期又是充盈的过程，充盈足够量的血液才能保证正常的射血量。由于心脏泵血推动血液流动主要是依靠心室的收缩和舒张，心房的舒缩活动处于辅助地位，故习惯上将心室收缩和舒张的起止作为心动周期的标志，把心室的收缩期和舒张期分别称为心缩期和心舒期。

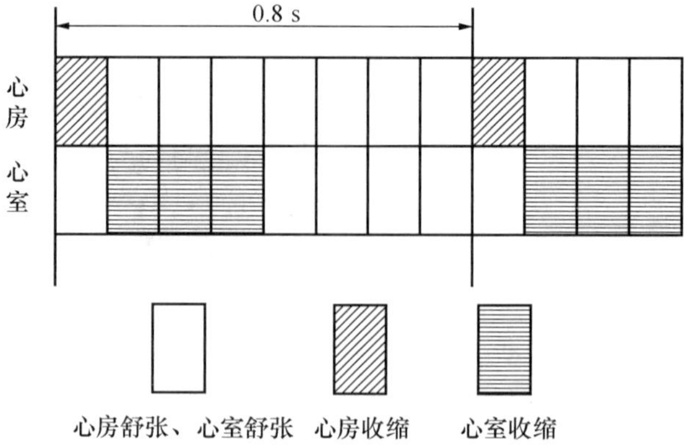

图 8-18 心动周期示意图

三、心率

动物在安静状态下单位时间内心脏搏动的次数称为心跳频率，简称心率。心率可因动物种类、年龄、性别以及其他生理情况而不同。幼龄动物心率快，随年龄的增长而逐渐减慢。雄性动物的心率比雌性动物的稍快。同一个体在安静或睡眠时心率慢，而在运动或应激时心率加快。常见动物心率的正常变异范围见表 8-9。

表 8-9 常见动物心率的正常变异范围 次/min

动物种类	心率	动物种类	心率
骆驼	25～40	猪	60～80
马	28～42	犬	80～130
奶牛	60～80	猫	110～130
公牛	30～60	兔	120～150
山羊、绵羊	60～80	鸡、火鸡	300～400

心率的快慢与心动周期的持续时间关系密切，心率越快，心动周期越短，收缩期和舒张期均相应缩短，但舒张期缩短更显著。因此，当心率过快时，心脏工作时间延长，而休息及充盈的时间缩短，使心脏泵血功能减弱。

四、心音

心动周期中，由于心肌收缩和舒张、瓣膜启闭、血流冲击心室壁和大动脉壁及形成湍流等因素引起振动，振动可通过周围组织传播到胸壁，如将耳紧贴在胸壁的适当部位或用听诊器在胸壁一定部位，所听到"通-塔"的 2 个声音称为心音，分别为第一心音和第二心音，偶尔还能听到较弱的第三心音和第四心音。

第一心音发生于心缩期之初，标志着心室收缩的开始。形成原因包括心室肌的收缩、房室瓣突然关闭和血液冲击房室瓣引起心室振动及心室射出的血液撞击动脉壁引起的振动。第一心音的特点是音调较低，持续时间较长。

第二心音发生于心舒期之初，标志着心舒期的开始。其是由主动脉瓣和肺动脉瓣的关闭和动脉内的血流减速及心室内压迅速下降而引起的振动。第二心音的特点是音调较高，持续时间较短。

胸廓前壁任一部位均能听到第一心音和第二心音。有时为听诊确实，可选择最佳听取部位。例如，马的主动脉瓣最佳听诊区在右侧第 3 肋间近胸骨右缘；肺动脉瓣听诊区在左侧第 3 肋间近胸骨左缘；三尖瓣的听诊区在右侧第 5 肋与胸骨的交接处；二尖瓣的听诊区在左侧第 5 肋间的左腋前线上（图 8-19）。

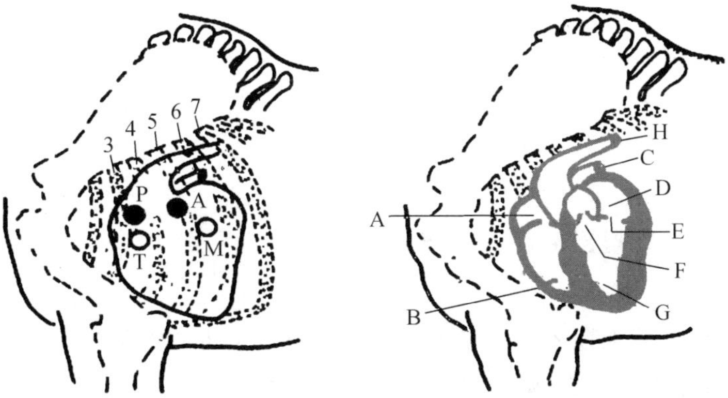

图 8-19　马心音最佳听诊部位，第 3～7 肋骨（3～7）

左图：P. 肺动脉瓣　A. 主动脉瓣　T. 三尖瓣　M. 二尖瓣

右图：A. 右心房　B. 右心室　C. 肺动脉　D. 左心房　E. 二尖瓣　F. 主动脉瓣　G. 左心室　H. 主动脉

第三心音和第四心音：第三心音出现在第二心音之后，音调低，与血流快速流入心室引起心壁与瓣膜的振动有关。第四心音很弱，仅于心音图上见到，它由心房收缩引起，也称心房音。马、骡的心脏较大，胸壁较薄，听诊较其他种类动物清晰，有时在第二心音后能听到微弱的第三心音。病理状态下可能出现第三、第四心音增强，并伴随第一、第二心音之后出现，形成临床上所称的“奔马节律性心音”。在马的心音听诊时往往可以听到正常的心杂音，尤其是在纯种马中，在无任何心血管异常情况下，约有 60％的马有心缩期杂音或心舒期杂音。

五、心输出量及其影响因素

（一）每搏输出量和每分输出量

每一个心动周期中，从左、右心室喷射进动脉的血液量是基本相等的。每搏输出量是一侧心室一次收缩射入动脉的血量，简称搏出量，相当于心室舒张期末容量与收缩期末容量之差。一侧心室 1 min 内射入动脉的血量称为每分输出量，简称心输出量。它等于每搏出量与心率的乘积：

$$心输出量(L/min)=心率\times 每搏输出量$$

正常生理状态下，心输出量是随着机体新陈代谢的强度而改变的。新陈代谢增强时，心输出量也会相应增加。心脏这种能够通过增加心输出量来适应机体需要的能力，称为心脏的储备力。当心脏的储备力发挥到最大限度后，仍不能适应机体的需要，就易发生心力衰竭。

（二）影响心输出量的主要因素

心输出量的大小取决于心率和每搏输出量，而每搏输出量的大小主要受静脉回流量和心室肌收缩力的影响。

1. 静脉回流量

心脏能自动地调节并平衡心搏出量和回心血量之间的关系；回心血量越多，心脏在舒张期充盈就越大，心肌受牵拉就越大，则心室的收缩力量就越强，搏出到动脉的血量就越多。换言之，在生理范围内，心脏能将回流的血液全部泵出，使血液不会在静脉内蓄积。心脏的这种自身调节不需要神经和体液的参与。

心脏的这种自动调节机制是维持左、右心室输出量相等的最重要的机制。如果由于某种原因，右心室突然比左心室输出更多的血液，则流入左心室的血量增加，左心室心舒期容积增加，也就会自动地相应增加左心室的输出，使流入肺循环和体循环的血量相等。

心脏自身调节的生理意义在于对搏出量进行精细的调节。当某些情况(如体位改变)使静脉回流突然增加或减少，或左、右心室搏出量不平衡等情况下所出现的充盈量的微小变化，都可以通过自身调节来改变搏出量，使之与充盈量达到新的平衡。

2. 心室肌收缩力

在静脉回流量和心舒末期容积不变的情况下，心肌可以在神经系统和各种体液因素的调节下，改变心肌的收缩力量。例如，动物在使役、运动和应激时，搏出量成倍地增加，而此时心脏舒张期容量或动脉血压并不明显增大，即此时心脏收缩强度和速度的变化并不主要依赖于静脉回流量的改变，而是在交感-肾上腺素的调节下，心肌的收缩力量增强，使心舒末期的容积比正常时进一步缩小，减少心室的残余量，从而使搏出量明显增加。

3. 心率

心率是决定心输出量的另一基本因素，在一定范围内它与心输出量呈正比关系，即心输出量随心率加快而增大。但是心率过快时，心输出量反而减少。这是因为心室的充盈是在心舒期内完成的，心率加快时心动周期的缩短主要是心舒期的缩短，心率过快时会因心舒期太短而影响心室的充盈，使每搏输出量减少。

第五节　血管生理

一、血压的概念及测定

血压是指血管内的血液对于单位血管壁的侧压力，也即压强。以往惯用毫米汞柱(mmHg)为单位，并以大气压作为生理上的零值。根据国际标准计量单位，压强单位为帕(Pa)，1 mmHg 相当于 133 Pa 或 0.133 kPa。

血压测量方法有直接测量和间接测量 2 种。直接测量即将导管一端插入动物动脉管，另一端与带有 U 管的水银检压计相连，通过观察 U 管两侧水银柱高度差值，便可直接读出血压数值。但此法仅能测出平均血压的近似值，不能精确反映心动周期中血压的瞬间变动值。

间接测定通常用听诊法，或采用压力传感器将压力变化转换为可直接读取的数值，这种方法在兽医临床上使用较多(图 8-20)。

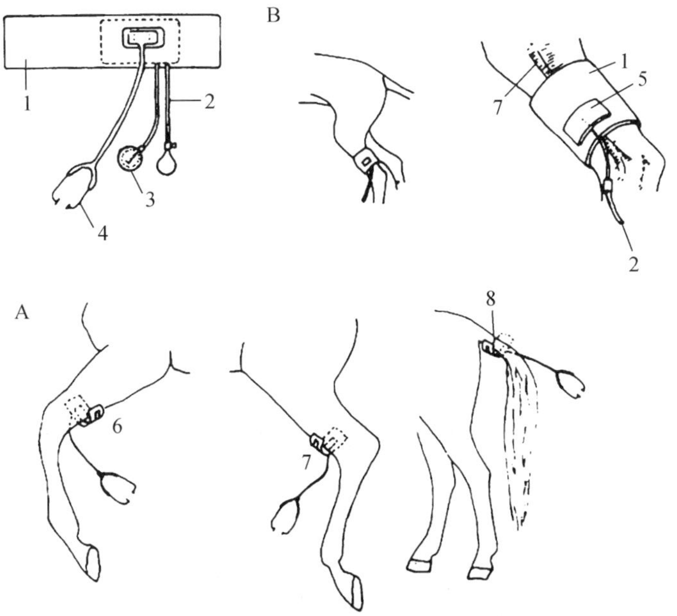

图 8-20　血压的间接测定

A. 马　B. 犬

1. 密封气囊　2. 充气管　3. 压力计　4. 监听器　5. 压力传感器
6. 正中动脉　7. 胫前动脉　8. 尾中动脉

二、血压的形成

血管内有血液充盈是形成血压的基础。血液充盈的程度决定于血量与血管系统容量之间的相互关系:血量增多,血管容量减少,则充盈程度升高;反之,血量减少,血管容量增大,则充盈程度下降。在犬的实验中,在心跳暂停、血液不流动的条件下,循环系统平均的充盈压为 0.93 kPa。

心脏射血是形成血压的动力。心室收缩所释放的能量可分解为 2 部分:一部分以动能形式推动血液流动;另一部分以势能形式作用于动脉管壁,使其扩张。当心动周期进入舒张期,心脏停止射血时,动脉管壁弹性回缩,将贮存于管壁的势能释放出来,转变为动能,继续推动血液向外周流动。

外周阻力是形成血压的重要因素。如果仅有心室收缩作功,而不存在外周阻力的话,那么心室收缩的能量将全部表现为动能,射出的血液毫无阻碍地流向外周,对血管壁不能形成侧压力。可见,除必须有血液充盈血管外,血压的形成是心室收缩和外周阻力两者相互作用的结果。

由于血液从大动脉流向外周并最后回流心房,沿途不断克服阻力而大量消耗能量,所以从大动脉、小动脉至毛细血管、静脉,血压递降,直至能量耗尽,以致当血液返回接近右心房的大静脉时,血压可降至零,甚至还是负值,即低于大气压。

三、动脉血压和动脉脉搏

(一)动脉血压

通常所说的血压,就是指体循环系统中的动脉血压,它是决定其他各类血管血压的主要动力。在每个心动周期中，动脉血压随着心室的舒、缩活动而发生明显波动。这种波动在小动脉后段已消失。

1. 收缩压、舒张压和平均压

收缩压是指心缩期中动脉血压所达到的最高值，或称为高压。在心舒期中动脉血压下降所达到的最低值，称为舒张压，或称为低压。动脉血压的数值常以分数形式加计量单位来表示：收缩压/舒张压 kPa。例如，马的动脉血压可表达为：17.3/12.7 kPa。

收缩压与舒张压的差值，称为脉搏压，简称脉压。在心室收缩力和每搏输出量等不变的情况下，脉搏压大小可在一定程度上反映动脉系统管壁的弹性状况。各种成年动物颈动脉或股动脉的血压常值见表 8-10。

表 8-10 各种成年动物颈动脉或股动脉的血压常值 kPa

动物种类	收缩压	舒张压	脉搏压	平均动脉压
牛	18.7	12.6	6.0	14.6
猪	18.7	10.6	8.0	13.3
马	17.3	12.6	4.7	14.2
绵羊	18.7	12.0	6.7	14.3
鸡	23.3	19.3	4.0	20.7
兔	16.0	10.6	5.4	12.4
猫	18.7	12.0	6.7	14.3
犬	16.0	10.7	5.3	12.5

在一个心动周期中每一瞬间动脉血压都是变动的，其平均值称为平均动脉压，简称平均压。由于在一个心动周期中，心缩期往往短于心舒期，故平均压不等于收缩压与舒张压的简单平均值。平均压通常可按下式计算：

$$\text{平均动脉压}=\text{舒张压}+1/3(\text{收缩压}-\text{舒张压})$$

即

$$\text{平均动脉压}=\text{舒张压}+1/3\,\text{脉搏压}$$

2. 影响动脉血压的因素

影响动脉血压的主要因素有每搏输出量、心率、外周阻力、大动脉管壁弹性及循环血量等。

(1)每搏输出量。在心率和外周阻力恒定的条件下，每搏输出量增加可使动脉内容量加大，收缩压升高。与此同时，弹性管壁的扩张使舒张压也有所增大，但由于收缩压升高时血液流速加快，舒张压升高不如收缩压升高那样明显。

当心率加快时，心舒期缩短，回心血量减少，使每搏输出量相应减少，如外周阻力不变，则使收缩压降低。

(2)外周阻力。外周阻力增加时，动脉血流向外周的阻力加大，使心舒末期动脉内血量增加，因此，以舒张压升高为明显。同样，外周阻力降低时，血压降低也以舒张压下降为明显。血液黏滞度也是构成外周阻力的因素。当黏滞度增加(如动物脱水、大量出汗时)，血液密度加大，与血管壁之间以及血液成分之间的相互摩擦阻力也加大，这些因素都使血流的外周阻力加大。在其他条件恒定时，外周阻力加大，可使动脉血压升高。

(3)大动脉弹性。大动脉管壁弹性扩张主要是起缓冲血压的作用，使收缩压降低，舒张压升高，脉搏压减少；反之，当大动脉硬化，弹性降低，缓冲能力减弱时，则收缩压升高，而舒张压降低，使脉搏压加大。

(4)循环血量。循环血量增加可使血压升高，但主要使射血量增加，所以当其他因素不变时，也是以收缩压升高为显著。

在分析各种因素对血压影响时，都是在假定其他因素不变的情况下，某单个因素变化时对血压变化可能产生的影响。在整体情况下，只要有一个因素发生变化就会影响其他因素的变化，因此，血压的变化是各个因素相互作用的结果。在各种因素中，循环血量、动脉管壁弹性以及血液黏滞度等，在正常情况下基本无变化，对血压变化不起经常性的作用；而每搏输出量和外周阻力由于受心缩力和外周血管口径的直接影响，经常处于变化之中。因此，这两项因素是影响血压变化最经常、最主要的因素。动物有机体就是通过神经和体液途径，调节心缩力量和血管的舒缩反应，使血压的变化适应有机体不同状况下的需要。

在阻力性血管中，小动脉分支多，总长度大，口径小，对血流的阻力大，而且管壁又富含平滑肌，在神经和体液的调节下，可做迅速地收缩和舒张而改变口径。因此，小动脉在决定外周阻力大小变化中起最重要的作用。

(二)动脉脉搏

心室收缩时血液射进主动脉，主动脉内压骤增，使管壁扩张；心室舒张时，主动脉压下降，血管壁弹性回缩而复位。这种随着心脏节律性泵血活动，使主动脉管壁发生的扩张-回缩的振动，以弹性波形式沿血管壁传向外周，即形成动脉脉搏。脉搏波传导速度很快，要比血液流速快几十倍，因此，在远离心脏的体表动脉所触摸到的脉搏即是此刻心脏活动的瞬间反映。

凡是能影响动脉血压的因素都会影响动脉脉搏的特性。因此，检查脉搏的速度、幅度、硬度以及频率等，可以反映心脏的节律性、心缩力量和血管壁的功能状态等。

脉搏波传播至小动脉末端时，因沿途遇到阻力，波动逐渐消失。

检查各种动物脉搏波的部位：牛在尾中动脉、颌外动脉、腋动脉或隐动脉；马在颌外、尾中动脉或横面动脉；猪在桡动脉；猫和犬在股动脉或胫前动脉。

四、静脉血压和静脉血流

(一)静脉血压与中心静脉压

血液通过毛细血管后，绝大部分能量都消耗于克服外周阻力，因而到了静脉系统后血压已所剩无几，微静脉血压降至约为 1.9 kPa。到腔静脉时血压更低，到右心房时血压已接近于零。

通常将右心房和胸腔内大静脉的血压称为中心静脉压，正常值为 0.4～1.2 kPa。中心静脉压的高低决定于心泵功能与静脉回心血量之间的相互关系。当心脏泵血功能较强，能将回心血液及时射入动脉时，中心静脉压就较低；当心脏泵血功能较弱，不能及时射出回心血液时，中心静脉压就升高。中心静脉压可作为临床输血或输液时输入量和输入速度是否恰当的判定依据。在心功能较好时，如果中心静脉压迅速升高，可能是输入量过大或输入速度过快所致；

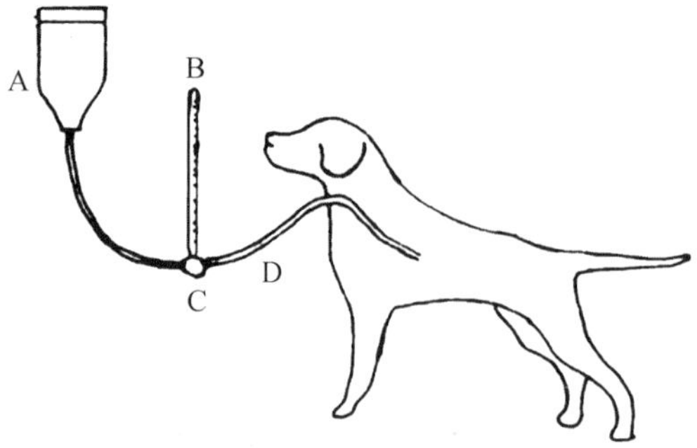

图 8-21 中心静脉压测定示意图

反之，如果输血或输液之后中心静脉压仍然偏低，可能是血液容量不足。如果中心静脉压已高于 1.6 kPa 时，输血或输液应慎重。如图 8-21 所示，测定时先将三通阀门由 A 调至 B(A→B)，使检压计充液，然后将阀门由 B 调至 D(B→D)，即可从 B 管液面高度读出中心静脉压数值。测定时注意应将三通阀门置于心脏同一水平位置。

(二)静脉脉搏

经由大静脉(如腔静脉、颈静脉等接近心脏的大静脉)不断流回心脏的血液，当心房收缩时回流受阻，静脉内压升高，静脉管壁受到压力而膨胀；当心房舒张时，滞留在静脉内的血液则快速流回心脏，静脉内压下降，管壁内陷。这样，随着心房舒缩活动引起大静脉管壁规律性的膨胀和塌陷，即形成静脉脉搏。此外，心室的舒缩活动也能间接影响静脉脉搏。

牛和马可在颈静脉沟处观察到颈静脉的搏动，尤其是牛更易看到。由于颈静脉脉搏能在一定程度上反映右心内压的变化，所以检查颈静脉脉搏具有临床意义。

(三)静脉回流

单位时间内由静脉回流心脏的血量等于心输出量。静脉对血流阻力很小，由微静脉回流至右心房的过程中，血压仅下降约 2.0 kPa。动物躺卧时，全身各大静脉均与心脏处于同一水平，靠静脉系统中各段压差就可以推动血液流回心脏。但在站立时，因受重力影响血液将积滞在心脏水平以下的腹腔和四肢的末梢静脉中，这时需借助外在因素的作用促使其回流。主要的外在因素如下。

1. 骨骼肌的挤压作用

骨骼肌收缩时，对附近静脉起挤压作用，推动其中的血液推开静脉管内壁上的静脉瓣，朝心脏方向流动。静脉瓣游离缘只朝心脏方向开放，因此，肌肉舒张时静脉血不至于倒流。

2. 胸腔负压的抽吸作用

呼吸运动时胸腔内压产生的负压变化也是促进静脉回流的另一个重要因素。胸腔内的压力是负压(低于大气压)，吸气时更低，所以吸气时产生的负压可牵引胸腔内柔软而薄的大静脉管壁，使其被动扩张，静脉容积增大，内压下降，因而对静脉血回流起抽吸作用。此外，心舒期心房和心室内产生的较小的负压对静脉回流也有一定的抽吸作用。

五、微循环

微循环是指微动脉和微静脉之间的血液循环。血液循环最重要的功能之一在于进行血液与组织液之间的物质交换，这一功能就是通过微循环而实现的。

(一)微循环通路

各器官、组织的功能和结构不同，组成微循环的成分与结构也不同。典型的微循环成分包括：微动脉、后微动脉、毛细血管前括约肌、前毛细血管、真毛细血管网、动-静脉吻合支和微静脉等 7 部分组成(图 8-22)。

图 8-22　微循环示意图

1. 动-静脉短路

血液由微动脉经动-静脉吻合支直接流回微静脉，没有物质交换功能，又称为非营养通路。在一般情况下，动-静脉短路处于关闭状态。它的开闭活动主要与体温调节有关。

2. 直捷通路

血液从后微动脉经过前毛细血管，直接进入微静脉。流速快，流程短，物质交换功能不大，是安静状态下大部分血液流经的通路。主要功能是使血液及时通过微循环系统，以免全部滞留于毛细血管网中，影响回心血量。

3. 营养通路

血液从微动脉经后微动脉、毛细血管前括约肌进入真毛细血管网，再汇入微静脉。真毛细血管网管壁薄，经路迂回曲折，血流缓慢，与组织接触面广，是完成血液与组织液间的物质交换功能的主要场所。

（二）微循环的调节

微循环系统中仅微动脉分布有少量神经，其余成分并不直接受控于神经系统。尤其是决定营养通路血流量的后微动脉和毛细血管前括约肌的舒缩活动，只受体液中血管活性物质的调节。因此，微循环的调节主要是通过体液性的局部自身调节来实现。

体液中的缩血管物质（如去甲肾上腺素、血管升压素）控制毛细血管前阻力血管（主要指微动脉、后微动脉和毛细血管前括约肌），使其收缩。当收缩导致毛细血管灌注不良时，局部代谢产物堆积，从而产生舒血管物质（如组胺、缓激肽、乳酸），引起血管平滑肌松弛，微循环恢复灌注，将代谢产物移去。继而，血管平滑肌又处于缩血管物质控制之下。这样，在体液中血管活性物质的影响下，毛细血管舒缩活动交替进行，微循环血流量像潮起潮落般涌动，及时地分配血量，以适应组织代谢的需要。

六、组织液和淋巴液

组织液分布在细胞的间隙内，又称为组织间隙液，是血液与组织细胞间物质交换的媒介。

组织液绝大部分呈胶冻状，不能自由流动；只有很少部分呈液态，可自由流动。胶冻的基质主要是胶原纤维和透明质酸细丝，这些成分并不妨碍水及其溶质的扩散运动。

（一）组织液的生成与回流

组织液是血浆通过毛细血管管壁的滤出而形成的。组织液形成后又被毛细血管壁重吸收回到血液中去，保持组织液量的动态平衡。组织液生成和重吸收决定于以下 4 种因素：毛细血管血压、血浆胶体渗透压（简称血浆胶压）、组织液静水压和组织液胶体渗透压（简称组织液胶压）。其中，毛细血管血压和组织液胶体渗透压是促进滤过，即有利于生成组织液的因素；而血浆胶体渗透压和组织液静水压是阻止滤过，即有利于组织液重吸收的因素。可见，组织液的生成是这 4 种因素相互作用的结果。滤过因素与重吸收因素之差称为有效滤过压。可以表达为

生成组织液的有效滤过压＝毛细血管血压＋组织液胶体渗透压－（组织液静水压＋血浆胶体渗透压）

如图 8-23 所示，血浆胶体渗透压约为 3.3 kPa，毛细血管动脉端血压平均约为 4.0 kPa，毛细血管静脉端血压约为 1.6 kPa，组织液静水压和组织液胶体渗透压分别约为 1.33 和 2.0 kPa。将这些数值代入上式：

毛细血管动脉端有效滤过压（kPa）＝4.0＋2.0－（3.3＋1.33）＝1.37

毛细血管静脉端有效滤过压（kPa）＝1.6＋2.0－（3.3＋1.33）＝－1.03

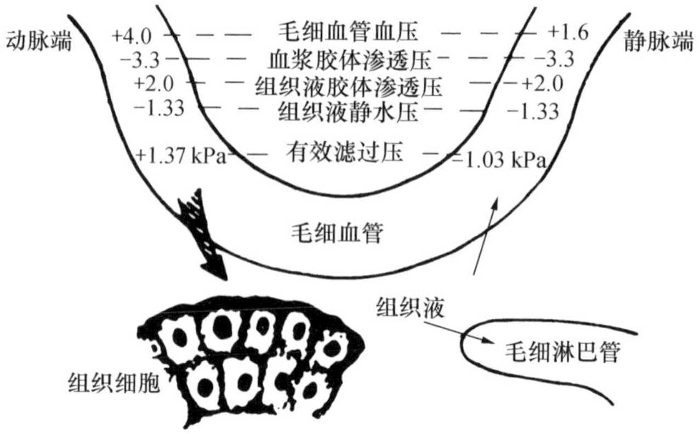

图 8-23　组织液生成与回流示意图

由计算结果可以推断，在毛细血管动脉端有液体滤出，形成组织液；在毛细血管静脉端组织液被重吸收，即约有 90%滤出的组织液又重新流回血液。

（二）影响组织液生成的因素

正常情况下，组织液生成和重吸收，保持着动态平衡，使血容量和组织液量能维持相对稳定。一旦与有效滤过压有关的因素和毛细血管通透性发生变化，将直接影响组织液的生成。

1. 毛细血管血压

毛细血管血压升高，组织液生成增加（如肌肉运动或炎症的局部，都有这类情况）；静脉压升高时，也可使组织液生成增加。

2. 血浆胶体渗透压

当血浆蛋白生成减少（如慢性消耗疾病、肝病等）或排出增加（如肾病）时，均可导致血浆蛋白减少，因而使血浆胶体渗透压下降，从而使组织液生成增加，甚至发生水肿。

3. 淋巴回流

由于一部分组织液经由淋巴管系统流回血液，当淋巴回流受阻（如丝虫病、肿瘤压迫等）时，可导致局部水肿。

4. 毛细血管通透性

烧伤、过敏反应等，可使毛细血管通透性增大，血浆蛋白可能漏出，使血浆胶体渗透压下降，组织液胶体渗透压上升，有效滤过压加大。

（三）淋巴液及其回流

组织液约90%在毛细血管静脉端回流入血液，其余10%则进入毛细淋巴管，即成为淋巴液。毛细淋巴管逐级汇集成小淋巴管和大淋巴管，在大、小淋巴管中都有瓣膜。瓣膜的作用是控制淋巴液做单向流动，即只能由外周向心脏方向流动。淋巴管壁平滑肌收缩活动（在淋巴管瓣膜配合下），起淋巴管泵的作用，使淋巴液沿着淋巴管系统，向心脏回流。此外，骨骼肌收缩活动、邻近动脉的搏动等，均可推动淋巴液回流。

淋巴液回流具有重要的生理意义。首先，可以回收蛋白质，因为血浆蛋白经毛细血管内皮细胞的“胞吐”作用转运到组织液后，不能由毛细血管壁重吸收，但能较容易地进入淋巴系统，然后回流血液。其次，淋巴液回流可以协助消化管吸收营养物，如大部分脂类就是经过淋巴途径吸收的。此外，淋巴回流对调节体液平衡、清除组织中的异物等方面也有重要的作用。

第六节　心血管活动的调节

循环系统适应性活动在于及时而适当地供给血流量，以满足各组织和器官的代谢需要。有机体的神经和体液对心脏和各部分血管的活动进行调节，以适应各器官、组织在不同状态下对血流量的需要，协调各器官之间的血量分配。

一、神经调节

（一）调节心血管活动的神经中枢

心血管系统的活动受到中枢神经系统的调节控制。这些调节控制是通过反射活动来实现，中枢神经内与心血管反射有关的神经元集中的区域称为心血管反射中枢。控制心血管活动的神经元并不是只集中在中枢神经系统的一个部位，而是分布于从脊髓到大脑皮层的各个部位，它们各具不同的功能，又互相密切联系，使整个心血管系统的活动协调一致，并与整个机体的活动相适应。

1. 基本中枢

调节心血管活动的基本中枢在延髓。延髓中有3个中枢，即缩血管中枢、心加速中枢、心抑制中枢。当缩血管中枢、心加速中枢兴奋时，心搏动加速、血管收缩和血压升高；当心抑制中枢兴奋时，心搏动减慢，血管收缩活动降低，血压下降。延髓内的心血管中枢是维持正常血压水平和心血管反射的基本中枢。

基本中枢的重要生理特点是存在着紧张性活动。心血管系统运动功能的动力性变化是依靠延髓基本中枢正常紧张性活动而实现的。正常情况下，缩血管中枢和心抑制中枢有很明显的紧张性活动，使机体全身血管保持一定程度的收缩状态，使心脏的活动速度及强度保持相对低的水平。心加速中枢很少出现紧张性活动，它们只是在特殊条件下才表现出明显的效应。

2. 高级中枢

调节心血管活动的高级中枢分布在延髓以上的脑干部分以及大脑和小脑中，它们在心血管活动调节中所起的作用较延髓基本中枢更加高级，特别是表现为心血管活动和机体其他功能之间的复杂的整合。

（二）心脏和血管的神经支配

1. 心脏的神经支配

心脏受到交感神经和副交感神经的双重支配。

（1）心交感神经及其作用。心交感神经的节前神经元位于脊髓第 1～5 胸段的中间外侧柱；节后神经元位于星状神经节或颈交感神经节内。节后神经元的轴突组心脏神经丛，支配心脏各个部分。右侧的纤维大部分终止于窦房结；左侧的纤维大部分终止于房室结和房室束。两侧均有纤维分布到心房肌和心室肌。

心交感神经节后神经元末梢释放的递质为去甲肾上腺素，与心肌细胞膜上的 β 型肾上腺素能受体结合，可导致心率加快，房室交界的传导加快，心房肌和心室肌的收缩能力加强。

（2）心迷走神经及其作用。支配心脏的副交感神经是迷走神经的心脏支。右侧迷走神经心脏支的大部分神经纤维终止于窦房结；左侧迷走神经心脏支的大部分纤维终止于房室结和房室束。两侧均有纤维分布到心房肌，心室肌也有迷走神经支配，但纤维末梢的数量远较心房肌中的少。

心迷走神经节后纤维末梢释放的递质乙酰胆碱作用于心肌细胞的 M 型胆碱能受体，可导致心率减慢，心房肌收缩能力减弱，心房肌不应期缩短，房室传导速度减慢。刺激迷走神经时，也能使心室肌的收缩减弱，但其效应不如心房肌明显。

2. 血管的神经支配

除真毛细血管外，血管壁都有平滑肌分布。除毛细血管前括约肌上神经分布很少，其舒缩活动主要受局部组织代谢产物影响外，绝大多数血管平滑肌都受神经支配，它们的活动受神经调节。支配血管的神经主要是调节血管平滑肌的收缩和舒张活动，称为血管运动神经。它们可分为两类：一类神经能够引起血管平滑肌的收缩，使血管口径缩小，称为缩血管神经；另一类神经能够引起血管平滑肌的舒张，使血管口径扩大，称为舒血管神经。

（三）心血管反射

正常状态下，机体的心血管活动具有自动的负反馈性的调节作用。心血管系统本身存在着压力和化学感受器，当机体处于不同的生理状态如运动、休息、变换姿势、应激或机体内、外环境发生变化时，可引起各种心血管反射，使心输出量和各器官的血管收缩状况发生相应的改变，动脉血压也可发生变动，心血管反射一般都能很快完成，其生理意义在于使循环功能能适应于当时机体所处的状态或环境的变化。

心血管系统的反射很多，一般可分为两大类：加压反射和减压反射，其中最重要的是颈动脉窦和主动脉弓压力感受性反射。

1. 颈动脉窦和主动脉弓压力感受性反射

(1)动脉压力感受器。组织学的研究表明，在颈动脉窦和主动脉弓处管壁内有许多感受器。这些感受器是未分化的枝状神经末梢。生理学研究发现，这些感受器并不是直接感受血压的变化，而是感受血管壁的机械牵张程度，称为压力感受器或牵张感受器。

(2)传入神经和中枢联系。颈动脉窦和主动脉弓压力感受器受到刺激后，发出冲动经窦神经和迷走神经传到延髓的心血管活动中枢。

(3)反射效应。动脉血压升高时，动脉管壁被牵张的程度就升高，压力感受器传入的冲动增多，通过中枢机制，使迷走紧张加强，心交感紧张和交感缩血管紧张减弱，其效应为心率减慢，心输出量减少，外周血管阻力降低，故动脉血压下降；反之，当动脉血压降低时，压力感受器传入冲动减少，使迷走紧张减弱，交感紧张加强，于是心率加快，心输出量增多，外周血管阻力增高，血压升高。

(4)压力感受性反射的意义。压力感受性反射在心输出量、外周血管阻力、血量等发生突然变化的情况下，在对动脉血压进行快速调节的过程中起重要作用，使动脉血压不致发生过大的波动。

2. 颈动脉体和主动脉体化学感受性反射

(1)外周化学感受器。外周化学感受器位于颈动脉体(颈动脉窦旁)和主动脉体(在主动脉弓旁)中，对血液中氢离子浓度的增加和氧分压降低敏感。

(2)传入神经和中枢联系。化学感受器受到刺激后，发出冲动分别经窦神经和迷走神经传到延髓的呼吸中枢、缩血管中枢和心抑制中枢。

(3)反射效应。当血液中氢离子的浓度过高、二氧化碳分压过高、氧分压过低时，化学感受器受刺激，发出冲动经传入神经传至延髓呼吸中枢，引起呼吸加深加快，可间接地引起心率加快，心输出量增多，外周血管阻力增大，血压升高。

值得注意的是，血液中化学成分的变化直接作用于延髓心血管中枢的效果比作用于外周化学感受器的效果大得多。因此，在一般情况下，从颈动脉体和主动脉体化学感受器来的传入冲动对心血管控制没有重要意义。但在缺氧或窒息时，外周传入变成重要因素，与中枢效应结合，产生强有力的交感传出冲动作用于循环系统。

二、体液调节

心血管活动的体液调节是指血液和组织液中一些化学物质对心肌和血管平滑肌的活动发生影响，并起调节作用。有些化学物质产生后迅速被破坏，只能对器官或组织产生局部性调节作用；有些化学物质产生后能够通过血液循环运送到全身各部，或者运送到心血管活动中枢，产生全身性的调节作用。

(一)肾素-血管紧张素

在肾血流量减少时,不论是由血压下降,还是由局部血管收缩或肾血管病变所引起的肾血流量减少,都会引起肾小球旁器分泌一种酸性蛋白酶进入血液。这种酶称为肾素。它使在肝中生成的血管紧张素原水解成血管紧张素Ⅰ。血管紧张素Ⅰ在肺循环中被血管紧张素转化酶水解成血管紧张素Ⅱ。血管紧张素Ⅱ受到血浆或组织中血管紧张素酶A的作用转变成血管紧张素Ⅲ,血管紧张素Ⅱ有极强的缩血管作用,约为去甲肾上腺素的40倍,它还能加强心肌的收缩力,增强外周阻力,使血压升高;它还作用于肾上腺皮质细胞,促进醛固酮的生成与释放。血管紧张素Ⅲ的缩血管作用较低,但促进肾上腺皮质分泌醛固酮的作用较强。醛固酮可刺激肾小管对钠的重吸收,增加体液总量,也会使血压上升。

在正常生理情况下血管紧张素对血压的调节没有明显的作用。在某些情况下,如失血、失水时,肾素-血管紧张素的活动加强,并对在这些状态下循环功能的调节起重要作用。肾素-血管紧张素的升压作用大约需20 min才能生效。这种作用比肾上腺素、去甲肾上腺素的作用慢得多,但作用的持续时间长。

(二)肾上腺素和去甲肾上腺素

肾上腺髓质分泌的激素是最重要的心血管系统全身性体液调节因素。其中肾上腺素约占80%,去甲肾上腺素约占20%。

肾上腺素作用于心肌的β受体,引起心肌活动增强和心输出量增加。肾上腺素还能分别作用于血管平滑肌的α受体和β受体,使皮肤、内脏等的血管收缩,心脏和骨骼肌中的血管舒张,结果使平均动脉血压升高,同时全身各部的血液分配发生变化,骨骼肌的血流量大大增加,而皮肤、腹腔器官的血流量大大减少。

去甲肾上腺素主要作用于血管平滑肌的α受体,引起血管平滑肌收缩,外周阻力增大和血压上升。

三、自身调节

在没有外来神经和体液因素的调节作用时,各器官组织的血流量仍能通过局部血管的舒缩活动而得到相应的调节。这种调节机制存在于器官组织或血管自身之中,所以称为自身调节。关于自身调节,有两种不同的学说,简介于下。

1. 肌源学说

该学说认为,血管平滑肌经常保持一定程度的紧张性收缩活动,是一种肌源性活动。当器官的血管灌注压突然升高时,血管平滑肌受到牵张刺激,肌源性活动加强,器官血流阻力加大,不因灌注压升高而增加血流量;反之,当器官灌注压突然降低时,肌源性活动减弱,血管平滑肌舒张,器官血流阻力减小,器官血流量不因灌注压下降而减少。

2. 局部代谢产物学说

该学说认为,器官血流量的自身调节主要是取决于局部代谢产物的浓度。当代谢产物腺苷、CO_2、H^+、乳酸和K^+等在组织中的浓度升高时,使局部血管舒张,器官血流量增多,代谢产物可充分被血流带走。于是,局部代谢产物浓度下降,导致血管收缩,血流量与代谢活动水平保持相互适应。

第七节　胎儿血液循环的特点

哺乳动物的胎儿在母体子宫内发育，所需要的全部营养物质和氧气都是通过胎盘由母体供应的，所产生的代谢产物又通过胎盘由母体排出。因此，胎儿的血液循环具有与此相适应的一些特点(图 8-24)。

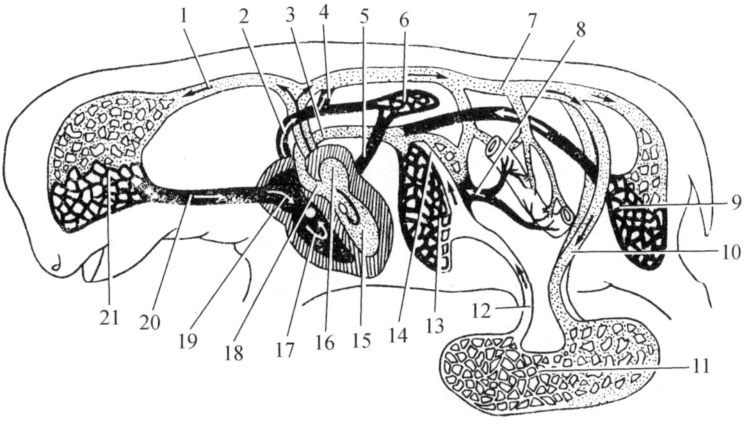

图 8-24　胎儿血液循环模式图

1. 臂头动脉干　2. 肺动脉干　3. 后腔静脉　4. 动脉导管　5. 肺静脉　6. 肺毛细血管　7. 腹主动脉　8. 门静脉　9. 骨盆部和后肢毛细血管　10. 脐动脉　11. 胎盘毛细血管　12. 脐静脉　13. 肝毛细血管　14. 静脉导管　15. 左心室　16. 左心房　17. 右心室　18. 卵圆孔　19. 右心房　20. 前腔静脉　21. 头、颈部毛细血管

一、心脏和血管的结构特点

(1)胎儿心房的间隔上有一卵圆孔，使左、右心房相互沟通。因孔的左侧有卵圆瓣，血液只能由右心房流向左心房。

(2)胎儿的主动脉与肺动脉间有动脉导管相通。因此，来自右心房的大部分血液由肺动脉通过动脉导管流入主动脉，仅有少量血液经肺动脉进入肺内。

(3)胎盘是胎儿与母体进行气体及物质交换的器官，借助脐带与胎儿相连。脐带内有 2 条脐动脉和 1 条(马、猪)或 2 条(牛)脐静脉。

脐动脉为髂内动脉(牛)或阴部内动脉(马)的分支，沿膀胱侧韧带到膀胱顶，再沿腹腔底壁前行至脐孔，进入脐带到胎盘，分支形成毛细血管网，靠渗透和扩散作用与母体子宫的毛细血管网进行物质交换。脐静脉起于胎盘毛细血管网，经脐带由脐孔进入胎儿腹腔(牛的 2 条脐静脉入腹腔后则合成 1 条)，沿肝的镰状韧带延伸，经肝门入肝。此外，牛的脐静脉在肝外有一小分支，直接与后腔静脉相通，称为静脉导管。

二、血液循环的途径

胎盘毛细血管从母体吸收来的富含营养物质和氧气的血液，经脐静脉进入胎儿肝内，反复分支后汇入窦状隙，最后汇合成数支肝静脉，注入后腔静脉（牛有一部分脐静脉的血液经静脉导管直接入后腔静脉），与来自身体后半部的静脉血混合后入右心房。进入右心房的大部分血液经卵圆孔到左心房，再经左心室到主动脉及其分支。其中大部分血液到头颈部及前肢。

来自胎儿身体前半部的静脉血，经前腔静脉入右心房到右心室，再入肺动脉。

由于胎儿期间肺脏基本不活动，故肺动脉中的血液只有少量进入肺内，大部分血液经由动脉导管到主动脉，然后主要分布到身体的后半部，并经脐动脉到达胎盘。

由此可见，胎儿体内的大部分血液是混合血，但混合的程度不同。到达肝、头、颈和前肢的血液，含氧和营养物质较多，以适应肝功能活动和胎儿头部发育较快的需要；而到肺、躯干和后肢的血液，含氧和营养物质较少，所以胎儿后躯发育较缓慢。

三、胎儿出生后的变化

胎儿出生后，肺和胃肠开始功能活动，同时脐带中断，胎盘循环停止，血液循环随之发生改变。脐动脉与脐静脉退化闭锁，分别形成膀胱圆韧带和肝圆韧带，牛的静脉导管成为静脉导管索；动脉导管收缩闭合，形成动脉导管索或动脉韧带，卵圆孔闭锁（卵圆瓣闭锁）形成卵圆窝，使左、右心房完全分隔开，互不相通。但有的动物由于种类、品种及生长发育等因素，出生后卵圆孔并不能完全闭合，例如猪，由于卵圆窝较大，胎儿出生后约有20%的猪卵圆窝闭锁不全。

专 项 实 训

一、心脏形态、结构观察与识别

[实训目标] 认识心脏的构造。

[材料设备] 牛、羊、猪等动物新鲜标本，解剖器械。

[方法步骤]

(1)观察心包，可见心包的壁层与紧贴心脏的心外膜之间构成心包腔，腔内有少量液体。

(2)剥去心包，观察心脏的外形、冠状沟、室间沟、心房、心室及心脏的血管。

(3)切开右心房和右心室，观察右心房和前、后腔静脉的入口，测量心房肌厚度并记录。观察右心室和肺动脉入口的瓣膜，测量右心室厚度并记录，找到乳头肌、腱索，注意腱索的附着点，观察右房室瓣。

(4)切开左心室和左心房，观察左心室壁，测量其厚度，并与右心室壁和右心房壁作比较。观察左房室口的瓣膜，与右房室瓣作比较。观察左心房，找到肺静脉的入口。找到主动脉口，观察主动脉瓣的形态结构。

二、红细胞形态观察与计数

[实训目标] 观察红细胞形态并掌握计数的方法。

[材料设备] 血球计、显微镜、采血针、酒精棉球、95%酒精、75%酒精、生理盐水、蒸馏水、乙醚、1%氨水或45%尿素。

[方法步骤]

(1)检查血球计中计数室及吸血管是否清洁，如有污物应先洗涤干净。对吸血管中的血迹先用自来水洗去，再用蒸馏水洗3遍，然后用95%酒精洗2次以除去管内的水分。最后，吸入乙醚 1～2 次，以除去酒精。每次排出管内洗涤液时不要用嘴吹，以免吹入水汽，可把橡皮管折叠起来吹，挤压数次，便可驱尽。如果血迹不易洗净，还须用 1%氨水或 45%尿素浸一段时间，血迹溶解后再按上法洗涤干净。计数室只能用自来水和蒸馏水相继冲洗，然后以丝绢轻轻拭净。切不可用酒精和乙醚洗涤。检查及洗涤完毕后，置计数室于低倍镜下，先熟悉计数室构造。

血球计的构造：血球计由血细胞计数板和特制的红白细胞稀释吸管组成，计数板为一块特制的长方形厚玻璃板，中间有 4 条平行板沟，在中间的 2 条板沟之间有一条横槽沟，使其构成长方形的平台。平台比整个玻璃板的平面低 0.1 mm，所以当盖上一块盖玻片后，平台与盖玻片之间距离(即高度)为 0.1 mm。两平台中心部分各有 1 计数室，为每边 3 mm 长的方格，并划分为 9 个大方格，每个大方格面积为 1 mm^2，体积为 0.1 mm^3。四角的大方格又各分为 16 个中方格，适用于白细胞计数。中央的 1 个大方格则由双线划分为 25 个中方格，每个中方格面积为 0.04 mm^2，体积为 0.004 mm^3。每个中方格又分为 16 个小方格，适用于红细胞计数(有的计数室划分为 16 个中方格，每个中方格也分为 16 个小方格，且其小方格的面积均相同)。

(2)以 75%的酒精棉球消毒动物的采血部位，待其干燥后，用消毒过的采血针刺破皮肤，使血液流出，第 1 滴血液用干棉球拭去不要，当第 2 滴血液积聚较多时，迅速以红细胞吸血管吸血至刻度 0.5 或 1 处，用干棉球擦去吸血管外侧的血液，立即吸取稀释液(生理盐水)至刻度 101 处。然后用手指按住吸血管的上、下两端，轻轻摇动使血液与稀释液充分混合均匀，至此即可准备作红细胞计数用。

(3)计数室上的盖玻片放妥后，弃去吸血管中流出的第 1、第 2 滴稀释血液，然后滴半滴于计数室与盖玻片交界处，稀释血液可自动均匀地渗入计数室。放置1～2 min，待红细胞下沉后，就可将计数室置于低倍镜下进行观察和计数。

(4)计数时要注意显微镜的载物台应绝对平置，不能倾斜，以免红细胞向一边集中。光线不必太强。计数时要选定中央的 1 个大方格的四角及中间共 5 个中方格(80 个小方格)里面的红细胞数，将所得的红细胞数乘以 10 000 或 5 000，即为要求的每 1 mm^3 血液中的红细胞总数。

(5)完毕后，洗净所用的仪器。

三、动物心音听取及脉搏检查

[实训目标] 听取动物的正常心音，进行脉搏检查。

[材料设备] 马、牛、羊等动物，听诊器。

[方法步骤]

1. 听诊的部位

各种家畜的心脏位置一般都在第 3～6 肋间，稍偏左侧，所以听取心音一般在动物的左侧心区。

2. 牛、马心音的听诊

使动物处于自然站立的姿势，并做适当的保定，以免动物走动和咬踢。左前肢向前移半步，实验者以右手放在动物的鬐甲部或肩部做支点，左手持听诊器，将听诊器头紧贴在心区，然后进行听诊，注意第一心音和第二心音的特征，并区别它们。同时数出每分钟心跳的次数。

3. 羊的心音听诊

方法与牛、马相似，动物可站立，也可使动物右侧卧。

4. 动脉脉搏检查

距尾根 10 cm 处找到尾中动脉，在教师指导下进行脉搏检查。

复习思考题

1. 简述心腔的构造，说明心音产生的原因。
2. 心脏活动不易疲劳的原因是什么？
3. 哪些因素可影响心输出量？
4. 血压受哪些因素的影响？
5. 实际工作中有哪些抗凝和促凝措施？
6. 白细胞有哪些防御功能？
7. 结合组织液的生成与回流，说明水肿发生的机理。

血液组成　　心脏的泵血功能　　血压的形成

血液凝固　　心音的听取及测定　　胎儿的血液循环特点

第九章 免疫系统

【学习目标】

- 了解动物免疫系统的组成。
- 了解免疫细胞的作用。
- 掌握主要免疫器官的位置、形态和结构。
- 熟悉动物浅在淋巴结的位置、大小和体表投影。
- 了解深层淋巴结和内脏淋巴结的分布规律。
- 能指出牛、猪等动物的胸腺及主要浅表淋巴结的名称和位置。

【素质目标】

- 树立辩证唯物主义世界观。
- 注重理论联系实际，培养科学严谨的学习态度和精益求精的工匠精神。
- 树立生物安全意识，严格遵守实验操作规范。

【学习建议】

通过教师讲解，了解免疫系统的组成及作用。如有条件可进行动物解剖，实体观察胸腺、淋巴结等免疫器官形态、位置，利用显微镜观察器官组织切片。了解动物卫生检验及动物疫病防治等相关知识有助于对本章的学习。

免疫系统由具有免疫效能的免疫器官、免疫组织和免疫细胞组成(表 9-1)，具有非常重要的作用，其功能如下。

1. 防御功能

免疫系统可阻止病原微生物侵入机体，抑制其在体内繁殖、扩散，并可清除病原微生物及其产物。

2. 免疫稳定

免疫系统可清除体内衰老和破损的细胞，以保持体内各类细胞的恒定。

3. 免疫监视

免疫系统能够识别、杀伤和清除体内的突变细胞。

如果免疫功能下降或失调，将使机体的抗病能力降低，从而引起各种感染性疾病、肿瘤或自身免疫性疾病。

表 9-1 免疫系统的组成

- 免疫系统
  - 免疫器官
    - 中枢免疫器官：胸腺、骨髓（哺乳类）、腔上囊（鸟类）
    - 周围免疫器官：淋巴结、脾脏、扁桃体、血结、血淋巴结
  - 免疫组织：淋巴小结、弥散淋巴组织
  - 免疫细胞
    - 淋巴细胞：T 细胞、B 细胞、K 细胞、NK 细胞等浆细胞
    - 抗原呈递细胞：巨噬细胞、交错突细胞、微皱褶细胞、滤泡树突细胞、郎罕氏细胞等
    - 其他免疫细胞：粒细胞、肥大细胞、红细胞、血小板等

第一节 免疫细胞

免疫细胞是指能参加免疫应答或与免疫应答有关的细胞，主要是指淋巴细胞、浆细胞和抗原呈递细胞。此外，粒细胞、红细胞、肥大细胞、血小板等也有一定的免疫功能。本章主要阐述淋巴细胞、单核巨噬细胞和抗原呈递细胞，其他细胞见有关章节。

一、淋巴细胞

淋巴细胞大小不一，一般在 5～18 μm，胞核大、嗜碱性；胞质少，呈浅蓝色，它随血周流全身，因而在机体的每个组织中都能找到。它能识别和消灭侵入机体的有害成分。淋巴细胞数目庞大，根据发育部位、形态结构和免疫功能的不同，一般将淋巴细胞分为以下 4 种。

1. T 细胞（T 淋巴细胞）

T 细胞是骨髓内形成的淋巴干细胞在胸腺内分化、成熟的淋巴细胞，也称胸腺依赖淋巴细胞或囊依赖淋巴细胞，用胸腺（Thymus）英文一词的字头“T”冠名，成熟后进入血液和淋巴，参与细胞免疫。是淋巴细胞中数量最多功能最复杂的一类。

2. B 细胞（B 淋巴细胞）

B 细胞是淋巴干细胞在骨髓或禽的腔上囊中分化成熟的，为骨髓依赖淋巴细胞，用骨髓（Bone marrow）一词的英文字头“B”冠名。B 细胞进入血液和淋巴后在抗原刺激下转为浆细胞，产生抗体，进行体液免疫。

3. K 细胞

K 细胞也称杀伤淋巴细胞，是发现较晚的淋巴样细胞，在骨髓内分化发育成熟，数量较少，K 细胞较 T 细胞、B 细胞都大，具有非特异性杀伤功能，它能杀伤与抗体结合的靶细胞，且杀伤力较强，主要攻击比微生物大的靶细胞（如受肝炎病毒感染的肝细胞等），对肿瘤细胞也有杀伤作用。

4. NK 细胞

NK 细胞也称自然杀伤细胞，在骨髓内发育分化成熟，数量也较少。它不依赖抗体，不需抗原作用即可杀伤靶细胞。尤其是对肿瘤细胞及病毒感染细胞，具有明显的杀伤作用，能使靶

细胞溶解。

二、单核巨噬细胞系统

单核巨噬细胞是指分散在许多器官和组织中的一些形态不同、名称各异，但都来源于血液的单核细胞，具有吞噬能力和活体染色反应的一类细胞，主要包括结缔组织内的组织细胞、肺内的尘细胞、肝内的库普弗细胞、脾及淋巴结内的巨噬细胞、血液内的单核细胞、脑和脊髓中的小胶质细胞等。血液中的中性粒细胞虽有吞噬能力，但不是由单核细胞转变而来，也无活体染色反应，故不属于单核巨噬细胞系统。

单核巨噬细胞系统是一个生理性的防御系统，在正常情况下，它们不断清除体内衰老死亡的细胞及碎片。当外界的细菌或异物侵入机体时，它们表现出活跃的吞噬能力，将这些细菌和异物进行吞噬和处理，并能清除病灶中坏死的组织和细胞。

三、抗原呈递细胞

抗原呈递细胞又称免疫辅佐细胞，是指在特异性免疫应答中，能够摄取、处理转递抗原给T细胞和B细胞的细胞，作用过程称为抗原呈递，主要包括巨噬细胞、郎罕氏细胞、微皱褶细胞、滤泡树突细胞、交错突细胞等，它们多属单核巨噬细胞系统。此外，B细胞、血管内皮细胞、肿瘤细胞和受病毒感染的细胞也有抗原呈递作用。

四、免疫细胞作用

淋巴细胞、巨噬细胞是免疫活动的骨干细胞。淋巴细胞能首先识别外来的抗原，然后给予应答，不同的淋巴细胞采取不同的应答方式：一种是分化成浆细胞，以产生抗体的形式；另一种是分化成能执行细胞免疫，以细胞本身去破坏抗原的形式。巨噬细胞的免疫作用则较少有特异性，其免疫方式主要是：直接吞噬抗原；以免疫源的形式将抗原提供给淋巴细胞群。巨噬细胞和淋巴细胞间相互作用，并与免疫系统发生广泛的联系。抗原呈递细胞是免疫系统的前哨细胞，在诱发机体特异性免疫应答中起关键作用。没有这些细胞的存在和正常功能的发挥，免疫系统就不可能发挥识别“异己”，打击“敌人”，维持机体正常结构和生理功能的作用。

第二节　免疫器官

免疫器官是以淋巴组织为主要成分构成的器官，因此又称为淋巴器官，分为中枢（初级）免疫器官和周围（次级）免疫器官 2 类。

一、中枢免疫器官

中枢免疫器官又称为中枢淋巴器官，是免疫细胞发生、分化和成熟的场所。

（一）骨髓

骨髓是中枢免疫器官，也是体内最大的造血器官。胚胎和幼龄动物的骨髓均为红骨髓。随着年龄的增长，长骨干的骨髓腔内逐渐出现脂肪组织，红骨髓逐渐变为黄骨髓。成年动物的红骨髓和黄骨髓约各占1/2。红骨髓主要分布于扁骨、不规则骨和长骨骺端的骨松质中，造血功能活跃。黄骨髓内含少量幼稚血细胞，故仍保持着造血潜能，当机体需要可转变为红骨髓进行造血。骨髓中的红骨髓可以生成血液中的所有血细胞。骨髓中的多能造血干细胞经增殖、分化、演化为髓系干细胞和淋巴系干细胞。髓系干细胞是颗粒白细胞和单核巨噬细胞的前身；淋巴干细胞则演变为淋巴细胞。哺乳动物的B细胞直接在骨髓内分化、成熟，然后进入血液和淋巴中发挥免疫作用，禽类的B细胞则是淋巴干细胞从骨髓内转移到法氏囊中分化、成熟的。

（二）胸腺

胸腺既是免疫器官，又是内分泌器官。骨髓中的淋巴干细胞转移到胸腺后，在胸腺激素的作用下，分化成具有免疫活性的淋巴细胞，这种依赖胸腺才能发育分化成为具有免疫活性的淋巴细胞称为T淋巴细胞（简称T细胞）。

1. 胸腺的形态位置

胸腺位于胸腔的心前纵隔中并延伸至颈部，分颈胸2部分。胸腺呈粉红色或红色，其大小和结构随年龄有很大变化，幼畜的胸腺发达，性成熟后逐渐退化，到老年时几乎被脂肪组织所代替。

（1）牛的胸腺。犊牛的胸腺很发达，粉红色，分颈、胸2部，胸部位于心前纵隔内；颈部分左、右2叶，从胸前口沿气管、食管向前延伸至甲状腺的附近（图9-1）。4～5岁时开始退化，至6岁时退化完。但心前纵隔中还留有遗迹。

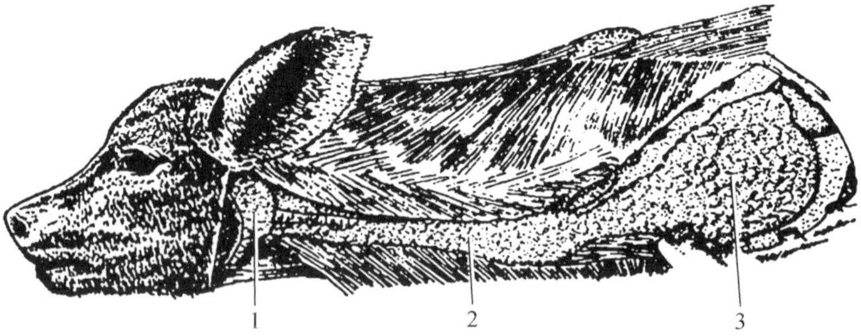

图9-1 犊牛的胸腺

1. 腮腺 2. 颈部胸腺 3. 胸部胸腺

（2）羊的胸腺。羔羊发达，呈淡黄色，由心脏伸至甲状腺附近，2岁时开始退化。

（3）猪的胸腺。幼猪胸腺发达，呈灰红色，在颈部沿左右颈总动脉向前伸延，1岁开始退化（图9-2）。

2. 胸腺的组织构造

胸腺的表面有薄层被膜，被膜的结缔组织向内伸入将胸腺实质分成许多胸腺小叶。胸腺小叶呈锥体形或多边形，每一小叶都分为皮质部和髓质部。胸腺内的淋巴组织不形成淋巴小结，这与其他淋巴器官不同。

（1）皮质。皮质以上皮性网状细胞为指甲为支架，间隙内有大量的淋巴细胞（又称胸腺细胞）和少量的巨噬细胞。胸腺细胞排列紧密，染色深，常将上皮性网状细胞掩蔽使其不易分辨。皮质的外周部分主要是些大、中胸腺细胞；而靠近髓质部分大多是较为成熟的中、小胸腺细胞。皮质的上皮性网状细胞为多突的星形细胞，其突起相互连接成网，胞质弱嗜酸性。

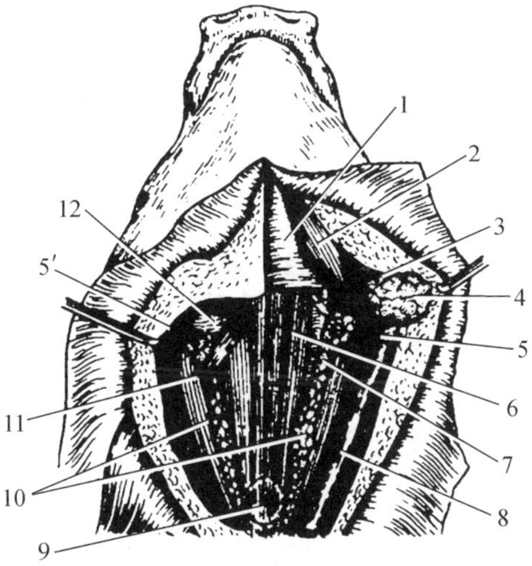

图 9-2　猪头颈腹侧

1. 下颌舌骨肌　2. 二腹肌　3. 舌下神经　4. 下颌腺　5,5′. 左右甲状旁腺
6. 喉的位置　7. 颈总动脉　8. 颈外静脉　9. 甲状腺的位置
10. 颈部胸膜　11. 肩胛舌骨肌　12. 茎突舌骨肌

(2)髓质。髓质与皮质无明显分界,结构与皮质相似,但胸腺细胞数量较少。上皮性网状细胞形态多样化,数量较多。髓质内有一种特殊结构,即胸腺小体(哈塞耳氏小体)。胸腺小体呈圆形或卵圆形,大小不一,由几层扁平的上皮性网状细胞呈同心圆排列而成。胸腺髓质内还有一种肌样细胞,椭圆形,嗜酸性,结构与骨骼肌细胞相似。

(3)血-胸腺屏障。胸腺皮质的毛细血管及其周围的结构具有屏障作用,称为血-胸腺屏障(图 9-3)。它由下列结构组成。

①具有紧密连接的连续性毛细血管内皮。

②内皮外完整的基膜。

③血管周围组织间隙及其内的巨噬细胞。

④上皮细胞外完整的基膜。

⑤一层连续的上皮网状细胞。

血-胸腺屏障能阻止血液内大分子抗原物质进入胸腺实质,从而使淋巴细胞在没有抗原物质存在的条件下增殖分化。

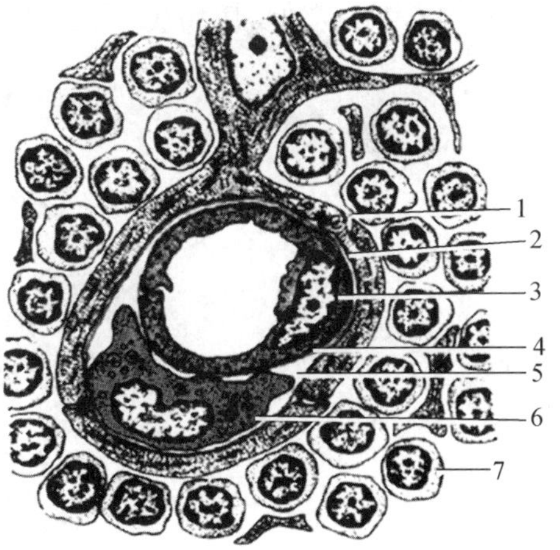

图 9-3　血-胸腺屏障结构模式图

1. 细胞连接　2. 上皮基膜　3. 内皮细胞
4. 内皮基膜　5. 毛细血管周隙
6. 巨噬细胞　7. 淋巴细胞

3. 胸腺的功能

(1)培育和选择 T 细胞。淋巴干细胞进入胸腺后,在胸腺微环境的诱导和选择下,发育分化形成各种处女型 T 细胞,经血液输送至周围淋巴组织和淋巴器官。

(2)分泌激素。胸腺上皮细胞能分泌胸腺素、胸腺生成素等到多种激素。

4. 胸腺的发育和退化

胸腺有明显的年龄性变化。动物出生时，胸腺尚未发育完善，故切除新生动物的胸腺，该动物将缺乏 T 细胞，免疫功能将明显低下。胸腺一直生长到性成熟时体积最大，此后停止生长并逐渐退化，直至年老，胸腺被脂肪组织所替代。

二、周围免疫器官

周围免疫器官也称为周围淋巴器官或次级淋巴器官，包括淋巴结、脾、血结、血淋巴结及扁桃体等。周围免疫器官内的淋巴细胞来自中枢免疫器官内。在抗原的刺激下进一步分裂分化，以执行免疫功能，是进行免疫反应的重要场所。

（一）淋巴结

淋巴结位于淋巴回流的通路中的次级淋巴器官，也是位于淋巴管径路上唯一的淋巴器官。其大小不一，形状多样。大的达几厘米，小的只有 1 mm，多成群分布，形态有球形、卵圆形、肾形、扁平形等。淋巴结在活体上呈微红色或微红褐色，肉尸上略呈黄灰白色，淋巴结的一侧凹陷为淋巴门，是输出淋巴管、血管、神经出入的地方；另一侧隆凸，有多条输入淋巴管进入（猪的淋巴结的输入、输出淋巴管位置正相反）。机体的淋巴结单个或成群分布，多位于凹窝或隐蔽之处，身体的每一个较大器官或局部均有一个主要的淋巴结群。淋巴结的结构经常处于动态变化之中，受抗原刺激时可增大，当抗原被清除后，又萎缩甚至消失。因此，在临床上，局部淋巴结肿大可反映其收集区域有病变，对临床诊断有重要意义。淋巴结的主要功能是产生淋巴细胞，滤过淋巴，清除侵入体内的细菌和异物，并进行免疫应答反应，是机体的防卫器官。

1. 淋巴结的组织构造

淋巴结由被膜和实质构成（图 9-4）。

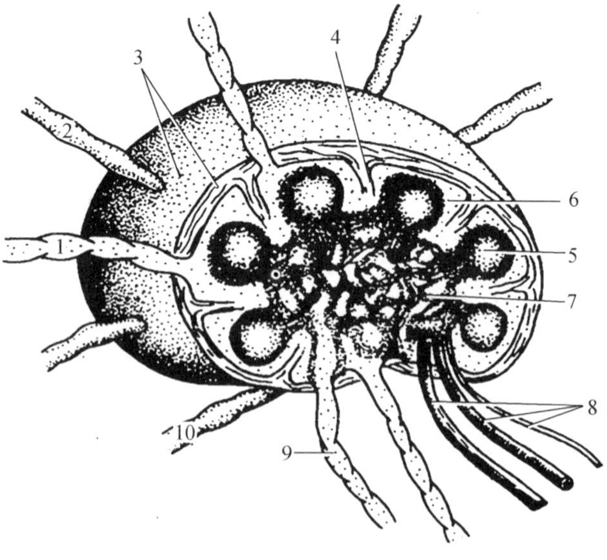

图 9-4 淋巴结结构模式图（部分切开）

1. 淋巴输入管（剖开，示瓣膜） 2. 淋巴输入管 3. 被膜 4. 小梁 5. 淋巴小结 6. 皮质淋巴窦 7. 髓索 8. 脉管 9. 淋巴输出管（剖开，示瓣膜） 10. 淋巴输出管

(1)被膜。被膜为覆盖在淋巴结表面的薄层的结缔组织膜,主要有胶原纤维、网状纤维,少量散在的弹性纤维和平滑肌纤维。被膜结缔组织伸入实质形成许多小梁并相互连接成网,构成淋巴结的粗支架,连同血管、神经一起形成淋巴结的间质。在粗支架之间填充有网状组织,构成淋巴结细微支架,进入淋巴结的血管则沿小梁分布。

(2)实质。实质位于被膜和小梁之间,分皮质和髓质2部分。

皮质位于淋巴结的外围,包括淋巴小结、副皮质区和皮质淋巴窦3部分。

淋巴小结呈圆形或椭圆形,在皮质区浅层,分为中央区和周围区。中央区着色淡,除网状细胞外,主要有B淋巴细胞、巨噬细胞,有少量的T淋巴细胞和浆细胞等,此区的淋巴细胞增殖能力较强,称为生发中心。周围区着色深,聚集大量的小淋巴细胞。淋巴小结为B淋巴细胞的主要分化增殖区。

副皮质区为胸腺依赖区,是分布在淋巴小结之间及皮质深层的一些弥散淋巴组织,分布有许多毛细血管后微静脉。副皮质区主要是T淋巴细胞。

皮质淋巴窦是位于被膜下、淋巴小结和小梁之间互相通连的腔隙,是淋巴流通的部位,接受输入淋巴管来的淋巴。窦壁由一层扁平的网状内皮细胞构成。

髓质位于淋巴结的中央部,由髓索和髓质淋巴窦组成。

髓索是密集排列呈索状的淋巴组织,它们彼此吻合成网,并与副皮质区的弥散淋巴组织相连续。髓索主要由B淋巴细胞组成,还有浆细胞和巨噬细胞。

髓质淋巴窦位于髓索之间以及髓索与小梁之间,结构与皮质淋巴窦相同,接受来自皮质淋巴窦的淋巴并将其汇入输出淋巴管。

2. 猪淋巴结的组织构造特点

猪的淋巴结形态因部位不同差异较大,如肠系膜淋巴结多合并成串,不显淋巴结门。淋巴结的皮质、髓质位置正相反。即淋巴小结和弥散的淋巴组织位于中央区,髓质则分布于外周。但成年猪淋巴结的外周有时也可见淋巴小结。

3. 淋巴细胞再循环

有些淋巴细胞离开淋巴结进入血循环后,又穿过淋巴结副皮质区内的毛细血管后微静脉返回淋巴结;有些淋巴细胞则从这一淋巴器官转移到另一淋巴器官的淋巴组织中,这种现象不断重复称为淋巴细胞再循环。参加再循环的淋巴细胞主要是长寿的T记忆细胞及B记忆细胞。淋巴细胞再循环有利于发现和识别抗原,在机体免疫活动中具有重要意义。

4. 淋巴结的功能

淋巴结的功能主要是滤过淋巴、产生淋巴细胞和参加免疫活动。当淋巴进入淋巴窦时,窦内的巨噬细胞便将侵入的病菌和抗原物质吞噬和处理,使其不能扩大感染。淋巴结也是产生抗体和效应淋巴细胞的重要器官。经巨噬细胞加工处理过的抗原物质可被特异性的淋巴组织识别而引起免疫反应。引起体液免疫反应时,淋巴结内B细胞母细胞化,并迅速分裂分化,使淋巴小结体积增大,数量增多,髓索增粗,浆细胞数量增多,产生抗体能力增强;引起细胞免疫反应时,淋巴结内T细胞母细胞化,也迅速分裂分化,产生大量特异性的T效应细胞。淋巴结常常同时发生体液免疫和细胞免疫,免疫反应剧烈时,临床上表现为肿大和出血等。淋巴结是检疫和疾病诊断常检的器官之一。

5. 畜体淋巴结的分布

(1)畜体主要浅层淋巴结(图9-5、图9-6)。

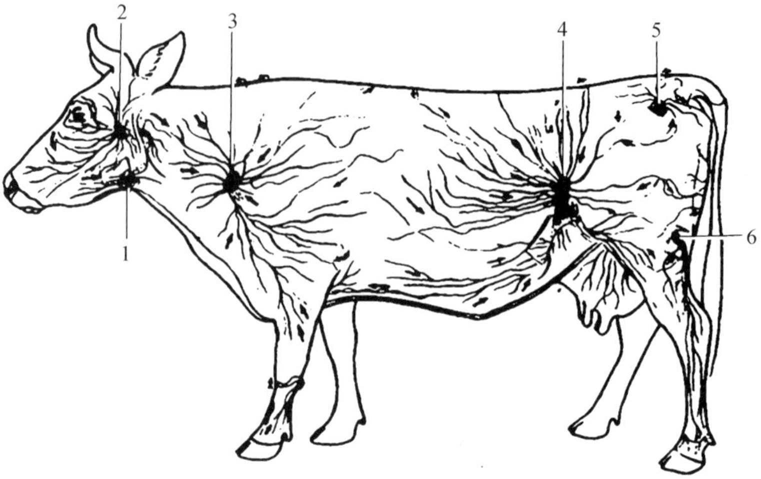

图 9-5　牛体主要浅层淋巴结

1. 下颌淋巴结　2. 腮腺淋巴结　3. 颈浅淋巴结　4. 髂下淋巴结　5. 坐骨淋巴结　6. 腘淋巴结

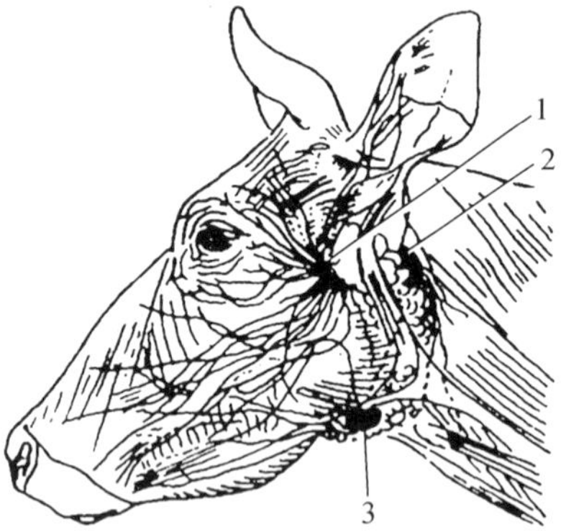

图 9-6　牛头部浅层淋巴结

1. 腮腺淋巴结　2. 咽后外侧淋巴结

3. 下颌淋巴结

①下颌淋巴结：牛有 1～3 个，位于下颌间隙内，血管切迹的后方，被胸下颌肌前部覆盖，其外侧与颌下腺前端相邻；在猪位置更加靠后，位于下颌骨的后腹侧缘、舌面静脉的腹内侧、胸骨舌骨肌的外侧和下颌腺的前方，有 2～6 个，常形成长 2～3 cm 的淋巴结团块。输入管收集面部、鼻前部、口腔、唾液腺的淋巴，输出管注入咽后外侧淋巴结。下颌淋巴结是头部临床诊断和动物食品卫生检验的首选淋巴结。

②腮腺淋巴结：位于颞下颌关节后下方，部分或全部被腮腺覆盖。牛、马通常有 1～4 个淋巴结，较大；猪通常有 2～8 个淋巴结，形成淋巴结团块。输入管收集头部皮肤、肌肉、鼻腔下半部、唇、颊、外耳、眼部的淋巴，输出管汇入咽后外侧淋巴结。

③颈浅淋巴结：又称肩前淋巴结，牛的通常为 1 个大淋巴结，位于肩关节前方、肩胛横突肌的深面；猪的分颈浅背侧和腹侧淋巴结，分别位于肩关节前上方的腹侧锯肌表面、臂头肌深面的颈外静脉表面和腮腺后缘和臂头肌之间。输入管收集颈部、前肢、胸壁的淋巴，输出管汇入右气管淋巴干和胸导管。

④髂下淋巴结：又称股前淋巴结，为一大而长的淋巴结，位于膝关节的前上方、阔筋膜张肌前缘膝褶中，活体上易触摸到。输入管收集腹侧壁、骨盆、股部、小腿部等处的淋巴，输出管汇入髂外侧淋巴结和髂内侧淋巴结。

⑤腹股沟浅淋巴结：位于腹底壁后部，大腿内侧，腹股沟管外环附近皮下的一群淋巴结。因性别差异而有不同的名称。公畜的位于阴茎两侧，称为阴茎背侧淋巴结；母畜的位于乳房的后上方，称为乳房上淋巴结（母猪位于倒数第 2 对乳头的外侧）。输入管收集腹底壁肌肉、皮肤、股内侧、阴囊、乳房、外生殖器等处的淋巴，输出管汇入髂内侧淋巴结。

⑥腘淋巴结：位于膝关节后方，臀股二头肌与半腱肌之间，腓肠肌外侧头近端的表面脂肪中。输入管收集膝关节以下的淋巴，输出管汇入髂内侧淋巴结、坐骨淋巴结或腰主动脉淋巴结等。

(2)畜体主要深层淋巴结(图 9-7 至图 9-10)。

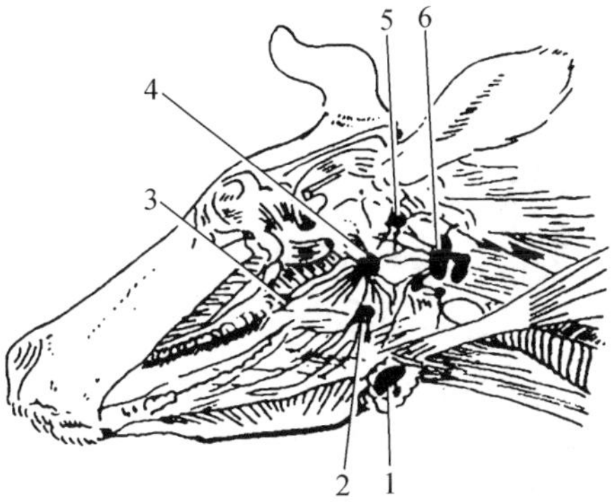

图 9-7　牛头部深层淋巴结

1. 下颌淋巴结　2. 舌骨前淋巴结　3. 翼肌淋巴结　4. 咽后内侧淋巴结　5. 舌骨后淋巴结　6. 咽后外侧淋巴结

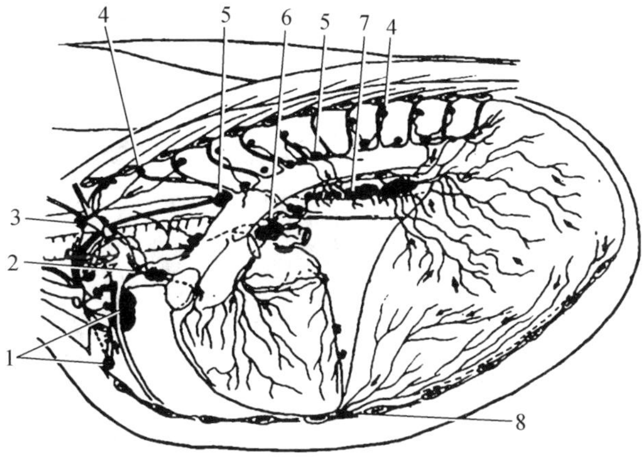

图 9-8　牛胸腔淋巴结

1. 胸骨前淋巴结　2. 纵隔前淋巴结　3. 肋颈淋巴结　4. 肋间淋巴结　5. 胸主动脉淋巴结　6. 气管支气管左淋巴结　7. 纵隔后淋巴结　8. 胸骨后淋巴结

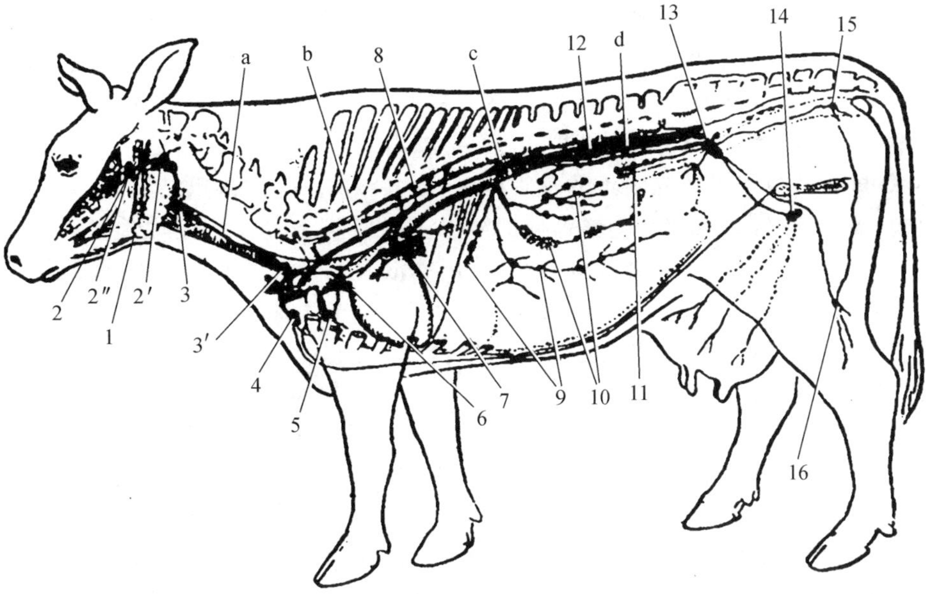

图 9-9　牛体深层淋巴结

1. 下颌淋巴中心　2. 咽后淋巴中心　2′. 咽后淋巴中心的咽后外侧淋巴结　2″. 咽后内侧淋巴结　3. 颈深淋巴中心的颈前淋巴结　3′. 颈后淋巴结　4. 腋淋巴中心　5. 胸腹侧淋巴中心　6. 纵隔淋巴中心　7. 支气管淋巴中心　8. 胸背侧淋巴中心　9. 腹腔淋巴中心　10. 肠系膜前淋巴中心　11. 肠系膜后淋巴中心　12. 腰淋巴中心　13. 髂荐淋巴中心的髂内淋巴结　14. 腹股沟股淋巴中心的腹股沟浅淋巴结　15. 坐骨淋巴中心　16. 腘淋巴中心

a. 气管干　b. 胸导管　c. 乳糜池　d. 腰淋巴干

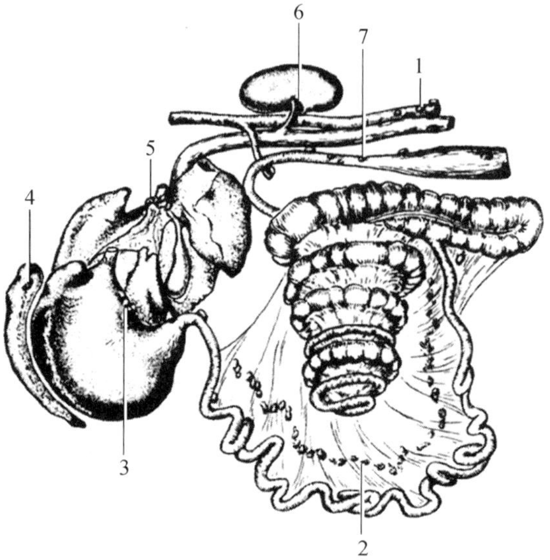

图 9-10 猪的内脏淋巴结

1. 腰淋巴结 2. 肠系膜淋巴结 3. 胃淋巴结 4. 脾淋巴结
5. 肝淋巴结 6. 肾淋巴结 7. 结肠淋巴结

①咽后淋巴结：每侧均有内、外2组，牛的咽后内侧淋巴结左、右并列于咽的背外侧；猪的位于颈总动脉、颈内静脉和迷走交感干的背侧。输入管收集咽、喉、唾液腺、鼻后部、副鼻窦等处的淋巴，输出管汇入咽后外侧淋巴结。牛的咽后外侧淋巴结，位于寰椎翼腹侧、腮腺和下颌腺的深层。猪咽后外侧淋巴结常有2个，位于耳静脉后方。输入管收集口腔、下颌、外耳、唾液腺及头部淋巴结（翼肌淋巴结除外）的淋巴，形成左、右气管淋巴干（颈淋巴干）。

②颈深淋巴结：位于甲状腺附近的气管两侧，分颈深前、中、后淋巴结3组。输入淋巴管收集颈部肌肉、甲状腺、气管、食管、胸腺等处的淋巴，输出管汇入颈深中淋巴结。输入管收集颈部肌肉、气管、食管、胸腺以及肩部的淋巴结，输出管汇入气管淋巴干、胸导管或颈外静脉。

③支气管淋巴结：位于气管分叉处或支气管上，分为支气管前淋巴结、支气管中淋巴结、支气管左淋巴结和支气管右淋巴结。输入管收集食管、支气管、心、肺的淋巴，输出管汇入胸导管，或汇入纵隔前淋巴结。

④肺淋巴结：有数个，位于肺门附近，沿肺内支气管分布输入管收集肺的淋巴，输出管汇入气管淋巴结或纵隔后淋巴结。

⑤胃淋巴结：牛有4个胃，淋巴结数目多，分布位置不同，名称也不一样，可分为瘤胃右淋巴结、瘤胃左淋巴结、瘤胃前淋巴结、网胃淋巴结、瓣胃淋巴结、皱胃背侧淋巴结、瘤皱胃淋巴结和网皱胃淋巴结8个。输入管收集相应部位的淋巴，输出管汇合形成胃干，汇入腹腔干。猪有1～5个，分散于贲门附近和胃小弯。

⑥肝（门）淋巴结：一般有1～3个，有时多达10个，位于肝门附近，沿门静脉分布。输入管收集肝、胰、十二指肠、皱胃的淋巴，输出管汇合形成肝干，与胃干汇合形成内脏干。

⑦脾淋巴结：牛没有脾淋巴结，猪的脾淋巴结位于脾门附近，引流胃、脾和网膜的淋巴。

⑧腹股沟深（髂股）淋巴结：牛常有1～3个，位于髂骨体前方。输入管收集骨盆、后肢和腹壁等处的淋巴，输出管汇入髂内侧淋巴结。

⑨髂外淋巴结:位于旋髂深动脉前、后支处的一群淋巴结,牛常有1个。输入管收集骨盆壁及盆腔内脏等处的淋巴,输出管汇入髂内侧淋巴结。

⑩髂内淋巴结:位于左右髂外侧动脉起始处附近的一大群淋巴结,其中在左、右髂内侧动脉夹角内的淋巴结又称为荐淋巴。髂内淋巴结是兽医卫生检验的重要淋巴结。输入管收集腰荐部、尾部、腹壁后部、后肢等处的淋巴,输出管汇入左、右腰干。

知识链接　在生猪屠宰检疫中,必检淋巴结包括头部的下颌淋巴结,内脏的肝门淋巴结、肠系膜淋巴结,胴体的肩前淋巴结和腹股沟浅淋巴结。

(二)脾

1. 脾的形态位置(图9-11)

(1)牛脾。长而扁的椭圆形,呈灰蓝色,质度稍硬,位于瘤胃被囊的左前方。

(2)羊脾。扁而呈钝角三角形,红紫色,质柔软,附着瘤胃背囊前上方。

(3)猪脾。长舌形,红紫色或暗红色,质较硬,位于胃大弯左下,弯曲度与胃大弯相应。

(4)马脾。呈扁平镰刀形,蓝紫色,质柔软,在胃的左后方。

(5)兔脾。呈长条状,色深红,长4～5 cm,宽1～2 cm,在胃大弯左侧,附于大网膜上。

(6)禽脾。较小,呈球形,鸽为长形,脾呈红褐色,位于肌胃、腺胃交界处的右侧。

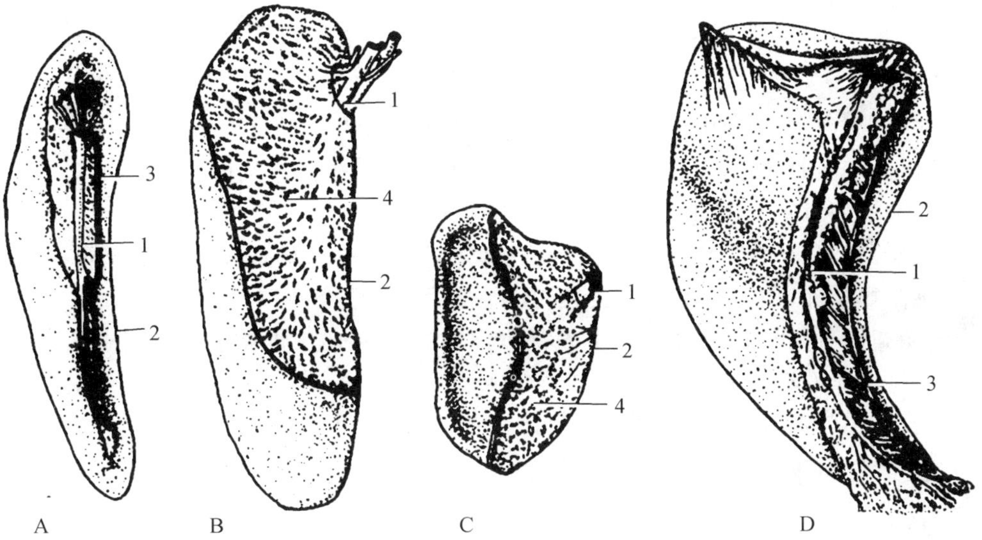

图9-11　脾的形态

A. 猪脾　B. 牛脾　C. 羊脾　D. 马脾

1. 脾门　2. 前缘　3. 胃脾韧带　4. 脾和瘤胃粘连处

2. 脾的组织构造

脾是体内最大的淋巴器官,位于腹腔前部,在胃的左侧,是血液循环通路上的一个滤器,它有输出淋巴管,没有输入淋巴管;没有淋巴窦,而有血窦。脾也分被膜和实质2部分。被膜由浆膜和致密结缔组织构成,含有胶原纤维、弹性纤维和平滑肌纤维,被膜的结缔组织携带平滑肌纤维伸入实质中形成小梁,并分支相互吻合,构成网状支架。脾收缩时可把脾内血液排出。实质为脾髓,分为白髓和红髓。

(1)白髓。白髓由淋巴组织环绕动脉构成，分布于红髓之间，它分为动脉周围淋巴鞘和淋巴小结2种结构。动脉周围的淋巴鞘，淋巴组织紧包在穿行的中央动脉周围，它相当于淋巴结的副皮质区，属胸腺依赖区；淋巴小结即脾小结，结构与淋巴结内的淋巴小结相似，位于淋巴鞘的一侧，也有生发中心，主要为B细胞，当抗原刺激引起体液免疫反应时，淋巴小结则增大增多。

(2)红髓。红髓由脾索和脾窦(血窦)组成，因含有许多红细胞，故呈红色。脾索为彼此吻合成网的淋巴组织索，除网状细胞外，还有B细胞、巨噬细胞、浆细胞和各种血细胞；脾窦分布于脾索之间，其形状、大小视血液充盈程度而变化。窦壁内皮细胞呈长杆状，内皮细胞之间有裂隙，基膜也不完整，这些均有利于血细胞从脾髓进入脾窦。

(3)边缘区。边缘区是白髓、红髓移行的部位，白髓的边缘有几层扁平的网状细胞呈同心圆排列，外面的淋巴组织结构疏松，脾窦不明显。边缘区内含有较多的巨噬细胞、各种血细胞及少量浆细胞、B细胞。中央动脉的大多分支开口于此，此处即为淋巴细胞从血液进入红髓和白髓的门户，是血液进入红髓的滤器，有很强的吞噬滤过作用。

3. 脾的血液通路

脾动脉→小梁动脉→中央动脉→髓微动脉→鞘毛细血管→

毛细血管→脾索→脾窦；毛细血管→脾窦→髓微静脉→小梁静脉→脾静脉

4. 脾的功能

脾有造血、滤血、贮血、调血及参与机体免疫活动等功能。

(1)造血。胚胎时脾能产生各种血细胞，成年后仅能产生淋巴细胞和单核细胞。但当机体大失血或某种疾病时则能恢复其产生各种血细胞的功能。

(2)滤血。脾含有大量巨噬细胞，边缘区、脾窦等处都是滤血的场所，除能清除侵入血液内的细菌和抗原物质外，还能吞噬分解衰老的红细胞及白细胞等。

(3)贮血和调节血量。脾窦和脾索内都可以贮存血液。在机体大失血、剧烈运动等情况下，脾收缩，排出血液进入循环，以满足机体的需要。

(4)免疫。脾内B细胞较多，可产生抗体，参与机体的免疫过程。

(三)血结与血淋巴结

1. 血结

血结存在于反刍动物、马属动物、灵长动物体内的淋巴器官，结构与淋巴结和脾相似；分布在血液循环的通路上，有过滤血液的作用；一般呈圆形，棕色或暗红色，直径5～12 mm，多成串存在，彼此间由血管相连，无输入、输出淋巴管。

2. 血淋巴结

血淋巴结存在于反刍动物等体内，呈暗灰色，结构介于血结和淋巴结之间，具有输入、输出淋巴管，窦腔中常同时存在血液和淋巴。血淋巴结和脾脏一样有滤血的功能，在淋巴组织和窦腔中的衰老红细胞均被巨噬细胞所吞噬，血淋巴结还可能参与免疫活动。

(四)扁桃体

牛的舌扁桃体是舌根黏膜内的淋巴滤胞集结，而羊的是弥散性的淋巴组织。腭扁桃体在腭舌弓后方的两侧，各有一深的扁桃体窦，窦的外侧壁内有腭扁桃体，牛的长 3～4 cm，羊的长 1 cm 左右。咽扁桃体位于咽腔背侧壁的咽中隔的黏膜中，表面有许多沟和嵴。猪在咽峡和舌根部都有扁桃体组织；在软腭的口腔面两侧各有一卵圆形隆起的腭扁桃体，隆起表面有很多清晰的隐窝。扁桃体的功能与淋巴结相似。

畜禽体内除以上叙及的免疫组织器官外，还有家畜的回盲瓣处的淋巴集结、禽的盲肠扁桃体等淋巴组织，它们也有很强的免疫功能。

第三节　淋巴和淋巴管

淋巴在淋巴管内流动，淋巴器官位于淋巴管的径路上。淋巴管以毛细淋巴管起于组织间隙，并像静脉一样逐级汇集成大的淋巴管，最后回到前腔静脉，因此，它属于血液循环中静脉循环的一个分支。淋巴经毛细淋巴管、淋巴管、淋巴干、淋巴导管注入前腔静脉，称为淋巴循环。

一、淋巴(淋巴液)

淋巴是免疫系统的组成成分，也是机体的体液成分之一。淋巴来自组织液，组织液来源于血液，淋巴又回到血液中去，三者密切相关。淋巴为无色或微黄色的液体，由淋巴浆和淋巴细胞组成，没通过淋巴结的淋巴没有淋巴细胞。

淋巴液的生成：组织液约 90%在毛细血管静脉端回流入血，其余 10%在组织液静压的作用下进入毛细淋巴管，即成为淋巴液。因此，某一组织内淋巴液的成分和该组织的组织液相接近。据测算，安静状态下，每天生成的淋巴液总量大致相当于全身血浆的总量。组织液和毛细淋巴管内淋巴液的压力差是组织液进入淋巴管的动力。组织液压力升高时，能加快淋巴液的生成速度。

二、淋巴管

淋巴管是运送淋巴的管道，依其汇集顺序、管径粗细、管壁厚薄分为毛细淋巴管、淋巴管、淋巴干、淋巴导管几种。

(一)毛细淋巴管

毛细淋巴管是淋巴管道系统的起始部分，以略膨大的盲端起于组织间隙，彼此吻合成网，毛细淋巴管和毛细血管伴行，但不相通。其结构似毛细血管，管壁由单层内皮细胞构成，但较毛细血管有更大的通透性，一些不易进入毛细血管的大分子物质，如细菌、异物、蛋白质等，可进到毛细淋巴管内。小肠肠绒毛内的毛细淋巴管常为 1～2 条较直的小管，能吸收脂肪微粒而使淋巴呈乳白色，故称为乳糜管。毛细淋巴管分布较广，除上皮、中枢神经、骨髓、软骨、齿、角膜、晶状体及脾髓等处外，几乎遍布全身。毛细淋巴管最后与静脉相连。

(二)淋巴管

由毛细淋巴管汇集而成，其形态结构与静脉相似，但管腔比相应静脉小，管径较细且粗细不均，常呈串珠状，数目较多，彼此吻合，比静脉更广泛。管壁薄、瓣膜很多，游离缘向心排列，有防止淋巴倒流的作用。淋巴管走行中要通过一个或多个淋巴结，进入淋巴结的为输入淋巴管，离开淋巴结的为输出淋巴管，在淋巴结内侧形成淋巴窦。根据淋巴管分布的位置，淋巴管可分为浅层淋巴管和深层淋巴管。浅层淋巴管分布于皮下，汇集皮肤及皮下组织的淋巴液，多与浅静脉伴行，一般呈辐射状汇集于浅淋巴结；深层淋巴管汇集肌肉、骨和内脏的淋巴液，多伴随深层血管和神经。浅层、深层淋巴管间存在广泛的交通支。

（三）淋巴干

淋巴干为身体某一区域较粗大的淋巴集合管，由浅层、深层淋巴管在向心过程中经过的一系列的淋巴结后汇集而成。畜体主要淋巴干有左、右气管淋巴干（颈干），左、右腰淋巴干，内脏淋巴干及肠淋巴干。

（四）淋巴导管

淋巴导管为体内粗大的淋巴管，由淋巴干汇集而成，有 2 条，即胸导管和右淋巴导管，注入血液循环。

1. 胸导管

胸导管是全身最大的淋巴管道，起始于乳糜池，穿过膈的主动脉裂孔入胸腔，沿胸主动脉右上方、右奇静脉的右下方前行，越过食管、气管的左侧向下走，在胸腔入口处注入前腔静脉，收集除右淋巴导管辖区以外的全身的淋巴。

乳糜池是胸导管起始的膨大部分，呈梭形，位于最后胸椎和前 1～3 个腰椎的腹侧，在腹主动脉和右隔脚之间，牛、马的最长达 10 cm，直径达 1.5～2 cm，猪、羊的直径约 1 cm。左、右腰淋巴干和内脏淋巴干在此汇入。因肠淋巴干汇入了肠绒毛内的毛细淋巴管（中央乳糜管），它吸收了肠腔内的脂类物质，这种含有脂类的淋巴呈乳白色，使此处淋巴也呈乳白色粥状，故此处称为乳糜池。

2. 右淋巴导管

右淋巴导管为右侧气管干的延续，短而粗，位于胸腔入口附近，收集右侧头颈部、右前肢、右肺、心脏右半部和右侧胸壁及胸腔器官的淋巴，注入前腔静脉。牛的右淋巴导管由颈浅淋巴结的输出管和右气管淋巴干汇合而成，长 0.5～2 cm。猪的右淋巴导管由右气管淋巴干与右前肢的淋巴管汇合而长成，长约 2 cm。右淋巴导管有时缺如。

专 项 实 训

一、胸腺、脾和淋巴结的形态、结构与位置观察识别

［实训目标］ 在新鲜标本上观察识别胸腺、脾及主要淋巴结。

［材料设备］ 牛（羊）、仔猪的新鲜尸体标本，解剖器械。

［方法步骤］

（1）在仔猪尸体标本上找到胸腺，并仔细观察其形态位置。

（2）在牛（羊）、仔猪的尸体标本上找到脾及下颌淋巴结、颈深淋巴结、肩前淋巴结、腋淋巴结、肘淋巴结、股前（膝上）淋巴结、腘淋巴结、腹股沟深淋巴结、腹股沟浅淋巴结、纵隔后淋巴结、腹腔淋巴结、肠系膜淋巴结、脾淋巴结（仔猪）等。

（3）比较牛（羊）与仔猪各免疫器官的形态、结构和位置的区别。

二、淋巴结和脾组织结构的比较观察

[实训目标] 识别淋巴结和脾的组织构造。

[材料设备] 淋巴结和脾的组织切片、显微镜。

[方法步骤]

1. 淋巴结的观察

先用低倍镜后用高倍镜观察淋巴结切片的下列构造：被膜、淋巴小结、副皮质区、皮质淋巴窦、髓索和髓窦。

2. 脾的观察

先用低倍镜后用高倍镜观察脾组织切片的下列构造：被膜、脾小梁、脾小体、髓索和髓窦。

3. 比较淋巴结和脾的组织结构区别

复习思考题

1. 血-胸腺屏障有何作用？
2. 淋巴系统的组成有哪些？
3. 临床检查淋巴结有何意义？兽医临床和兽医卫生检疫中常检的淋巴结主要有哪些？
4. 淋巴回流和血液循环有何关系？

免疫器官的结构及功能

第十章
神经系统

【学习目标】

- 了解神经系统的组成和基本结构以及外周神经的组成和分布特点。
- 掌握神经系统的常用术语，熟悉脊髓和脑的位置、形态及内部结构。
- 了解神经元活动的一般规律。
- 掌握反射中枢活动的一般规律，熟悉神经系统对躯体运动和内脏活动的调节。
- 理解神经系统的感觉功能和条件反射。

【素质目标】

- 树立辩证唯物主义世界观。
- 注重理论联系实际，培养科学严谨的学习态度和精益求精的工匠精神。
- 树立生物安全意识，严格遵守实验操作规范。

【学习建议】

通过教师讲解，理解神经系统的有关概念，掌握脑和脊髓的形态、位置、构造及功能；熟悉神经系统对躯体运动和内脏活动的调节及条件反射。

第一节　神经系统解剖

神经系统由脑、脊髓以及与其相连并遍布全身各处的周围神经所组成，是动物体内起主导作用的整合和调节装置。神经系统能接受体内、外的各种刺激，并将其转变为神经冲动进行传导，通过反射的方式，调节机体各器官系统的功能活动，使机体各器官之间保持协调一致，机体与外界环境之间保持相对平衡，以适应体内、外环境的变化，保证正常生命活动的进行。

神经系统可分为中枢神经和外周神经 2 部分。中枢神经包括脑和脊髓；外周神经包括躯体神经和植物性神经。躯体神经包括脑神经和脊神经。植物性神经包括交感神经和副交感神经。

一、中枢神经

(一)脊髓

1. 脊髓的位置形态

脊髓位于椎管内,呈上下略扁的圆柱形,前端在枕骨大孔处与延髓相连,后端到达荐骨中部。脊髓发出脊神经,广泛分布于躯干、四肢各部。脊髓依其与脊椎的对应关系分为颈部、胸部、腰部、荐部和尾部。颈髓与胸髓交界处较粗大,称为颈膨大,为前肢神经发出部位。腰髓与荐髓交界处也较粗,称为腰膨大,为后肢神经发出部位。腰膨大之后逐渐变细小呈圆锥状,称为脊髓圆锥。从脊髓圆锥向后伸出一根非神经性的软膜细丝称为终丝,终丝外包以硬膜丝,附着于尾椎锥体背面,有固定脊髓的作用。在胚胎发育过程中,脊髓比脊柱生长慢,脊髓逐渐短于椎管,因此,荐神经和尾神经在椎管内向后延伸一段距离,才能到达相应的椎间孔出椎管。所以在脊髓圆锥周围可见有较长的神经排列,整个结构形似马尾,故称为马尾。

2. 脊髓的内部结构

脊髓由灰质和白质构成,灰质位于中央,周围为白质(图 10-1)。灰质中央有一纵贯脊髓的中央管,前通第 4 脑室,内含脑脊液。

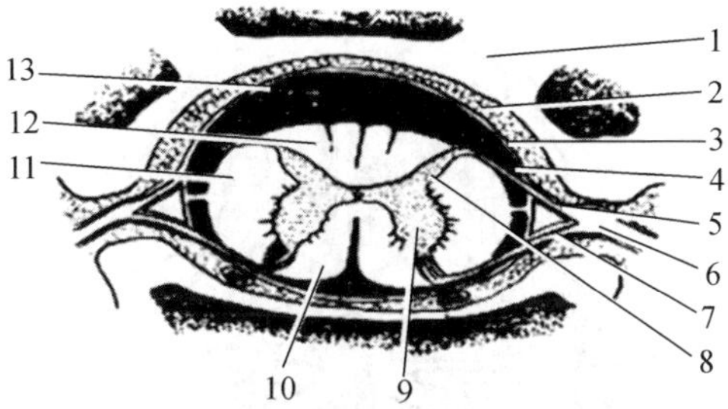

图 10-1　脊髓的横断面模式图

1. 椎弓　2. 硬膜外腔　3. 脊硬膜　4. 硬膜下腔　5. 背侧根　6. 脊神经节　7. 腹侧根　8. 背侧柱　9. 腹侧柱　10. 腹侧索　11. 外侧索　12. 背侧索　13. 蛛网膜下腔

(1)灰质。灰质主要由神经元胞体和树突构成。横断面呈蝶形(H 形),灰白色。每侧灰质都有背、腹侧 2 个突出部,分别称为背侧角(柱)和腹侧角(柱),背侧角和腹侧角之间为灰质联合。在胸部脊髓和腰部脊髓的前段,腹侧柱脊髓基部的外侧,还有稍隆起的外侧柱。背侧柱内有中间神经元,接受脊神经节内感觉神经元中枢突传来的冲动。腹侧柱内为运动神经元,发出冲动经腹侧根传出支配骨骼肌。外侧柱内有副交感神经节前神经元。

(2)白质。白质主要由神经纤维聚集而成,被灰质分为左右对称的背侧索、外侧索和腹侧索。背侧索位于背侧柱和背正中沟之间,由脊神经感觉神经元的中枢突构成,为感觉传导束(上行束)。外侧索位于背侧柱和腹侧柱之间,腹侧索位于腹侧柱与腹正中裂之间,它们均由来自背侧柱的中间神经元的轴突(上行束)以及来自大脑和脑干的中间神经元的轴突(下行束)组成,以下行束为主。靠近灰质柱的白质都是一些短程的纤维,联络各节段的脊髓,称为固有束。

(二)脑

脑位于颅腔内,经枕骨大孔与脊髓相连,可分为脑干、小脑、间脑和大脑(图 10-2 和图 10-3)。

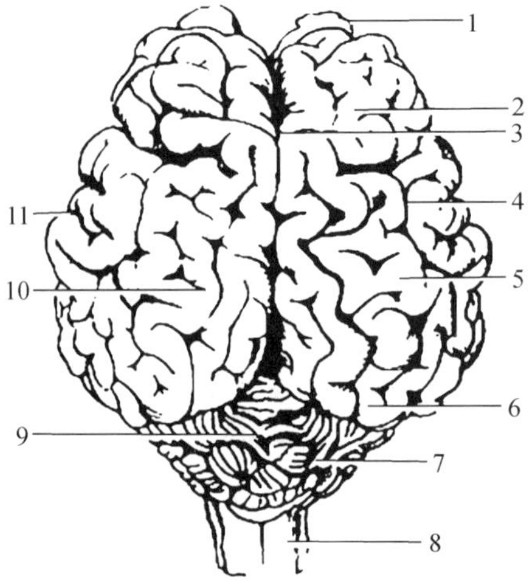

图 10-2 牛脑(背侧面)

1. 嗅球 2. 额叶 3. 大脑纵裂 4. 脑沟 5. 脑回 6. 枕叶 7. 小脑半球 8. 延髓 9. 小脑蚓部 10. 顶叶 11. 颞叶

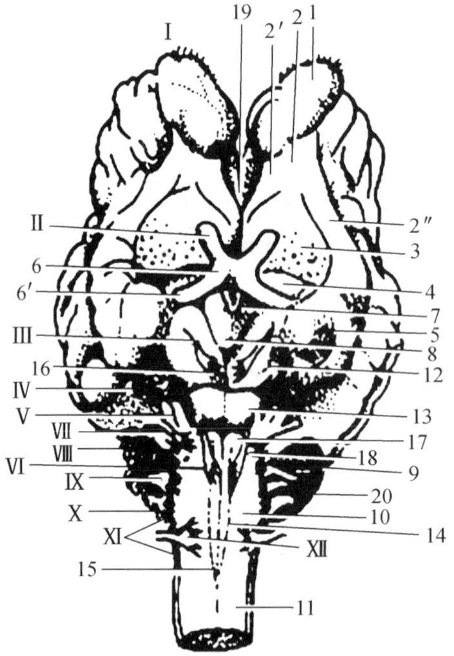

图 10-3 牛脑(腹侧面)

1. 嗅球 2. 嗅总回 2′. 内侧嗅回 2″. 外侧嗅回 3. 嗅三角 4. 前穿质 5. 梨状叶 6. 视交叉 6′. 视束 7. 漏斗和灰结节 8. 乳头体 9. 小脑 10. 延髓 11. 脊髓 12. 大脑脚 13. 脑桥 14. 椎体 15. 椎体交叉 16. 脚间窝 17. 斜方体 18. 面神经球 19. 大脑纵裂 20. 小脑半球 Ⅰ. 嗅神经 Ⅱ. 视神经根 Ⅲ. 动眼神经根 Ⅳ. 滑车神经 Ⅴ. 三叉神经根 Ⅵ. 外展神经根 Ⅶ. 面神经根 Ⅷ. 前庭耳蜗神经根 Ⅸ. 舌咽神经根 Ⅹ. 迷走神经根 Ⅺ. 副神经根 Ⅻ. 舌下神经根

1. 脑干

脑干自后向前依次为延髓、脑桥和中脑 3 部分(图 10-4 和图 10-5)。

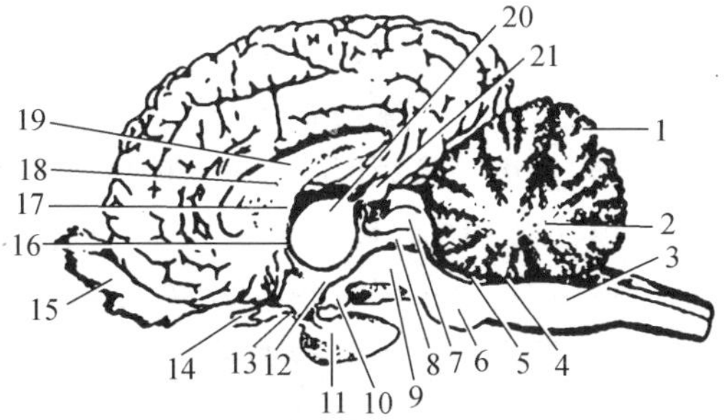

图 10-4 马脑(正中矢状面)

1. 小脑皮质 2. 小脑髓树 3. 延髓 4. 第四脑室 5. 前髓帆 6. 脑桥 7. 四叠体 8. 中脑导水管 9. 大脑脚 10. 乳头体 11. 脑垂体 12. 第三脑室 13. 灰结节 14. 视神经交叉 15. 嗅球 16. 室间孔 17. 穹隆 18. 透明带 19. 胼胝体 20. 丘脑中间块 21. 松果体

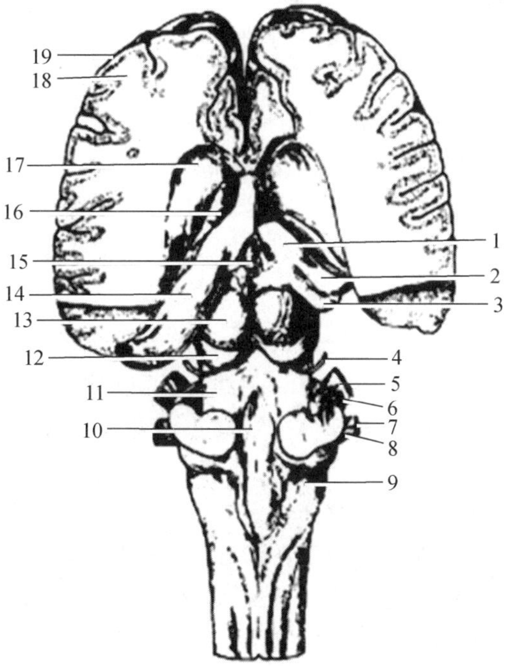

图 10-5 马脑(部分切除)

1. 丘脑 2. 外侧膝状体 3. 内侧膝状体 4. 滑车神经 5. 三叉神经 6. 小脑中脚 7. 面神经 8. 前庭耳蜗神经 9. 小脑后脚 10. 第四脑室底 11. 小脑前脚 12. 后丘 13. 前丘 14. 海马 15. 松果腺 16. 侧脑室脉络丛 17. 尾状核 18. 大脑白质 19. 大脑皮质

(1)延髓。延髓为脑干的末段,呈前宽后窄背腹稍扁的锥体状。前端与脑桥相连,后端在枕骨大孔处与脊髓相连,背侧面被小脑覆盖。延髓背侧面的前半部凹陷,称为菱形窝。在腹侧面有一浅沟,为脊髓腹正中裂的延续。腹正中裂的两侧各有 1 条纵行隆起,称为锥体,由大脑皮质发出的运动纤维束(锥体束)构成。在延髓与脊髓交界处,锥体的大部分纤维越过中线,左右交叉,形成锥体交叉,交叉后的纤维沿脊髓外侧索下行。在延髓腹侧有第Ⅺ～Ⅻ对脑神经根。

延髓前半部的中央管敞开,形成第四脑室底壁的后部,称为开放部。延髓后半部外形与脊髓相似,称为闭合部,其室腔仍为中央管。延髓内部主要为网状结构,内有心跳、呼吸、吞咽、呕吐、咳嗽等生命中枢。此外,还有许多神经核,如第Ⅺ～Ⅻ对脑神经核等。

(2)脑桥。脑桥位于小脑腹侧,前接中脑,后连延髓。其腹面呈一宽的横行隆凸,正中央有一纵行的浅沟,称为基底沟。在横切面上可分为腹侧部(基底)和背侧部(被盖)。腹侧部呈横行隆起,由大量横行纤维、部分纵行纤维及分散其中的神经核组成。横行纤维主要由脑桥核发出,向两侧进入小脑,形成小脑中脚(脑桥臂)。背侧部主要为网状结构和上行传导束,为延髓向前的延续,内有中继核和三叉神经核。在背侧部的前端两侧有连接小脑的小脑前脚(结合臂)。在脑桥腹侧面与小脑中脚交界处有粗大的第Ⅴ对脑神经根。

(3)第四脑室。第四脑室是位于延髓、脑桥和小脑之间的空腔。前端通中脑导水管,后端经延髓中央管通脊髓中央管,内部充满脑脊液。第四脑室顶壁由前向后依次为前髓帆、小脑、后髓帆和第四脑室脉络丛;侧壁由小脑脚构成。

(4)中脑。中脑位于脑桥的前方,内有一管腔,称为中脑导水管,前连第三脑室,后通第四脑室。中脑导水管将中脑分为背侧的四叠体和腹侧的大脑脚。四叠体又称为顶盖,由前、后2对圆丘组成。前丘较大,是皮质下视觉反射中枢。后丘较小,是皮质下听觉反射中枢。大脑脚包括背侧的被盖和腹侧的大脑脚底。被盖是脑桥被盖的延续。大脑脚底为白质,主要由大脑皮质至脑桥、延髓和脊髓的运动束组成。中脑的内部结构为网状结构,内有黑质、红核、动眼神经核和滑车神经核。黑质、红核均有调节肌紧张和协调肌肉活动的作用。

2. 小脑

小脑略呈球形,位于延髓和脑桥的背侧,构成第四脑室顶壁,其表面有许多沟和回。小脑两侧为小脑半球,正中为蚓部。蚓部最后有一小结,向两侧伸入小脑半球腹侧,与小脑半球的绒球合称绒球小结叶,是小脑最古老的部分。绒球小结叶与延髓的前庭核相联系。蚓部的其他部分属旧小脑,主要与脊髓相联系,主管平衡和调节肌紧张。小脑半球是随大脑半球发展起来的,属新小脑,其与大脑皮质联系,调节随意运动。

小脑的表面为灰质,称小脑皮质。白质在深部,呈树枝状伸至小脑各部,称为髓树,又称小脑髓质。髓质内有3对灰质核团,外侧的一对最大,称为小脑外侧核,其接受小脑皮质来的纤维;发出纤维经小脑前脚至红核和丘脑。小脑借3对小脑脚(小脑前脚、中脚和后脚),分别与中脑、脑桥及延髓相连。

3. 间脑

间脑位于中脑和大脑半球之间,被两侧大脑半球覆盖,内有第三脑室。间脑主要可分为丘脑和丘脑下部。

(1)丘脑。丘脑占间脑的最大部分,为1对卵圆形灰质团块。左、右两丘脑的内侧部相连,断面呈圆形,称为丘脑间黏合,其周围环状裂隙为第三脑室。丘脑后部的背外侧有外侧膝状体和内侧膝状体。外侧膝状体较大,位于前方较外侧,接受视束来的纤维,并发出纤维至大脑皮质,是视觉冲动传向大脑皮质的联络站。内侧膝状体较小,呈卵圆形,位于外侧膝状体后下方,接受耳蜗神经的听觉纤维，并发出纤维至大脑皮质，是听觉冲动传向大脑的联络站。丘脑中还有一些与运动、记忆及其他功能有关的神经核群。在左、右丘脑的背侧，中脑四叠体的前方，有一椭圆形小体，称为松果体，属于内分泌腺。

(2)丘脑下部。丘脑下部又称下丘脑，位于丘脑腹侧，包括第三脑室侧壁上的一些结构，是植物性神经的皮质下中枢。从脑底面看，由前向后依次为视交叉、视束、灰结节、漏斗、脑垂体、乳头体。丘脑下部前下方的视交叉前连视神经。视交叉的后方有1对圆形的突起，称为乳头体。视交叉与乳头体之间为灰结节，向下延续为漏斗，漏斗的下端连接脑垂体(内分泌腺)。丘脑下部有许多重要的灰质核群，如位于视交叉上方的视上核，可分泌抗利尿激素；位于第三脑室两侧的室旁核，可分泌催产素；在下丘脑内侧基底部有弓状核和腹内侧核等，可分泌多种释放激素和抑制激素。

(3)第三脑室。第三脑室位于间脑内部的正中矢状面上，是围绕丘脑间黏合的矢状环形空腔，内部充满脑脊液。前方以1对室间孔连通2个大脑半球的侧脑室；顶壁为脉络丛；腹侧形成一漏斗形凹陷；后方通中脑导水管。

4. 大脑

大脑，或称端脑，位于脑干前方，后端以大脑横裂与小脑分开，背侧以大脑纵裂分为左、右2个大脑半球。纵裂的底部结合紧密，是连接两半球的横行宽纤维板，称为胼胝体。大脑半球表面为灰质，称为大脑皮质，皮质深方为白质，白质内藏灰质团块纹状体，称为基底核。每侧大脑半球均包括大脑皮质和白质、嗅脑、基底核和侧脑室(图10-6)。

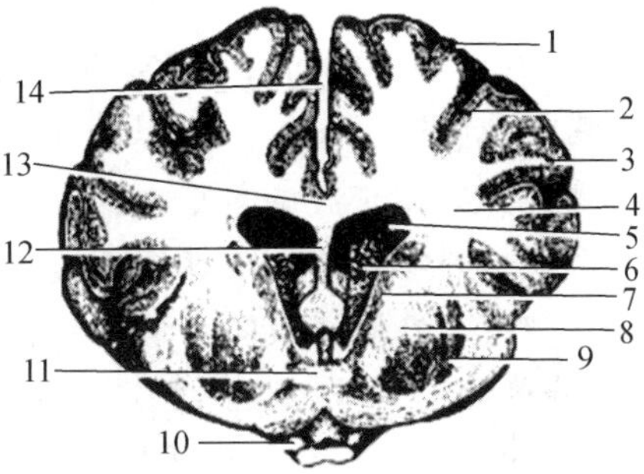

图10-6　大脑半球横切面

1. 脑回　2. 脑沟　3. 大脑皮质　4. 大脑白质　5. 侧脑室　6. 侧脑室脉络丛　7. 尾状核　8. 内囊　9. 豆状核　10. 视束　11. 前联合　12. 透明隔　13. 胼胝体　14. 大脑纵裂

(1)大脑皮质和白质。

①皮质：指覆盖于大脑半球表面的灰质，为新皮质，是神经活动的高级中枢，主要由4～6层神经细胞所构成。皮质表面凹凸不平，有许多弯曲的沟和回，以增加大脑皮质的面积。每侧大脑皮质的背外侧面均可分为4叶，前部为额叶，后部为枕叶，背侧部为顶叶，外侧部为颞叶。一般认为额叶是运动区，枕叶是视觉区，顶叶是感觉区，颞叶是听觉区。各区的面积和位置因动物种类不同而异。

大脑皮质内侧面在下部有环绕胼胝体的沟，称为胼胝体沟。于胼胝体沟的背侧，约在大脑内侧面中部，有与半球背侧缘平行的沟，称为扣带沟。胼胝体沟与扣带沟之间的脑回，称为扣带回，此回环绕胼胝体，在胼胝体后端折转向前，一直延续到脑底面的部分，称为海马回；并有伸向胼胝体后部腹侧的皮质，内侧呈锯齿状，称为齿状回(图10-7)。

②白质：位于皮质深面，也称为大脑半球髓质，由神经纤维构成。大脑白质由以下3种神经纤维构成。

联合纤维：是连接左、右大脑半球皮质的纤维，主要为胼胝体，胼胝体位于大脑纵裂底，构成侧脑室顶壁，将左、右大脑半球连接起来。

联络纤维：是连接同侧半球各脑回、各脑叶之间的纤维。

投射纤维：是连接大脑皮质与脑其他各部分及脊髓的上、下行纤维，都集中通过内囊。因

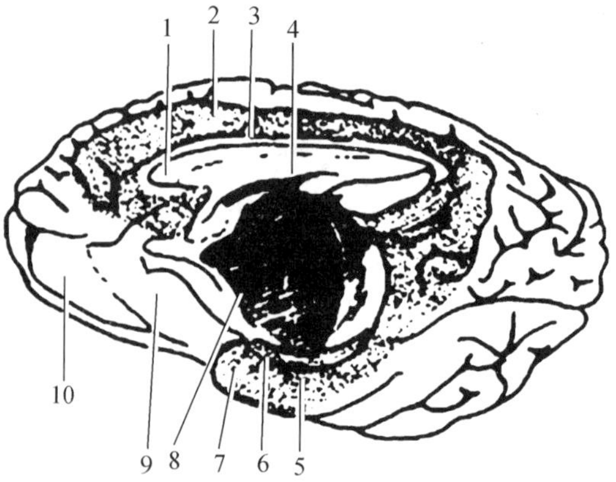

图 10-7 大脑半球内侧面示边缘系统

1. 透明隔 2. 扣带回 3. 胼胝体 4. 穹隆 5. 海马回 6. 齿状回 7. 梨状叶 8. 丘脑切面 9. 嗅三角 10. 嗅回

此，内囊受伤，会出现广泛的感觉和运动障碍。

(2)嗅脑。嗅脑位于大脑半球底部，由嗅球、嗅束、嗅三角、梨状叶和海马等构成。

嗅球呈卵圆形，位于大脑半球前端，是嗅脑最前端的部分。其接受嗅黏膜的嗅神经纤维(嗅丝)，内含嗅神经终止核。嗅球后面接 1 对嗅束(嗅回)，即内侧和外侧嗅束，内侧嗅束伸向半球内面的旁嗅区，外侧嗅束向后连于梨状叶。内、外侧嗅束之间的三角区称为嗅三角，其前端稍隆凸部分称为嗅结节。嗅三角的后部有大量的小血管传入的部分称为前穿质，其深部为基底核。嗅球和嗅三角等结构属于旧皮质。

梨状叶为嗅三角后方、大脑脚外侧的梨状隆起，其表层是灰质，前方深部藏有杏仁核，位于侧脑室底壁。梨状叶被视为嗅觉皮质区。

海马由白质和灰质组成，属于古老皮质，呈三角形，位于侧脑室后底壁。起自梨状叶深面，沿丘脑的后端和背侧向前背内侧伸延呈弓形隆起，构成侧脑室后部的底壁。海马的纤维向外侧集中形成海马伞，伞的纤维向前内侧伸延，与对侧相连形成穹隆。穹隆中部较短，称为穹隆体，其背侧与胼胝体之间有透明隔。

(3)基底核。基底核是大脑半球内部的灰质核团，位于大脑的基底部深层，是皮质下运动中枢，主要有尾状核和豆状核，在两核之间有由白质构成的内囊。尾状核斜向位于丘脑的前外侧，并与丘脑相接，作为侧脑室前部的底壁。腹外侧与内囊相接，内囊外侧有豆状核，豆状核被白质分为内部的苍白球和外部的壳核。尾状核、内囊和豆状核在横切面上呈灰质、白质相间的条纹状，故称纹状体。纹状体是锥体外系的主要联络站，有维持肌紧张和协调肌肉运动的作用。

(4)侧脑室。侧脑室位于大脑半球内，是左右对称的 2 个腔隙，顶壁为胼胝体；底壁前部为尾状核，后部为海马；内侧壁是透明中隔，经室间孔与第三脑室相通。侧脑室内有脉络丛，在室间孔处与第三脑室脉络丛相连。

(三)脑脊膜和脑脊液

1. 脑、脊髓的被膜

脑和脊髓外周包有 3 层结缔组织膜，由外向内依次为硬膜、蛛网膜和软膜。

(1)硬膜。为厚而坚韧的致密结缔组织膜。脑硬膜紧贴颅腔壁,无间隙存在。脊硬膜和椎管之间有一较宽的腔隙,称为脊硬膜外腔,内含静脉和脂肪。

知识链接 临床上常用的硬膜外麻醉即是将麻醉药物由腰荐间隙处注入脊硬膜外腔,以阻滞脊神经的传导作用。

(2)蛛网膜。薄而透明,位于硬膜深层。蛛网膜分出无数结缔组织小梁与软膜相连。蛛网膜与硬膜之间形成狭窄的硬膜下腔,内含少量淋巴液。脑硬膜下腔与脊硬膜下腔前后相通。在脑脊髓的蛛网膜与软膜之间的腔隙称为蛛网膜下腔,其中充满脑脊液。

(3)软膜。薄而富有血管,紧贴于脑脊髓的表面,并深入沟裂之中,分别称为脑软膜和脊软膜。在脑室壁的一些部位,脑软膜上的血管丛与脑室膜上皮共同折入脑室,形成脉络丛,能产生脑脊液。

2. 脑脊液

脑脊液是由各脑室脉络丛产生的无色透明液体,充满于各脑室、脊髓中央管和蛛网膜下腔。各脑室内的脑脊液汇集到第四脑室,经第四脑室脉络丛上的孔进入蛛网膜下腔,流向大脑背侧及脑硬膜中的静脉窦,最后回到血液循环中,这个过程称为脑脊液循环。脑脊液对脑、脊髓有营养作用。

3. 脑、脊髓的血管

脑的动脉血液供应来自颈内动脉、枕动脉和椎动脉的分支,这些动脉一起在脑底合成一动脉环,围绕脑垂体。脑部的静脉血汇入硬脑膜内的静脉窦,进入静脉。脊髓的动脉血来自肋间背侧动脉及腰动脉等的脊髓支,在脊髓腹侧汇合成脊髓腹侧动脉,沿腹正中裂延伸,分布于脊髓。脊髓静脉注入颈静脉、椎静脉、肋间背侧静脉等。

二、外周神经

外周神经由联系中枢和各器官之间的神经纤维构成,包括中枢神经以外的全部神经和神经节。根据其功能性质可分为 3 类:将感觉冲动由器官传向中枢的神经称为感觉神经(传入神经);将神经冲动由中枢传向效应器的神经称为运动神经(传出神经);既有感觉神经纤维,又有运动神经纤维构成的神经称为混合神经。根据分布的不同可分为躯体神经和植物性神经。躯体神经分布于体表和骨骼肌,包括脊神经和脑神经。植物性神经分布于内脏、腺体和心血管,包括交感神经和副交感神经。

(一)脊神经

脊神经由脊髓发出,含有感觉纤维和运动纤维,在椎管中由背侧根(感觉根)和腹侧根(运动根)聚集而成;然后自椎间孔或椎外侧孔穿出,分为背侧支和腹侧支,分别分布于脊柱背侧和腹侧的肌肉、皮肤(图 10-8)。分布于肌肉的称为肌支,分布于皮肤的为皮支。脊神经按发出的部位分为颈神经、胸神经、腰神经、荐神经和尾神经(表 10-1)。

1. 颈神经

颈神经分背侧支和腹侧支。颈神经的背侧支又分为内侧支和外侧支,分布于颈部背、外侧的肌肉和皮肤。颈神经的腹侧支自前向后逐渐变粗,分布于颈部腹外侧的肌肉和皮肤。后 3 对颈神经的腹侧支较大,参与组成臂神经丛和膈神经。颈神经的腹侧支有以下主要分支。

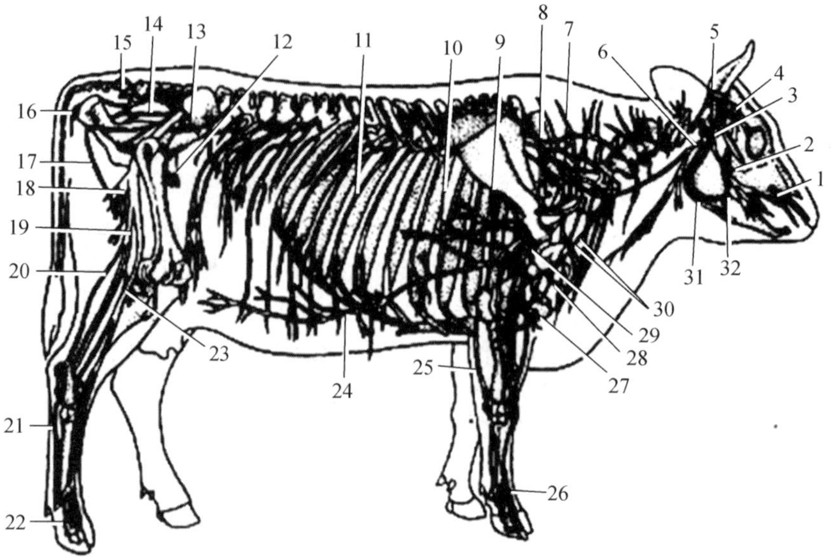

图 10-8 牛脑、脊神经模式图

1. 眶下神经 2. 上颊支 3. 面神经 4. 颞浅神经 5. 耳睑神经 6. 副神经 7. 肩胛下神经 8. 肩胛上神经 9. 胸背神经 10. 胸长神经 11. 肋间神经 12. 股神经 13. 臀前神经 14. 臀后神经 15. 直肠后神经 16. 股后皮神经 17. 阴部神经 18. 近侧肌支 19. 胫神经 20. 小腿跖侧皮神经 21. 足底外侧神经 22. 趾背侧神经 23. 腓总神经 24. 胸外侧神经 25. 尺神经 26. 指背侧神经 27. 正中神经 28. 桡神经 29. 腋神经 30. 膈神经 31. 下颊支 32. 腮腺神经

表 10-1 动物脊神经分类和数目 对

项目	动物种类				
	牛	马	猪	犬	兔
颈神经	8	8	8	8	8
胸神经	13	18	14～15	13	12～13
腰神经	6	6	7	7	7～8
荐神经	5	5	4	3	4
尾神经	5～6	5～6	5	5～6	6
合计	37～38	42～43	38～39	36～37	37～38

(1)耳大神经(耳后神经)。为第 2 颈神经腹侧支的分支,分布于耳郭凸面。

(2)颈横神经(颈皮神经)。为第 2 颈神经腹侧支的分支,分布于腮腺部、喉部及下颌间隙部。

(3)膈神经。为膈肌的运动神经,来自第 5、6、7 对颈神经的腹侧支。膈神经沿斜角肌的腹侧缘向后伸延,经胸前口入胸腔,沿纵隔向后伸延,分布于膈。

2. 胸神经

胸神经分背侧支和腹侧支。

(1)背侧支。背侧支又分为内侧支和外侧支。内侧支分布于背多裂肌和背棘肌等背部深层肌肉。外侧支分布于肋提肌、背腰最长肌、背髂肋肌以及胸壁上 1/3 部的皮肤。

(2)腹侧支。腹侧支较大,又称肋间神经,伴随肋间背侧动、静脉,沿肋骨的后缘在肋间内、外肌之间下行,沿途分支分布于肋间肌、腹肌和皮肤。

3. 臂神经丛

牛和猪的臂神经丛由第 6、7、8 对颈神经的腹侧支和第 1 胸神经的腹侧支组成,由斜角肌背腹侧两部之间穿出,位于肩关节内侧,主要分布于前肢(图 10-9)。其主要分支有 8 支。

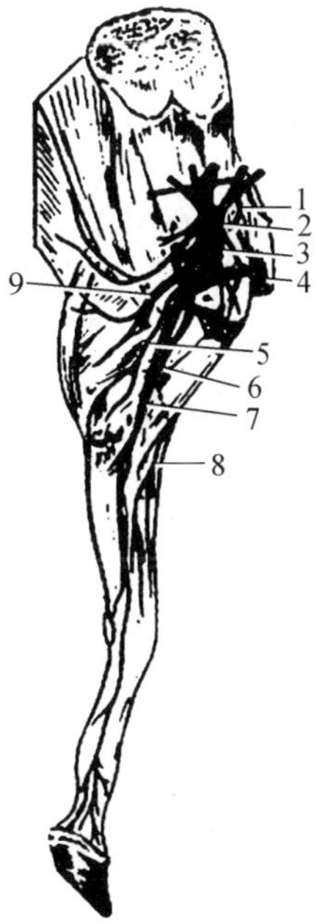

图 10-9　牛前肢神经(内侧面)

1. 肩胛上神经　2. 臂神经丛　3. 腋神经　4. 腋动脉　5. 尺神经　6. 正中神经和肌皮神经总干　7. 正中神经　8. 肌皮神经皮支　9. 桡神经

(1)肩胛上神经。由臂神经丛前部分出,绕过肩胛骨前缘,分布于冈上肌、冈下肌等。

(2)肩胛下神经。在肩胛上神经后方,有 2～4 支,分布于肩胛下肌及肩关节。

(3)腋神经。由臂神经丛中部分出,经肩胛下肌与大圆肌之间,在肩关节后方分出数支,分布于前臂前面和胸浅肌表面皮肤。

(4)胸肌神经。有数支,分布于胸肌、背阔肌、腹侧锯肌、躯干皮肌及胸侧壁的皮肤。

(5)肌皮神经。由臂神经丛前部分出,分布于喙臂肌、臂二头肌、臂肌和前臂背侧的皮肤。牛的肌皮神经与正中神经合成 1 条总干,包于 1 个总鞘内。

(6)桡神经。桡神经是臂神经丛中最粗的分支,由臂神经丛后部分出,在臂内侧经臂三头肌长头与内侧头之间进入螺旋肌沟,沿臂肌后缘向下伸延,分出肌支分布于臂三头肌。在臂三头肌外侧头的深面分为深、浅 2 支:深支分布于腕和指的伸肌;牛的浅支较粗,行经腕桡侧伸肌前面,继续沿指伸肌腱内侧至腕部和掌部,分布于第 3、4 指的背侧面。

(7)尺神经。在臂内侧位于臂动、静脉之后,伴随下行,然后随同尺侧副动、静脉,经肱骨内侧髁与鹰嘴之间进入前臂,沿尺沟向下伸延。尺神经在臂中部分出一皮支,分布于前臂后面的皮肤。在臂部远端分出数支,分布于腕尺侧屈肌、指深屈肌和指浅屈肌。牛的尺神经在腕关节上方分为背侧支和掌侧支,分别分布于第 4 指背外侧面和第 4 指掌外侧面。

(8)正中神经。牛的正中神经在臂内侧与肌皮神经合成一总干,随同臂动、静脉向下伸延。在肌皮神经分出之后,正中神经行经于肘关节内侧,进入前臂的正中沟。它在前臂近端分出肌支,分布于腕桡侧屈肌和指深屈肌;在正中沟内分出骨间神经进入前臂骨间隙,分布于骨膜。

牛的正中神经分出肌支到腕屈肌和指屈肌后,继续沿指浅屈肌向下伸延,通过腕管,在掌部的下 1/3 处分为内侧支和外侧支。内侧支分为 2 支,分布于悬蹄和第 3 指的掌侧;外侧支也分为 2 支,与尺神经共同分布于第 4 指的掌侧。

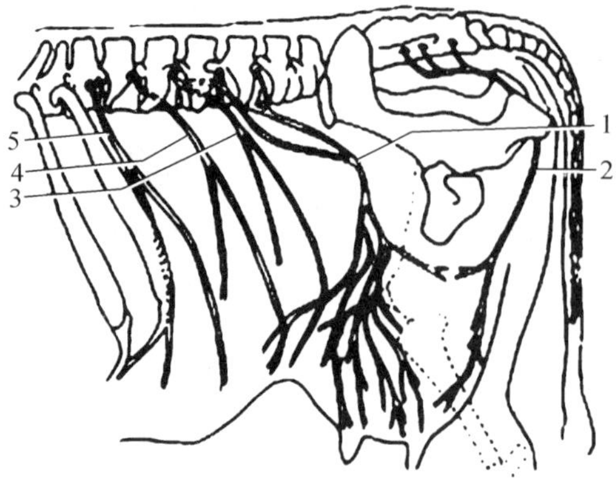

图 10-10 牛腹壁神经

1. 生殖股神经 2. 会阴神经乳房支 3. 髂腹股沟神经 4. 髂腹下神经 5. 最后肋间神经

4. 腰神经

腰神经分背侧支和腹侧支，背侧支又分为内侧支和外侧支。内侧支在背腰最长肌深面分布于多裂肌。外侧支有肌支分布于背腰最长肌，主干穿过臀中肌分布于腰臀部的皮肤。前 3(4) 对腰神经的腹侧支形成髂腹下神经、髂腹股沟神经、生殖股神经和股外侧皮神经。后 3 对腰神经的腹侧支较粗，参与构成腰荐神经丛。它们都有小分支分布到腰下肌肉(图 10-10)。

(1)髂腹下神经。来自第 1 腰神经的腹侧支，经腰方肌与腰大肌之间，向后下方伸延，牛的经过第 2 腰椎横突腹侧及第 3 腰椎横突末端的外侧缘，分为深、浅 2 支，分支分布于腹内斜肌、腹外斜肌、腹直肌、腹横肌及腹底壁的皮肤。

(2)髂腹股沟神经。来自第 2 腰神经的腹侧支。在腰大肌和腰小肌之间向外伸延，牛的经过第 4 腰椎横突末端外侧缘，分为浅、深 2 支。浅支分布到膝外侧及以下的皮肤；深支分布于腹内斜肌、腹直肌和腹股沟区。

(3)生殖股神经。又称精索外神经，来自第 2、3、4 腰神经的腹侧支，沿腰肌间下行，分为前、后 2 支，均穿过腹股沟管，与阴部外动脉一起，分布到睾外提肌、阴囊、包皮(公畜)或乳房(母畜)。

(4)股外侧皮神经。来自第 3、4 腰神经的腹侧支。经腰肌间向外侧伸延，伴随旋髂深动脉的后支，在髋结节后方穿出腹壁，分布于股前和外侧皮肤。

5. 荐神经

荐神经分背侧支和腹侧支，背侧支经荐背侧孔出椎管，分布于臀部的皮肤以及尾根部的肌肉和皮肤。第 1、2 荐神经的腹侧支参与构成腰荐神经丛。第 3、4 荐神经的腹侧支形成阴部神经与直肠后神经。最后 1 对荐神经的腹侧支分布于尾的腹侧。

(1)阴部神经。来自第 2、3、4 荐神经的腹侧支，在荐结节阔韧带的内侧面向后下方延伸，分出侧支分布于尿道、肛门、会阴及股内侧皮肤，主干绕过坐骨弓出盆腔，公畜转至阴茎背侧称为阴茎背神经，分布于阴茎和包皮；母畜则为阴蒂背神经，分布于阴唇和阴蒂。

(2)直肠后神经。牛的来自第 4、5 荐神经的腹侧支，通常有 2 支，均较细，在阴部神经背侧沿荐结节阔韧带内侧面向下方伸延，分布于直肠和肛门，在母畜还分布于阴唇。

6. 腰荐神经丛

由第 4、5、6 腰神经的腹侧支和第 1、2 荐神经的腹侧支构成，位于腰荐部腹侧，主要分布于后肢。其分支主要有股神经、闭孔神经、坐骨神经、臀前神经和臀后神经(图 10-11)。

(1)股神经。由腰荐神经丛前部发出，经腰大肌与腰小肌之间和缝匠肌深面进入股四头肌。股神经分出肌支分布于髂腰肌，还分出隐神经分布于缝匠肌和股部、小腿部和趾内侧的皮肤。

(2)闭孔神经。沿髂骨内侧面向后下方伸延，穿出闭孔，分布于闭孔外肌、耻骨肌、内收肌和股薄肌。

(3)臀前神经。为数支，与臀前动、静脉一起出坐骨大孔，分布于臀肌和阔筋膜张肌。

(4)臀后神经。由腰荐神经丛后部发出，沿荐结节阔韧带外侧面向后伸延，分布于臀股二头肌、臀肌和半腰肌，分出一皮支分布于股后部的皮肤。

(5)坐骨神经。为全身最粗最长的神经，扁而宽，纤维主要来自第6腰神经和第1荐神经的腹侧支。由坐骨大孔出骨盆腔沿荐结节阔韧带的外侧面向后下方伸延，在大转子与坐骨结节之间绕过髋关节后方至股后部，向下延伸到臀股二头肌、半膜肌和半腱肌之间，沿途的分支分布于半膜肌、臀股二头肌和半腱肌，在臀部的分支还分布于闭孔内肌。在股中部主干分为胫神经和腓总神经。

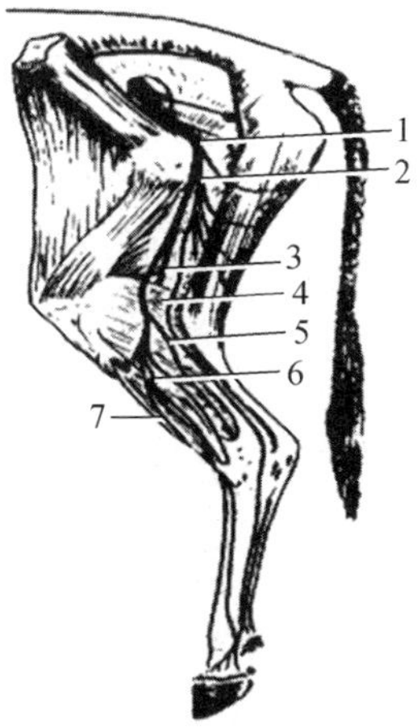

图 10-11　牛的后肢神经(外侧面)

1. 坐骨神经　2. 肌支　3. 胫神经　4. 腓总神经　5. 小腿外侧皮神经　6. 腓浅神经　7. 腓深神经

胫神经沿臀股二头肌深面进入腓肠肌的二肌腹之间，下行到小腿内侧沟，在跗关节的上方分为足底内侧神经和足底外侧神经，继续向下伸延至趾部。胫神经在小腿近端分出肌支，分布于跗关节的伸肌和趾关节的屈肌；并在股远端分出皮支，分布于小腿后面和跗跖外侧面的皮肤。

腓总神经较胫神经略细，在臀股二头肌的深面沿腓肠肌的外侧面走向腓骨头，分为腓浅神经和腓深神经。它在股部还分出一皮支，称为小腿外侧皮神经，穿过臀股二头肌的远端分布于小腿外侧的皮肤。腓浅神经分布于小腿及跖外侧皮肤。腓深神经沿腓沟下行分布于跗关节的屈肌和趾关节的伸肌，以及跗部和趾部的皮肤。

7. 尾神经

尾神经也包括背侧支和腹侧支，分别分布于尾背侧、尾腹侧的肌肉和皮肤。

(二)脑神经

脑神经是从脑发出的外周神经，大多从脑干发出，共有12对。根据所含神经纤维的种类可分为感觉神经、运动神经和混合神经。按其连接脑部的前后顺序来命名(表10-2)。

1. 感觉神经

脑神经中属于感觉神经的有嗅神经、视神经和前庭耳蜗神经。

嗅神经传导嗅觉为鼻腔嗅区黏膜的神经细胞的轴突所构成，轴突集合为许多细丝，经筛板入颅腔，止于嗅球。

视神经传导视觉为眼球视网膜内的神经细胞轴突集合而成，入颅腔后，部分纤维与对侧的视神经进行交叉形成视神经交叉，向后移行称为视束，止于间脑的外侧膝状体。

前庭耳蜗神经为来自内耳前庭、半规管和耳蜗的神经，分别传导平衡感觉和声音刺激冲动到延髓的前庭核和耳蜗核。

表 10-2　脑神经简表

名称	与脑的联系部位	纤维成分	分布部位
Ⅰ嗅神经	嗅球	感觉神经	鼻黏膜
Ⅱ视神经	间脑外侧膝状体	感觉神经	视网膜
Ⅲ动眼神经	中脑的大脑脚	运动神经*	眼球肌
Ⅳ滑车神经	中脑四叠体后丘	运动神经	眼球肌
Ⅴ三叉神经	脑桥	混合神经	面部皮肤、口、鼻黏膜、咀嚼肌
Ⅵ外展神经	延髓	运动神经	眼球肌
Ⅶ面神经	延髓	混合神经*	面、耳、睑肌和部分味蕾
Ⅷ前庭耳蜗神经	延髓	感觉神经	前庭、耳蜗和半规管
Ⅸ舌咽神经	延髓	混合神经*	舌、咽和部分味蕾
Ⅹ迷走神经	延髓	混合神经*	咽、喉、食管、气管和胸、腹腔内脏
Ⅺ副神经	延髓和颈部脊髓	运动神经	咽、喉、食管以及胸头肌和斜方肌
Ⅻ舌下神经	延髓	运动神经	舌肌和舌骨肌

注：* 含有副交感纤维。

2. 运动神经

脑神经中属于运动神经的有动眼神经、滑车神经、外展神经、副神经和舌下神经。

动眼神经、滑车神经和外展神经分别起于脑干中的动眼神经核、滑车神经核和外展神经核，均分布于眼球肌肉，调节眼球的活动。动眼神经还含有副交感神经纤维。

副神经起于延髓和脊髓，分布于喉肌、斜方肌和胸头肌，调节喉和头颈的活动。

舌下神经起于延髓内的舌下神经核，分布于舌肌和舌骨肌，调节舌的活动。

3. 混合神经

脑神经中属于混合神经的有三叉神经、面神经、舌咽神经和迷走神经。面神经、舌咽神经和迷走神经还含有副交感神经纤维。

(1)三叉神经。三叉神经为分支最多、分布范围最广、最粗大的脑神经，由大的感受根和较小的运动根组成，连于脑桥的外侧部。三叉神经在颅腔内分为眼神经、上颌神经和下颌神经 3 大支。

①眼神经分布于鼻黏膜、泪腺、上眼睑、颞区以及额区的皮肤。

②上颌神经出颅腔后分数支，分布于软腭、硬腭、鼻黏膜、下眼睑、上颌牙齿、鼻背、鼻孔、上唇及其附近的皮肤。

③下颌神经分布于咀嚼肌、下颌齿及颏部等。

(2)面神经。经面神经管出颅腔，穿过腮腺，在颞下颌关节的下方绕过下颌骨而到咬肌表面，向前下方伸延，分布于耳、唇和颊等面部。

(3)舌咽神经。舌咽神经经破裂孔出颅腔，在咽外侧沿舌骨支向前下方伸延，分为咽支和舌支。咽支分布于咽和软腭，舌支分布于舌根。

(4)迷走神经。见植物性神经。

(三)植物性神经

植物性神经又称为自主神经，是指分布于内脏器官、血管和皮肤的平滑肌、心肌、腺体等处的传出神经，一般不包括传入神经(图 10-12、图 10-13)。

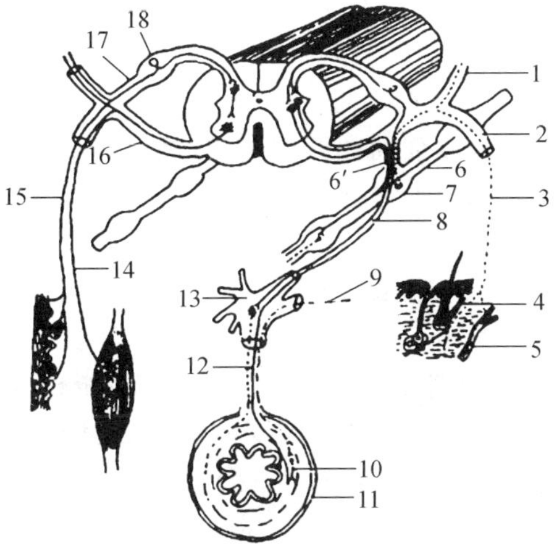

图 10-12　脊神经和植物性神经反射径路模式图

1. 脊神经背侧支　2. 脊神经腹侧支　3. 交感神经节后纤维　4. 竖毛肌　5. 血管　6. 交感神经干　6′. 交通支　7. 椎旁神经节　8. 交感神经节前纤维　9. 副交感神经节前纤维　10. 副交感神经节后纤维　11. 消化管　12. 交感神经节后纤维　13. 椎下神经节　14. 脊神经运动神经纤维　15. 感觉神经纤维　16. 腹侧根　17. 背侧根　18. 脊神经节

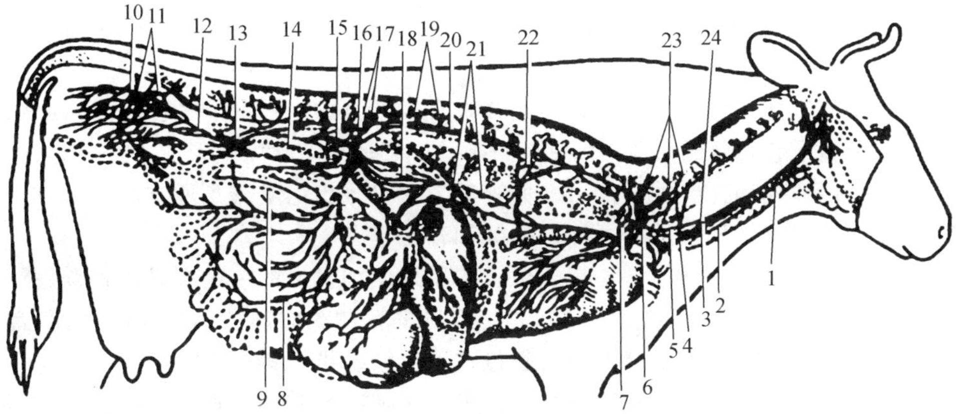

图 10-13　牛的植物性神经模式图

1. 迷走交感神经干　2. 喉返神经　3. 迷走神经　4. 椎神经　5. 交感神经干　6. 颈胸神经节　7. 心支　8. 小肠丛　9. 盲肠丛　10. 盆神经丛　11. 盆神经节　12. 腹下神经　13. 肠系膜后神经节　14. 主动脉神经丛(节间丛)　15. 肾丛　16. 腹腔肠系膜前神经丛　17. 内脏小神经　18. 迷走神经背侧干　19. 椎旁神经节　20. 内脏大神经　21. 迷走神经的背侧干和腹侧干　22. 胸心神经　23. 交通支　24. 颈部交感神经

1. 植物性神经的一般特征

植物性神经与躯体神经的运动神经相比较，具有下列一些结构和功能上的特点。

(1)躯体运动神经支配骨骼肌，而植物性神经则支配平滑肌、心肌和腺体。

(2)躯体运动神经自中枢到效应器只经过 1 个运动神经元。植物性神经自中枢到效应器要由 2 个神经元来完成。前一个神经元称为节前神经元，其胞体位于脑干和脊髓灰质侧柱，由它们发出的轴突称为节前纤维。后一个神经元称为节后神经元，其胞体位于周围的植物性神经节内，由它发出的轴突称为节后纤维。节前纤维离开中枢后，在植物性神经节内与节后神经元形成突触；节后神经元发出的节后纤维将中枢发出的冲动传至效应器。节后神经元的数目较多，1 个节前神经元可与多个节后神经元形成突触，这有利于较多效应器同时活动。

(3)躯体运动神经的纤维一般是较粗的有髓纤维。植物性神经的节前纤维是细的有髓纤维，而节后纤维则是细的无髓纤维。

(4)躯体运动神经一般都受意识支配，而植物性神经在一定程度上不受意识的直接控制，具有相对的自主性。

(5)植物性神经分交感神经和副交感神经，在中枢的调节下，交感神经和副交感神经的作用是相互对抗的，又是协调统一的。在植物性神经所支配的大多数器官中，一般既有交感神经，又有副交感神经，即其分布和支配大多是双重的。而躯体运动神经在效应器上的分布则是单一的。

2. 交感神经

交感神经分为中枢部和周围部。交感神经的低级中枢位于脊髓的胸 1 至腰 4 节段的灰质侧柱。交感神经的节后神经元主要位于椎旁节和椎下节。交感神经的周围部包括交感神经干、神经节、神经节的分支及神经丛。

交感神经的节前神经元发出的节前神经纤维经脊髓腹侧根至脊神经，出椎间孔后经白交通支到相应部位的椎神经节，或经过椎神经节而至椎下神经节，与其中的节后神经元形成突触，另一些节前纤维通过椎神经节向前、后伸延，终止于前、后段的椎神经节，因而在脊柱两侧形成 2 条交感神经干。

交感神经的节后神经元发出的节后神经纤维有 3 种去向：一是经灰交通支返回脊神经，随着脊神经分布于躯干和四肢的血管、汗腺、竖毛肌等；二是在动脉周围形成神经丛，攀附动脉而行，并随动脉分布到相应的器官；三是由椎旁神经节直接分出内脏支到所支配的脏器。

交感神经干按部位可分为颈部、胸部、腰部和荐尾部。

(1)颈部交感神经干。由第 1～6 胸段脊髓灰质外侧柱发出的节前纤维和颈前、颈中、颈后 3 个交感神经节组成。它沿气管的背外侧、颈总动脉的背侧缘向前伸延至颅腔底面，常与迷走神经并行，称为迷走交感干，与颈总动脉一起包在一个结缔组织鞘内。

①颈前神经节：呈梭形，位于颅底腹面。发出节后神经纤维围绕颈内、外动脉形成神经丛，分布于唾液腺、泪腺、虹膜开大肌和头部的皮肤。

②颈中神经节：位于颈后部，其节后神经节纤维分布于主动脉、心脏、气管和食管。

③颈后神经节：与第 1、2 胸神经节合并成星状神经节，位于胸前口内，在第 1 肋骨椎骨端的内侧，呈星芒状，向四周发出节后神经纤维，向后下方发出心支，参与构成心神经丛，分布于心、肺；向背侧分支到臂神经丛，分布于前肢。

(2)胸部交感神经干。紧贴于胸椎的腹外侧，由椎旁神经节和节间支组成。每一节有 1 个胸神经节，神经节的数目与胸椎数目相等。在每一椎间孔附近有 1 个椎旁神经节，每个椎旁神经节都以白交通支和灰交通支与相应的胸神经相连，分布于胸壁的皮肤。另一些节后神经纤维形成小支，到主动脉、食管、气管和支气管，并参与心和肺神经丛。胸部交感干还发出内脏大神经和内脏小神经。

①内脏大神经：由胸部交感干中后段分出，与其并行，穿过膈脚的背侧入腹腔，连于腹腔肠系膜前神经节。

②内脏小神经：由胸部交感干的后段分出，也连于腹腔肠系膜前神经节，向后下方发出心支，参与构成肾神经丛。

(3)腰部交感干。在最后胸椎后端接胸部交感干，沿腰小肌内侧缘向后伸延，有2～5个腰神经节，发出节后神经纤维组成灰交通支返回腰神经。腰部交感干还发出腰内脏神经，连于肠系膜后神经节。腹腔内有2个神经节，即腹腔肠系膜前神经节和肠系膜后神经节。

①腹腔肠系膜前神经节：位于腹腔动脉根部两侧和肠系膜前动脉根部的后方，呈半月形。其节后纤维与迷走神经的分支一起参与形成腹腔神经丛（或称太阳丛），分布于胃、肝、脾、胰、肾、小肠、大肠等。

②肠系膜后神经节：为1对扁而小的神经节，位于肠系膜后动脉根部两侧，在肠系膜后神经丛内。其节后纤维沿动脉分布到结肠后段、精索、睾丸、附睾或卵巢、输卵管、子宫角。此外，还分出1对腹下神经，向后伸延到骨盆腔内，参与构成盆神经丛，分布于结肠后段、直肠、膀胱、前列腺、公畜的阴茎或母畜的子宫和阴道。

(4)荐尾部交感干。沿荐骨骨盆面向后伸延，并逐渐变细，前部的神经节较大，后部的较小。其节后神经纤维组成灰交通支连于荐神经和尾神经，分布于所属部位的血管、汗腺、竖毛肌、平滑肌等。

3. 副交感神经

副交感神经的节前神经元胞体位于脑干和荐部脊髓，故可分为颅部和荐部副交感神经。节后神经元的胞体位于所支配的器官旁或器官内，统称为终末神经节，其节后神经纤维较短。

(1)颅部的副交感神经。其节前神经纤维位于动眼神经、面神经、舌咽神经和迷走神经内。

动眼神经内的副交感神经的节前纤维，进入眼球，终止于睫状神经节，其节后纤维分布于眼球的睫状肌和瞳孔括约肌。

面神经内的副交感神经节前纤维，一部分至上颌神经上的翼腭神经节，节后纤维分布于泪腺、腭腺、颊腺和鼻黏膜腺；另一部分至下颌神经节，节后纤维分布于舌下腺和颌下腺。

舌咽神经内的副交感神经节前纤维，至下颌神经内侧面的耳神经节，节后纤维分布于腮腺。

迷走神经为混合神经，是脑神经中伸延最长、分布最广的神经。其中，副交感节前纤维最多，占80%以上，迷走神经还含有内脏传入纤维，胞体位于结状神经节，周围突分布于内脏，中枢突入延髓止于孤束核；躯体传入纤维少，胞体位于颈静脉神经节，外周突分布于外耳皮肤，中枢突止于三叉神经脊束核；躯体运动纤维分布于咽、喉的横纹肌。

迷走神经由破裂孔出颅腔，与交感神经合并成迷走交感干，沿颈总动脉的背侧缘向后伸延，到颈后端离开交感干，经锁骨下动脉腹侧进入胸腔，在纵隔中继续向后伸延，约于支气管背侧分为食管背侧支和食管腹侧支。左、右迷走神经的食管背侧支合成迷走背侧干；腹侧支合成迷走腹侧干，分别沿食管的背侧缘和腹侧缘向后伸延，穿过膈的食管裂孔进入腹腔。迷走腹侧干分布于胃、幽门、十二指肠、肝和胰；迷走背侧干除分布于胃外，还向后伸延，通过腹腔肠系膜前神经节参与构成腹腔肠系膜前神经丛，分布于胃、肠、肝、胰、脾、肾等器官。迷走神经分出的侧支有咽支、喉前神经、喉返神经、心支、支气管支及一些分布于外耳的小支，分布于相应的器官。

(2)荐部副交感神经。其节前神经元胞体位于荐部脊髓第1～4节外侧柱内，节前纤维随第2～4荐神经的腹侧支出椎管，形成1～2条盆神经。盆神经沿骨盆侧壁向腹侧伸延到直肠或阴道外侧，与腹下神经一起构成盆神经丛，节前纤维在盆神经丛中的终末神经节交换神经元，节后纤维分布于结肠末端、直肠、膀胱、前列腺、公畜的阴茎或母畜的子宫及阴道。

第二节　神经生理

一、神经元与神经纤维

神经系统主要由神经元(神经细胞)和神经胶质细胞构成。

(一)神经元的基本结构和功能

神经元即神经细胞，是神经系统基本的结构与功能单位。大多数神经元的结构与典型的脊髓运动神经元的结构相仿。它是由胞体和突起组成(图10-14)。胞体的结构与一般细胞大体相似，由细胞核和细胞浆组成，直径在4～150 μm。突起分为树突和轴突，一个神经元可有一个或多个树突，但一般只有一个轴突，轴突起始的部分称为始段，没有髓鞘，始段以下的轴突才获得髓鞘，成为(有髓)神经纤维；如果轴突缺乏髓鞘，则称为无髓神经纤维。

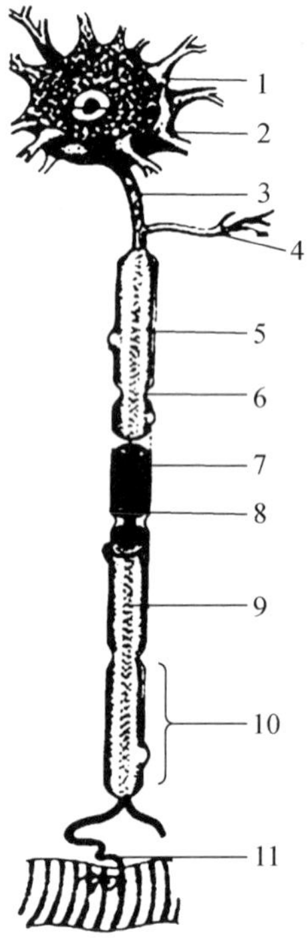

图10-14　神经元模式图

1. 树突　2. 神经元胞体　3. 轴突　4. 侧支　5. 神经纤维　6. 郎飞节　7. 薛-兰切迹　8. 髓鞘　9. 雪旺鞘　10. 结间段　11. 神经末梢

神经元具有接受、整合和传递信息的功能。树突和胞体接受从其他神经元传来的信息，并进行整合，然后通过轴突将信息传递给另一些神经元或效应器。

根据神经元的功能，可将其分为传入神经元(又称为感觉神经元)、中间神经元(又称为联络神经元)和传出神经元(又称为运动神经元)3种。如果按照对后继神经元的影响来分类，则可分为兴奋性神经元和抑制性神经元2种。

(二)神经纤维传导兴奋的一般特征

神经纤维的主要功能是传导动作电位，即传导神经冲动或兴奋。

1. 生理完整性

神经纤维只有在结构和生理功能上都完整时，才有传导冲动能力，这一特性称为神经纤维传导的生理完整性。如果神经纤维受损伤、被切断，或者被冷冻、压迫、麻醉药等因素作用时，其生理完整性也会受破坏，传导冲动能力随之消失。

2. 绝缘性

在一条神经干中包含有很多数量的神经纤维，由于具有绝缘性，各条纤维上传导的冲动互不干扰，保证神经调节具有极高的精确性。

3. 双向传导性

人为刺激神经纤维上任何一点，所产生的冲动可沿纤维同时向两端传导。但在整体条件下，由于轴突总是将神经冲动由胞体传向末梢，表现为传导的单向性，这是由轴突的极性所决定的。

4. 不衰减性

神经纤维传导冲动时，具有不因传导距离的增大而使动作电位的幅度变小和传导速度减慢的特性，称为传导的不衰减性。它使调节作用能达到及时、迅速和准确。

5. 相对不疲劳性

试验表明，用 50～100 次/s 的感应电流连续刺激蛙的神经 9～12 h，神经纤维仍保持传导冲动的能力，这说明神经纤维具有相对不疲劳性。

(三)神经胶质细胞

除神经元外，神经组织内还有大量的神经胶质细胞，在中枢神经系统内有星状胶质细胞、少突胶质细胞、小胶质细胞和室管膜细胞；在外周神经系统，有包绕轴索形成髓鞘的施万细胞和脊神经节中的卫星细胞。它们具有分裂和增殖能力，特别是脑或脊髓受到损伤时能大量增殖，局部出现许多巨噬细胞，吞噬变性的神经组织碎片，并由星状胶质细胞填充缺损。外周神经再生时，轴突则沿着施万细胞形成的索道生长。少突胶质细胞形成中枢神经纤维的髓鞘，起到绝缘作用，可防止神经冲动传导时的电流扩散，使神经元的活动互不干扰。神经胶质细胞参与血-脑屏障的形成，是构成血-脑屏障的重要组成成分。星形胶质细胞可通过加强自身膜上的钠-钾泵活动，维持细胞外液中合适的 K^+ 浓度，有助于神经活动的正常进行。这些胶质细胞还起到支持、营养神经细胞的作用。

二、突触与突触传递

神经元之间没有原生质相连，它们之间的联系只靠彼此接触，即通过一个神经元的轴突末梢与其他神经元发生接触，并进行兴奋或抑制的传递，这些接触部位称为突触。

(一)突触的分类

(1)按神经元之间的联系部位，突触可分为以下 3 类。

①轴-树型突触：前一个神经元的轴突与后一个神经元的树突相接触而形成的突触。这类突触最为多见。

②轴-体型突触：前一个神经元的轴突与后一个神经元的胞体相接触而形成的突触。这类突触也较常见。

③轴-轴突触：前一个神经元的轴突与后一个神经元的轴突相接触而形成的突触。这类突触较少见。

(2)按突触的功能可分为以下 2 类。

①兴奋性突触：即突触的信息传递使突触后膜去极化，产生兴奋性的突触后电位。

②抑制性突触：即突触的信息传递使突触后膜超极化，产生抑制性的突触后电位。

(3)按突触传递信息的方式可分为以下 2 类。

①化学性突触：它依靠突触前神经元末梢释放特殊化学物质作为信息传递的媒介来影响突触后神经元。

②电突触：它依靠突触前神经元的生物电和离子交换直接传递信息来影响突触后神经元。

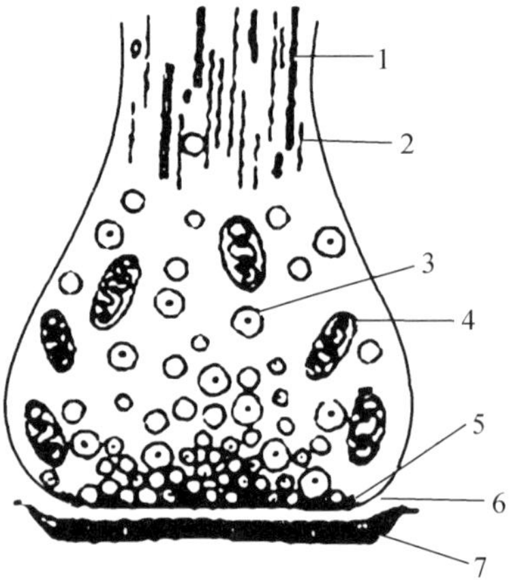

图 10-15 突触结构示意图

1. 微管 2. 微丝 3. 突触小泡 4. 线粒体 5. 突触前膜 6. 突触间隙 7. 突触后膜

(二)突触的结构

用电子显微镜观察，一个经典的突触由突触前膜、突触间隙和突触后膜 3 部分组成(图 10-15)。

1. 突触前膜

突触前神经元的轴突末梢分成许多小支，每个小支的末梢部分膨大呈球状而为突触小体，贴附在下一个神经元的胞体或树突的表面。突触小体外面有一层突触前膜包裹，比一般神经元膜稍厚，约 7.5 nm，突触小体内部除含有轴浆外，还有大量线粒体和突触小泡。突触小泡内含有兴奋性介质或抑制性介质。

2. 突触间隙

突触间隙是突触前膜和后膜之间的空隙，突触间隙宽 20～40 nm，间隙内有黏多糖和黏蛋白。

3. 突触后膜

突触后膜是指与突触前膜相对的后一种神经元的树突、胞体或轴突膜。突触后膜比一般神经元膜稍厚，厚约 7.5 nm，上有相对应的特异性受体。

(三)突触传递过程

当突触前神经元的兴奋传到神经末梢时，突触前膜发生去极化，前膜上电压门控 Ca^{2+} 通道开放，细胞外 Ca^{2+} 进入突触前末梢内，使一定数量的突触小泡与前膜紧贴融合，发生胞裂，小泡内的递质释放到突触间隙，扩散到达突触后膜，与后膜上特异性受体结合，引起后膜对某些离子通透性的改变，从而引起后膜的膜电位发生去极化或超极化，这种突触后膜上的电位变化称为突触后电位。

突触传递的信息包括兴奋性和抑制性 2 类，所以将突触后电位分为兴奋性突触后电位和抑制性突触后电位。

1. 兴奋性突触后电位

突触前膜释放兴奋性递质(如乙酰胆碱或去甲肾上腺素等)，作用于后膜上的特异受体时，引起后膜 Na^+ 和 K^+ 化学门控通道开放。由于 Na^+ 的内流量大于 K^+ 的外流，所以发生净的正离子内流，使突触后膜发生局部去极化，突触后神经元的兴奋性提高，故称为兴奋性突触后电位(EPSP)。

2. 抑制性突触后电位

突触前神经末梢兴奋时释放抑制性递质(如甘氨酸)，与突触后膜上特异性受体结合后，可提高后膜对 Cl^- 和 K^+ 的通透性，尤其是对 Cl^- 通透的化学门控通道开放，由于 Cl^- 的内流和 K^+ 的外流，突触后膜发生局部超极化，进而降低了突触后神经元的兴奋性，故称为抑制性突触后电位(IPSP)。

在中枢神经系统中，一个神经元常与其他多个神经末梢构成突触联系。在这些突触中，有的是兴奋性突触，有的是抑制性突触，突触后神经元的变化性质最终取决于同时产生的 EPSP

与 IPSP 的代数和,如果 EPSP 占优势并达到阈电位水平时,突触后神经元产生兴奋;反之后神经元则呈现抑制状态。

(四)突触传递的特征

1. 单向传递

突触传递冲动只能由突触前神经元传向突触神经元的胞体或突起,不能逆向传递。只有突触前膜才能释放递质,因此,兴奋只能由传入神经元经中间神经元,传向传出神经元,使整个神经系统活动能有规律进行。

2. 突触延搁

突触传递以递质为中介,需经历递质的释放、扩散及对突触后膜的作用等过程,需要耗费较长时间,称为突触延搁。据测定,冲动通过一个突触需 0.3～0.5 ms,比神经冲动在神经纤维上传导要慢得多。

3. 总和作用

突触前膜传来一次冲动及其引起递质释放的量,一般不足以使突触后神经元产生动作电位。如果同一突触前神经末梢连续传来一系列冲动,或许多突触前末梢同时传来一排冲动,都可以释放较多的递质,当产生的兴奋性突触后电位逐渐积累达到阈值时,就能激发突触后神经元产生动作电位,这种现象称为兴奋总和作用。同样,在抑制性突触后膜也可以发生抑制总和。

4. 对内环境变化的敏感性

突触部位最易受内环境变化的影响。缺氧、酸碱度升降、离子浓度变化等均可改变突触传递能力。例如,急性缺氧可使神经元完全丧失兴奋性,导致传导障碍;较持久的缺氧甚至引起神经元死亡。

5. 对某些化学物质的敏感性

许多中枢性药物的作用部位大都是在突触。有些药物能阻断或加强突触传递,如咖啡碱和茶碱可以提高突触后膜对兴奋性递质的敏感性;而士的宁则阻遏某些抑制性递质对突触后膜的作用,可导致神经元过度兴奋。各种受体激动剂或阻断剂可直接作用于突触后膜受体而发挥生理效应。

(五)神经递质和受体

1. 神经递质

神经递质是指由突触前神经元合成并由其末梢释放,经突触间隙扩散,特异性地作用于突触后神经元或效应器细胞上的受体,引致信息从突触前传递到突触后的一些化学物质。中枢神经系统内具有生理活性的化学物质很多,只有具备下列条件者才可以被认为是神经递质。这些条件是:

①在突触前神经元内存在合成递质的前体物和合成酶。

②递质贮存于突触小泡内,当冲动到达神经末梢时,小泡内递质能释放入突触间隙。

③递质经突触间隙作用突触后膜的特殊受体,发挥其生理效应。

④存在使递质失活的酶或摄取回收的过程。

⑤有特异的受体激动剂和拮抗剂,能分别模拟或阻断递质的突触传递作用。

神经递质根据其产生部位可分为中枢神经递质和外周神经递质。

(1)中枢神经递质。由中枢神经系统的神经元合成,主要有乙酰胆碱、生物胺类、氨基酸类和肽类。

①乙酰胆碱:脊髓腹角运动神经元、脑干网状结构前行激动系统、大脑基底神经节等部位的一些神经元,均以乙酰胆碱作为神经递质,多数呈现兴奋作用。这种递质对中枢神经系统的感觉、运动、心血管活动、呼吸、体温等功能均有重要影响。

②生物胺类:包括肾上腺素、去甲肾上腺素、多巴胺等。肾上腺素能神经元的胞体主要位于延髓和下丘脑,主要参与血压和呼吸的调控。在中枢神经系统内,去甲肾上腺素能神经元的胞体主要集中在延髓和脑桥,发出的前行和后行纤维支配前脑和脊髓,功能主要涉及心血管活动情绪、体温、摄食和觉醒等方面的调节。多巴胺能神经元主要位于黑质-纹状体、中脑-边缘系统以及结节-漏斗部分,与调节肌紧张、躯体运动、情绪精神活动以及内分泌活动有密切关系。

③氨基酸类:包括谷氨酸、甘氨酸、γ-氨基丁酸、天冬氨酸、丙氨酸和牛磺酸等。谷氨酸和天冬氨酸等酸性氨基酸,对中枢神经系统的多数神经元起兴奋作用;γ-氨基丁酸、甘氨酸、丙氨酸和牛磺酸等中性氨基酸,对中枢神经系统的神经元起抑制作用。

④肽类:主要有P物质、阿片肽和脑-肠肽等。P物质见于脊髓背根神经节内,是第一级传入神经元的末梢,特别是痛觉传入纤维末梢释放的兴奋性递质。在中枢神经系统的高级部位,P物质有明显的镇痛作用。阿片肽包括β-内啡肽、脑啡肽和强啡肽3类,在纹状体、下丘脑前区、中脑灰质和杏仁核等部位含量最高,在脊髓背角的胶质区也有较高浓度,它可能是调节痛觉纤维传入活动的中枢递质。脑内还存在有脑-肠肽,如胆囊收缩素、血管活性肠肽、胃泌素、胰高血糖素、胰泌素、胃动素等。

(2)外周神经递质。由外周神经系统的神经元合成,主要有乙酰胆碱、去甲肾上腺素和肽类。

①乙酰胆碱:凡是释放乙酰胆碱作为递质的神经纤维,称为胆碱能纤维,主要分布在所有植物性神经的节前纤维、大多数副交感神经的节后纤维、少数交感神经的节后纤维(如支配汗腺、胰腺的节后纤维及支配骨骼肌和腹腔内脏的舒血管纤维)以及躯体运动神经纤维等部位。

②去甲肾上腺素:以去甲肾上腺素作为递质的神经纤维,称为肾上腺素能纤维,主要分布在大部分交感神经节后纤维等部位。

③肽类:凡释放肽类物质作为递质的神经纤维称为肽能纤维,主要分布于胃肠道、心血管、呼吸道、泌尿道等器官。特别是胃肠道的肽能神经元,能释放多种肽类递质,主要包括降钙素基因相关肽、血管活性肠肽、胃泌素、胆囊收缩素、脑腓肽、强腓肽和生长抑素等。

2. 受体

受体是指细胞膜或细胞内能与某些化学物质发生特异性结合并诱发生物效应的蛋白质。受体不仅存在于突触后膜,可与特定的递质结合产生相应的生理效应,而且突触前膜上也存在受体,可对递质的合成、释放等过程起调控作用。

(1)胆碱能受体。胆碱能受体有2类。一类是毒蕈碱受体,简称M受体,广泛存在于绝大多数副交感神经节后纤维支配的效应器细胞上,可产生一系列副交感神经兴奋的效应,包括心脏活动的抑制、支气管平滑肌、胃肠平滑肌、膀胱逼尿肌和瞳孔括约肌的收缩以及消化腺分泌的增加等,这种效应称为毒蕈碱样效应,又称M样作用。该作用可被受体拮抗剂阿托品阻断。

另一类是烟碱受体，简称 N 受体，存在于交感和副交感神经节神经元的突触后膜和神经肌肉接头处的终板膜上，发生的效应是导致节后神经元和骨骼肌的兴奋，这种效应称为烟碱样作用，又称 N 样作用。N 受体又分为 N_1、N_2 受体 2 个亚型，神经节神经元突触后膜上的受体为 N_1 受体，六烃季铵是其阻断剂；骨骼肌终板膜上的受体为 N_2 受体，十烃季铵是其阻断剂。

知识链接　动物有机磷中毒时，即产生毒蕈碱样效应，出现平滑肌收缩加强，腺体分泌增加等症状，临床上常用阿托品作为解毒剂，能够缓解上述症状。

(2)肾上腺素能受体。这种受体可分为 α 受体和 β 受体 2 种类型。α 受体又可分为 α_1 和 α_2 受体 2 个亚型。β 受体分为 β_1、β_2 和 β_3 受体 3 个亚型。去甲肾上腺素与平滑肌 α 受体结合后，产生以兴奋为主的效应，但也有抑制性的(如小肠平滑肌舒张)。而去甲肾上腺素与平滑肌的 β 受体结合后，则产生抑制性效应，但却使心肌兴奋。有的效应器上只有单一的 α 受体或 β 受体，有的却 2 种受体皆有(表 10-3)。酚妥拉明可阻断受体，普萘洛尔对 β 受体的 2 个亚型均有阻断作用。

表 10-3　肾上腺素能受体的分布及效应

效应器	受体	效应
瞳孔开大肌	α	收缩(扩瞳)
睫状肌	β	舒张
心脏	β	心率加快、传导加速、收缩加强
冠状动脉	α、β(主要)	收缩、舒张(舒张为主)
骨骼肌血管	α、β(主要)	收缩、舒张(舒张为主)
皮肤血管	α	收缩
脑血管	α、β(主要)	收缩、舒张(舒张为主)
肺血管	α	收缩
腹腔内脏血管	α(主要)、β	收缩、舒张(除肝血管外收缩为主)
支气管平滑肌	β	舒张
胃平滑肌	β	舒张
小肠平滑肌	α、β	舒张
胃肠括约肌	α	收缩

(3)突触前受体。受体一般存在于突触后膜，但也可分布于突触前膜，分布于突触前膜的受体称为突触前受体。它的作用在于调节突触前神经末梢的递质释放。如肾上腺素能纤维末梢的突触前膜上存在 α 受体，当末梢释放的去甲肾上腺素在突触前膜处超过一定量时，即能与突触前 α 受体结合，从而反馈抑制末梢合成和释放去甲肾上腺素，起调节递质释放量的作用。

(4)中枢递质的受体。中枢递质种类复杂，相应的受体也多，除上述受体外，还有多巴胺受体、5-羟色胺受体、γ-氨基丁酸受体、甘氨酸受体及肽类受体等，它们也都有相应的受体阻断剂。

三、神经活动的基本方式

(一)反射的概念

反射是神经系统活动的基本形式，是指在中枢神经系统的参与下，机体对内、外环境刺激的规律性应答。从最简单的眨眼反射到复杂的行为表现，都是反射活动。

(二)反射弧的组成

反射的结构基础和基本单位是反射弧。反射弧包括感受器、传入神经、反射中枢、传出神经和效应器 5 个组成部分。感受器一般是神经组织末梢的特殊结构，是一种换能装置，可将所感受的各种刺激的信息转变为神经冲动。反射中枢是中枢神经系统内调节某一特定生理功能的神经细胞群。效应器是指产生效应的器官，如骨骼肌、平滑肌、心肌和腺体等。当一定的刺激作用于感受器时，使感受器兴奋，并以神经冲动的形式经传入神经传向中枢，通过中枢的分析与综合，做出一定的反应。如果中枢发生兴奋，其冲动沿传出神经到达效应器，使效应器发生反应。如果中枢发生抑制，则中枢原有的传出冲动减少或停止。在自然条件下，反射活动需要反射弧的结构和功能保持完整，如果反射弧中任何一个环节中断，反射活动将不能发生。

(三)中枢神经元的联系方式

中枢神经内神经元数量庞大，相互之间通过突触联系，构成复杂多样的联系方式。归纳起来主要有以下几种。

1. 单线式

单线式联系是指一个突触前神经元仅与一个突触后神经元发生突触联系。例如，视网膜中央凹处的一个视锥细胞常只与一个双极细胞形成突触联系，而该双极细胞也只与一个神经节细胞形成突触联系，这种联系方式可使视锥系统具有较高的分辨能力。真正的单线式联系较少见，汇聚程度较低的突触联系通常可被视为单线式联系。

2. 辐射式

一个神经元通过其轴突末梢的分支与许多神经元建立突触联系，称为辐射式联系。这种方式能使与之相联系的许多神经元同时兴奋或抑制，从而扩大突触前神经元的作用范围。机体内传入神经元和植物性神经的节前神经元，主要以这种方式传递冲动。

3. 聚合式

多个突触前神经元的轴突共同与一个突触后神经元建立突触联系，称为聚合式联系。这种联系可以将来自不同神经元兴奋和抑制在同一个神经元上进行整合，导致后者兴奋或抑制。这种联系方式在传输通路中较为多见。

4. 链锁式与环式

中枢神经系统内神经元的辐射式和聚合式联系方式常常共同存在，并且通过中间神经元将这 2 种联系方式结合构成许多复杂的链锁式和环式联系。神经元一个接一个依次连接，构成链锁式联系；当兴奋通过链锁式联系时，可以在空间上加强或扩大作用范围。一个神经元通过其轴突侧支与多个神经元建立突触联系，而后继神经元通过其轴突，又回返性地与原来的神经元建立突触联系，形成一个闭合环路，称为环式联系。兴奋通过环式联系可能引起正、反两种反馈，相应地产生后发放效应或使兴奋及时终止。

四、神经系统的感觉分析功能

感觉是神经系统反映机体内、外环境变化的一种特殊功能。内、外环境各种刺激首先由感受器感受，然后将它们转换为神经冲动，经神经传导通路，传向中枢，经中枢分析综合后，最后抵达大脑皮层的特定部位，产生相应的感觉。

(一)感受器

感受器是指分布于体表或组织内部的一些专门感受机体内、外环境变化的特殊结构或装置。

1. 感受器的分类

按分布的部位不同，感受器可分为内感受器和外感受器。位于体表和头部主要接受外界环境变化感受器，统称为外感受器；位于体内感受机体内环境变化的感受器，统称为内感受器。按感受器所能感受的适宜刺激种类，常分为机械感受器、化学感受器、温度感受器、光感受器等。

2. 感受器的一般生理特征

(1)感受器的适宜刺激。一种感受器通常只对一种特定能量形式的刺激最敏感，这种形式的刺激就称为该感受器的适宜刺激。如光波是视网膜的适宜刺激，声波是听觉的适宜刺激等。

(2)感受器的换能作用。各种感受器接受适宜刺激后，都能将刺激的能量转化为可在传入神经纤维上传布的动作电位。这就是感受器的换能作用。在刺激感受器后，可从插入其中的微电极中记录到一个无潜伏期、不传播、能总和而不受局部麻醉剂影响的局部电位，该电位称为感受器电位或启动电位。它随刺激的加强而增大，增大到一定程度时，能激发动作电位并传播出去。这种刚能激起动作电位的刺激强度，就是感受器的阈值。低于阈值的刺激，只能引起感受器电位。感受器电位产生的原理与终板电位相似，是一种局部电位，即通过改变感受器外膜对 Na^+ 和 K^+ 的通透性，由于离子跨膜转运而引起局部去极化，产生感受器电位。

(3)感受器的适应现象。当感受器接受一定强度的适宜刺激时，尽管刺激在继续作用，但感觉神经的冲动频率已逐渐减少，这一现象称为感受器适应。感受器不同，出现适应现象的快慢有很大差异，通常可把它们分为快适应和慢适应(或非适应)2 类感受器。前者如视觉、嗅觉和皮肤触觉感受器等，后者以肌梭、颈动脉窦压力感受器和痛觉感受器等为代表。快适应感受器的生理意义在于能够不断接受新刺激，更快适应新环境；慢适应感受器则有利于机体某些功能的稳态，如正常体姿的维持、血压持久的稳定等。

(4)对比现象和后作用。在某种刺激之前或同时受到另一种性质相反的刺激时，感受器的敏感性上升，称为对比现象。例如，在黑暗的背景上看到白色物体或白色背景上看到黑色物体都会产生黑白分明的感觉。

感觉有明显的后作用。当引起感觉的刺激消失后，感觉一般会持续存在若干时间，然后才逐渐消失。刺激越强，感觉的后作用也越长。例如，当光源发出的闪光频率达到一定值时，在视觉中产生的是不间断的光觉。

(二)感觉传导通路

来自各感受器的神经冲动，除通过脑神经传入中枢外，大部分经脊髓背根进入脊髓，然后分别经由各前行传导路径传至丘脑，再经更换神经元抵达大脑皮层。

1. 脊髓的感觉传导功能

由脊髓前传到大脑皮层的感觉传导路径可分为 2 大类。

(1)浅感觉传导路径。传导痛觉、温觉和轻触觉，其传入纤维在脊髓背角更换神经元后，在中央管下交叉到对侧，分别由脊髓-丘脑侧束(痛觉、温觉)和脊髓-丘脑腹束(轻触觉)前行抵达丘脑。浅感觉传导路径的特点是先交叉后前行，因此脊髓半断离后，浅感觉障碍发生在断离的对侧。

(2)深感觉传导路径。传导肌肉本体感受器和深部压觉，其传入纤维进入脊髓沿同侧背束前行，抵达延髓的薄束核和楔束核后更换神经元，再发出纤维交叉到对侧，经内侧丘系至丘脑。深感觉是先前行而后再交叉。因此脊髓半断离后，深感觉(包括辨别觉)的障碍则在断离的同侧。

2. 丘脑及其感觉投射系统

在大脑皮层不发达的动物中，丘脑是感觉的最高级中枢；在大脑皮层发达的动物，丘脑接受除嗅觉以外的所有感觉的投射，是最重要的感觉接替站，可进行感觉的粗糙分析与综合。丘脑与下丘脑、纹状体之间有纤维彼此联系，三者成为许多复杂的非条件反射的皮层下中枢。

根据丘脑各核团向大脑皮层投射特征的不同，丘脑的感觉投射系统可分为 2 类。

(1)特异投射系统。丘脑的感觉接替核接受躯体各种特异性感觉传导通路(如视、听觉，皮肤、深部躯体痛觉)来的冲动，再通过纤维投射到大脑皮层的特定区域，产生特定感觉，称为特异投射系统，丘脑的联络核也属于此系统。特异性投射系统的功能是传递精确的信息到大脑皮层引起特定的感觉，并激发大脑皮层发出传出神经冲动。

(2)非特异投射系统。非特异投射系统是指特异投射系统中各种感觉的传入纤维在途经脑干时向网状结构发出侧支，并在网状结构中互相联系，经过多次换元，形成统一的通路，最后在丘脑非特异性核群换元后，弥散地投射到大脑皮层的广泛区域的上行传导系统。非特异性传入系统的传入冲动来自各种不同的感受器。它们在网状结构中经过复杂的突触联系，然后进一步弥散性投射到大脑皮层的广泛区域。所以，这一感觉投射系统失去了专一的特异性感觉传导功能。

非特异性投射系统主要起着 2 种作用：一是激动大脑皮层的兴奋活动，使机体处于觉醒状态，因此该系统又称为脑干网状结构的上行激动系统；二是调节皮层各感觉区的兴奋性，使各种特异性感觉的敏感性提高或降低。大脑皮层产生感觉有赖于特异性和非特异性 2 个系统的互相配合。只有通过非特异性投射系统的冲动，才能使大脑皮层的各感觉区保持一定的兴奋性，同时，只有通过特异性投射系统的各种感觉冲动才能在大脑皮层产生特定的感觉。

(三)大脑皮层的感觉分析功能

各种感觉传入冲动最终都必须到达大脑皮层，在大脑皮层内进行信息加工和综合，产生相应的感觉。不同感觉在大脑皮层内有不同的代表区。

1. 躯体感觉区

躯体感觉区位于大脑皮层的顶叶。全身的浅感觉和深感觉的冲动，经丘脑都投射到此区。身体各部在躯体感觉区的投影，除头、面部外均为左右交叉和前后倒置排列，而且感觉功能越精细，所占的区域范围也越大。

2. 感觉运动区

感觉运动区位于中央前回，它与外周神经联系是对侧性的。

3. 内脏感觉区

该区的投射范围较为弥散，并与躯体感觉区有一定的重叠。如前腹部内脏的传入与躯干区重叠，盆腔的传入则投射于后肢代表区。此外，边缘系统的皮层部位也是内脏感觉的投射区。

4. 特殊感觉区

(1)视觉区。视觉区位于皮层的枕叶。此区接受视网膜传入的冲动,再通过特定的纤维,投射到此区的一定部位。

(2)听觉区。听觉区位于皮层的颞叶。听觉的投射是双侧的,即一侧皮层的代表区接受来自双侧耳蜗的传入投射,但与对侧的联系较强。

(3)嗅觉区与味觉区。嗅觉区在大脑皮层的投射区随着进化而缩小。在高等动物只有边缘皮层的前底部区。味觉区在中央后回面部感觉投射区的下方。

五、神经系统对躯体运动的调节

(一)脊髓对躯体运动的调节

脊髓是躯体运动的基本反射中枢,通过脊髓可以完成一些较简单的反射活动,包括牵张反射、屈肌反射与交叉伸肌反射等。

1. 牵张反射

牵张反射是指有神经支配的骨骼肌受到外力牵拉使其伸长时,能反射性地引起受到牵拉的同一肌肉收缩,称为牵张反射。牵张反射有 2 种类型,即腱反射和肌紧张。

(1)腱反射。腱反射是指快速牵拉肌腱时引起的牵张反射,表现为被牵拉肌肉迅速而明显的缩短。例如,叩击跟腱引起腓肠肌收缩的跟腱反射就是一种典型的腱反射。

(2)肌紧张。肌紧张是指缓慢、持续牵拉肌腱时引起的牵张反射,表现为受牵拉的肌肉发生微弱而持久的收缩,以阻止其被拉长。肌紧张是保持身体平衡和维持姿势最基本的反射活动,也是进行各种复杂运动的基础。动物站立时,支持体重的关节因重力作用而弯曲,关节弯曲会使伸肌肌腱受到持续的牵拉,于是引起牵张反射使该肌肉发生收缩,以对抗重力引起的关节屈曲,从而维持站立姿势。

2. 屈肌反射与交叉伸肌反射

肢体皮肤受到伤害性刺激时,常引起受刺激侧肢体的屈肌收缩,而伸肌舒张,肢体屈曲,称为屈肌反射。通过屈肌反射可使受损伤的肢体避开伤害性刺激,具有保护性意义。屈肌反射的强弱与刺激强度有关。当刺激增大到一定强度时,在同侧肢体屈曲反射的同时,还出现对侧肢体伸直的反射活动,称为对侧伸肌反射。

(二)脑干对肌紧张和姿势的调节

脑干包括延髓、脑桥和中脑。脑干网状结构是中枢神经系统中最重要的皮层下整合调节机构。脑干能完成一系列反射,通过调节肌紧张以保持一定的姿势,并参与躯体运动的协调。

1. 脑干网状结构对肌紧张的调节

脑干网状结构是指从延髓、脑桥、中脑内侧全长直到间脑这一脑干中央部分的广大区域,有许多散在的神经元以短突起相互形成突触联系,交织成网状的部位。其中具有抑制肌紧张和肌肉运动的区域,叫抑制区,主要位于延髓网状结构的腹内侧部分。大脑皮层运动区、纹状体与小脑前叶蚓部等神经结构对肌紧张抑制作用也是通过网状结构进入抑制区,由此构成抑制系统。

脑干网状结构还有加强肌紧张和肌肉运动的区域，称为易化区，包括延髓网状结构的背外侧部、脑桥被盖、中脑的中央灰质与被盖等脑干中央区域，以及下丘脑和丘脑中线核群等部位。延髓前核、小脑前叶两侧部等部位的易化功能也是通过脑干易化区完成的，以上共同构成了易化系统。

易化系统和抑制系统均通过网状脊髓束的后行纤维，主要与脊髓 γ 运动神经元建立突触联系，分别通过对 γ 运动神经元兴奋或抑制，对肌紧张发挥调节作用。

2. 去大脑僵直

在中脑前、后丘之间完全切断动物的脑干，动物立即出现全身性的肌肉紧张亢进，四肢僵直，脊柱硬挺，头向后仰，尾部翘起，躯体呈角弓反张姿势，称为去大脑僵直。

去大脑僵直的成因有二：一是来自皮层抑制区和纹状体的抑制作用被解除，使原先被抑制的牵张反射得到加强；二是不断传向脊髓的易化性作用相对加强。

3. 脑干对姿势的调节

中枢神经系统调节骨骼肌的肌紧张或产生相应运动，以保护或改正动物躯体在空间的姿势，称为姿势反射。上述由脊髓整合的牵张反射和交叉伸肌反射是最简单的姿势反射。由脑干整合而完成的状态反射、翻正反射等是较为复杂的姿势反射。

(1)状态反射。动物头部在空间的位置改变或头部与躯干的相对位置改变时，反射性地改变躯体在空间的姿势，称为状态反射。

(2)翻正反射。当动物被推倒或使它从空中仰面放落时，它能迅速翻身、起立或改变为四肢朝下的姿势而着地，这种复杂的姿势反射称为翻正反射。

(三)小脑对躯体运动的调节

小脑是躯体运动调节的重要中枢，它与脑的其他部位通过 3 条途径发挥对躯体运动的调节作用。

1. 维持身体平衡

维持身体平衡主要是小脑绒球小结叶的功能。其反射途径为：前庭器官→前庭核→绒球小结叶→前庭核→脊髓运动神经元→骨骼肌，通过调节躯体各部肌肉的紧张性，以维持躯体运动的平衡。

2. 调节肌紧张

调节肌紧张主要是小脑前叶的功能。前叶有抑制伸肌紧张的作用，反射的传入冲动主要来自肌肉和关节的本体感受器，经脊髓小脑束传到小脑皮层。

3. 协调随意运动

这是新小脑的主要功能，主要是通过 2 条反馈环路实现的。

①大脑皮层运动区→脑桥→小脑→红核→丘脑外侧核→再返回大脑皮层运动区。

②来自肌肉、肌腱等处的本体感受器的兴奋→脊髓小脑束→小脑→红核→丘脑→大脑皮层运动区。小脑接受传入信号后经整合通过反馈环路返回皮层运动区，以随时纠正它们的活动功能，从而保证躯体运动的协调性和准确性。

(四)基底神经节对躯体运动的调节

基底神经节是大脑皮层下具有调节运动功能的重要神经核群，主要包括纹状体、丘脑底核和黑质，而纹状体又包括尾核、壳核和苍白球。尾核与壳核进化较新，称为新纹状体；苍白球则是较古老的部分，称为旧纹状体。

基底神经节的主要功能是调节运动，它与随意运动的产生和稳定、肌紧张的调节、本体感受器传入信息的处理均有密切关系。当基底神经节发生病变时，常出现 2 类症状：一类是表现为运动少，如肌肉紧张亢进、肢体僵直和震颤等；另一类是表现为运动过多，如舞蹈症、肢体徐动等。

(五)大脑皮层对躯体运动的调节

大脑皮层是中枢神经系统控制和调节躯体运动的最高级中枢，它是通过锥体系统和锥体外系统来实现的。

1. 大脑皮层运动区

大脑皮层的某些区域与骨骼肌运动有密切关系，这个部位称为皮层运动区。

大脑皮层运动区调节骨骼肌的功能特征是：

①交叉支配，即一侧皮层支配对侧躯体的肌肉。但头面肌肉的支配大部分是双侧性。

②精细的功能定位，即皮层的特定区域支配躯体某一特定部位的肌肉。其定位安排与感觉区类似，呈倒置分布。

③身体不同运动部位在皮层代表区的大小与运动精细、复杂的程度相关，即运动越精细、复杂，皮层相应运动区的面积越大。

2. 运动传导通路

(1)锥体系统及其功能。锥体系统一般是指由大脑皮层发出、经内囊和延髓锥体后行到达脊髓腹角的锥体束(或称为皮层脊髓束)和由大脑皮层发出、经内囊抵达脑干内各脑神经运动元的皮层脑干束。两者都是由皮层运动神经元的轴突到达支配骨骼肌的运动神经元最直接的通路。

锥体系统的功能是通过 α 运动神经元发动肌肉运动；通过 γ 运动神经元调整肌梭的敏感性，以配合运动。锥体束后行纤维也与脊髓的中间神经元发生突触联系，可以改变脊髓拮抗肌运动神经元之间的相互关系，保持运动的协调性。

(2)锥体外系及其功能。锥体外系是指锥体系统以外的调节躯体运动的后传系统，它包括 3 部分。

①经典的锥体外系：它起源于皮层下的某些核团，如尾状核、壳核、苍白球、黑质及红核等，经某些后行径路控制脊髓的运动神经元活动。

②皮层起源的锥体外系：它由大脑皮层后行，并通过皮层下核团，换元后控制脊髓运动神经元。

③旁锥体系：由锥体束侧支进入皮层下核团，换元后控制脊髓神经元的传导系统。

锥体外系的主要功能与调节肌紧张、协调肌群的运动，以保持正常姿势。

六、神经系统对内脏活动的调节

(一)交感和副交感神经的特征

从中枢神经系统发出的植物性神经并不直接到达效应器官，途中必须在神经节中更换一次神经元。由脑和脊髓发出到神经节的纤维称为节前纤维，由节内神经元发出终止于效应器的纤维称为节后纤维。支配肾上腺髓质的交感神经为一例外，相当于交感节前纤维。交感神经的节前纤维较短，而节后纤维相对较长；副交感神经的节前纤维较长，而节后纤维较短。

交感神经起源于脊髓胸腰段灰质侧角的中间外侧柱，分布较广泛，几乎全身所有内脏器官都受其支配。一根交感神经节前纤维往往与多个节后神经元发生突触联系，因此刺激交感神经节前纤维引起的反应比较弥散。副交感神经一部分起自脑干的脑神经核，另一部分起自脊髓荐部灰质侧角的部位。副交感神经的分布较局限，某些器官还不具有副交感神经支配，如皮肤和肌肉的血管、汗腺、竖毛肌、肾上腺髓质、肾脏等。因一根副交感神经节前纤维只与几个节后神经元形成突触，故刺激副交感神经节前纤维引起的反应则比较局限。

(二)交感和副交感神经的功能特点

植物性神经系统对各器官的调节功能归纳见表 10-4。交感神经和副交感神经的功能有如下特征。

表 10-4　植物性神经的主要功能

器官	交感神经	副交感神经
心血管	心搏加快、加强，腹腔脏器血管、皮肤血管、唾液腺与外生殖器血管收缩，肌肉血管收缩或舒张	心搏减慢、收缩减弱，分布于软脑膜与外生殖器的血管舒张
呼吸器官	支气管平滑肌舒张	支气管平滑肌收缩，黏液腺分泌
消化器官	分泌黏稠唾液，抑制胃肠运动，促进括约肌收缩，抑制胆囊运动	分泌稀薄唾液，促进胃液、胰液分泌，促进胃肠运动，括约肌舒张，胆囊收缩
泌尿、生殖器官	逼尿肌舒张，括约肌收缩，子宫(有孕)收缩和子宫(无孕)舒张	逼尿肌收缩，括约肌舒张
眼	瞳孔放大，睫状肌松弛，上眼睑平滑肌收缩	瞳孔缩小，睫状肌收缩，促进泪腺的分泌
皮肤	竖毛肌收缩，汗腺分泌	
代谢	促进糖的分解，促进肾上腺髓质分泌	促进胰岛素的分泌

1. 对同一效应器的双重支配

除少数器官外，一般组织器官都接受交感神经和副交感神经的双重支配。两者的作用往往是相拮抗的。如心脏，迷走神经具有抑制作用，而交感神经具有兴奋作用；又如，迷走神经能增强小肠平滑肌运动，而交感神经则抑制其活动。有时交感神经和副交感神经也表现为协同作用，如交感神经、副交感神经都能引起唾液分泌，交感神经兴奋可使唾液分泌少量较稠的唾液，而副交感神经兴奋则能引起分泌大量稀薄的唾液。

2. 紧张性作用

植物性神经对效应器的支配一般表现为紧张性作用。例如，切断心迷走神经，心率即加快；切断心交感神经，心率则减慢。这说明 2 种神经对心脏的支配都具有紧张性活动。

3. 效应器所处功能状态的影响

植物性神经的外周作用与效应器本身的功能状态有关。胃幽门如果原来处于收缩状态，刺激迷走神经能使之舒张；如果原来处于舒张状态，则刺激迷走神经能使之收缩。

4. 对整体生理功能调节的意义

在环境急骤变化的条件下，交感神经可以动员机体许多器官的潜在功能以适应环境的急变。例如，在剧烈肌肉运动、缺氧、失血或寒冷环境等情况下，机体出现心律加速，皮肤与腹腔内脏血管收缩，血液贮存库排出血液以增加循环血量，血压升高、支气管扩张、肝糖原分解加速以及血糖浓度上升、肾上腺素分泌增加等生理功能的变化。

副交感神经协调活动主要在于保护机体、休整恢复、促进消化、积蓄能量以及加强排泄和生殖功能等方面。例如，在相对静止状态下，副交感神经的活动相对增加，此时心脏活动抑制，瞳孔缩小，消化功能增加以促进营养物质吸收和能量补充等。

（三）内脏活动的中枢调节

1. 脊髓对内脏活动的调节

脊髓是交感神经和部分副交感神经的初级中枢，能整合简单的植物性反射，如排粪反射、排尿反射、血管运动反射、性反射、出汗与竖毛肌反射等。脊髓的植物性神经功能是在上位脑高级中枢调节下完成的。

2. 低位脑干对内脏活动的调节

由延髓发出的副交感神经传出纤维支配头面部的所有腺体、心脏、支气管、喉、食管、胃、胰腺、肝和小肠等。在延髓网状结构内还集中了许多内脏活动的调节中枢，除心血管运动中枢、呼吸中枢外，咳嗽、喷嚏、吞咽、唾液分泌、呕吐等，均需要有延髓的参与。因此，许多基本生命活动的反射性调节多在延髓内基本完成，一旦延髓受损，可立即致死，故延髓有“生命中枢”之称。此外，脑桥有呼吸调整中枢和角膜反射中枢。中脑存在瞳孔对光反射中枢和视觉探究反射中枢。

3. 下丘脑对内脏活动的调节

下丘脑是皮层下调节内脏活动的较高级中枢，控制交感和副交感神经系统的活动。它不但起到许多重要生理过程的中枢作用，还有中枢感受器和神经内分泌的功能。

(1)调节体温。下丘脑存在体温调节中枢，视前区-下丘脑前部存在着对温度变化特别敏感的神经元。当体内、外温度变化时，可通过中枢对产热或散热功能调节而使体温恢复正常并保持相对稳定的状态。

(2)调节水平衡。丘脑下部的视上核和室旁核附近是水平衡的调节中枢，它调节水平衡包括两方面：一是控制抗利尿激素的分泌；二是控制饮水。

(3)调节摄食。下丘脑外侧区存在有摄食中枢和腹内侧核存在有饱中枢。如果破坏摄食中枢，动物拒绝摄食；破坏饱中枢，动物食欲大增，逐渐肥胖。

(4)对情绪反应的影响。下丘脑靠近中线两侧的腹内侧区是所谓的“防御反应区”。在麻醉情况下，电刺激该区可引起骨骼肌血管舒张，同时伴有血压上升，心率加快，皮肤及小肠血管收缩等。在动物清醒条件下，电刺激该区可出现防御性行为，如张牙舞爪、吼叫、瞳孔散大、竖毛、血压升高及肾上腺素分泌增加等反应。

(5)内分泌功能以及对生殖活动的影响。下丘脑有关核团合成并分泌多种释放激素。在代谢、生长、发育、生殖、泌乳等的调控活动中，下丘脑-垂体-外周内分泌腺轴均起重要作用。

4. 大脑皮层对内脏活动的调节

(1)新皮层。新皮层是指大脑半球外侧面结构。电刺激动物的新皮层，除能引起躯体运动外，也能引起内脏活动的改变。例如，可引起直肠和膀胱运动变化；呼吸和心血管活动变化；消化道运动和唾液分泌的变化等。这些都说明新皮层与内脏活动密切相关。

(2)边缘系统。边缘系统是大脑皮层内侧面环绕脑干背面的一个弓形皮层以及皮层下在功能上密切联系的神经结构的总称。它对内脏活动有广泛的影响，故有“内脏脑”之称。

刺激边缘系统的不同部位，可引起复杂的内脏活动变化。例如，刺激扣带回前部可引起血压上升或下降、心跳变慢、呼吸减慢或抑制、瞳孔放大或缩小等；刺激杏仁核可引起心率加快或减慢、血压上升或下降、胃蠕动加强等；刺激膈区可引起呼吸暂停或加强、血压升高或降低等。

边缘系统对情绪反应也有重要影响。例如，切除边缘皮层将丧失情绪反应；刺激海马回、扣带回可引起动物“假怒”，或呈现恐惧；切除双侧杏仁核，可使动物变得驯服；破坏隔区则导致动物情绪反应亢进。

七、条件反射

反射活动可分为非条件反射和条件反射，非条件反射是通过遗传获得的先天性反射活动；条件反射是后天获得的，是脑的高级神经活动。

1. 条件反射的形成

在动物实验中，喂犬食物时能引起犬分泌唾液，这是非条件反射，食物是非条件刺激。而给犬以铃声刺激不会引起唾液分泌，因为铃声与食物无关，这种情况下铃声称为无关刺激。但是如果每次给犬喂食物之前先出现一次铃声，然后再给予食物，这样多次结合以后，当铃声一出现，动物就会出现唾液分泌。铃声本来是无关刺激，现在已成为进食的信号，因此称为信号刺激或条件刺激。这种由条件刺激引起的反射称为条件反射。

综上所述，条件反射的建立需要的条件是：

①无关刺激与非条件刺激在时间上的多次结合。

②无关刺激必须出现在非条件刺激之前或同时。

③生理状态与周围的环境有密切的关系。动物要健康、清醒、环境避免嘈杂干扰，保持动物良好食欲状态等。

2. 条件反射的消退

条件反射建立以后，如果只反复应用条件刺激而不用非条件刺激强化，条件反射就会逐渐减弱，最后完全不出现，这种现象称为条件反射的消退。例如，铃声与食物多次结合应用，使犬建立条件反射。然后，再反复单独应用铃声而不给予食物，即不强化，则铃声引起的唾液分泌量会逐渐减少，最后完全不能引起分泌。条件反射的消退是由于在不强化的条件下，原来引起唾液分泌的条件刺激转化为引起中枢发生抑制的刺激。

3. 条件反射的泛化和分化

当一种条件反射建立后，若给予和条件刺激相近似的刺激，也可获得条件刺激效果，引起同样条件反射，这种现象称为条件反射的泛化。如果这种近似刺激得不到条件刺激的强化，该近似刺激就不再引起条件反射，这种现象称为条件反射的分化，或称为分化抑制。分化抑制是大脑皮层对各种传入冲动具有高度精确分辨能力的生理基础。分化抑制的建立对动物的正常活动具有重要意义。动物可借助它把内、外环境中无数的刺激区别开来，对某些有信号意义的刺激发生兴奋性反应，而对其余类似刺激发生抑制性反应。

4. 条件反射的生理意义

条件反射是对信号刺激发生反应的活动。机体在生活过程中对各种各样的信号刺激可形成各种条件反射，同时，这些信号一旦失去信号刺激的意义，条件刺激也就随之消退。如此势必增加了动物机体活动的预见性和灵活性及对环境的变化更能进行准确的适应。例如，依靠食物的条件反射，家畜不再是消极地等待食物进入口腔，而可根据食物的形状或气味主动地去寻找食物。同时，在食物进入口腔前，消化腺的分泌已为消化食物做好准备。

总之，机体对内、外环境的反射性适应都是通过非条件反射和条件反射的复杂反射活动来实现的。非条件反射适应恒定的环境，而条件反射则随环境的变化，不断地消退不适于生存的旧条件反射，建立新的条件反射。从进化的观点出发，动物越是高等，形成条件反射的能力越强，对环境的适应能力也越强。

专项实训

一、脑、脊髓形态构造识别

[实训目标] 掌握脑和脊髓的形态构造。

[材料设备] 脑和脊髓的浸泡标本，脑正中矢状面显示脑各部构造和脑室的标本，脑干标本，脑、脊髓形态构造挂图。

[方法步骤]

1. 脑的观察与识别

(1)脑的外部观察：在脑的背侧面观察大脑半球、小脑半球、蚓部、脑沟、脑回。在脑的腹侧面观察嗅球、视神经交叉、脑垂体、大脑脚、脑桥和延髓等。

(2)脑的各部结构：在脑的正中矢状面上，观察胼胝体、灰质、白质、延髓、脑桥、中脑、间脑及脑室等。

2. 脊髓的观察与识别

在标本上识别脊髓的外部形态和分段，观察背正中沟、腹正中裂、颈膨大、腰膨大、脊髓圆锥和马尾。

[技能考核] 在牛脑、脊髓标本或模型上，指出脑、脊髓的上述结构。

二、反射弧分析

[实训目标] 通过实验证明，任何一个反射只有在反射弧存在并完整的情况下才能实现。

[材料设备] 青蛙、解剖器械、铁架台、烧杯、滤纸片、纱布、0.5%的 H_2SO_4 等。

[方法步骤]

(1)自蛙的鼓膜前缘剪去全部脑髓，使成脊蛙，悬挂在铁架台上，进行实验。

(2)正常反射活动观察。将蛙的一只后腿浸入 0.5%的 H_2SO_4 中，可见有屈腿反射出现。当反射出现后，迅速用清水将后腿皮肤上的 H_2SO_4 洗净。

(3)用剪刀在同侧后肢股部皮肤做一个切口，并将皮肤剥离，再用上述方法刺激，观察结果。

(4)在另一侧后肢股部背侧，沿坐骨神经的方向将皮肤做一个切口，将坐骨神经分出，并在下面穿一条线，以便将坐骨神经提起，再以同样的方法进行刺激，观察结果。剪断坐骨神经，再将其浸入 H_2SO_4，观察反应。

(5)用探针插入另一只青蛙的脊髓，将脊髓破坏，再刺激机体任何部位，观察反应。

[技能考核] 记录实验结果，并对各结果做出解释。

复习思考题

1. 神经系统如何区分？
2. 从脊髓的横断面说明脊髓的结构。
3. 脑由哪几部分构成？各部分结构如何？
4. 脑室有哪几个？它们是如何相通的？
5. 试述正中神经、坐骨神经的组成和分布特点。
6. 躯体运动神经与植物性神经及交感神经与副交感神经的主要区别是什么？
7. 兴奋在神经纤维和突触处传递各有何特点？
8. 试述兴奋通过突触传递的过程。
9. 试述胆碱能受体和肾上腺素能受体的分布和效应。
10. 何谓神经递质？外周和中枢各有哪些神经递质？
11. 什么是肌紧张？它是怎样产生的？有何生理意义？
12. 试述感受器的一般生理特性。
13. 小脑和大脑皮层是如何调节躯体运动的？
14. 什么是植物性神经系统？它有哪些主要生理功能？
15. 说明延髓和下丘脑对内脏活动的调节。

神经系统感觉分析功能观察

神经系统对躯体运动调节功能的观察

第十一章
感觉器官

【学习目标】

- 熟悉眼、耳两种器官的结构，能在眼球标本上指出各部位名称。
- 了解视觉和位听觉传导过程。

【素质目标】

- 树立辩证唯物主义世界观。
- 注重理论联系实际，培养科学严谨的学习态度和精益求精的工匠精神。

【学习建议】

感觉器官结构复杂，应借助标本或模型在教师的讲解下进行认真观察和识别，了解其功能。

感觉器官是感受器及其辅助装置的总称。

感受器是机体接受内、外界环境各种刺激的结构。不同类型的刺激，首先要经由相应的感受器来接受，并通过感受器的换能作用，把刺激能量转换为神经冲动，经感觉神经和中枢神经系内的传导路，把冲动传至大脑皮质而产生各种感觉，从而建立机体与内、外界环境间的联系。感受器的种类很多，结构简繁不一。有的感受器结构很简单，如位于皮肤内的游离神经末梢和环层小体等；有的感受器形态结构比较复杂，具有各种辅助装置，如视觉器官和位听器官等。

第一节　视觉器官——眼

视觉器官能感受光波的刺激，经视神经传到视中枢而产生视觉。视觉器官由眼球和辅助器官组成。

一、眼球

眼球（图 11-1）位于眼眶内，后端有视神经与脑相连，其构造由眼球壁和眼球内容物两部

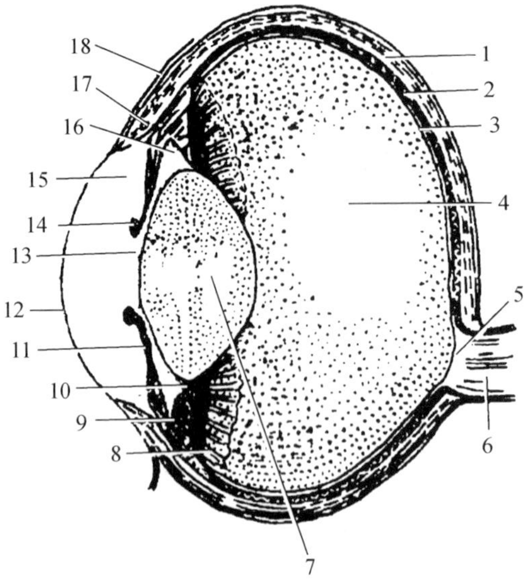

图 11-1 眼球纵切面模式图

1. 巩膜 2. 脉络膜 3. 视网膜 4. 玻璃体 5. 视乳头 6. 视神经 7. 晶状体 8. 睫状突 9. 睫状肌 10. 晶状体悬韧带 11. 虹膜 12. 角膜 13. 瞳孔 14. 虹膜粒 15. 眼前房 16. 眼后房 17. 巩膜静脉窦 18. 球结膜

分组成。

(一)眼球壁

眼球壁由3层构成,由外向内依次为纤维膜、血管膜和视网膜。

1. 纤维膜

纤维膜为致密而坚韧的纤维结缔组织膜,形成眼球的外壳,有保护眼球内容物和维持眼球外形等作用。纤维膜可分为前部的角膜和后部的巩膜。

(1)角膜。角膜占纤维膜的前1/6,无色透明,具有折光作用。角膜呈前凸后凹的球面,为眼前房的前壁。角膜内无血管和淋巴管,但有丰富的神经末梢,感觉灵敏。角膜上皮再生能力很强,损伤后易恢复,如损伤较重,则形成瘢痕或因炎症而变浑浊,严重影响视力。

(2)巩膜。巩膜占纤维膜的后5/6,不透明,呈乳白色,主要由互相交织的胶原纤维束所构成,含有少量弹性纤维。巩膜前接角膜,与角膜交界处深面有一环形巩膜静脉窦,是眼房水流出的通道,有调节眼压的作用。巩膜后下部有巩膜筛板,为视神经纤维的通路。

2. 血管膜

血管膜位于纤维膜与视网膜之间,含有大量血管和色素细胞,有营养眼内组织、调节进入眼球光量和产生眼房水的作用。血管膜由后向前可分为脉络膜、睫状体和虹膜3部分。

(1)脉络膜。脉络膜呈棕褐色,占血管膜后方大部,富有血管和色素细胞,外面与巩膜疏松相连,内面紧贴视网膜的色素层,后方有视神经穿过。除猪外,其后壁有呈青绿色带金属光泽的三角区,称为照膜,反光很强,有助于动物在暗环境下对光的感应。

(2)睫状体。睫状体位于巩膜与角膜移行部的内面,是血管膜呈环形的增厚部分。其内面的前部有许多呈放射排列的皱褶,称为睫状突;后部平坦光滑,称为睫状环。睫状突以晶状体悬韧带和晶状体相连。睫状体的外面为平滑肌构成的睫状肌,受副交感神经支配。睫状肌收缩或舒张,可使晶状体悬韧带松弛或拉紧,从而改变晶状体的凸度,具有调节视力的作用。

(3)虹膜。虹膜是血管膜前部的环形薄膜,在晶状体之前。虹膜的中央有一孔,称为瞳孔。瞳孔呈横椭圆形,其游离缘有一些小颗粒。从眼球前面透过角膜可看到虹膜和瞳孔。虹膜富含血管、平滑肌和色素细胞。虹膜的颜色因色素细胞的多少而有差异。牛呈暗褐色,绵羊呈黄褐色,山羊呈蓝色。虹膜内有2种不同方向排列的平滑肌。一种环绕瞳孔周围,称为瞳孔括约肌,收缩时可缩小瞳孔,受副交感神经支配;另一种呈放射状排列,称为瞳孔开大肌,收缩时可开大瞳孔,受交感神经支配。在弱光下或看远物时瞳孔放大,在强光下或看近物时瞳孔缩小。

3. 视网膜

视网膜紧贴在血管膜的内面，可分为视网膜盲部和视部两部分。

(1)盲部。盲部贴附在虹膜和睫状体的内面，外层为色素上皮，内层无神经细胞，无感光作用。

(2)视部。视部贴附在脉络膜的内面，由高度分化的神经组织构成，在活体平滑而透明，略呈淡红色，后部较厚，越向前越薄，有感光作用。视部构造复杂，可分内、外 2 层。外层为色素层，由单层色素上皮构成。内层为神经层，主要由 3 层神经细胞组成。其中，最外层为接受光刺激的感光细胞(视杆细胞和视锥细胞)，是构成视觉器官的最主要部分；中层为传递神经冲动的双极细胞；内层为节细胞。节细胞的轴突在视网膜后部集结成束，并形成一圆形或卵圆形的白斑，称为视神经乳头，其表面略凹，是视神经穿出视网膜的部位。此处只有神经纤维，无感光能力，又称为盲点。在视神经乳头处，视网膜中央动脉呈放射状分布于视网膜，分支情况因各种动物而异。视神经乳头和动脉在做眼底检查时可以看到。在视神经乳头的外上方，约在视网膜的中央有一小圆形区称为视网膜中心，是感光最敏锐的部位。

(二)眼球内容物

眼球内容物包括晶状体、玻璃体和眼房水，它们均无血管而透明，和角膜一起构成眼球的折光装置，使物体在视网膜上映出清晰的物像，对维持正常视力有重要作用。

1. 晶状体

晶状体为富有弹性的双凸透镜状无色透明体，后面的凸度比前面的大；位于虹膜与玻璃体之间，以晶状体悬韧带和睫状体相连。晶状体外包一层透明而具有弹性的晶状体囊，其实质由许多平行排列的晶状体纤维组成。通过调节晶状体的凸度而调节焦距。当看近物时，睫状肌收缩，晶状体悬韧带放松，晶状体凸度变大；当看远物时，与此相反，这样都能使物像聚焦在视网膜上。晶状体若因疾病或创伤而变浑浊，阻碍光线进入眼内，临床上称为白内障。

2. 玻璃体

玻璃体是无色透明的胶状物质，充满于晶状体和视网膜之间，除有折光作用外，还有支撑视网膜的作用。

3. 眼房水

眼房位于晶状体与角膜之间，被虹膜分为前房和后房，经瞳孔相通。眼房水是充满眼房的无色透明液体。眼房水由睫状体产生，由眼后房经瞳孔到眼前房，再渗入巩膜静脉窦至眼静脉。眼房水除有折光作用外，还具营养角膜和晶状体及维持眼内压的作用。如果眼房水产生过多或回流受阻，可引起眼内压增高而影响视力，临床上称为青光眼。

二、眼球的辅助器官

眼球的辅助器官包括眼睑、泪器、眼眶和眶骨膜及眼球肌，对眼球有保护、运动和支持作用(图 11-2、图 11-3)。

(一)眼睑

眼睑是位于眼球前方的皮肤褶，俗称眼皮，分为上眼睑和下眼睑，有保护眼球免受伤害的

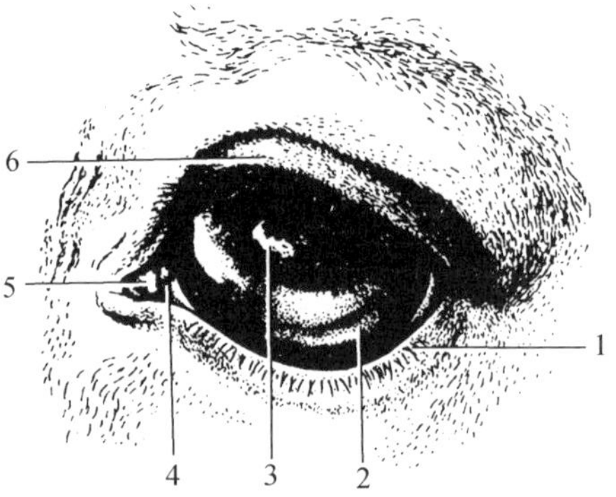

图 11-2　眼的外观

1. 下眼睑　2. 角膜　3. 瞳孔　4. 第三眼睑　5. 泪阜　6. 上眼睑

作用。上、下眼睑之间的裂隙称为睑裂，其内、外两端分别称为内侧角和外侧角。

眼睑外面为皮肤，内面为睑结膜，中间为眼轮匝肌和睑板腺。内、外两面移行部称为睑缘，睑缘上长有睫毛。睑结膜为一薄层湿润而富有血管的膜，睑结膜折转覆盖于巩膜前部，称为球结膜。睑结膜和球结膜之间的裂隙称为结膜囊，牛的眼虫即寄生在此处。睑板腺的导管开口于睑缘，分泌物有润泽睑缘的作用。眼轮匝肌收缩可闭合睑裂。

第三眼睑又称为瞬膜，位于眼内侧角的结膜褶，呈半月形，常有色素，内有一片软骨。第三眼睑无肌肉控制，仅在眼球被眼肌向后拉时，压迫眼眶内组织使其被动露出。

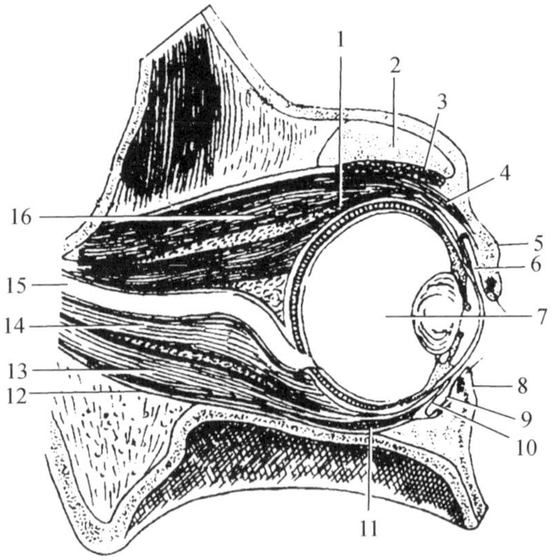

图 11-3　眼球的辅助器官

1. 眼球上斜肌　2. 额骨眶上突　3. 泪腺　4. 眼睑提肌　5. 上眼睑　6. 结膜囊　7. 玻璃体　8. 下眼睑　9. 睑结膜　10. 球结膜　11. 眼球下斜肌　12. 眶骨膜　13. 眼球下直肌　14 眼球退缩肌　15. 视神经　16. 眼球上直肌

知识链接　正常的结膜呈淡红色，在发绀、黄疸或贫血时易显示不同的颜色，常作为临床诊断的依据。

(二)泪器

泪器包括泪腺和泪道两部分。

1. 泪腺

泪腺位于眼球背外侧与眶上突之间，牛泪腺的位置很深，有 10 余条导管，开口于上眼睑结膜囊内。泪腺分泌泪液，借眨眼运动分布于眼球表面，起湿润和清洁作用。

2. 泪道

泪道是泪液排出的通道，由泪小管、泪囊和鼻泪管组成。泪小管为 2 条短管，起始于眼内侧角处的 2 个缝状小孔即泪点，汇于泪囊。泪囊为漏斗状的膜性囊，位于泪骨的泪囊窝内，为鼻泪管上端的膨大部。鼻泪管位于骨性鼻泪管中，沿鼻腔侧壁开口于鼻前庭，泪液在此随呼吸所蒸发。鼻泪管受阻时，泪液不能正常排泄，而从睑缘溢出，长期可刺激眼睑发生炎症。

(三)眼眶和眶骨膜

1. 眼眶(眶窝)

眼眶由额骨、泪骨、颧骨及颞骨构成，具有保护眼的作用。

2. 眶骨膜

眶骨膜为一致密坚韧的纤维膜，位于骨性眼眶内，呈圆锥形，包围着眼球、眼肌、血管、神经和泪腺。眶骨膜的内、外间隙中填充有许多脂肪，与眶骨膜共同起着保护眼的作用。

(四)眼球肌

眼球肌属于横纹肌，位于眶骨膜内，包括眼球退缩肌、眼球直肌和眼球斜肌。

1. 眼球退缩肌

眼球退缩肌起于视神经孔周缘，包于视神经的周围，止于巩膜，收缩时可退缩眼球。

2. 眼球直肌

眼球直肌共 4 块，即上直肌、下直肌、内直肌和外直肌，均呈带状，分别位于眼球退缩肌的背侧、腹侧、内侧和外侧，起于视神经孔周围，止于巩膜，收缩时可使眼球做向上、向下、向内和向外运动。

3. 眼球斜肌

眼球斜肌共 2 块，即上斜肌和下斜肌。上斜肌是眼肌中最细长的，起于筛孔附近，沿内直肌内侧向前，再向外折转，止于上直肌与外直肌之间的巩膜表面，收缩时可使眼球向外上方转动。下斜肌较宽而短，起于泪囊窝后方的眶内侧壁，绕过眼球腹侧向外伸延止于巩膜，收缩时可使眼球向外下方转动。

眼球肌的血管、神经丰富，故眼球运动灵活，且不易疲劳。

三、视觉传导路径

光线经角膜、房水、晶状体、玻璃体射至视网膜，由视网膜感光细胞(视锥和视杆细胞、双极细胞、神经节细胞)转变为神经冲动，经双极细胞传至神经节细胞，通过节细胞构成的视神经、视交叉和视束经丘脑下部到达间脑的外侧膝状体，更换神经元后，由外侧膝状体发出纤维经内囊投射到大脑皮质视觉区产生视觉。另有小部分纤维至中脑前丘和中脑被盖的动眼神经副交感核，分别引起头颈部对光的反射和瞳孔括约肌的收缩运动。

第二节　位听器官——耳

耳包括听觉感受器和平衡感受器。这 2 种感受器功能虽截然不同，然而其结构密切相关。耳可分为外耳、中耳和内耳 3 部分。外耳和中耳是收集和传导声波的部分，内耳则是兼具接受声波和平衡刺激的部分。

一、外耳

外耳包括耳郭、外耳道和鼓膜 3 部分(图 11-4)。

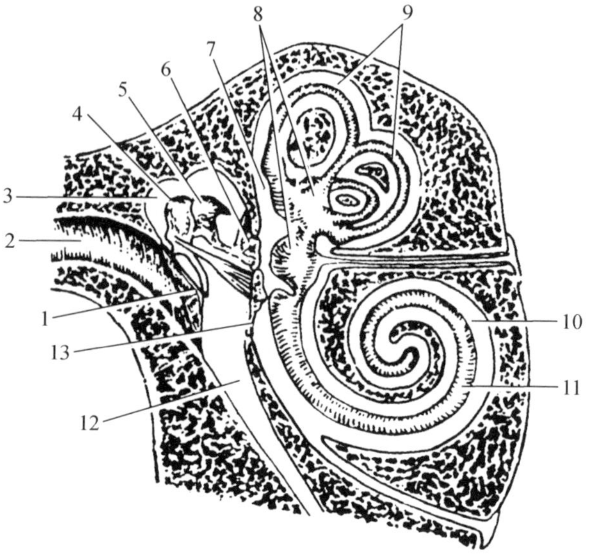

图 11-4 耳构造模式图

1. 鼓膜 2. 外耳道 3. 鼓室 4. 锤骨 5. 砧骨 6. 镫骨及前庭窗 7. 前庭 8. 椭圆囊和球囊 9. 骨半规管和膜半规管 10. 耳蜗 11. 耳蜗管 12. 咽鼓管 13. 耳蜗窗

1. 耳郭

耳郭形状因动物种类和品种的不同而异,一般呈圆筒状,上端较大,开口向前,下端较小连于外耳道。耳郭外面隆凸称为耳背,里面的凹陷称为舟状窝,窝内的皮肤形成纵走的皱褶。耳郭以耳郭软骨为支架,内、外被覆皮肤,内面的皮肤上部长有长毛,基部毛少而具有很多皮脂腺。耳郭基部包有脂肪垫,并附着有较发达的耳肌,包括耳郭内肌和耳郭外肌,使耳郭能作灵活运动,便于收集声波。

2. 外耳道

外耳道是从耳郭基部到鼓膜的管道,由外部的软骨性外耳道与内部的骨性外耳道两部分组成。软骨性外耳道以环状软骨为支架,外侧端与耳郭软骨相连,内侧端以致密结缔组织与岩颞骨外耳道相接。骨性外耳道即岩颞骨的外耳道,外口大,内口小,内口有鼓膜环沟。外耳道内面被覆皮肤,软骨性外耳道的皮肤具有短毛、皮脂腺和耵聍腺,耵聍腺由汗腺演变而成,与汗腺构造相似,能分泌耵聍,又称为耳蜡。

3. 鼓膜

鼓膜位于外耳道底部,在外耳道与中耳之间,周缘嵌在鼓膜环沟内,为一椭圆形半透明的纤维膜,坚韧而有弹性。鼓膜略向内凹陷,其内侧面附着于锤骨柄。鼓膜可分 3 层,外层为外耳道皮肤的延续,中层为纤维层,内层为鼓室黏膜的延续。

二、中耳

中耳包括鼓室、听小骨和咽鼓管 3 部分。

1. 鼓室

鼓室为岩颞骨内一个含气的小腔，内面被覆黏膜。其外侧壁为鼓膜，与外耳道隔开，内侧壁为骨质壁或迷路壁，与内耳为界。内侧壁上有一隆起称为岬，岬的前方有前庭窗，以镫骨及韧带封闭，岬的后方有蜗窗，以薄膜封闭。鼓室的前下方通咽鼓管。

2. 听小骨

听小骨共有 3 块，由外向内依次为锤骨、砧骨和镫骨。它们借关节相连形成听小骨链，一端以锤骨柄附着于鼓膜，另一端以镫骨底的环状韧带附着于前庭窗，使鼓膜和前庭窗连接起来。当声波振动鼓膜时，听小骨成一杠杆串联运动，使镫骨底在前庭窗上来回摆动，将声波的振动传到内耳。听小骨链的活动与鼓室的鼓膜张肌和镫骨肌有关，鼓膜张肌的作用为紧张鼓膜，镫骨肌调节声波振动时对内耳的压力。

3. 咽鼓管

咽鼓管又称为耳咽管，连接咽腔和鼓室，为一衬有黏膜的管道，其黏膜与咽及鼓室黏膜相延续。咽鼓管一端开口于鼓室前下壁，称为咽鼓管鼓口；另一端开口于咽侧壁，称为咽鼓管咽口。空气从咽腔经此管到鼓室，可以保持鼓膜内、外两侧大气压力的平衡，防止鼓膜被冲破。

三、内耳

内耳又称迷路，位于岩颞骨的骨质内，在骨室与内耳道底之间，由构造复杂的管腔组成，是听觉和平衡(位)觉感受器的所在部位。内耳可分为骨迷路和膜迷路两部分。骨迷路由致密骨质构成；膜迷路为膜性结构，套在骨迷路内，形状与之相似，小部分附着于骨迷路上，大部分与骨迷路之间形成腔隙，腔内充满外淋巴。膜迷路内含有内淋巴。内、外淋巴互不相通。

(一)骨迷路

骨迷路包括前庭、骨半规管和耳蜗 3 部分。

1. 前庭

前庭为位于骨迷路中部略膨大的腔隙。前庭的前部有一孔通耳蜗，后部有 5 个孔与 3 个骨半规管相连通。前庭的外侧壁即鼓室的内侧壁，有前庭窗和蜗窗；内侧壁即内耳道的底，其表面有一嵴称为前庭嵴，嵴的前方有一小窝称为球囊隐窝，嵴后方的窝较大，称为椭圆囊隐窝。前庭内侧壁的后下方有前庭水管的内口。

2. 骨半规管

骨半规管位于前庭的后上方，为 3 个互相垂直的半环形管，根据其位置分别称为上半规管、后半规管和外半规管。骨半规管的一端膨大称为壶腹，另一端称为脚，上半规管与后半规管的脚合并为一总脚，因此 3 个半规管仅 5 个孔，开口于前庭。

3. 耳蜗

耳蜗位于前庭的前方，因形似蜗牛壳而得名。蜗底朝向内耳道，蜗顶朝向前外方。耳蜗由蜗轴和环绕蜗轴的耳蜗螺旋管构成，蜗轴位于中央，呈圆锥形，由骨松质构成，轴底有许多小孔供耳蜗神经通过。耳蜗螺旋管环绕蜗轴数圈(牛、羊为 3.5 圈)，由蜗轴发出的骨螺旋板突入螺旋管内，将螺旋管不完全地分为上方的前庭阶和下方的鼓阶两部分。

(二)膜迷路

膜迷路由椭圆囊、球囊、膜半规管和耳蜗管 4 部分组成。

1. 椭圆囊

椭圆囊位于椭圆囊隐窝内，椭圆囊后壁有5个孔与膜半规管相通，向前以椭圆球囊管与球囊相通，椭圆球囊管再发出内淋巴管，穿经前庭至脑硬膜间的内淋巴囊，内淋巴由此渗出至周围血管丛。椭圆囊内有椭圆囊斑，是平衡觉感受器。

2. 球囊

球囊位于球囊隐窝内，囊的下部以连合管通于耳蜗管，另一细管与椭圆球囊管相合形成内淋巴管，它通过前庭水管到脑硬膜2层之间的静脉窦。球囊内有球囊斑，也是平衡觉感受器。

3. 膜半规管

膜半规管套于骨半规管内。在壶腹壁上有半月状隆起称为壶腹嵴，也是平衡觉感受器。

4. 耳蜗管

耳蜗管在耳蜗内，一端连于球囊，另一端在蜗顶处，为一盲端。耳蜗管的断面呈三角形，位于前庭阶和鼓阶之间，顶壁为前庭膜，把前庭阶和耳蜗管隔开；外侧壁较厚，与耳蜗的骨膜结合；底壁由骨螺旋板和基底膜与鼓阶相隔，基底膜连于骨螺旋板与耳蜗螺旋管外侧壁之间，其上有螺旋器，又称科蒂氏器，是听觉感受器。

四、听觉和位觉的传导路径

(一)听觉传导路径

声波经外耳道传至鼓膜，通过听小骨的杠杆作用，鼓膜振动将信息传递至前庭窗，引起外淋巴振动。蜗螺旋管外淋巴的振动波及相邻蜗管的内淋巴振动，致使螺旋器兴奋，神经冲动经蜗神经传至耳蜗神经核。耳蜗神经核发出的纤维大部分到间脑的内侧膝状体，经内囊投射到大脑皮质，小部分到后丘，参与构成眼球、耳及头颈对声的反射运动。

(二)位觉传导路径

头部位置的改变引起内淋巴流动，刺激壶腹嵴、椭圆囊斑和球囊斑等感受器，兴奋经前庭神经、耳蜗神经入脑，大部分送至前庭神经核，小部分送至小脑。前庭神经核的纤维一部分终止于小脑蚓部，一部分参与构成眼球、头颈、躯干和四肢的姿势反射。

专 项 实 训

眼结构的观察

[实训目标] 认识眼球及辅助装置的形态与构造。

[材料设备] 眼球浸制标本、眼球模型、眼球教学挂图、眼解剖器械。

[方法步骤]

1. 眼球的构造观察

眼球包括眼球壁和内部的折光体。眼球壁由外向内依次区分为纤维膜、血管膜和神经膜。

(1)纤维膜。纤维膜分前方的角膜和后方的巩膜。

(2)血管膜。血管膜分为脉络膜、睫状体和虹膜3部分。脉络膜紧贴在巩膜内；睫状体是靠近角膜处变厚的部分，内有睫状肌；虹膜是睫状体前方的环状膜，膜中央有一圆孔(瞳孔)。

(3)神经膜。神经膜又称视网膜，为眼球壁最内层。

眼球内的折光体有房水(房液)、晶状体(位于虹膜与玻璃体之间，呈双凸能折光的圆形透明体)和玻璃体(位于晶状体与视网膜之间，透明呈胶状)。眼房位于角膜和晶状体之间，由虹膜分为眼前房和眼后房。

2. 眼球的辅助装置观察

(1)泪腺。略呈卵圆形，位于眼球的背外侧与眶上突之间。

(2)结膜与眼睑。包括上眼睑、下眼睑、第3眼睑(瞬膜)，眼球结膜、结膜囊。

(3)眼肌的观察。在眼球外围有数条横纹肌，称为眼肌。眼肌收缩能引起眼球的运动。

复习思考题

1. 眼球由几部分组成?
2. 眼球壁由几部分组成?
3. 耳包括哪几部分? 其构造如何?
4. 如何区别眼睑、眼结膜和瞬膜? 在临床上有何意义?

第十二章
内分泌系统

【学习目标】

- 掌握激素的概念、作用特点。
- 掌握下丘脑及腺垂体等体内主要内分泌腺所分泌的激素的生理功能。
- 了解含氮类及类固醇激素的作用机理。

【素质目标】

- 树立辩证唯物主义世界观。
- 注重理论联系实际,培养科学严谨的学习态度和精益求精的工匠精神。
- 树立生物安全意识,严格遵守实验操作规范。
- 树立动物福利意识,关注动物健康。

【学习建议】

通过教师讲解,理解内分泌系统的组成及功能。在教师指导下进行实践操作,观察激素对动物体生理功能的调节作用。

第一节 概 述

内分泌系统是机体内所有内分泌腺和分散存在于某些组织器官中的内分泌细胞共同组成的一个信息传递系统,是机体重要的调控系统之一。所说的内分泌腺是指由功能相同的腺上皮细胞聚集在一起形成没有导管的腺体(又称无管腺),其分泌物由腺细胞直接分泌入体液,再传递给特定的器官、组织或细胞,来活化或抑制其生理反应,是以体液为媒介在体内传播信息。而内分泌细胞则是单个分散存在于体内一些器官组织(如脑、心、肺、肾、消化道黏膜、皮肤及胎盘)中的有分泌功能的上皮细胞。所有内分泌细胞都是通过分泌激素在细胞之间传递信息而发挥其调节作用的。它们所分泌的这种信息物质,就是我们所说的激素。

一、激素的分类

激素是由机体某些细胞合成、分泌的，经由组织液或血液进行传递信息的生物活性物质。它可以从一个细胞传递到另一个细胞，也可以从一个细胞的这一部分传递到同一细胞的另一部分，从而诱导靶器官或靶细胞产生特殊的生理效应。

按照激素的化学性质可分为含氮类激素和脂类激素两大类。

1. 含氮类激素

(1)多肽激素。主要有下丘脑调节肽、神经垂体素、降钙素及胃肠道激素等。

(2)蛋白质激素。主要有垂体激素、胰岛激素、甲状旁腺激素等。

(3)胺类激素。主要有肾上腺素、去甲肾上腺素和甲状腺激素等。

2. 脂类激素

(1)类固醇激素。主要有醛固酮、皮质醇、雄性激素、雌性激素等。

(2)固醇类激素。如1,25-二羟维生素D_3。

(3)脂肪酸衍生物。如前列腺素、血栓素等。

二、激素的一般特性和传递方式

(一)激素作用的一般特性

激素虽然种类很多，作用也很复杂，但它们在对靶细胞的调节过程中却表现出许多共同的特性。

1. 特异性

激素释放出来后，只选择性地作用于某些器官、组织或细胞，这种特性称为特异性，被激素作用的细胞、组织或器官则称为靶细胞、靶组织或靶器官。因为这些靶细胞、靶组织或靶器官的细胞膜上、细胞浆内或细胞核内具有该激素的受体，能和激素产生特异性的结合而使其发生生理效应。有些激素的特异性极强，只能作用于某一个靶器官，如甲状腺激素只作用于甲状腺，而有些激素的作用却无选择性，如生长激素，它几乎作用于全身所有的细胞。激素作用的特异性实质上就是指激素与受体的特异结合。

2. 高效性

血液中激素的生理浓度很低，一般在纳摩尔(nmol/L)或皮摩尔(pmol/L)数量级，但作用却显著。激素与受体结合后，在细胞内发生了一系列酶促放大作用，并逐级放大其后续效应，形成一个高效能生物放大系统，所以，虽然体液中激素含量甚微，但其作用十分显著。如下丘脑内释放0.1 μg的促肾上腺皮质激素释放激素(CRH)，可使腺垂体释放1 μg促肾上腺皮质激素(ACTH)，后者能使肾上腺皮质分泌40 μg糖皮质激素，生物效能放大了400倍。

3. 激素间的相互作用

(1)协同作用。多种激素在调节同一生理过程时，共同引起一种生理功能的增强或减弱。如胰高血糖素与肾上腺素合用升高血糖的作用，较单一用其中一种时的作用效果要明显。

(2)拮抗作用。和协同作用相反，两种激素在调节同一生理过程时，可产生相反的生理效应。如胰岛素能降低血糖,而胰高血糖素能升高血糖,那它们的作用就是拮抗作用,当它们共同存在时,可维持血糖的正常浓度。

(3)允许作用。有的激素对某组织、细胞并无直接作用,但它的存在是其他激素发挥生理作用的必要条件,这种现象称为允许作用。如糖皮质激素对血管平滑肌并无收缩作用,但只有当它存在时儿茶酚胺才能很好地发挥对心血管的调节作用。

4. 半衰期较短

激素作用时效激素发挥生理效应后,在酶的作用下被灭活,最后经肾随尿排出。血液中激素更新的速度用半衰期表示,即血浆中激素原有的活性下降到 1/2 所需要的时间。各种激素半衰期长短不同,大多数激素半衰期为 20～30 min,需要指出,激素半衰期与激素作用速度和作用时间是不同的,由于各种激素的作用方式不同,所以发生作用的速度也不同。如肾上腺素在体内分解很快,静脉给药只能维持几分钟作用;胰岛素需要几分钟至几十分钟才呈现效应;甲状腺素则需要经过几天才出现明显效应。作用持续时间与激素分泌方式有关,如果激素持续分泌,即使半衰期只有几分钟,其作用仍能维持数小时。了解激素作用的这些特点,利于临床上掌握正确的给药时间。

(二)激素的传递方式

动物体生命活动过程中,激素仅起信使的作用。它可以在细胞和细胞之间传递信息,激素的传递信息的方式主要有以下几种。

1. 远距离分泌

分泌的激素由血液循环运输到离腺细胞较远的靶细胞发挥生理作用,如腺垂体。

2. 旁分泌

内分泌细胞分泌的激素不通过血液运输,只通过组织液扩散而作用于邻近的细胞发挥生理作用,如胃肠激素。

3. 神经分泌

一些形态和功能都具有神经元特征的神经内分泌细胞,其轴突末梢向细胞间液分泌神经激素传递信息的方式,如下丘脑神经肽等。

4. 自分泌

内分泌细胞自身所分泌的激素对其他靶细胞外,还对自身起作用,发挥自身的反馈性的调节,如前列腺素等。

激素通过上述方式传递化学信息,作用于相应的靶器官或靶组织,调节其代谢和功能。此外,一个机体的某些细胞产生的化学物质通过环境条件传播到其他机体的细胞产生作用,这类化学物质称为外激素(信息激素)。

三、激素的作用机制

激素作用的机制实际上就是由激素-受体复合物介导的细胞信号转导过程。激素对靶细胞的作用是通过受体(这些受体存在于细胞外膜、细胞内膜及细胞内)介导的,不同结构的激素可分别与细胞膜上受体(或称胞膜受体)或者细胞内受体(或称胞内受体)结合,并通过不同信号转导途径最终引起靶细胞的生物效应。

1. 含氮类激素的作用机制

这些激素均为水溶性物质，不能穿透细胞膜，只能与胞膜上受体结合。这些激素与膜受体结合时，都不对靶细胞直接发挥调节作用，而只作为第一信使先引起胞浆中第二信使的生成，由第二信使调节细胞内酶类的活性，再改变细胞的功能，而实现调节效应的。一般有2种信使。

(1)以cAMP为第二信使。

①激素是第一信使，与靶细胞膜上具有立体结构的专一性受体结合。

②激素与受体结合后，激活膜上的腺苷酸环化酶系统。

③在Mg^{2+}存在的条件下，腺苷酸环化酶促使ATP转变为cAMP，cAMP是第二信使，信息由第一信使传递给第二信使。

④cAMP使无活性的蛋白激酶(PKA)激活。PKA具有2个亚单位，即调节亚单位与催化亚单位。cAMP与PKA亚单位结合，导致调节亚单位与催化亚单位脱离而使PKA激活，催化细胞内多种蛋白质发生磷酸化反应，包括一些酶蛋白发生磷酸化，从而引起靶细胞各种生理生化反应。

(2)以三磷酸肌醇(IP_3)和二酰甘油(DG)为第二信使。激素作用于膜受体后，通过G蛋白的介导，激活细胞膜内的磷脂酶C，它使由磷脂酰肌醇(PI)二次磷酸化生成的磷脂酰二磷肌醇(PIP_2)分解，生成IP_3和DG。IP_3则进入胞浆。细胞内Ca^{2+}贮存库释放Ca^{2+}进入胞浆。IP_3诱发Ca^{2+}动员的最初反应是引起暂短的内质网释放Ca^{2+}，随后是由Ca^{2+}释放诱发作用较长的细胞外Ca^{2+}内流，导致胞浆中Ca^{2+}浓度增加。Ca^{2+}与细胞内的钙调蛋白结合后，可激活蛋白激酶，促进蛋白质磷酸化，从而调节细胞的功能活动。DG生成后仍留在膜中，DG的作用主要是特异性激活蛋白激酶C。如催产素的作用属于这种作用机理。

2. 类固醇激素作用机制——基因表达学说

类固醇激素的相对分子质量小(仅为300左右)，为脂溶性，可通过细胞膜而进入细胞内，与胞内受体结合成复合物，直接起介导靶细胞效应的信使作用。这类激素进入细胞后一般需经2个步骤影响基因的表达，增加新的酶和功能蛋白质而发挥作用，故将此种作用机制称为“二步作用原理”或“基因表达学说”。

激素与胞浆受体结合，形成激素-胞浆受体复合物。受体蛋白发生构型变化，从而使激素-胞浆受体复合物获得进入细胞核的能力，由胞浆转移至核内。激素与核受体相结合，形成激素-核受体复合物，从而激发DNA的转录过程，生成新的mRNA，诱导蛋白质合成，引起相应的生物效应。还有另一些，如雌激素、孕激素等类固醇激素，进入靶细胞后直接穿越核膜，与相应的核受体结合，调节基因表达而实现生理效应。

总之，激素通过与受体结合启动一系列反应来发挥生理功能。一般来说，含氮类激素等水溶性激素通过第二信使学说发挥作用，类固醇激素等脂溶性激素则通过基因学说发挥作用，但近年来研究表明，有的多肽激素可通过基因学说发挥作用，而有的类固醇激素也可作用于细胞膜引起非基因效应，这充分体现了激素作用方式的多样性。

第二节 内分泌腺及功能

一、下丘脑

下丘脑位于丘脑腹侧，构成第三脑室侧壁的一些灰质核团（包括视上核、室旁核、视交叉、乳头体、脑垂体、漏斗等）。下丘脑面积虽小，但接受很多神经冲动，故为内分泌系统和神经系统的中心。下丘脑虽不属于内分泌腺，但与内分泌腺有着密切的联系。一方面，下丘脑内视上核、室旁核等的轴突投射到神经垂体，其分泌物也在神经垂体内贮存；另一方面，下丘脑分泌的多种神经肽通过垂体门脉系统到达腺垂体，对腺垂体的分泌活动进行调节，从而组成下丘脑-垂体-性腺轴、下丘脑-垂体-肾上腺轴等，对整个内分泌系统产生影响。

（一）下丘脑的神经内分泌细胞及其与垂体的功能关系

下丘脑与垂体在结构和功能上联系密切，是神经和体液调节相互联系的重要枢纽。下丘脑释放的许多激素调节着垂体激素的分泌，进而调节体内各内分泌腺的激素分泌，来调节机体的功能。下丘脑释放的激素也能对垂体外的其他部位起调节作用。

（二）下丘脑分泌的激素及生理作用

现在能确定下来的下丘脑所分泌的下丘脑调节肽有 9 种，其中对于化学结构已阐明的称为激素，那些结构不明确的暂称为因子。这些调节肽能促进或抑制腺垂体激素的合成与分泌，其中起促进作用的下丘脑合成肽称为释放（激素）因子，起抑制作用的称为释放抑制激素（因子），主要有以下几种。

（1）促甲状腺释放激素（TRH）是由谷氨酸、组氨酸和脯氨酸结合而成的三肽，主要的生理作用是促进腺垂体释放促甲状腺激素（TSH），从而能使血液中的甲状腺激素的浓度升高。促甲状腺释放激素还能促进腺垂体分泌催乳素（PRH）和生长激素（GH）。

（2）促性腺激素释放激素（GnRH）是由 10 种氨基酸组成的激素，主要的生理作用是促进腺垂体释放促卵泡激素（FSH）和黄体生成素（LH）2 种促性腺激素。

（3）生长素释放激素（GHRH）是多肽类的激素，主要的生理作用是促进腺垂体生长激素分泌细胞合成和分泌生长激素。

（4）生长素释放抑制激素（SS 或 GHRIH）是由 14 或 28 个氨基酸组成的脉石类激素。生理作用极广泛，它可抑制因运动、进食、应激、低血糖等因素引起的生长激素分泌活动；抑制黄体生成素、促卵泡激素、促甲状腺激素、催乳素、促肾上腺皮质激素（ACTH）、胰岛素、四状旁腺素、降钙素等多种激素分泌外，对神经活动还能有抑制作用。

（5）促肾上腺皮质激素释放激素（CRH）是 41 肽激素，生理作用是促进腺垂体合成和释放促肾上腺皮质激素。

（6）催乳素释放因子（PRF）和催乳素释放抑制因子（PIF）分别能促进和抑制腺垂体分泌催乳素。

（7）促黑（素细胞）激素释放因子（MRF）和促黑（素细胞）激素释放抑制因子（MIF）可能都是小分子的肽类物质，分别是促进和抑制腺垂体分泌促黑（素细胞）激素的释放。

二、垂体

垂体是下丘脑的一部分，位于脑的基底部，又称脑垂体，与下丘脑连接，小而略呈扁圆形。垂体可分为腺垂体和神经垂体2部分(图12-1)。垂体是体内最重要的内分泌腺，结构复杂，所能分泌的激素种类也比较多，作用更是广泛，并且与其他内分泌腺有着密切的生理联系。

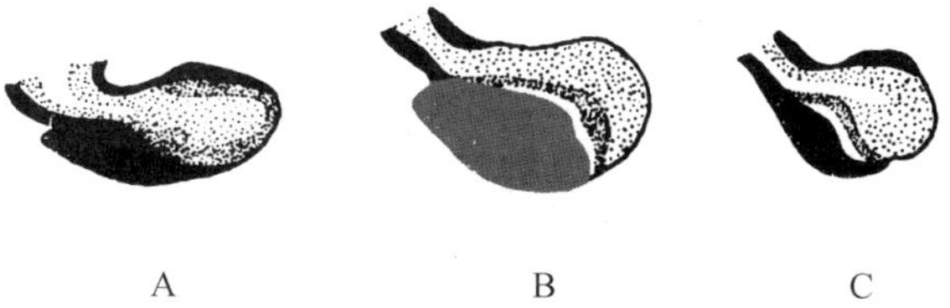

图12-1 垂体正中切面模式图

A. 马 B. 牛 C. 猪

(黑色表示远侧部与结节部；细点表示中间部；粗点表示神经部；白色为垂体腔)

(一)神经垂体分泌的激素与功能

神经垂体没有腺细胞，不产生激素。所谓的神经垂体激素是指下丘脑视上核和室旁核合成的抗利尿激素(ADH)和催产素，它们都是由9个氨基酸组成的多肽。

1. 抗利尿激素

抗利尿激素的主要功能是抗利尿效应，是机体调节水平衡的重要激素之一；其次是升压效应。在生理状态下，抗利尿激素的主要生理作用是抗利尿效应，一般认为正常生理情况下几乎无升压效应，只有在机体失血等情况下才起缩血管和升压作用。

2. 催产素

催产素的生理作用如下。

(1)催产效应。即促进哺乳类的输卵管和子宫在交配时的收缩，促进精子及卵子在生殖道的运行；分娩时子宫收缩，促进胎儿和胎衣的排出，并对子宫的复位有重要作用。

(2)排乳效应。即促使乳腺腺泡周围的肌上皮细胞和导管平滑肌收缩，促使乳汁排出。

(二)腺垂体分泌的激素与功能

腺垂体含多种内分泌细胞，至少分泌6种多肽素，其靶组织和生理功能与腺垂体激素的作用方式不完全相同，其中促甲状腺激素、促肾上腺皮质激素、促卵泡激素和黄体生成素均有各自的靶腺，能促进其靶腺分泌激素，所以又把这些激素统称为“促激素”。而生长激素、催乳素及促黑(素细胞)激素是直接作用于靶组织和靶细胞而发挥作用。腺垂体分泌的激素及其主要生理功能见表12-1。

1. 生长激素

生长激素的作用表现在以下两方面。

(1)促生长作用。生长激素的促生长作用是由于它能促进骨、软骨、肌肉以及其他组织细胞分裂增殖，蛋白质合成增加。生长激素能诱导靶细胞产生一种称为生长素介质(SOM)的肽物质，促进钙、磷等在软骨沉积，加速软骨的基质合成长软骨细胞的分裂，使骺部的软骨生长，再钙化成骨，而达到促生长的作用。

表 12-1 腺垂体分泌的激素及其主要生理功能

激素	靶组织	生理功能
促肾上腺皮质激素	肾上腺皮质	增加肾上腺皮质类固醇激素的分泌
促甲状腺激素	甲状腺	增加甲状腺激素的合成和分泌
促性腺激素	卵巢、睾丸	增加性腺类固醇激素的合成与分泌；促进配子的生成，性腺的发育和成熟；排精排卵
生长激素	所有组织	促进组织生长、RNA 的合成、蛋白质的合成、葡萄糖、氨基酸的运输；促进脂肪和抗体的形成
催乳素	乳腺、性腺	促进乳腺的发育发动和维持泌乳；促进排卵，维持机体的水盐代谢平衡
促黑(素细胞)激素	黑色素细胞	促进黑色素细胞合成并散布

(2)促进代谢。生长激素可促进氨基酸进入细胞，加快 DNA /RNA 的合成，从而促进蛋白质合成，包括软骨、骨、肌肉、肝、肾、心、肺、肠、脑及皮肤等组织中蛋白质合成增强；促进机体呈正氮平衡。生长激素促进脂肪分解，增强脂肪酸氧化，提供能量，特别是使肢体组织脂肪含量减少。生长激素抑制外周组织摄取和利用葡萄糖，减少葡萄糖消耗，提高血糖水平。生长激素可以引起细胞内钠、钾、镁和磷等无机物的摄取和利用，促进小肠对钙的吸收，促进 25-羟维生素 D_3[25-(OH)D_3] 变为 1,25-二羟维生素 D_3[1.25-$(OH)_2D_3$]，增加近端小管对磷的重吸收。此外，GH 还可促进胸腺基质细胞分泌胸腺素，参与机体免疫功能的调节。

2. 催乳素

催乳素是腺垂体催乳素细胞分泌的一种糖蛋白，有明显的种属特异性，生理作用如下。

(1)对乳腺和性腺的作用。催乳素在哺乳类动物中主要是促进乳腺充分发育，使其具备泌乳能力，于分娩后发动和维持泌乳。此外，还有促进性腺发育的作用，催乳素和黄体生成素配合能促进黄体的形成和维持黄体分泌孕酮。在卵泡发育过程中，催乳素可刺激黄体生成素受体生成，黄体生成素与其受体结合可促进排卵、黄体生成及分泌孕激素、雌激素。对于雄性哺乳类动物，催乳素能促进前列腺及精囊的生长，增强黄体生成素对间质细胞的作用，使睾酮的合成增加。

(2)对渗透压的调节。催乳素能维持水盐和渗透压平衡，催乳素有保 Na^+ 作用，防止 Na^+ 的丢失。

3. 促黑(素细胞)激素

促黑(素细胞)激素主要作用于黑色素细胞。促黑(素细胞)激素可使黑色素扩散，引起动物皮肤变深或变浅以与周围环境相适应。它还有促使黑色素合成和促进黑色素细胞增殖的作用。

4. 促甲状腺激素

促甲状腺激素是由促甲状腺激素分泌细胞分泌的一种糖蛋白，主要的生理作用是促进甲状腺细胞的丧生和活动，促使甲状腺激素的合成和释放。

5. 促肾上腺皮质激素

促肾上腺皮质激素是含有 39 个氨基酸的多肽，主要是促进肾上腺皮质的发育以及糖皮质激素的释放。

6. 促性腺激素

促性腺激素是一种糖蛋白,可分为促卵泡激素和黄体生成素 2 种。

(1)促卵泡激素。主要可促进卵泡的生长、发育和成熟,并且在黄体生成素的协同下,促进卵泡细胞的增殖和发育。对于雄性动物,促卵泡激素称为精子生成素,能促使睾丸的生精作用,并在睾酮的协同下,使精子成熟。在畜牧业生产实践中,促卵泡激素常用于诱导母畜发情排卵和超数排卵治疗卵巢疾病等。

(2)黄体生成素。少量的黄体生成素与促卵泡激素共同促进卵泡分泌雌性激素,大量的黄体生成素与促卵泡激素配合可促进卵泡成熟,并激发排卵,排卵后的卵泡在黄体生成素作用下转变成黄体。对于雄性动物,黄体生成素又称为间质细胞刺激素,能促进睾丸间质细胞增殖和激素合成。

三、甲状腺

(一)甲状腺的形态结构

甲状腺位于喉的下后方,第 1～2 个气管环的两侧和腹侧,可分为左、右 2 个侧叶和连接 2 个侧叶的一腺峡(图 12-2)。甲状腺是一个富含血管的实质器官,呈红褐色或红黄色,由结缔组织支架和实质构成。甲状腺表面被覆有结缔组织的被膜。被膜伸入实质内,将腺组织分隔成许多腺小叶。小叶内含有大小不等的滤泡(甲状腺腺泡),其周围有丰富的毛细血管和淋巴管。滤泡由单层腺上皮细胞围绕而成,呈囊状,无开口。滤泡腔中充盈着含有甲状腺素成分的胶状分泌物。

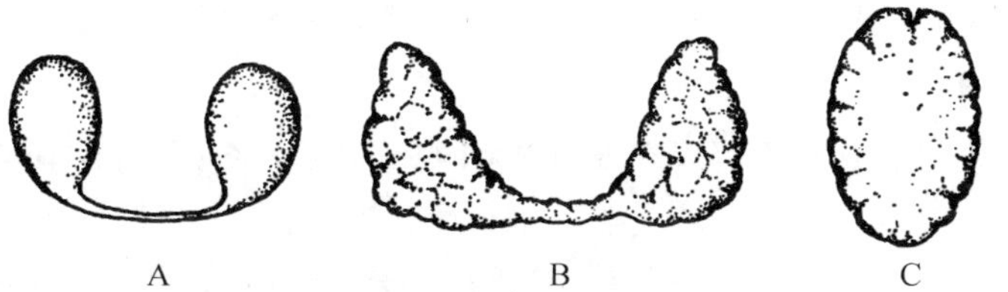

图 12-2　甲状腺的形态

A. 马　B. 牛　C. 猪

滤泡腺上皮细胞有 2 种:一种是滤泡细胞,数目较多,能分泌甲状腺素;另一种是滤泡旁细胞(又称 C 细胞),数量较少,能分泌降钙素。

牛的甲状腺较其他家畜发育得好,颜色较浅,侧叶呈不规则的扁三角形,长 6～7 cm,宽 5～6 cm,厚约 1.5 cm,腺小叶明显,腺峡由腺组织构成,较发达,宽约 1.5 cm。

绵羊的甲状腺呈长椭圆形,位于气管前端两侧与胸骨甲状肌之间,腺峡不发达。山羊的甲状腺左、右两侧叶不对称,腺峡较小。

(二)甲状腺激素的生理功能

甲状腺分泌的激素为含碘的酪氨酸衍生物,甲状腺素主要有四碘甲腺原氨酸(T_4)和三碘甲腺原氨酸(T_3)2 种。T_3 和 T_4 统称甲状腺激素。另外,甲状腺还分泌少量逆-三碘甲腺原氨酸(rT_3),但它不具有甲状腺激素的生物学活性。

甲状腺激素作用广泛,影响畜体的生长发育、组织分化、能量代谢、物质代谢等,动物的换毛、长齿以及角、性器官的发育都受到甲状腺激素的影响。

1. 对新陈代谢的调节

(1)氧化产热作用。甲状腺激素能使绝大多数组织,特别是心、肝、肾、骨骼和肌肉等组织的耗氧量和产热量增大,细胞内氧化速率加快,基础代谢率提高。切除甲状腺可使代谢率逐渐降至正常水平的30%~50%,给动物注射甲状腺激素,经1~2 d的潜伏期后可出现产热效应。甲状腺激素可使组织中 Na^{+}-K^{+}-ATP 酶活性明显升高,并促进脂肪酸氧化产生大量热能,对恒温动物有调节体温作用。对变温动物,甲状腺激素在调节代谢活动中也起重要作用,但在产热方面作用很小,而主要在调节渗透压方面。

(2)对三大物质代谢的影响。甲状腺激素能促进小肠对单糖的吸收,促进糖原分解,抑制糖原合成,并且有加强肾上腺素、胰高血糖素、皮质醇和生长激素的升糖作用,有升高血糖的趋势。甲状腺激素还能促进脂肪酸氧化,增强儿茶酚胺与胰高血糖素对脂肪的分解作用。T_4、T_3 既促进胆固醇的合成,又可通过肝脏加速胆固醇的分解,而且分解作用大于合成作用,所以甲状腺功能亢进者血液中胆固醇含量低于正常;在生理状态下 T_3 或 T_4 作用于核受体,通过激活 DNA 转录过程,促进 mRNA 合成,加速蛋白质及酶的生成。肌肉、肝与肾的蛋白质合成明显增加,细胞数量增多、体积增大,尿氮减少,表现为正氮平衡,有利于机体生长发育。T_3 或 T_4 不足时,蛋白质合成减少,肌肉无力。T_3 或 T_4 分泌过多时,则又促进蛋白质分解,特别是骨骼肌和骨的蛋白质分解。

(3)对水盐转运的影响。甲状腺激素参与毛细血管通透性的维持和促进细胞内液更新。甲状腺功能减退时,组织间黏蛋白增加,可结合大量正离子和水分子,发生黏液性水肿。给予甲状腺激素后黏蛋白氧化和排出,同时水、盐排出增加,黏液性水肿消除。甲状腺激素还加速骨溶解,使尿中钙、磷排出增多,并促进 K^{+} 从细胞内释放和排出。

2. 调节生长发育

甲状腺激素促生长作用主要表现在能促进组织分化、生长、发育和成熟,尤其对脑和骨的发育有重要作用。

(1)对脑和骨发育的影响。在胚胎 T_3 可诱导神经因子的合成,促进神经元的分裂、突起的形成和胶质细胞以及髓鞘的生长,促进神经元细胞骨架的发育。缺碘可导致脑发育显著障碍。甲状腺激素还能刺激骨化中心的发育,使软骨骨化,促进长骨和牙齿的生长。但胚胎期胎儿骨的生长并不必需甲状腺激素,所以患有甲状腺发育不全的胎儿,出生时身长基本正常。

(2)对性腺发育及其他器官的影响。幼年时缺乏甲状腺激素可见动物性腺发育停止,副性腺器官退化,副性征不表现;成年动物甲状腺激素不足将影响雄性精子成熟,雌性发情、排卵和受孕。乳牛甲状腺功能不足,产乳量和乳脂率下降,喂以甲状腺制剂或甲状腺激素可恢复产乳量和乳脂含量。T_4、T_3 可使心率加快,心缩力加强,心输出量与心脏做功增加。

3. 对神经系统的影响

甲状腺激素不但影响中枢系统的发育,对已分化成熟的神经系统活动也有作用。甲状腺功能亢进时,中枢神经系统的兴奋性增高,主要表现为注意力不易集中、过敏疑虑、多愁善感、喜怒失常、烦躁不安、睡眠不好而且多梦幻,以及肌肉纤颤等。相反,甲状腺功能减退时,中枢神经系统兴奋性降低,出现记忆力减退,说话和行动迟缓。甲状腺激素除影响中枢神经系统活动外,也能兴奋交感神经系统,其作用机制还不十分清楚。

另外，甲状腺激素对心脏的活动有明显影响。T_4 与 T_3 可使心率增快，心缩力增强，心输出量与心做功量增加。甲状腺功能亢进患者心动过速，心肌可因过度耗竭而致心力衰竭。

（三）甲状腺C细胞与降钙素

1. 甲状腺C细胞

甲状腺C细胞位于甲状腺滤泡和滤泡上皮细胞之间，故又称滤泡旁细胞。哺乳动物的甲状腺C细胞分泌降钙素（CT）。

2. 降钙素及其生理作用

（1）对骨的作用。降钙素能抑制破骨细胞的生成和活动，减弱骨的溶解过程，同时促进破骨细胞向成骨细胞转化，使钙盐在骨中沉积，骨释放钙、磷减少。降钙素对骨的作用与骨本身的更新率有密切关系。幼年动物骨的更新率较快，降钙素抑制骨 Ca^{2+} 动员和降低血钙的作用都较明显。成年动物骨更新率减慢后，降钙素对骨和血钙的控制作用就减弱。

（2）对肾脏的作用。降钙素抑制肾小管对钙、磷、钠和氯的重吸收，使这些离子经由尿液的排出量增多。

四、甲状旁腺

甲状旁腺是位于甲状腺附近的小腺体呈豆状，一般有2对。肉食动物和马的2对甲状旁腺都包埋在甲状腺内部。反刍动物有1对甲状旁腺在甲状腺内，另1对位于甲状腺前方。猪的2对甲状旁腺都位于甲状腺前方。禽类的2对甲状旁腺都位于甲状腺后方。甲状旁腺由主细胞和嗜酸性细胞组成，主细胞为分泌细胞。在主细胞内最先合成的是含115个氨基酸的前甲状旁腺素原，经先后2次酶解，共脱去31个氨基酸肽段而成为84肽的甲状旁腺激素（PTH）。

甲状旁腺激素是调节血钙与血磷水平的重要激素，它能升高血钙、降低血磷。主要是通过对骨、肾等靶器官的调节而实现的。

（1）对骨的作用。甲状旁腺激素能促进骨钙入血，使血钙升高。该作用包括快速反应和延迟反应2个时期。快速反应可在PTH作用后的几分钟内出现，一般不能持久；而延迟反应需甲状旁腺激素作用。

（2）对肾脏的作用。甲状旁腺激素促进远曲小管对钙的重吸收，减少尿钙增加血钙。抑制近曲小管对磷酸的重吸收，减少钙、促进磷随尿排出，使血钙升高，血磷降低。甲状旁腺激素还可激活肾内羟化酶，催化25-羟维生素 D_3 转变为活性更高的1,25-二羟维生素 D_3，后者可刺激小肠钙结合蛋白的形成，进而促进钙、镁、磷等元素的吸收。

五、肾上腺

（一）肾上腺的形态结构

肾上腺成对位于肾的前内侧。肾上腺外包被膜，其实质可分为外层的皮质和内层的髓质。皮质呈黄色，分泌多种激素，参与调节机体的水盐代谢和糖代谢等；髓质呈灰色或肉色，分泌肾上腺素和去甲肾上腺素，其功能相当于交感神经的作用，能使心跳加快，心肌收缩力加强，血压升高。牛的右肾上腺呈心形，位于右肾的前端内侧；左肾上腺呈肾形、位于左肾前方。羊的左、右肾上腺均为扁椭圆形。

1. 皮质

由外向内分为3部分。

(1)球状带。此区细胞排列不规则,细胞分泌类固醇激素,以调节体内的水盐代谢为主,故称为盐皮质激素。

(2)束状带。细胞呈条索状排列,分泌皮质醇,以参与体内糖代谢的调节,故称为糖皮质激素。

(3)网状带。细胞索互相吻合成网,分泌雄性激素和雌性激素。

2. 髓质

由不规则的细胞索和窦状隙组成,直接受到交感神经节前纤维支配,分泌肾上腺素(E)与去甲肾上腺素(NE)。不同种动物的髓质分泌的这2种激素的比例也不同,同一种成年动物肾上腺素分泌常常多于去甲肾上腺素。

(二)肾上腺皮质激素

肾上腺皮质激素分为3类:盐皮质激素、糖皮质激素和性激素。它们都是类固醇的衍生物,统称为类固醇激素或甾体激素。其中,盐皮质激素由球状带分泌,主要有醛固酮、去氧皮质酮等。糖皮质激素由束状带和网状带分泌,主要有皮质醇和皮质酮。大鼠、小鼠、兔分泌的糖皮质激素有95%以上是皮质酮;而牛、羊和人等分泌的则有90%以上是皮质醇。性激素以脱氢表雄酮为主,还有少量雌二醇。

1. 盐皮质激素

(1)生理作用。盐皮质激素中最主要的是醛固酮和去氧皮质酮,主要作用是通过促进肾小管上皮细胞合成醛固酮诱导的蛋白,从而促进肾远曲小管和集合管对 Na^+ 的主动重吸收,抑制对 K^+ 和 H^+ 的重吸收,还可刺激大肠重吸收 Na^+,降低汗腺和唾液腺对 Na^+ 的分泌。随着 Na^+ 的被保留,动物体可保留较多的水分,即具有保钠排钾、保水的作用。若醛固酮分泌过多,则使钠和水潴留,会引起血钠、血压升高,而血钾降低。

(2)分泌调节。肾上腺皮质球状带分泌的醛固酮主要受肾素-血管紧张素系统的调节。血浆 K^+ 浓度的变化可直接刺激肾上腺皮质球状带,影响醛固酮的分泌。此外,促肾上腺皮质激素、心钠素和前列腺素等对醛固酮分泌也有一定促进作用。

2. 糖皮质激素

(1)生理作用。

①对糖代谢的影响。糖皮质激素是调节体内糖代谢的重要激素之一,有显著的升血糖作用。这是由于皮质醇可促进蛋白质分解,抑制外周组织对氨基酸的利用而异生成肝糖原,使糖原贮存增加。同时,通过抗胰岛素作用,降低肌肉、脂肪等组织对胰岛素的反应性,使外周组织对葡萄糖的利用减少,导致血糖升高。

②对蛋白质代谢的影响。糖皮质激素有促进蛋白质分解,抑制其合成的作用。肝外组织,特别是肌蛋白分解生成的氨基酸进入肝脏,可成为糖原异生的原料。皮质醇分泌过多常引起生长停滞、肌肉消瘦、皮肤变薄、骨质疏松等现象。

③对脂肪代谢的影响。糖皮质激素促进脂肪分解和脂肪酸在肝内的氧化,抑制外周组织对葡萄糖的利用,利于糖原异生。

④对水盐代谢的影响。糖皮质激素可增加肾小球血流量,使肾小球滤过率增加,促进水的

排出。糖皮质激素分泌不足时，机体排水功能低下，严重时可导致水中毒、全身肿胀，补充糖皮质激素后可使症状得到缓解。

⑤对某些组织器官的生理作用。一定剂量的糖皮质激素能提高心肌、血管平滑肌对儿茶酚胺的敏感性(允许作用)；提高交感神经-肾上腺髓质系统和儿茶酚胺的作用，增强血管张力和维持血压；可降低毛细血管的通透性，减少血浆滤出，有利于维持血容量；糖皮质激素能使骨髓造血功能增强，血中红细胞、血小板增多。在临床上可使用大量的糖皮质激素及其类似物用于抗炎、抗过敏、抗中毒和抗休克等的治疗。

⑥在应激反应中的作用。应激是指当机体受到强烈刺激时，血中促肾上腺皮质激素增加，糖皮质激素分泌相应增加，并产生一系列全身性反应。能引起促肾上腺皮质激素和糖皮质激素分泌增加的刺激，称为应激刺激，如缺氧、创伤、手术、饥饿、疼痛、寒冷以及精神紧张和惊恐不安等。去掉肾上腺皮质时，机体应激反应减弱，对有害刺激的抵抗力大大降低，若不适当处理，1～2 周内即可死亡，如及时补给糖皮质激素，则可生存较长时间。这说明在应激反应中，血中促肾上腺皮质激素和糖皮质激素增加对提高机体抗伤害能力有重要意义。

(2)分泌调节。糖皮质激素的分泌直接受到腺垂体促肾上腺皮质激素的控制，而促肾上腺皮质激素又受到丘脑中促肾上腺皮质激素释放激素的调节。

①下丘脑-垂体-肾上腺皮质轴调节。下丘脑分泌促肾上腺皮质激素释放激素来调节腺垂体中促肾上腺皮质激素的分泌，当机体在创伤失血等刺激以及精神紧张时，中枢神经系统释放神经递质，可使分泌，促进促肾上腺皮质激素的释放，糖皮质激素的分泌大幅度的提高。

②垂体分泌的促肾上腺皮质激素对糖皮质激素的合成和分泌有直接和经常性刺激作用。

促肾上腺皮质激素主要生理功能：一是促进肾上腺皮质的生长发育，促进肾上腺皮质细胞 DNA 和 RNA 及蛋白质的合成。在促肾上腺皮质激素的长期作用下，肾上腺皮质可以增生肥大。相反，若切除动物垂体后，肾上腺上皮细胞萎缩，腺体重量减轻，蛋白质和核酸含量减低。二是促进糖皮质激素的合成分泌。促肾上腺皮质激素与这些地方的细胞膜上的受体结合后，通过 cAMP-PKA 信息传递系统，加速胆固醇进入线粒体，激活合成糖皮质激素的各种酶系，增强糖皮质激素的合成与分泌。

③反馈调节。当血中糖皮质激素浓度升高时不仅使腺垂体合成、分泌促肾上腺皮质激素减少，而且使腺垂体对促肾上腺皮质激素释放激素反应性减弱。加压素引起促肾上腺皮质激素分泌增加，褪黑素对促肾上腺皮质激素释放起抑制作用，这些都影响糖皮质激素的分泌。

(三)肾上腺髓质激素

肾上腺髓质和皮质相邻，但实质上它们是 2 个完全不同的内分泌腺体，无论从形态发生、细胞结构上，还是生理功能上均不同。肾上腺髓质分泌的激素有肾上腺素和去甲肾上腺素 2 种。

1. 肾上腺髓质激素的生理作用

(1)对中枢神经系统的作用。提高其兴奋性，使机体处于机警状态，反应灵敏。

(2)对呼吸、心血管系统的作用。呼吸加强、加快，肺通气量增加；心跳加快，心缩力增强，心输出量增加，血压升高，血液循环加快，内脏血管收缩，骨骼肌血管舒张，全身血液重新分配，保证应急反应时重要器官有充足的血液供应；肾上腺素、去甲肾上腺素都有强心、升压作用，前者以强心为主、后者以升压为主。

(3)对代谢的作用。促进肝糖原和脂类分解，增加血糖和血浆脂肪酸水平，葡萄糖和脂肪酸氧化过程增强，增加组织的耗氧量，提高基础代谢率，以适应应急状态下对能量的需要。但肾上腺素的作用强度大于去甲肾上腺素。

上述各种变化都是在紧急情况下，通过交感-肾上腺髓质系统发生的适应性反应，故称为应急反应。实际上，引起应急反应的各种刺激也是引起应激反应的刺激，当机体受到应激刺激时，同时引起应急反应和应激反应，两者相辅相成，共同维持机体的适应能力。

2. 肾上腺激素分泌的调节

(1)去甲肾上腺素和多巴胺(DA)在髓质细胞内的量增加到一定程度时，可抑制酪氨酸羟化酶的活性，减少两者的合成；当去甲肾上腺素合成量增多时，可抑制儿茶酚胺的合成，儿茶酚胺含量少时，上述合成酶的负反馈性抑制随即解除。

(2)交感神经兴奋时，节前纤维末梢释放的乙酰胆碱作用于嗜铬细胞，促进 Ca^{2+} 进入，然后使贮存激素的囊泡与细胞膜融合，释放出肾上腺素和去甲肾上腺素。

(3)促肾上腺皮质激素能直接提高相关酶的活性，而促进髓质激素的合成。

六、胰岛

(一)胰岛的结构特点

胰岛是胰腺的一部分，为胰腺的内分泌部分。胰腺位于十二指肠的"U"形曲内，由胰腺的腺泡组成，主要分泌胰酶。这些胰酶通过胰管分泌后进入十二指肠，参与动物体小肠内的消化过程。散在于胰腺腺泡(外分泌腺)之间的一些大小不等、形状不定的胰腺组织中的细胞群，形成内分泌的小岛，故称为胰岛。胰岛属于内分泌腺，分泌的激素直接进入血液。

根据胰岛细胞颗粒的特点和所含激素的不同，将哺乳动物内分泌细胞分为 5 种，即 A 细胞(又称 α 细胞)，约占总数 20%，分泌胰高血糖素；B 细胞(又称 β 细胞)，约占总数 70%，分泌胰岛素；D 细胞，占总数的 1%～8%，分泌生长抑制素；F 细胞(又称 PP 细胞)，占 1%～3%，分泌胰多肽；D_1 细胞，数量更少，分泌物质不明。

(二)胰岛素的生理功能

1. 胰岛素的生理功能

胰岛素的主要作用是促进合成代谢，促进营养物质贮存，调节血糖浓度。通过影响糖、蛋白质、脂肪的中间代谢途径以增加血液中葡萄糖的去路、减少血糖来源，降低血糖。

(1)对糖代谢调节。胰岛素能增强肝外组织，特别是骨骼肌和脂肪组织对葡萄糖的摄取和利用，加速肝糖原和肌糖原的合成与贮存，抑制肝内糖原的异生，使血糖降低，当胰岛素缺乏时，血糖升高，若超过肾糖阈，则引起糖尿。

(2)对脂肪代谢的调节。促使脂肪细胞膜对葡萄糖的转运和脂肪酸的合成及贮存，抑制脂肪酶的活性，减少脂肪分解，使血中游离脂肪酸减少，酮体生成减少。胰岛素缺乏时，出现脂肪代谢紊乱，脂肪分解增强，血脂增高，加速脂肪酸在肝内氧化，生成大量酮体，引起酮血症。

(3)对蛋白质代谢的作用。一方面，胰岛素促进蛋白质的合成和贮存；另一方面，又抑制组织蛋白的水解，其作用可发生在蛋白质合成的各个环节上，表现为促进各种组织细胞对氨基酸的摄取；加速细胞核的复制和转录过程，促进 DNA 和 RNA 的生成；加速核糖体上的翻译过程，促进蛋白质的合成。因为，胰岛素能稳定溶酶体，防止溶解蛋白水解酶的释放，从而可以抑制组织蛋白的分解。另外，由于胰岛素是蛋白质合成过程中所必需的激素之一，故与生长激素一样,胰岛素也与机体的生长密切相关。而且,这 2 种激素单独作用时,对机体的生长没有明显作用,只有当胰岛素与生长激素共同作用时才表现出很强的促生长作用。

2. 胰高血糖素的生理功能

胰高血糖素的生理作用与胰岛素相反,是一种促使分解代谢的激素,有人把胰高血糖素称为"动员激素"。

(1)对糖代谢的作用。能激活肝细胞内的磷酸化酶,加速肝糖原分解,促进肝内糖原异生,使血糖升高。

(2)对脂肪代谢的作用。能激活脂肪酶,促使脂肪分解,增加血中游离脂肪酸的浓度,促进脂肪酸氧化,使酮体生成增多。

(3)对蛋白质代谢的作用。能促进组织蛋白质的分解和抑制蛋白质的合成,同时还能促进肝脏合成尿素。

(4)对心脏的作用。胰高血糖素还具有强心和增加心率等作用,大剂量的胰高血糖素,能提高心肌磷酸酶的活性,从而使肌糖原分解,为心肌提供能量。同时,还能促进胰岛素、甲状腺旁腺激素、降钙素和肾上腺皮质激素的分泌。

3. 生长抑素和胰多肽的生理功能

由胰岛 D 细胞分泌的生长抑制素与下丘脑和胃肠道等其他部位分泌的生长抑制素相同,均为 14 肽。其主要作用是通过旁分泌方式抑制其他 3 种细胞的分泌活动,参与胰岛素分泌的调节。

胰岛 F 细胞分泌的胰多肽是由 36 个氨基酸组成的直链多肽,生理作用主要是对胃肠消化功能起抑制作用,能使胰液基础分泌减少,并抑制胃肠运动和减弱胆囊收缩,还可促进肝糖原分解,但血糖升高并不明显。在禽类,胰多肽有较强的促胃液分泌作用,能使胃液分泌总量和其中的盐酸及蛋白酶含量显著增强。

七、性腺

性腺包括雄性动物的睾丸和雌性动物的卵巢。性腺功能有两方面:产生配子(精子和卵子)和产生性激素。

(一)睾丸分泌的激素的生理作用

睾丸的间质细胞分泌睾酮、双氢睾酮和雄烯二酮 3 种雄性激素;睾丸的支持细胞能分泌抑制素。

1. 雄性激素的生理功能

(1)刺激雄性性器官的发育与成熟,维持生精作用。

(2)刺激和维持雄性副性征的出现。

(3)引起性欲和性行为。

(4)刺激骨骼肌的蛋白质合成和肌肉的生长,促进骨钙、磷的沉积和骨的生长。

(5)促进红细胞生成素的合成,从而促进红细胞的生成。

2. 抑制素的生理功能

抑制素对腺垂体卵泡刺激素的分泌有很强的抑制作用,生理剂量的抑制素对黄体生成素的分泌却无明显的影响。

(二)卵巢分泌的激素的生理作用

卵巢内的分泌细胞是卵泡内膜的细胞和黄体细胞。在卵泡生长的过程中,能分泌出雌性激素;排卵后卵泡壁的卵泡细胞和卵泡内膜细胞在黄体生成素的作用下,演变成黄体细胞,开始分泌孕激素。另外,卵巢本身还能分泌少量的雄性激素及抑制素,在妊娠期还能分泌松弛素。

1. 雌性激素的生理功能

雌性激素是个统称,一般是指卵巢卵泡的颗粒细胞所分泌的雌二醇和雌酮及其代谢产物雌三醇。目前已知卵巢、胎盘、睾丸、肾上腺皮质等可以产生雌性激素。现在人工合成的雌性激素有己烯雌酚和乙烷雌酚。雌性激素的主要生理作用如下。

(1)促进卵巢等雌性生殖器官的生长发育,并维持正常的生理功能。

(2)促进输卵管上皮的增生,使其分泌细胞、纤毛细胞和平滑肌细胞活动增强,同时促进输卵管的运动,有利于精子与卵子的运动。

(3)促进阴道上皮的增生、角化和酸化作用,增强其抵抗力。

(4)促进乳腺导管的发育和结缔组织的生长。

(5)促使发情行为表现。

(6)促进体内的水、钠、钙等的贮存。

(7)与雌性的体形发育有关,能促进软骨骺的钙化,抑制长骨的生长,因此雌性个体体形较小。

2. 孕激素的生理功能

孕激素主要是由黄体和胎盘分泌的,肾上腺也能少量的分泌。孕激素也是个统称,泛指黄体细胞分泌的孕酮及其他孕激素。孕激素应用广泛,已人工合成很多种类似物,且具有较高的活性。孕激素的作用很难和雌性激素区分开来。因为正常情况下,两者都是结合起来发挥作用的,单独起作用时只产生少量的特异性作用。其特异性作用如下。

(1)刺激子宫内膜增厚和腺体分泌,为受精卵的附植准备条件。

(2)在妊娠后使子宫内膜继续增厚,形成蜕膜。

(3)使子宫颈黏液分泌减少、变稠,阻止受精卵从宫颈口排出。

(4)降低子宫肌肉对催产素的敏感度,有助孕和维持妊娠的作用。

3. 松弛激素生理作用

松弛激素主要是在妊娠过程中由卵巢黄体分泌的,某些动物胎盘或子宫也能分泌松弛素。牛、猪等动物的松弛素主要来自黄体,兔的松弛素主要来自胎盘。其主要的生理作用与分娩有关,可以使雌性动物的骨盆韧带松弛、耻骨联合和其他骨盆关节松弛和分离,子宫颈扩张和软化,抑制子宫平滑肌收缩,有利于分娩的进行。但松弛素的以上作用是在雌性激素作用的基础上实现的。

4. 抑制素的生理作用

卵巢的颗粒细胞分泌的抑制素 A 和抑制素 B,主要是反馈性调节腺垂体的分泌,使得促卵泡激素水平降低,从而影响卵泡的发育。

5. 雄性激素的生理作用

少量的雄性激素由卵泡内膜细胞和肾上腺皮质网带细胞产生,与性欲的维持有关。

专项实训

一、胰岛素降血糖作用观察

［实训目标］了解胰岛素的降血糖作用。

［材料设备］兔(饥饿状态)、注射器、胰岛素、50%的葡萄糖。

［方法步骤］

(1)将兔称重,颈部皮下注射胰岛素,每千克体重 20～30 IU,让兔自由活动,观察兔生理状态的变化。

(2)待兔出现不安、呼吸急促、痉挛甚至休克等一系列低血糖症状后,立即从耳静脉注射50%的葡萄糖 10～20 mL,观察兔的状态变化。

二、雄性激素对鸡冠发育的作用

［实训目标］通过雄性激素对鸡冠的发育作用,了解其对动物副性征的影响。

［材料设备］20～30 日龄雏鸡 2～4 只、丙酸睾酮、卡尺、1 mL 注射器、消毒用具及药品。

［方法步骤］

(1)选择 20～30 日龄同等大小的雏鸡(同一品种,同一性别),用卡尺量冠的长、高、厚,描述鸡冠色泽,做好记录。将雏鸡分为实验组、对照组,并做好区别标记,分别饲养于 2 个鸡笼中。

(2)实验组隔日皮下注射或肌内注射 2.5～5 mg 的丙酸睾酮,7～10 d 以后,用卡尺量鸡冠的长、高、厚,注意观察鸡冠色泽,并与对照组比较,分析结果。

复习思考题

1. 简述激素的作用特点。
2. 简述腺垂体激素的种类及作用。
3. 神经垂体贮存哪些激素?有何作用?

垂体内分泌功能　　甲状腺内分泌功能　　甲状旁腺内分泌功能

肾上腺内分泌功能　　胰岛内分泌功能　　其他内分泌腺功能

第十三章
能量代谢与体温调节

【学习目标】

- 理解掌握动物体能量的来源，饲料总能的去路。
- 理解掌握动物基础代谢和静止能量代谢。
- 了解影响动物正常体温波动的因素及生理波动范围。
- 掌握动物产热和散热的途径，掌握动物体温的调节方式。
- 能用正确方法测定动物体温。

【素质目标】

- 树立辩证唯物主义世界观。
- 注重理论联系实际，培养科学严谨的学习态度和精益求精的工匠精神。
- 树立动物福利意识，关注动物健康。

【学习建议】

通过教师讲解，理解动物体能量代谢与体温调节的基本原理；结合生产实践观察并分析环境温度对动物生产性能的影响。

第一节　能量代谢

机体在新陈代谢过程中，一方面不断从周围环境中摄取营养物质以合成体内新的物质，并贮存能量；另一方面不断分解自身营养物质，释放能量以供给各种生命活动的需要。生物体内伴随着物质代谢而发生能量的释放、转移、贮存和利用的过程，称为能量代谢。

一、动物体能量的来源与消耗

动物唯一能利用的能量是蕴藏在饲料中的化学能，饲料中的糖、脂肪和蛋白质是机体能量的来源。然而，饲料中的能量并不能被机体的组织细胞直接利用，机体必须通过细胞内的一系列化学反应，将饲料中贮存的能量释放出来，并以能够被细胞利用的形式将能量捕获、贮存起来，以用于细胞的各种生理功能，如肌细胞的收缩、腺体上皮细胞的收缩、细胞膜电位的维持、细胞内物质的合成以及消化道上皮细胞对营养成分的吸收等。

（一）机体能量利用的基本形式

在分解代谢中，起捕获和贮存能量作用的分子是三磷酸腺苷（ATP）。ATP 是由 1 分子腺嘌呤、1 分子核糖和 3 个相连的磷酸基团构成的核苷酸，可由二磷酸腺苷（ADP）和无机磷酸合成。ATP、ADP 和无机磷酸广泛存在于生物体的各个细胞内，起着传递能量的作用，因此又称为能量传递系统。ATP 和 ADP 在提供和捕获能量时的往复循环是生物机体利用能量的基本方式。

ATP 作为能量的贮存分子，不断地处于动态平衡的周转之中。一般情况下，ATP 分子一旦形成，1 min 之内就被利用，所以，严格地说，ATP 并不是能量的贮存形式，而是一种传递能量的分子。

体内含有高能磷酸键的化合物除 ATP 外，还有磷酸肌酸（CP），在体内的量是 ATP 总贮备量的 3～8 倍。当物质氧化释放的能量过多时，ATP 将高能磷酸键转移给肌酸，生成 CP 而将能量贮存起来。当 ATP 被消耗而减少时，CP 可将所贮存的能量在转给 ADP，生成 ATP，以补充 ATP 的消耗。因此，CP 可以看作是 ATP 的贮存库。从能量代谢的整个过程看，ATP 合成与分解是体内能量转换和利用的关键环节。

（二）饲料总能的去路

营养物质充分氧化（燃烧）时，需要消耗 O_2，同时产生 CO_2 和释放能量。根据这一原理，应用弹式测热计测得饲料燃烧时所释放的能量，称为饲料的总能，又称粗能。

总能包括可消化能和粪能，粪能不仅代表饲料中未消化的成分，还包括自体内进入胃肠道而又未被吸收的物质。

可消化能又分为代谢能、发酵能和尿能。代谢能是指糖、脂肪和蛋白质的化学能在动物机体内经氧化作用而释放的能量；发酵能是指草食动物胃肠道中因发酵而丢失的能量；尿能是指尿中未被完全氧化的物质的能量。

代谢能又可分为净能和特殊动力效应的能量。一般由可消化能减去发酵丢失的能量和尿中损失的能量而得出。特殊动力效应的能量是营养物质参与代谢时不可避免地以热的形式损失的能量。只有净能才是用于维持动物本身的基础代谢、随意活动、调节体温和生产活动的能量。

饲料中的总能的去路可简要归纳为表 13-1。

表 13-1　饮料中总能的去路

- 总能
  - 可消化能
    - 代谢能
      - 净能：维持、做功和生产
      - 特殊动力效应的能量
    - 发酵能
    - 尿能
  - 粪能

二、基础代谢与静止能量代谢

(一)基础代谢

动物在维持基本生命活动条件下的能量代谢水平,称为基础代谢。基本生命活动条件是:①清醒;②肌肉处于安静状态;③最适于该动物的外界环境温度;④消化道内食物空虚,即要经过一段时间的饥饿。人的基础代谢是在清醒、静卧、空腹 12 h 以上、室温保持在 20~25 ℃的环境温度等条件下测定的。由于此时排除了肌肉活动、精神活动、食物的特殊动力效应及环境温度等因素对能量代谢的影响,体内能量的消耗只用于维持一些基本的生命活动(如心跳、呼吸、泌尿、兴奋传导、腺体分泌),能量代谢比较稳定。

基础代谢的高低通常以基础代谢率来表示。基础代谢率通常是指动物在基本生命活动条件下,单位时间内每平方米体表面积的能量代谢,人通常是以每平方米体表面积 1 h 内所产生或散发的能量[$kJ/(m^2 \cdot h)$]为单位。家畜常以代谢体重计算,即为 $kJ/(W^{0.75} \cdot h)$。这是因为家畜个体大小悬殊,采用代谢体重可减少计算误差。

家畜基础代谢的测定有很大困难,这是由于不易达到和掌握测定基础代谢的条件。如很难达到肌肉完全处于安静状态,尤其是在反刍动物,即使经饥饿 2~3 d 或更长时间也不出现消化道空虚。所以,在实践中通常以测定静止能量代谢来代替基础代谢。

(二)静止能量代谢

动物在一般的畜舍或实验室条件下,早晨饲喂前休息时(以卧下为宜)的能量代谢水平称为静止能量代谢。这时,许多动物的消化道并不处于空虚和吸收后状态,环境温度也不一定适中。

静止能量代谢与基础代谢不同之处在于静止能量代谢还包括数量不定的特殊动力效应的能量、用于生产的能量以及可能用于调节体温的能量消耗。

(三)能量代谢及其测定

动物体内物质分解释放的能量最后都转变为热能散发到体外,若不对外做功时,通过测定整个机体发散的总热量,就可以计算出机体在单位时间内的能量总消耗,即能量代谢率。通常测定能量代谢率的方法有 2 种:直接测热法(测定由辐射、传导、对流、蒸发损失的热量)和间接测热法(根据气体交换计算产热量)。

1. 直接测热法

将动物放在专门设计的测热室内,直接测定机体在一定时间内所发散的热量。直接测热法装置复杂,操作烦琐,一般采用间接测热法。

2. 间接测热法

间接测热法的原理是:测定机体在一定时间内的耗氧量和 CO_2 产生量,然后计算 CO_2 产生量与耗氧量之比(CO_2/O_2),即呼吸商,再结合呼吸商值和氧的热价,间接计算机体的产热量。因此,间接测热法又称气体代谢测定法。

间接测热法的装置有很多种,根据其特点和繁简,可分为开放式回路呼吸装置和密闭式回路呼吸装置 2 类。

反刍动物能量代谢的测定与单胃动物不大一样:一方面,瘤胃微生物发酵过程中产生发酵热，因此直接测热法所得数值大于实际值；另一方面，瘤胃发酵产生一定数量的 CH_4 和 CO_2，其中一部分由呼吸排出，因此间接测热法所得值也有误差，如果未除去 CH_4，则耗氧量必然低于实际量，而所得 CO_2 量要高于实际产生量。

三、影响能量代谢的主要因素

(一)影响能量代谢的因素

1. 劳役和运动

肌肉活动对能量代谢的影响最为显著。机体任何轻微的活动都可提高代谢率。剧烈运动时耗氧量与安静时相比可增加 10～20 倍。当骨骼肌的耗氧量显著增加，而呼吸、循环等功能活动的加强不能很快满足机体对氧的需要时，造成骨骼肌的相对缺氧状态，即产生氧债。肌肉运动停止后一定时间，为偿还氧债，机体的耗氧量仍维持在较高水平。

2. 精神活动

脑组织的代谢水平很高，在安静状态下的耗氧量是相同重量肌肉组织的 20 倍。在一般的精神活动时，中枢神经系统本身的代谢率即使有所增加，也不显著。但在动物机体处于激动、恐惧等紧张状态时，尽管中枢神经系统本身的代谢率无明显改变，可是肌肉紧张增强以及甲状腺、肾上腺髓质等分泌的激素增多，使机体代谢水平提高，产热量显著增加。动物在睡眠状态时，代谢率比清醒时降低 10%～15%。

3. 食物的特殊动力效应

从采食之后 1 h 左右开始，虽然动物仍处于安静状态，但所产生的热量却比进食前有所增加，并延续 7～8 h。这种由食物引起机体产生“额外”热量的现象，称为食物的特殊动力效应。食物中蛋白质的特殊动力效应最为显著，可达 30%，糖和脂肪为 4%～6%。混合性食物为 10%左右。因此，食物中为了补充能量的这种额外消耗，在进食时必须加上这部分多消耗的量，以达到机体能量的收支平衡。

4. 环境温度

环境温度为 16～24 ℃时，牛的能量代谢率最为稳定。当环境温度低于 16 ℃时，代谢率即开始增加；在 10 ℃以下时，则显著增加。其原因主要是由于寒冷刺激反射性地引起战栗以及肌肉紧张度增强所致。当环境温度超过 24 ℃时，代谢率会逐渐增加。不同动物有不同的最适环境温度。

(二)影响基础代谢率和静止能量代谢率的主要因素

1. 个体大小

动物的产热随个体大小而变化，但并不与体重直接成比例。牛、马的产热量可比小鼠大 1 000～2 000 倍，但按每千克体重计算则反而小。

2. 年龄

体重增加最快的时期静止能量代谢水平也最高，故动物在幼年时代谢率高，成年后逐渐下降。

3. 性别

性别差异在性成熟时开始出现。在同样的条件下，雄性动物的静止代谢水平比雌性动物高。雄性激素可使基础代谢率提高10%～15%。

4. 生理状态

雌性动物发情期间代谢加强,妊娠后期代谢加强更显著。

5. 营养状态

营养良好的动物代谢水平比营养不良的要高。

6. 品种

生长较快的品种一般比生长较慢的品种代谢水平高,瘦肉型比肥肉型的代谢要强。激素对细胞代谢功能有直接的刺激作用,可使基础代谢率提高15%～20%。

7. 季节

不同季节的环境温度、光照条件等,对静止能量代谢有不同的影响。春季的静止能量代谢最高,夏季降低,秋季又稍升高,冬季最低。

8. 气候

气候对静止能量代谢的影响也很明显。生长在热带地区的哺乳动物,其静止能量代谢比温带和寒带地区的动物低。

第二节 体温调节

一、动物体温及其正常变动

畜禽都属于恒温动物,具有相对恒定的体温。生理学所说的体温是指身体深部的平均温度,通常用直肠温度来代表动物体温。同一个体各部位的温度并不相同,可分为体表温度和体核温度。体表温度是指体表及体表下结构(如皮肤、皮下组织等)的温度。由于受环境及体表散热的影响,体表温度波动较大,各部分温差也大。体核温度是机体深部(如内脏)的温度,比体表温度高,相对稳定。由于代谢水平不同,各内脏器官的温度也略有差异:如人的直肠平均温度为37.5 ℃,而肝脏温度约为38 ℃,脑产热量较多,温度也接近38 ℃,肾、胰脏及十二指肠等温度较低。血液循环是体内传递热量的重要途径,使深部各器官的温度经常趋于一致。

动物种别、年龄、生理状况和生活环境不同,体温有所不同。表13-2列出了常见成年动物在安静状态下的直肠温度。家禽体温比家畜高;幼畜的体温较成年家畜略高;公畜较母畜略高;母畜在发情期和妊娠期的体温较平时稍高,排卵时则有体温降低现象;肌肉活动时代谢增强,产热增多也可使体温升高,动物采食后体温可升高0.2～1 ℃并持续2～5 h之久;长期饥饿后体温降低,大量饮水也能使体温降低。

体温还表现出明显的日周期性变动,通常是白昼体温逐渐升高至午后达高峰,然后逐渐下降至清晨最低,即清晨2:00—6:00体温最低,午后13:0—18:00时最高。这种昼夜周期的波动称为昼夜节律。研究表明,体温的昼夜节律是由内在的生物节律所决定的。来自不同地域的动物体温也有差别,如热带种牛与温带种牛在同样的气温条件下体温可相差约1.5 ℃。

表 13-2　常见成年动物在安静状态下的直肠温度　℃

动物	平均温度	温度范围	动物	平均温度	温度范围
黄牛、牦牛、肉牛	38.3	36.7～39.7	山羊	39.1	38.5～39.7
水牛	37.8	36.1～38.5	犬	38.9	37.9～39.9
乳牛	38.6	38.0～39.3	猫	38.6	38.1～39.2
骆驼	37.5	34.2～40.7	兔	39.5	38.6～40.1
猪	39.2	38.7～39.8	鸡	41.7	40.6～43.0
马	37.6	37.2～38.1	鸭	42.1	41.0～42.5
驴	37.4	36.4～38.4	鹅	41.0	40.0～41.3
绵羊	39.1	38.3～39.9			

二、机体的产热与散热

动物正常体温的维持，有赖于体内产热和散热过程的动态平衡。如产热多于散热，可见体温升高，散热超过产热则引起体温下降。

(一)产热

1. 主要产热器官

体内各组织器官中进行分解代谢时都会产生热，由于代谢水平的差别，各组织器官的产热量也不同。肌肉、肝脏和腺体产热最多。肝脏的代谢旺盛，产热量最大；在劳役时，骨骼肌代谢加强，产热量明显增加，如人在剧烈运动时，肌肉产热可增加 40 倍之多，占机体总产热量的 90%(表 13-3)。马负重 100 kg以 30 km/h 速度运动 10 min，产热量较安静时增加 101 倍。草食动物的饲料在消化管发酵，产生大量热能，也是体热产生的重要来源。

表 13-3　几种组织器官的产热百分比　%

组织器官	占体重百分比	占总产热量的百分比	
		安静状态	劳役或运动
脑	2.5	16	1
内脏	34.0	56	8
骨骼肌	56.0	18	90
其他	7.5	10	1

2. 机体的产热形式

动物在寒冷环境中，散热量明显增加，机体要维持体温的相对稳定，可通过战栗产热和非战栗产热 2 种形式来增加产热量。

(1)战栗产热。战栗产热是骨骼肌不随意的节律性收缩，特点是屈肌和伸肌同时收缩，所以不做外功，产热量很高。机体在寒冷环境中，在战栗前通常先出现寒冷性肌紧张(又称战栗前肌紧张)，此时代谢率就有所增加，随着寒冷刺激的继续作用，便在此基础上出现战栗，产热量大大增加，有利于维持机体在寒冷环境中体热平衡。发生战栗时，代谢率可增加 4～5 倍。

(2)非战栗产热。非战栗产热又称代谢产热，指机体处于寒冷环境时，除战栗产热外，体内还会发生广泛的代谢产热增加现象。这一过程中，在增加的代谢产热中，以褐色脂肪组织的产热量最大，可占非战栗产热的 70%。

3. 等热范围及代谢稳定区

动物的产热量随环境温度而改变(图 13-1)。在适当的环境温度范围内，动物的代谢强度和产热量可保持在生理的最低水平而体温仍能维持恒定，这种环境温度称为动物的等热范围或代谢稳定区。生产实践中，外界环境温度在等热范围内饲养家畜最为适宜，在经济上也最为有利，因为环境温度过低，机体将提高代谢强度，增加产热量才能维持体温，因而饲料的消耗增加；反之，环境温度过高则会降低动物的生产性能。各种动物的等热范围如表 13-4 所示。

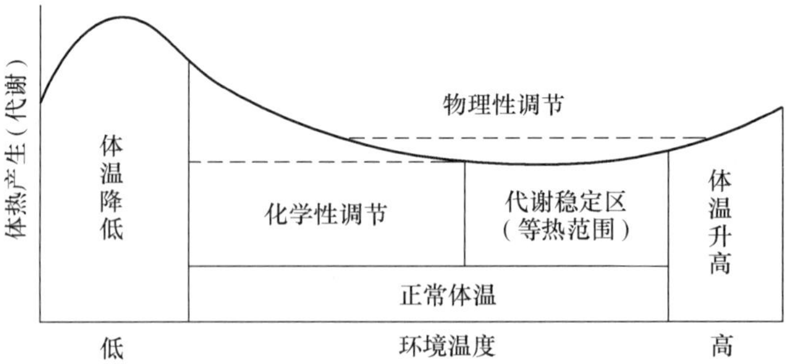

图 13-1 环境温度与体热产生的关系

表 13-4 各种动物的等热范围 ℃

动物种类	等热范围	动物种类	等热范围
牛	16～24	豚鼠	25
猪	20～23	大鼠	29～31
绵羊	10～20	兔	15～25
犬	15～25	鸡	16～26

等热范围因动物种别、品种、年龄及饲养管理条件不同而不同。等热范围的低限温度称为临界温度。耐寒的家畜如牛、羊的临界温度较低，动物密集的被毛和厚实的皮下脂肪都能降低临界温度。从年龄来看，幼畜的临界温度高于成年家畜，这不仅由于幼畜的皮毛较薄，体表与体重的比例较大，散热较易。还由于幼畜以哺乳为主，产热较少。

环境温度升高超过等热的高限时，机体代谢也开始升高，这时的外界气温称为过高温度。

(二)散热

1. 散热途径

散热的主要途径是通过体表皮肤散热，经这一途径散发的热占全部散热量的 75%～85%。另外，机体还可通过呼吸器官、消化器官和排尿等途径散热。例如，对温度较低的吸入气体、饮水和食物加温，以及随粪、尿排泄等可散失一部分热。

2. 皮肤散热的方式

(1)辐射。体热以热射线(红外线)的形式向外界散发的方式，称为辐射散热。在常温和安静状态下辐射散热是机体最主要的散热方式，约占机体总散热量的 60%。辐射散热量的多少主要与皮肤和周围环境之间的温度差、有效辐射面积等因素有关。如皮肤温度高于周围环境温度，且温度差越大，则辐射散热量就越多；而周围环境温度高于体表温度时，机体不仅不散热反而会吸收周围环境的热量。动物舒展肢体可增加有效辐射面积，散热量增加，而身体蜷曲时，有效辐射面积减少而使散热减少。

(2)对流。机体通过与周围流动的气体进行热量交换的一种散热方式，称为对流散热，是传导散热的一种特殊形式。通常情况下，机体周围有一薄层温度较低的空气层与皮肤接触，体热可使其加温并借冷热气体的流动而不断地散发到空间中。对流散热与风速有关，风速越大散热越多。在畜牧生产中夏季注意通风可增强散热，冬季则要注意防风以减少散热，这些措施均有利于畜禽维持体温。

(3)传导。机体的热量直接传递给予其接触的温度较低的物体的一种散热方式，称为传导散热。传导散热量的多少与接触物体的导热性能、接触面积、体表与环境温度差等有关。水的导热性能比空气好，湿冷的物体传导散热快。生产中，在冬季力求保持畜禽舍室地面干燥能防止散热，而在夏季水牛要下水，以冷水淋浴或水浴促进散热，可以有效地防止中暑。

(4)蒸发。蒸发散热是指机体通过体表和呼吸道水分蒸发来散发体热的一种散热方式。当环境温度等于或高于体表温度时，机体已不能通过辐射、传导和对流等方式散热，蒸发散热便成为唯一有效的散热方式。这时汗腺发达的家畜(如马)可见汗分泌增加，显汗蒸发散热急剧增加，而汗腺不发达的动物(如牛、猪、犬等)主要表现热性喘息和唾液分泌增加，以通过呼吸道和唾液水分蒸发来散发热量。据测定，1 g 水在体表蒸发时可散发 2.43 kJ 的热量。蒸发散热有以下 2 种方式。

①不显汗蒸发：是指机体中水分直接渗透到皮肤和黏膜表面，在未聚集成明显汗滴前即被蒸发掉。这种蒸发持续不断地进行，与汗腺的活动无关，即使在低温环境中也同样存在。人每日不显汗蒸发量一般为 1 L 左右，其中通过皮肤蒸发的水为 0.6～0.8 L，另外 0.2～0.4 L 水随呼吸而蒸发。不显汗蒸发是一种很有效的散热途径，有些动物如犬、牛、猪等，虽有汗腺结构，但在高温下也不分泌汗液，而必须通过呼吸道加强蒸发散热。

②显汗蒸发：通过汗腺主动分泌汗液，由汗液蒸发有效地带走热量的方式称为显汗蒸发。当环境温度达 30 ℃以上或动物在劳役、运动时，汗腺便分泌汗液。值得注意的是，汗液必须在皮肤表面蒸发，才能吸收体内的热量，达到散热效果。如果汗液被擦掉，就不能起到散热的作用。汗的蒸发受环境温度、空气对流速度、空气湿度等因素的影响。环境温度越高，汗的蒸发速度越快；空气对流速度越快，汗液越易蒸发；环境湿度大时，汗液则不易蒸发，体热因而不易散失，结果会反射性地引起大量出汗。

不同环境温度下，各种蒸发散热所占的比例不同(图 13-2)。

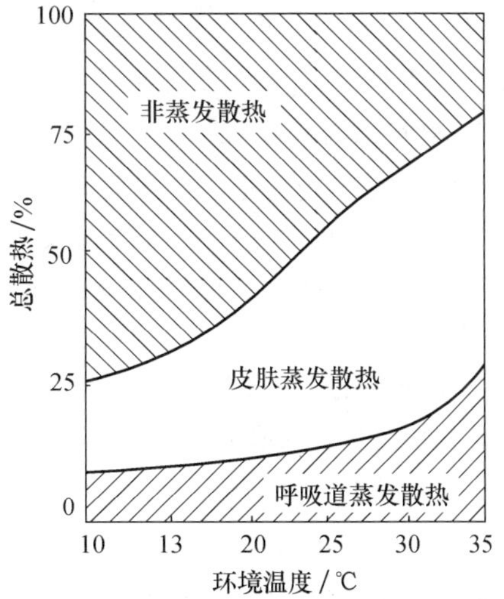

图 13-2　不同环境温度下各种蒸发散热的百分比

三、体温调节

恒温动物主要通过神经和内分泌系统调节产热和散热过程，使两者在外界环境温度和机体代谢水平经常变化的情况下保持动态平衡，使健康动物的体温能维持在一个正常范围之内，实现体温的相对稳定。体温调节由温度感受器、体温调节中枢、效应器共同完成(图 13-3)。

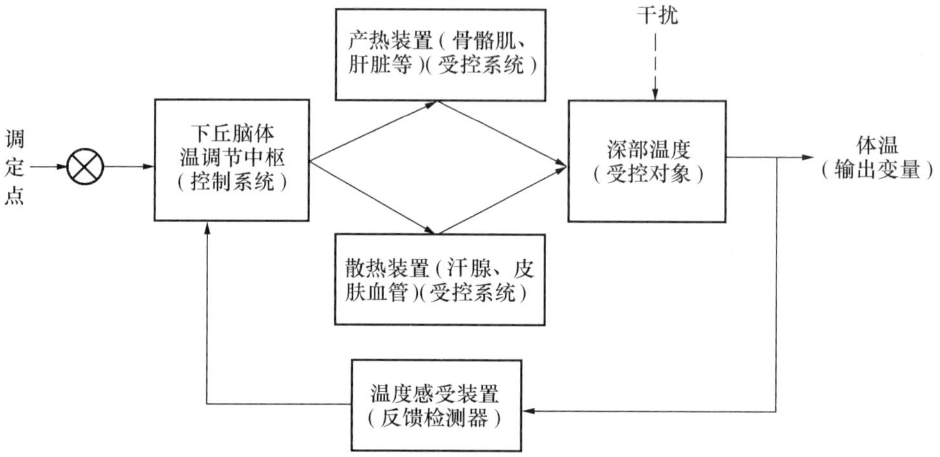

图 13-3 体温调节自动控制示意图

(一)温度感受器

温度感受器是感受机体各个部位温度变化的特殊结构。按其感受的刺激可分为冷感受器和热感受器；按其分布的部位又可分为外周温度感受器和中枢温度感受器。

1. 外周温度感受器

皮肤、黏膜和内脏中广泛分布着此种感受器，包括冷感受器和热感受器，它们都是游离神经末梢。这 2 种感受器各自对一定范围的温度敏感。当局部温度升高时，热感受器兴奋；反之，冷感受器兴奋。皮肤的冷感受器数量较多，为热感受器的 4～10 倍，这就提示皮肤温度感受器在体温调节中主要感受外界环境的冷刺激，防止体温下降。

2. 中枢温度感受器

中枢温度感受器指分布于脊髓、延髓、脑干网状结构以及下丘脑等处对温度变化敏感的神经元。根据它们对温度的不同反应，可分为热敏神经元和冷敏神经元。在局部组织温度升高时冲动发放频率增加的神经元，称为热敏神经元，主要分布在视前区-下丘脑前部(PO/AH)；在局部组织温度降低时冲动的发放频率增加的神经元，称为冷敏神经元，主要分布在脑干网状结构和下丘脑的弓状核中。当局部脑组织温度变动 0.1 ℃，这 2 种神经元的放电频率就会发生变化，而且不出现适应现象。

(二)体温调节中枢

体温调节中枢是一个多层次的整合机构，存在于从脊髓到大脑皮层的整个中枢神经系统内，最基本的体温调节中枢位于下丘脑。大脑皮层在体温调节中起重要作用，行为性体温调节主要是通过大脑皮层实现的。

试验证明，PO/AH 是体温调节中枢的关键部位，其根据如下。

（1）PO/AH 是接受机体各部位温度传入的汇聚之处，既能感受局部的微小变化，也可以引起相应的体温调节反应。

（2）致热原等化学物质直接作用于 PO/AH 区的温度敏感神经元可引起体温调节反应。

（3）破坏 PO/AH 区，体温调节的散热和产热反应都将减弱或消失。来自外周温度感受器或者脊髓、延髓等中枢的温度敏感神经元的信息均汇聚于该区域进行信息的综合处理，然后通过多种传出途径下达中枢的指令性信息，产生相应的产热和散热效应，从而实现体温的相对恒定。

（三）信号传出途径与效应器

由 PO/AH 区发出的传出信号可通过植物神经系统、躯体运动神经系统和内分泌系统 3 种途径以维持体温的稳定。

1. 植物神经系统

植物神经系统主要通过对心血管系统、呼吸系统、皮肤和代谢等的影响，改变机体的产热和散热过程。如寒冷刺激可使交感神经兴奋，引起代谢增强，增加产热，同时皮肤血管和竖毛肌收缩，引起体表温度降低，被毛耸立，以减少散热。而在热应激时，一方面，交感神经兴奋性降低，皮肤小动脉舒张，动-静脉吻合支开放，皮肤血流量大大增加，于是较多的体热从机体深部被带到机体表层，皮肤温度升高，散热作用增强。另一方面，交感神经控制汗腺，兴奋时引起大量泌汗，使蒸发散热增加；副交感神经支配唾液腺，唾液分泌增加也有利于蒸发散热。

2. 躯体运动神经系统

躯体运动神经系统主要控制骨骼肌的紧张性和运动，引起机体的非战栗产热和战栗产热。此外，还控制动物的行为变化，如炎热时动物寻找阴凉处并展开肢体以增加散热，加强热辐射；而在寒冷时则身体蜷缩，拥挤在一起，或寻找较温暖的环境以减少散热，防止体温下降。

3. 内分泌系统

下丘脑还通过垂体分泌促甲状腺激素和促肾上腺皮质激素控制甲状腺和肾上腺激素的分泌，调节机体的产热和散热过程。甲状腺激素加速细胞内的氧化过程，促进分解代谢，使产热量增加。肾上腺素和去甲肾上腺素促进糖和脂肪在体内的分解，也可增加产热；肾上腺皮质激素促进糖原异生和脂肪分解，也有增加产热的作用。

（四）调定点学说

调定点学说是借用恒温器控温操作中预置某一温度界线的提法。体温调定点学说认为，在 PO/AH 区中有一个控制体温的调定点，而 PO/AH 区的温度敏感神经元可能是起调定点作用的基本结构。体温调定点的作用是将机体温度设定在一个恒定的温度值，调定点的高低决定着体温的水平。当体温处于这一温度值时，热敏神经元和冷敏神经元的活动处于动态平衡，致使机体的产热和散热也处于动态平衡状态，体温就维持在调定点设定的温度值水平。当中枢的温度超过调定点时，散热过程增强而产热过程受到抑制，体温因而不至于过高。如果中枢的温度低于调定点时，产热增强而散热过程受到抑制，因此体温不至于过低。

在正常情况下，调定点虽然可以上下移动，但范围很窄。某些中枢神经递质，如 5-羟色胺、乙酰胆碱、去甲肾上腺素和一些多肽类活性物质，可影响调定点。5-羟色胺引起典型的对热应激体温调节反应，即刺激散热；而乙酰胆碱引起典型的对冷应激体温调节反应，即刺激产热。在高温环境中，去甲肾上腺素抑制热性喘息，而在低温条件下，则抑制寒战。当细菌感染后，由于致热原的作用，PO/AH 区热敏神经元的反应阈值升高，而冷敏神经元的阈值则下降，调定点因而上移。因此，先出现恶寒战栗等产热反应，直到体温升高到新的调定点水平以上时才出现散热反应。

四、动物对环境温度的适应

（一）动物的耐热与抗寒

骆驼的耐热能力最强，在饮水供应充足的情况下，可长期耐受炎热而干燥的环境，对高温的主要调节方式是加强体表的蒸发散热和使体温升高。绵羊也有较强的耐热能力，在 43 ℃下可坚持数小时，主要调节方式是喘息，通过呼吸道蒸发散热等。马有发达的汗腺，热应激时，主要靠出汗散热，因而有一定的耐热能力。牛的耐热能力不如羊，役用牛耐热能力强于乳牛。水牛汗腺不发达，皮肤色深而厚，对热应激主要反应是水浴，依靠水介质传导散热。猪的耐热能力较弱，外界温度 30～32 ℃时，直肠温度就开始上升。猪对热的耐受力还取决于湿度，当湿度高于 60％时，猪不能耐受 35 ℃高温。当外界温度上升到 40 ℃猪就不能站立，直肠温度大于 41 ℃时极易发生虚脱。仔猪耐热能力更弱。

家畜的抗寒能力一般较强。马、牛和羊在气温－18 ℃时仍能保持体温稳定。猪的抗寒力低于其他动物，成年猪在 0 ℃气温中难以持久保持正常体温，1 日龄仔猪在 0 ℃环境中 2 h 就将陷入昏睡状态。

（二）动物对高温与低温的适应

动物较长期地处于寒冷或炎热环境中，或一年中季节性温差变化，或由寒带（或热带）地区迁入热带（或寒带）地区时，初期可通过各种体温调节机制保持体温恒定，随后则发生不同程度的适应现象。适应可分为 3 类。

1. 习服

动物短期（通常数月）生活在超常环境温度（寒冷或炎热）中所发生的适应性反应，主要表现为与糖、脂肪代谢有关酶的活性和代谢率的变化，使产热过程适应已变化的温度环境。

2. 风土驯化

随着季节性变化机体发生的对环境温度的适应，表现为被毛厚度和血管收缩性发生变化等，以增强机体对外界温度变化的适应能力。如在夏季经秋季到冬季的过程中，动物的代谢并没有升高，有的反而降低，但被毛增厚，皮肤血管的收缩性改善，增强了机体的保温性能，故在冬季仍能保持体温。

3. 气候适应

经过几代自然选择和人工选择，动物的遗传性发生变化，不仅本身对当地的温度环境表现了良好的适应性，而且能遗传给后代，成为该种或品种的特点。如寒带品种的动物有较厚的被毛和皮下脂肪层，保温效率高，在极冷的条件下无需代谢增高，体温也能保持正常水平并很好地生存。因此，极地动物和热带动物虽然生长在温度截然不同的环境中，但它们的体温相差不大。

专项实训

动物体温的测定

[实训目标] 熟悉动物体温的测定方法，了解健康动物的体温状况。

[材料设备] 动物（如马、牛、羊、犬）、水银体温计。

[方法步骤] 动物机体各部的温度并不相同，但直肠温度相对稳定，接近动物的体内温度，故多数情况下测量动物的直肠温度来代表动物体温。

(1)对大动物进行保定，防止走动或伤人。

(2)将体温计中的水银柱甩至 35 ℃以下，并在外面涂以少量的润滑油。

(3)测定者站在动物的后肢左侧（马）或动物的正后方（牛、羊），用左手提起尾根，右手持体温计旋转插入直肠中，并用铁夹固定体温计，3～5 min 后取出。

(4)读数，记录该动物的体温。

(5)清洁体温计，以备下次使用。

[注意事项]

(1)甩水银体温计时要防止碰到物体而将体温计损坏。

(2)动物一定要保定好，操作过程中注意人员所站立的位置，以确保人员的安全。

复习思考题

1. 动物体能量的来源及去路如何？
2. 动物在不同外界环境散热的方式及途径有哪些？
3. 动物的体温是怎样维持恒定的？
4. 动物通过哪些方式适应环境温度？
5. 在从事动物生产过程中为什么冬季要保暖，夏季要防暑降温？常采用哪些措施？

第十四章

家禽解剖生理特征

【学习目标】

• 了解家禽骨骼、肌肉、皮肤及皮肤衍生物的形态、结构。

• 掌握家禽消化、呼吸、泌尿、生殖系统的组成和生理特点。

• 能识别家禽嗉囊、胃、肠、肝、胰、心、肺、肾、睾丸、卵巢、输卵管、法氏囊、胸腺、脾脏等器官的形态、位置和结构特点。

• 熟悉家禽的正常体温范围、体温调节特点及家禽的生活习性。

【素质目标】

• 树立辩证唯物主义世界观。

• 注重理论联系实际，培养科学严谨的学习态度和精益求精的工匠精神。

• 厚植"大国三农"情怀，以强农兴农为己任。

【学习建议】

在教师指导下，对主要家禽（鸡、鸭等）进行解剖，观察各器官形态、位置和构造，到家禽养殖场参观，了解家禽生活习性。

家禽属于脊柱动物的鸟纲，主要包括鸡、鸭、鹅、火鸡、珍珠鸡等。鸟纲动物最重要的特征是飞翔。在漫长的进化过程中，为适应飞翔这一行为特征，已形成一系列的自身结构特征。如体形呈流线型，前肢演变成翼，骨内含有气体，有气囊等。在人类长期的驯化下，有些家禽已丧失飞翔能力，但其身体的形态、结构、功能以及活动规律仍保持着适宜飞翔的特点。本章以鸡为重点，阐述家禽的解剖生理特征。

第一节　运动系统

一、骨骼

家禽为适应飞翔，骨骼发生了重要变化：一是大部分骨是与气囊相通的含气骨，重量相对较轻;二是骨钙化程度高,含有丰富的钙盐,骨质非常致密,十分坚硬;三是有些骨愈合在一起。家禽的全身骨骼,按部位分为头骨、躯干骨和四肢骨(图 14-1)。

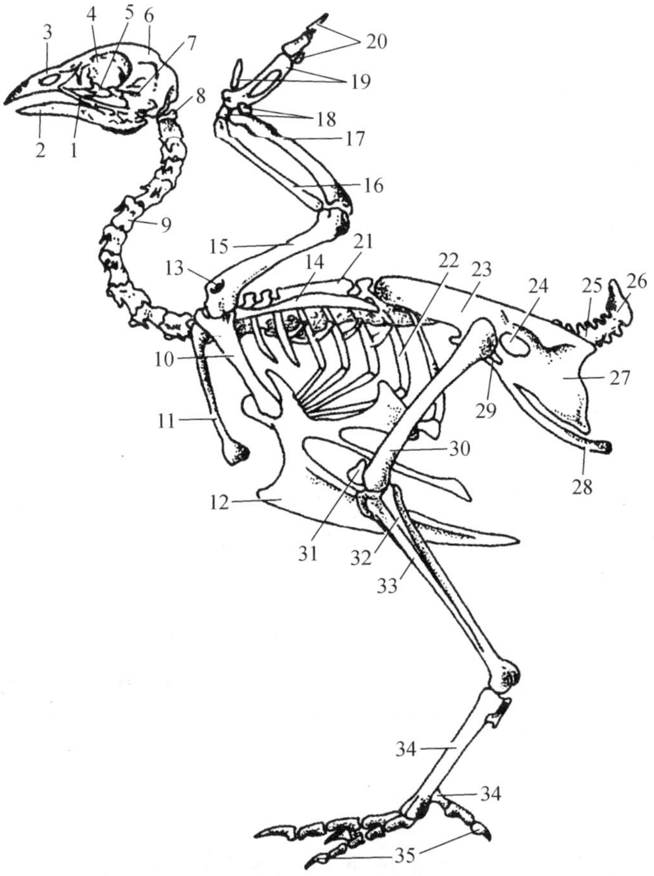

图 14-1　鸡全身骨骼

1. 颧骨　2. 下颌骨　3. 颌前骨　4. 筛骨　5. 腭骨　6. 额骨　7. 方骨　8. 寰椎　9. 颈椎　10. 乌喙骨　11. 锁骨　12. 胸骨　13. 气孔　14. 肩胛骨　15. 臂骨　16. 桡骨　17. 尺骨　18. 腕骨　19. 掌骨　20. 指骨　21. 胸椎　22. 肋骨　23. 髂骨　24. 坐骨孔　25. 尾椎　26. 尾综骨　27. 坐骨　28. 耻骨　29. 闭孔　30. 股骨　31. 膝盖骨　32. 腓骨　33. 胫骨　34. 跖骨　35. 趾骨

(一)头骨

头骨呈圆锥形,以大而明显的眼眶为界,分为面骨和颅骨,两者很明显地以筛骨垂直板的延续部分隔开。颅骨大部分愈合,颅腔较小,内有脑和视觉器官。面骨不发达,其特点是在下颌骨与颞骨之间有方形骨。当口腔开张与闭合时,可使上喙上升和下降,进而可使禽类的口张得很大,便于吞食较大的食块。舌骨有舌骨体和舌骨质组成,大部分位于下颌支之间,不与头骨中的任何部分相连接。

(二)躯干骨

躯干骨由脊柱骨、肋骨和胸骨构成。脊柱骨分为颈椎、胸椎、腰荐椎和尾椎。颈椎的数目多,鸡 13～14 枚,鸭 14～15 枚,鹅 17～18 枚,鸽 12～13 枚,形成"乙"状弯曲,使颈部运动灵活,利于啄食、警戒和梳理羽毛。胸、腰、荐椎数目较少,且互相愈合,活动不灵活。

第 2～5 胸椎愈合成 1 块背骨，第 7 胸椎与腰椎、荐椎、第 1 尾椎愈合成综荐骨。尾椎鸡有 5 枚，鸭、鹅有 7 枚，最后是一块发达的三棱形尾综骨，为尾羽的支架，附着有发达的尾肌，支撑羽毛和尾脂腺。

肋骨的数目与胸椎数目相同，鸡、鸽 7 对，鸭、鹅 9 对。除前 1～2 对外，每一肋骨都由椎骨肋和胸骨肋 2 部分构成。椎骨肋靠近胸椎，与胸椎形成关节；胸骨肋靠近胸骨，与胸骨形成关节。两部分肋骨之间互相成直角。除第 1 对和最后 2～3 对外，其他肋骨的椎肋上有钩状突，与后面的肋骨相接触，起加固胸廓的作用。

胸骨又称为龙骨，非常发达，构成胸腔的底壁。在胸骨腹侧正中有纵行隆起，向下突出，称为龙骨嵴。胸骨的侧缘和前缘分别与肋骨和乌喙骨相连并形成关节。胸骨末端与耻骨末端的距离称为胸耻间距。

（三）前肢骨

家禽的前肢演变成翼，分为肩带部和游离部。

1. *肩带部*

肩带部包括肩胛骨、乌喙骨和锁骨。肩胛骨狭长，与脊柱平行。乌喙骨粗大，斜位于胸廓之前，下端与胸骨成牢固的关节。锁骨较细，两侧锁骨在下端汇合，又称为叉骨。

2. *游离部*

游离部又称为翼部，由臂骨和前脚骨组成，平时折叠成“Z”形，紧贴在胸廓上。臂骨发达，近端与肩胛骨、乌喙骨形成肩关节，远端与前臂骨形成肘关节，在近端还有较大的气孔。前臂骨由桡骨和尺骨构成，尺骨发达，两骨间形成较大的间隙。前脚骨由腕骨、掌骨和指骨构成，腕骨与掌骨形成腕掌关节。

（四）后肢骨

家禽的后肢骨发达，支持机体后躯的体重，分为盆带部和游离部。

1. *盆带部*

盆带部由髂骨、坐骨和耻骨构成，合为髋骨。髂骨发达，与腰荐骨相结合，形成骨盆的顶壁。坐骨与髂骨完全愈合，两者之间形成坐骨孔，其中有血管和神经通过。耻骨细长，与坐骨之间形成小的闭孔（又称髂坐孔），后端游离、突出，在活体上可以摸到。两侧的耻骨、坐骨分离，骨盆底部不结合，形成开放性骨盆，便于产卵。骨盆部与综荐骨间形成广泛而牢固的骨性结合，适应后肢支撑体重。龙骨与耻骨的龙耻间距、左右耻骨间的耻骨间距的大小，是衡量母禽产蛋率高低的一个标志。

2. *游离部*

游离部即腿部，由 3 段构成。第 1 段是股骨，较粗，比小腿骨短，特别是鸭、鹅更短。上端与髋骨形成髋关节，下端与膝盖骨、小腿骨构成膝关节。膝盖骨呈不正的三角形，位于股骨远端上面。第 2 段是小腿骨，包括胫骨和腓骨，胫骨粗长，腓骨细。胫骨远端与近列跗骨愈合，称为胫跗骨，与跖骨构成胫跖关节。第 3 段相当于后脚骨，包括跗骨、跖骨和趾骨，跗骨分别与胫骨和跖骨相融合。跖骨分为大跖骨和小跖骨。大跖骨发达，由第 2、3、4 跖骨及远列跗骨愈合形成，又称为跗跖骨。小跖骨（第 1 跖骨）小，以韧带连于大跖骨下端内侧。鸡有 4 个趾（乌骨鸡、贵妃鸡有 5 个趾），第 1 趾向后向内，其余 3 趾向前，以第 3 趾最发达。

二、肌肉

家禽骨骼肌的肌纤维较细，无脂肪沉积，肉眼看可分为白肌和红肌。白肌血液供应较少而使颜色较淡，肌纤维较粗，线粒体和肌红蛋白较少，糖原较多，收缩快，作用短暂。红肌因血液供应丰富而呈暗红色，肌纤维较细，线粒体和肌红蛋白多，收缩缓慢，作用较持久。鸡等飞翔能力差或不能飞翔的家禽，以白肌为主；鸭、鹅等善于飞翔的水禽，以红肌为主。

1. 皮肌

家禽的皮肌薄，分布广泛，其分布主要与皮肤的羽区相联系，以控制皮肤的紧张性及羽毛的活动。

2. 头颈部肌

面部肌肉不发达，但开闭上、下颌的肌肉较发达；还有一些作用于方骨的肌肉。颈部肌肉发达，大多分化为多节肌及其复合体，所以头颈运动灵活。

3. 躯干肌

家禽的躯干部骨骼相当一部分是互相愈合的，活动性小，因此肌肉不发达。膈呈膜状，腹肌不发达，腹肌参与呼吸运动，是主要的呼吸肌。

4. 肩带肌

肩带肌较复杂，主要作用于翼，其中最发达的是胸肌（也称为胸大肌）、乌喙上肌（胸小肌），它们是飞翔的主要肌肉，可占肌肉总重量的 1/2 以上，也是肌内注射的主要部位之一。翼部的其他肌肉主要作用于肘、腕 2 个关节，起着展翅和收翼的作用。

5. 后肢肌

家禽的盆带肌不发达，股部和小腿部的肌肉多而发达。栖肌是家禽特有的肌肉，相当于哺乳动物的趾骨肌，位于股部内侧，呈纺锤形，以一薄的扁腱向下绕过膝关节的外侧和小腿后面，下端并入趾浅屈肌腱内，止于第 2、3 趾。当腿部屈曲时，栖肌收缩，可使趾关节机械性屈曲。因此，家禽栖息时能牢牢地抓住栖架，不会跌落。鸡跖部的长腱，尤其是趾屈肌腱，随日龄增加很快骨化。

第二节　被皮系统

被皮系统由皮肤和皮肤的衍生物组成，主要功能是保护家禽体内的器官和组织不受外界机械性侵袭、调节体温、排泄废物、感觉外界环境的各种刺激等。

一、皮肤

家禽的皮肤薄而柔软，由表皮和真皮构成。皮肤大部分由羽毛覆盖，称为羽区。无羽毛部位称为裸区。皮下组织疏松，容易与躯体剥离，有利于羽毛的活动。皮肤没有皮脂腺，仅有发达的尾脂腺。此外，家禽的整个表皮都有分泌作用，在表皮深层细胞内形成类脂小球，到达浅层时呈溶解状态。家禽皮肤没有汗腺，体温调节靠呼吸道蒸发散热，以及体表尤其是裸区的蒸发散热。正因为如此，舍养鸡在炎热的夏季很容易出现热应激反应，甚至出现中暑死亡。家禽的皮肤在翼部形成的皮肤褶称为翼膜，有利于飞翔。水禽的皮肤在趾间形成蹼，利于划水。

家禽皮肤的颜色有白色、黄色和黑色之分。黄皮肤家禽的皮肤颜色主要来源于饲料中的叶黄素。

二、皮肤的衍生物

皮肤的衍生物有羽毛、冠、肉髯、耳叶、喙、鳞片、爪、距、尾脂腺等。

（一）羽毛

1. 羽毛的类型

羽毛是家禽特有的皮肤衍生物，根据形态不同，可分为 3 类，即正羽、绒羽、纤羽。正羽也称为廓羽，覆盖在家禽的体表，主干称为羽轴，又可分为下段的羽根和上段的羽茎。羽茎两侧是羽片，由许多平行排列的羽枝构成。每一羽枝又向两侧分出 2 排小羽枝。绒羽密生于皮肤表面，蓬松的羽枝呈放射状直接从羽根发出，形如绒而得名，主要有保温作用，是生产羽绒服的主要原材料。纤羽纤细，长短不一，形如毛发，分布在体表的各个部位。

图 14-2 鸡的翼羽

1. 翼前羽 2. 翼肩羽 3. 覆主翼羽 4. 主翼羽 5. 覆副翼羽 6. 副翼羽 7. 轴羽

根据羽毛长的部位不同，可分为颈羽、鞍羽、翼羽、尾羽等。翼羽（图 14-2）是用于飞翔的主要羽毛。位于两翼外侧的长、硬的羽毛称为主翼羽，一般为 10 根。位于翼部近尺骨和桡骨侧的羽毛称为副翼羽，一般为 14 根。覆盖在主翼羽上的羽毛称为覆主翼羽；覆盖在副翼羽上的羽毛称为覆副翼羽。主翼羽和副翼羽之间有一根较短而圆的羽毛称为轴羽。

2. 换羽

鸡从出壳到成年要经过 3 次换羽。雏鸡刚出壳时，除翼和尾外，全身覆盖绒羽。这种羽毛保温性能差，出壳不久即开始换羽，由正羽代替，通常在 6 周龄左右换完，换羽的顺序为翅、尾、腹、头。第 2 次换羽发生在 6～13 周龄，换为青年羽。第 3 次换羽发生在 13 周龄到性成熟期，换为成年羽。更换成羽后，从第 3 次开始，每年秋冬换羽 1 次。在换羽时，需要大量的营养物质，故蛋鸡在换羽期间停止产蛋。养鸡生产中，为了利用第 2 个产蛋年，缩短换羽的时间，往往实施强制换羽。

（二）冠、肉髯、耳叶

冠、肉髯、耳叶主要是由头部皮肤褶衍生而成。

（1）冠。冠表皮很薄，真皮厚。冠是第二性征的标志，公鸡的冠特别发达，呈直立状；母鸡冠常倒向一侧。公鸡和产蛋母鸡，冠因在真皮的中间层充满纤维性黏液组织而直立；去势的公鸡及停止产蛋的母鸡，冠因纤维性黏液组织消失而倾斜。冠的结构、形态可作为辨别鸡品种、成熟程度和健康状况的重要参考。

（2）肉髯。肉髯又称肉垂，左右各一，两侧对称，鲜红色，位于喙的下方。

（3）耳叶。耳叶呈椭圆形，位于耳孔开口的下方，呈红色或白色。

(三)喙、鳞片、爪、距

(1)喙。喙是长在上颌和下颌前端的锥形的角质壳,是家禽的采食工具和攻击及防卫武器。集约化饲养时,为了防止啄癖的发生和节约饲料,常常对鸡只进行断喙。

(2)鳞片。鳞片是分布在跖、趾部的高度角化皮肤。

(3)爪。爪位于家禽的每一个趾端,鸡的呈弓形,由坚硬的背板和软角质的腹板形成。

(4)距。距在鸡的跖部内侧,公鸡明显。一些特殊鸡种(如乌鸡)有明显的距。

(四)尾脂腺

家禽的皮肤没有皮肤腺,但有 1 对尾脂腺,位于尾综骨的背侧。鸡的尾脂腺较小,呈豌豆形,水禽的尾脂腺发达。尾脂腺分泌物中含脂肪、卵磷脂和麦角固醇等。其中麦角固醇在紫外线的作用下,能变成维生素 D,供皮肤吸收利用。家禽在整理羽毛时,用喙压迫尾脂腺,挤出分泌物,用喙涂于羽毛上,使羽毛润泽。

知识链接 尾脂腺对水禽尤为重要,使其能适应水中活动。但由于尾脂腺会分泌一些有致癌作用的物质,在宰杀家禽时要将尾脂腺弃去。

第三节　消化系统

一、家禽消化系统的构造特点

家禽的消化系统由消化管和消化腺两部分组成。消化管包括口咽、食管、嗉囊、腺胃、肌胃、小肠、大肠、泄殖腔、泄殖孔;消化腺包括肝、胰、唾液腺、胃腺、肠腺等(图 14-3)。

(一)口咽

家禽的口腔与咽之间没有明显的界线,直接相通,故称口咽。禽没有唇、齿、软腭,颊不明显,上、下颌形成喙。口咽顶部前壁正中,有前狭后宽的鼻后孔,向后延伸为腭裂。后部正中有咽鼓管开口于漏斗内。口咽部黏膜内有丰富的毛细血管,可使大量血液冷却,有调节体温的作用。

1. 喙

喙为包裹在颌前骨、下颌骨外面高度角化的皮肤套,分为上喙和下喙。喙因高度钙化而坚硬,含有大量的感觉神经末梢。鸡、鸽的喙呈尖端向前的圆锥形,适于摄取细小的饲料,撕碎较大的食物。雏鸡上喙的尖部有蛋齿,是由角化的上皮细胞形成的,孵出时,用来划破蛋壳。

鸭、鹅的喙长而宽,末端钝圆,呈铲状。除上喙尖部外,大部分被覆有较柔软、光滑的角质蜡膜。在喙的边缘形成许多横褶,便于在水中采食时将水滤出。

2. 舌

鸡、鸽的舌与喙形状相似,舌尖乳头高度角质化,舌体与舌根间有 1 列乳头。鸭、鹅的舌长而厚,较灵活,除舌体后部外,侧缘有丝状的角质乳头,与喙侧缘的横褶一起参与水的滤出。家禽的舌黏膜内味蕾较少,味觉功能较差,但对水的温度敏感。

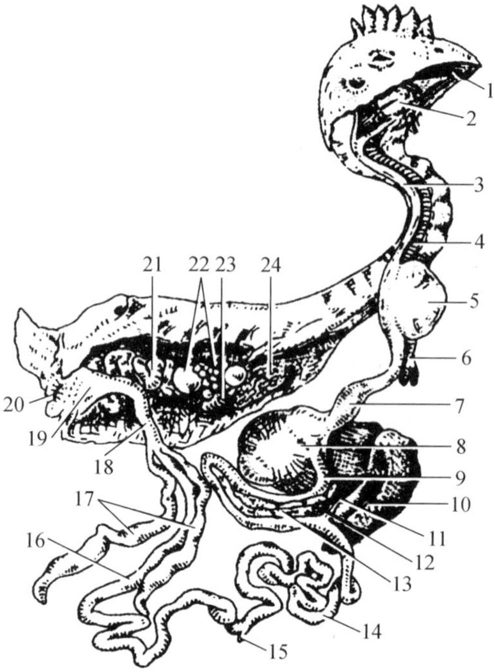

图 14-3 鸡消化系统模式图

1. 口腔 2. 咽 3. 食管 4. 气管 5. 嗉囊 6. 鸣管 7. 腺胃 8. 肌胃 9. 十二指肠 10. 胆囊 11. 肝肠管和胆囊肠管 12. 胰管 13. 胰腺 14. 空肠 15. 卵黄囊憩室 16. 回肠 17. 盲肠 18. 直肠 19. 泄殖腔 20. 肛门 21. 输卵管 22. 卵巢 23. 心 24. 肺

3. 唾液腺

唾液腺很发达，分布广泛，主要分布于口腔、咽黏膜固有层内，几乎连成一片，其导管直接开口于咽黏膜的表面。唾液腺分泌黏液性唾液。

（二）食管和嗉囊

家禽的食管较宽，壁薄，易扩张，可分为颈段和胸段。颈段食管与气管一同偏于颈的右侧，位于皮下。鸡、鸽的食管在胸前口处膨大，形成嗉囊；鸭、鹅没有真正的嗉囊，但颈部食管粗大，也有贮存食物的作用。食管壁由黏膜层、肌层和外膜构成，在黏膜层有较大的黏液性食管腺，分泌黏液，颈部食管后部的黏液膜层内含有淋巴组织，形成淋巴滤泡，称为食管扁桃体，鸭较发达。

（三）胃

家禽的胃分为前、后两部分，前部称为腺胃，后部称为肌胃（图 14-4）。

1. 腺胃

腺胃又称前胃，呈短纺锤形，位于腹腔左侧。前以贲门与食管的胸段相接，后以峡与肌胃相接，胃壁较厚，内腔较小，食物存留的时间比较短。黏膜表面分布有乳头，鸡的较大，有 30～40 个；鸭的较小，但数量较多。

腺胃黏膜内有 2 种腺体：浅层形成许多隐窝，隐窝内有单管状腺，称为腺胃浅腺，能分泌黏液。深层是复管泡状腺，相当于哺乳动物的胃底腺，分布于黏膜的肌层之间，没有壁细胞，只有胃酸-胃酶细胞，分泌盐酸和胃蛋白酶，以集合管开口于黏膜乳头上。

2. 肌胃

肌胃位于腹腔的左下部，腺胃的后方，呈双面凸的圆盘状。其壁厚而坚实，由平滑肌构成。背腹 2 块厚的侧肌构成较厚的背侧部和腹侧部，前、后 2 块薄的中间肌构成薄的前囊和后囊。4 块肌肉在胃的两侧以腱相接，形成腱镜。

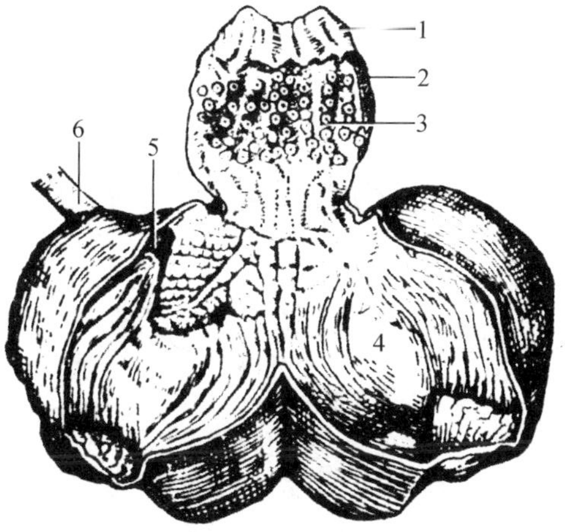

图 14-4　鸡的胃

1. 食管　2. 腺胃　3. 深腺开口及乳头　4. 肌胃侧肌　5. 幽门　6. 十二指肠

肌胃黏膜内有许多腺体，其分泌物与脱落的上皮细胞一起，在酸的作用下形成一层角质层，由于胆汁的反流作用而呈黄色，其上有搓板楞状皱褶，称为鸡内金，对胃壁及黏膜有保护作用。肌胃内含有沙砾，因此又称为砂囊。肌胃以发达的肌层和胃内的沙砾以及粗糙而坚韧的类角质膜，对吞入的食物，特别是颗粒状的饲料起机械磨碎作用。

(四)肠、肝、胰

家禽的肠较短，分为小肠和大肠，后部延续为泄殖腔。家禽的肠与躯干之比是:鸡为体长 7～9 倍，鸭为 8.5～11 倍，鹅为 10～20 倍。

1. 小肠

小肠分为十二指肠、空肠、回肠。

(1)十二指肠。十二指肠位于腹腔右侧，形成“U”字形(鸭为马蹄形)，分降支、升支，2 支平行，以韧带相连接，其折转处可达骨盆腔。升支在胃的幽门处移行为空肠。十二指肠袢内夹有胰腺。

(2)空肠。空肠形成许多肠袢，鸡、鸽的肠袢数目较多，鸡 10～11 圈;鸭、鹅较少，6～8 圈。在空肠的中部有一小的突起，称为卵黄囊憩室，是卵黄囊柄的遗迹。

(3)回肠。回肠较短且直，以系膜与 2 条盲肠相接。

小肠的组织结构与哺乳动物相似，其特点是无十二指肠腺，黏液有杯状细胞和单管状肠腺分泌。小肠绒毛长且有分支，无中央乳糜管，脂肪直接吸入血;黏膜下层较薄，小肠腺较短。

2. 大肠和泄殖腔

(1)大肠。家禽的大肠有 2 条盲肠，从回盲口向前伸延，分为盲肠基、盲肠体、盲肠尖 3 部分。盲肠基部较宽，以盲肠口通直肠。在盲肠基部黏膜内有淋巴组织分布，称为盲肠扁桃体。鸡的最明显，是诊断疾病主要检查的部位。鸽的盲肠很不发达，小如芽状。家禽没有明显的结肠，直肠短，也称结直肠。

大肠的组织结构与小肠相似，但绒毛短宽。

(2)泄殖腔。泄殖腔是直肠末端膨大形成的腔道，是消化系统、泌尿系统、生殖系统的共同通道，向后以肛门与外界相通。泄殖腔内以 2 个环形的黏膜褶将泄殖腔分为粪道、泄殖道、肛道 3 部分。

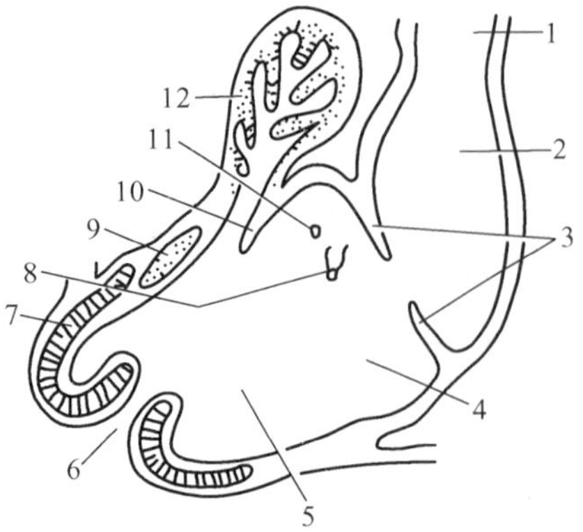

图 14-5 家禽泄殖腔模式图

1. 结-直肠 2. 粪道 3. 粪道泄殖道壁 4. 泄殖道 5. 肛道 6. 肛门 7. 括约肌 8. 输精管乳头 9. 肛道背侧腺 10. 泄殖道肛道壁 11. 输尿管口 12. 腔上囊

粪道是直肠的末端，较膨大，前接直肠，黏膜上有短的绒毛。

泄殖道较短，前以环形褶与粪道为界，后以半月褶与肛道为界(图 14-5)。背侧有 1 对输尿管的开口。在输尿管开口的内后方，公禽有 1 对输精管乳头，是输精管的开口；母禽在输尿管的左侧有 1 个输卵管的开口。在肛道的北侧有腔上囊(法氏囊)的开口。腔上囊呈椭圆形，幼禽发达，性成熟后开始退化，10 月龄时基本退化消失。在肛道的背侧壁和外侧壁内有肛道背侧腺、外侧腺，能分泌黏液。泄殖孔是泄殖腔对外的开口，也称肛门，由北侧唇和腹侧唇围成，内有发达的环行括约肌。

3. 肝和胰

(1)肝。肝是家禽体内最大的消化腺，分为左、右两叶，右叶略大，有胆囊(鸽无胆囊)。肝的颜色因年龄和肥育状况而不同，成年禽呈红褐色，肥育禽因贮存脂肪而为黄褐色或土黄色，刚出壳的雏禽由于吸收卵黄素而呈黄色。肝位于腹腔前下部，两叶之间夹有心脏、腺胃、肌胃，肝脏右叶分泌的胆汁，先贮存于胆囊，再经胆囊管运至十二指肠；肝左叶分泌的胆汁，不经胆囊，由肝管直接排入十二指肠。肝的两叶各有 1 个肝门，均有肝动脉和门静脉等由此进出。家禽肝的肝小叶结构不明显。

(2)胰。胰位于十二指肠袢内，淡黄色或淡红色，长条叶状。通常分为背叶、腹叶和 1 个较小的脾叶。鸡有 2～3 条胰管，鸭、鹅有 2 条，与胆管一起开口于十二指肠的终部。

二、家禽的消化生理特点

家禽摄取食物后，食物经过消化管，受到物理的(消化管的运动)、化学的(消化管的酶)、生物学的(细菌等微生物)作用，由复杂的物质变成简单的物质，由不能被机体吸收、利用的物质变成为能吸收利用的物质。家禽的消化器官结构上的特点，如没有牙齿而有发达的嗉囊和肌胃，没有结肠而有发达的盲肠，决定了它的消化过程与哺乳动物有所不同。

1. 口腔的消化作用

家禽主要依靠视觉、触觉寻觅食物，因没有软的嘴唇，而靠喙采食。鸡和火鸡的喙呈锥形，摄取饲料很方便，并有撕裂较大饲料的功用。家禽口腔无齿，食物经过口腔不加咀嚼。唾液由唾液腺产生并分泌，呈弱酸性，含有少量的淀粉酶。唾液在口腔与食物搅拌，使之润滑，便于吞咽。吞咽动作主要是靠头部向上抬举，借舌的运动和食物的重量，把食物由口推向食管。家禽食管较宽，而且易于扩大，适合未经咀嚼的食物通过。颈段食管与胸段食管之间有嗉囊。据试验，鹅在吞咽时，无论食物的重量如何，都是靠每秒 1.5 cm 的食管蠕动而往下移动。食管因食物在口腔停留时间太短，口腔的消化作用很弱。

2. 嗉囊的消化作用

鸡的嗉囊相当发达，弹性很强，嗉囊不分泌消化液。嗉囊的主要功能是贮藏、浸泡、软化食物，为进入腺胃进行消化做准备。适宜的温度下，嗉囊可分泌呈酸性的黏液，适合细菌（主要是乳酸菌）的生长繁殖，使糖类饲料在嗉囊内进行初步消化。嗉囊内的酶来自饲料或由胃肠倒流而入。食物在嗉囊停留的时间因食物的性质、数量、家禽的饥饿程度及健康状况不同而不同，一般停留 3～4 h。嗉囊有根据胃的需要量把食物送到腺胃的作用。

成鸽在哺育幼鸽期间，其嗉囊内的上皮细胞增生并发生脂肪变性，脱落后与分泌的黏液一起形成乳汁状的嗉囊乳，也称为鸽乳，用来哺乳幼鸽。嗉囊乳中含有大量的蛋白质、脂肪、淀粉酶和蔗糖酶。

嗉囊的收缩在节律和幅度上变化很大，禽的精神状态、健康状况、饥饿、环境温度等因素，都可影响嗉囊的运动。极度的兴奋、惊恐可抑制或阻滞鸡或鸽嗉囊的收缩。蠕动的收缩是从嗉囊开始的，扩展到嗉囊再到肌胃。收缩常有间隔，每次间隔的时间和速度不同，由饥饿的程度和嗉囊内食物的多少等因素而定。当嗉囊和肌胃充满时，嗉囊的收缩可能停止。

3. 腺胃的消化作用

腺胃的黏膜能分泌酸性胃液，内含有盐酸、胃蛋白酶和黏液。盐酸可活化胃蛋白酶、溶解矿物质，胃蛋白酶可分解蛋白质。腺胃可推动食糜进入肌胃，并可使食团在腺胃和肌胃之间来回移动。由于腺胃较小，分泌的胃液迅速进入肌胃，而在腺胃停留时间较短，主要是食物和胃液混合。

在腺胃的壁上有大的乳头状突起，是胃腺的开口，胃液 pH 较高，为 3～4.5，胃腺的分泌受交感神经和迷走神经支配，同时也受一些化学因素的调节。胃液的质量因饲料的性质而异。胃液的消化作用主要在十二指肠进行。

4. 肌胃的消化作用

肌胃是家禽所特有的消化器官，体积较大，肌肉发达，纵横纤维交织，收缩力强，相当于哺乳动物的幽门部。胃黏膜下有许多小的腺体。这些腺体分泌胶样的分泌物，能在黏膜表面硬化成一层坚硬的角质膜。此膜有机械作用，可磨碎食物；同时也有保护功能，使胃壁在粉碎坚硬饲料时不受损害。肌胃不分泌具有消化作用的胃液，胃内的胃蛋白酶来自腺胃。肌胃不能够分泌胃液，主要功能是靠胃壁强有力的收缩和沙砾间的相互摩擦，机械性磨碎粗硬饲料，内容物相当干燥。肌胃的收缩强度与饲料的性质有关，饲料越坚硬，肌胃的收缩力越强。

肌胃的运动是有规则和有节律的收缩，每隔 20～30 s 收缩 1 次，但在饥饿程度和饲料种类不同的情况下有所差异，硬的或纤维性饲料的消化可使收缩的间隔时间缩短。

肌胃内的角质膜有类似牙齿的作用。当肌胃中存在沙砾时，振幅较大，沙砾滞留在肌胃内的时间较长，多不随食糜流出。肌胃中的沙砾可增强磨碎作用，使家禽更有效地利用谷类和粗饲料。肌胃的内容物非常干燥，适宜 pH 为 2.0～3.5，来自腺胃的蛋白酶进行蛋白质的消化。食物在肌胃中停留的时间因饲料的坚硬度而定，细软食物约 1 min 就进入十二指肠，而坚硬食物的停留时间可达数小时之久。如将沙砾除去，消化率可降低 25%～30%，粪便中可见整粒饲料，因此家禽生产中要特别注意沙砾的供应。

家禽肌胃的收缩和碾碎声可用听诊器听诊，尤其是在胃内容物有粗硬物和沙砾时更明显。肌胃的运动是旋转性的。母鸡的肌胃收缩频率差异不大，2～3 次/min，饱时较饥饿时频率略高些。

肌胃的运动受交感神经和迷走神经的双重支配。结扎迷走神经能使肌胃运动迟缓，但不久就恢复正常；如将两种神经切除，则此器官的运动永久迟缓。作用于交感神经和副交感神经的兴奋和抑制的药物均对肌胃起作用，毛果芸香碱提高收缩频率，肾上腺素和阿托品则正好相反。

5. 小肠的消化作用

家禽小肠长度约为体长的 6 倍，食物在小肠中停留的时间为 8 h，家禽的消化主要在小肠内进行。当酸性食物由胃进入肠时，引起小肠内的消化液分泌，把食物消化成为简单的物质而被小肠吸收。

家禽的小肠很长，肠管粗细均匀，肠系膜宽大，分布有血管网以吸收营养。家禽的小肠中含有各种消化酶，能消化各种营养物质。此外，对难消化的物质可以再逆流入肌胃磨碎。

小肠内的消化液有胰液、胆汁和小肠液。小肠液由小肠分泌，pH 为 7.39～7.35，含有肠激酶、肠肽酶、脂肪酶、淀粉酶和多种双糖酶。成年鸡小肠液分泌量为 1.1 mL/h，食物的机械性刺激可引起分泌增加。十二指肠分泌的肠液含有淀粉酶和蛋白酶分泌液，呈碱性，从胃中过来的酸性食糜在这里被中和，成为中性或弱碱性，便于被消化酶消化。

胆汁由肝脏分泌，呈酸性，鸡 pH 为 5.88，鸭 pH 为 6.4，含有胆酸盐、淀粉酶和胆色素。胆汁的分泌是连续的，进食时分泌增加。

胰液由胰腺分泌，呈酸性，含有蛋白分解酶、胰脂肪酶、胰淀粉酶和其他糖类分解酶等重要的消化酶，作用与家畜的胰液相似。胰液的分泌是连续的。蛋白质在胃蛋白酶和肠蛋白酶的作用下变成蛋白胨和蛋白䏡，在肠液的作用下最终分解成氨基酸。脂肪在胃液中脂肪酶的作用下分解成脂肪酸和甘油，但脂肪的消化主要是在胰液的脂肪酶的作用下分解成脂肪酸和甘油，胆汁也有利于脂肪的消化。淀粉酶将淀粉分解为麦芽糖，麦芽糖酶把麦芽糖分解为单糖。以上 3 种物质的最后分解产物都被吸收到血液和淋巴液中。

胆汁是由肝脏分泌的，呈酸性，贮存于胆囊中，只有在消化过程中才由胆囊排到十二指肠中(从胆囊来的胆汁比从肝来的胆汁作用强)。胆汁中含有胆酸、胆色素等，特别有助于脂肪的乳化，加强胰液的消化作用，防止肠内容物的腐败，加强肠的运动，等等。胆酸可以乳化脂肪，促进脂肪乳化成极小的脂肪滴，以利于脂肪酶的水解作用。另外，胆酸还可与不溶于水的脂肪酸结合，形成易于溶解的化合物而被吸收。家禽的胆汁中还存在淀粉酶，可以促进碳水化合物的消化。

矿物质在嗉囊和胃中就转变成溶液，主要在小肠中被吸收。维生素中的胡萝卜素在肝脏中变成维生素 A。

营养物质被小肠绒毛的毛细血管和淋巴管末端的乳糜管吸收后，大部分经肝脏的门静脉流入肝脏，再经肝静脉后腔静脉流入心脏，然后输往全身各处。葡萄糖经肝脏时大部分变成肝糖原贮存在肝脏中，一部分分散到全身。输往全身各部的氨基酸综合起来形成禽体和卵的蛋白质。剩余的氨基酸转变成糖，以维持体温和作为能量的来源或变成脂肪贮存起来。矿物质和水由渗透压的作用进入绒毛内，主要来维持内环境的稳定，保证新陈代谢的正常进行，还有骨的钙化和卵壳形成等。家禽未消化营养物质和代谢产物称为粪和尿，分别由消化道和泌尿道排出体外。

鹅的十二指肠在消化蛋白质方面特别重要，十二指肠内的食糜中的蛋白质经水解后产生的非蛋白氮和氨基酸比胃内要多。

家禽小肠的运动与家畜相似，主要为蠕动运动和节律性分节运动，也有明显的逆蠕动。逆蠕动使内容物在肠内来回移动，保证了食糜的充分混合，往往将食物返回肌胃、腺胃和嗉囊。家禽的肠受交感神经和副交感神经控制。肾上腺素能抑制肠蠕动，乙酰胆碱则能兴奋肠蠕动。

6. 大肠的消化作用

大肠的消化过程主要发生在盲肠。盲肠的容积大，能容纳大量的粗纤维饲料。盲肠内pH为6.0～7.5，有丰富的营养物质，严格的厌氧条件，适宜微生物的生长繁殖。据测定，1 g盲肠内容物含有10亿个细菌。来自小肠的内容物部分进入盲肠，其余部分经直肠入泄殖腔。大肠黏膜分泌一种碱性液体，但量较小，大肠中的碱性环境适合小肠来的各种酶的活动，所以小肠中的酶在大肠仍可进行消化作用。食物在盲肠内存留的时间较长，6～8 h才能排出，适宜微生物进行消化作用。盲肠内的微生物能使蛋白质腐败，糖类发酵，蛋白质分解，形成各种低级脂肪酸、硫化氢等。蛋白质腐败时产生甲酚、吲哚、粪臭素等有毒物质，被吸收后在肝脏解毒。大多数粗纤维是在盲肠中消化的。鸡对小麦纤维的消化率为5.7%，当截除盲肠时则消化率下降至1.4%。盲肠内容物的含水量较粪便和直肠内容物低。截除盲肠后粪便含水量较正常高。

大肠还有吸收水分和溶于水中的营养物质的作用。

大肠的消化对食草、食菜的家禽有重要意义。

知识链接　家禽的消化道较短，饲料消化率较低，粪便中仍有许多未被消化吸收的营养物质。因此，家禽粪便经加工调制后可作为再生资源使用。

7. 吸收

家禽对营养物质的吸收主要在小肠进行。由于小肠绒毛中无中央乳糜管，脂肪及其他各种可吸收物质由黏膜上皮直接进入血液。母禽在产蛋期间，小肠吸收钙的作用增强。嗉囊、盲肠只能吸收少量的水、无机盐和挥发性脂肪酸，直肠和泄殖腔只能吸收较少的水和无机盐，腺胃、肌胃吸收的能力很差。因此，小肠结构的完整和功能的正常发挥对所有营养物质的吸收起着决定性的作用。

第四节　呼吸系统

家禽的呼吸系统由鼻腔、咽、喉、气管、鸣管、支气管、肺、气囊等组成。鸣管和气囊是家禽的特有器官。

一、家禽呼吸系统的构造特点

（一）鼻腔

鼻孔位于上喙的基部，家禽的鼻腔较窄。鸡的鼻孔有膜质性鼻瓣，其周围有小羽毛，可防止小虫、灰尘等异物进入。鸭、鹅的鼻孔有柔软的蜡膜。鼻中隔大部分为软骨，两侧鼻甲各有3个鼻甲骨，其支架为软骨。鸽的两鼻孔与上喙的基部形成发达的蜡膜，是鸽的重要特征之一。

在眼球的前方有一个三角形眶下窦，鸡的较小，鸭、鹅的较大。眶下窦有 2 个开口，1 个通鼻腔，1 个通后鼻甲腔。家禽在患呼吸道疾病(特别是鼻炎)时，眶下窦往往发生病变。

在眼眶顶壁和鼻腔侧壁有一特殊的腺体，有分泌氯化钠调节渗透压的作用，称为鼻盐腺。鸡的鼻盐腺不发达，鸭、鹅等水禽的较发达，呈半月形。鼻盐腺是在海洋上生活的禽类的重要腺体。

(二)喉

喉位于咽的底壁上，舌根的后方，与鼻后孔相对，有环状软骨和杓状软骨构成。后腔内无声带，喉口呈裂缝状，有 2 个发达的黏膜褶形成。喉软骨上有扩张和闭合喉口的肌肉分布，吞咽时喉口肌反射性地收缩，可关闭喉口，防止食物误入喉中。

(三)气管、鸣管和支气管

1. 气管

家禽的气管很长，与食管伴行，在颈的下半部偏至右侧，入胸腔前口时又转至颈腹侧。气管入胸腔后，在心基的上方分叉，形成鸣管和支气管。气管由许多软骨环构成，相邻的软骨环相互套叠，可以伸缩，以适应头部的灵活运动。

2. 鸣管

鸣管也称为后喉，是禽类特有的发音器官。鸣管以气管为支架，有几块支气管软骨和 1 块鸣骨构成。鸣骨呈楔形，位于气管分叉的顶部，鸣腔的分叉处。在鸣管的内侧壁、外侧壁有 2 对弹性薄膜，分别称为内鸣膜和外鸣膜。两鸣膜之间形成 1 对夹缝，当呼气时，空气振动鸣膜而发声(图 14-6)。

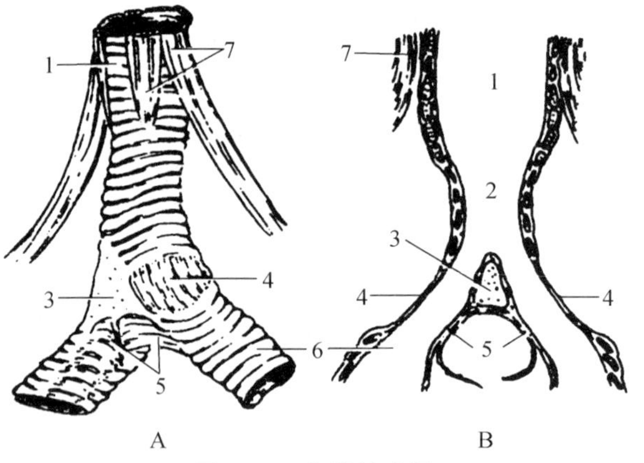

图 14-6 禽类的鸣管

A. 鸣管外形 B. 鸣管切面

1. 气管 2. 鸣腔 3. 鸣骨 4. 外鸣膜 5. 内鸣膜 6. 支气管 7. 胸骨气管肌

鸭的鸣管主要由支气管构成，公鸭的鸣管在左侧形成一个膨大的骨质性鸣管泡，无鸣膜，故发出的声音嘶哑。刚孵出的雏鸭可通过触摸鸣管，来鉴别雌雄。鸣禽的鸣管还具有一些复杂的小肌肉，能发出悦耳多变的声音。

3. 支气管

家禽的支气管经心基的背侧进入肺，以“C”形的软骨环为支架，缺口面向内侧。

（四）肺

家禽的肺较小，两肺对称地分布于胸腔背侧部，呈鲜红色，质地柔软，一般不分叶。其位于第1～6肋，背侧面嵌入肋骨间，形成肋沟。在腹侧面有肺门，是肺血管出入的门户。在肺的稍后方有膜质的膈。

支气管在肺门处进入肺后，纵贯全肺并逐步变细，称为初级支气管，其后端出肺，连接腹气囊。从初级支气管上分出背内侧、腹内侧、背内侧、腹外侧4群次级支气管，末端出肺，形成气囊。次级支气管再分出众多的袢状三级支气管，连于2群支气管之间。因此，家禽肺内的支气管分支形成互相通联的管道，而不像哺乳动物那样形成支气管树。从三级支气管分出辐射状的肺房。肺房是不规则的囊腔，上皮为单层扁平上皮，相当于家畜的肺泡囊。肺房的底部又分出若干个漏斗，漏斗的后半部形成丰富的毛细管，相当于家畜的肺泡，是气体交换的场所。一条三级支气管及其所分出的肺房、漏斗、肺毛细管构成一个肺小叶。家禽肺虽然不大，但以呼吸毛细管所形成的气体交换面积用体重来计算比哺乳动物的大得多。

（五）气囊

气囊（图14-7）是禽类所特有的器官，是初级支气管或次级支气管出肺后形成的黏膜囊，多数与含气骨相通，其容积比肺大5～7倍。大部分家禽有9个气囊，即1对颈气囊（鸡是1个），位于胸腔前部背侧；1个锁骨间气囊，位于胸前部腹侧；1对前胸气囊，位于两肺的腹侧；1对后胸气囊，位于肺腹侧后部；1对腹气囊，最大，位于腹腔内脏两旁。气囊所形成的憩室可伸入许多骨内和气管之间。

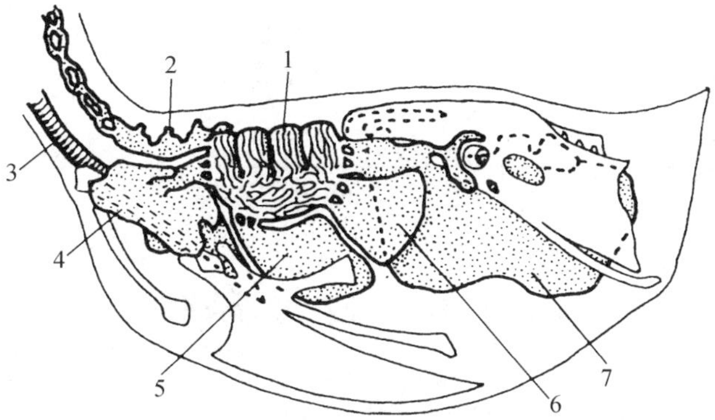

图14-7　禽类的气囊分布模式图

1. 肺　2. 颈气囊　3. 气管　4. 锁骨间气囊　5. 前胸气囊　6. 后胸气囊　7. 腹气囊

气囊具有贮存空气、参与肺的呼吸、加强气体交换、减轻体重、散发体热、调节体温、加强发音等多种生理功能。另外，水禽在潜水时，可利用气囊内贮存的气体在肺部进行气体交换。公禽的腹气囊紧贴睾丸，使睾丸能维持较低的温度，保证精子的正常生成。因气囊的存在，不论在吸气还是呼气时，肺内均可进行气体交换，以适应禽体强烈地新陈代谢的需要。

因为禽肺的各部均与气囊直接相通，当禽肺部有感染时往往比哺乳动物严重。

二、家禽的呼吸生理特点

1. 呼吸运动

家禽的膈为不发达的很薄的腱质膜，基本没有收缩功能。肺较小，嵌与肋骨之间，只能随着肋骨做相应地呼气和呼气运动。当吸气肌收缩时引起胸骨、肋骨向前下方移动，使体腔容积增大，气囊容积也随之增大，内压降低，空气经呼吸道进入肺，再进入气囊，产生吸气动作。呼气肌收缩时，胸骨和肋骨回位，体腔缩小，气囊、肺因受压容积缩小，压力增大，气体经呼吸道排出体外，产生呼气动作。故家禽的呼吸运动主要靠胸骨、肋骨的运动来完成。

2. 气体交换和运输

家禽吸入的新鲜空气，一部分到达肺毛细管，与其周围的毛细管直接进行气体交换；另一部分进入气囊。在呼吸时，气囊中的气体回返经支气管进入肺，达肺毛细管，再一次与毛细管进行气体交换。因此，家禽每呼吸 1 次，在肺内进行 2 次气体交换，使气体交换的效率提高。

3. 呼吸式

家禽正常的呼吸式为胸腹式呼吸，腹壁肌与胸壁肌协同作用共同完成呼吸动作。

4. 呼吸频率

家禽的呼吸频率变化较大，可因种别、年龄、性别、环境温度、生理状态的不同而发生变化。几种成年家禽的呼吸频率见表 14-1。

表 14-1 几种成年家禽的呼吸频率 次/min

项目	家禽种类				
	鸡	鸭	鹅	鸽	火鸡
公	12～20	41	20	25～30	28
母	30～36	110	40	25～30	49

第五节 泌尿系统

家禽的泌尿系统由肾、输尿管组成，无膀胱和尿道(图 14-8)。

一、家禽泌尿系统的构造特点

1. 肾

家禽的肾较发达，呈红褐色，为长条豆荚状，位于综荐骨两旁髂骨的内侧，前端可达最后肋骨，向后几乎达综荐骨的后端。每侧肾分前、中、后三叶。前叶略圆，中叶狭长，后叶略膨大。无肾门，血管、神经、输尿管在不同部位进出肾脏。肾无脂肪囊，有气囊形成的肾周憩室将肾与其背侧的骨隔开。肾质软而脆，剥离时易碎。

肾的实质由许多皮质小叶和髓质小叶构成。从肾的表面即可看出，表层为皮质区，含有许多肾单位；深部为髓质区，主要有集合管和髓袢构成。家禽肾单位的肾小球不发达，构造简单，

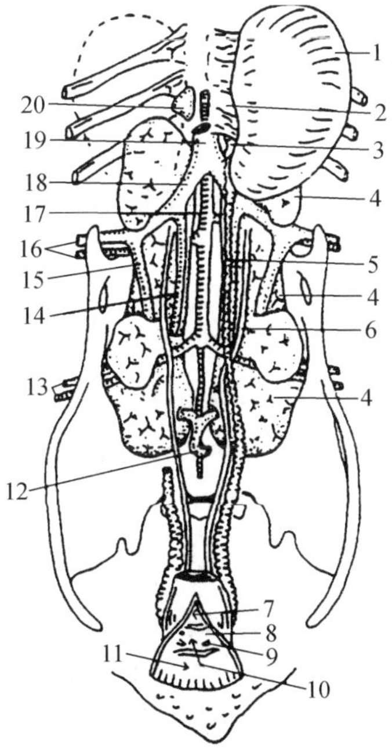

图 14-8 公鸡泌尿生殖器官(腹侧观,右侧睾丸和部分输精管切除)

1. 睾丸 2. 睾丸系膜 3. 附睾 4. 肾前、中、后部 5. 输精管 6. 输尿管 7. 泄殖腔粪道 8. 输尿管口 9. 输精管乳头 10. 泄殖道 11. 肛道 12. 肠系膜后静脉 13. 坐骨血管 14. 肾后静脉 15. 肾门静脉 16. 髂外静脉 17. 主动脉 18. 髂总静脉 19. 后腔静脉 20. 肾上腺(右)

仅有 2～3 条血管袢。集合管不断汇合,最后形成输尿管。输尿管在肾内不形成肾盂和肾盏,而是一个树状分支系统。

2. 输尿管

输尿管是输送尿液的肌质性管道,分别从肾的中部发出,沿肾的腹面向后延伸,末端开口于泄殖道顶壁的两侧。输尿管管壁薄,常因尿液中含有尿酸盐而显白色。

二、家禽泌尿系统的生理特点

家禽的新陈代谢较旺盛,皮肤中没有汗腺,代谢产生的废物,主要通过肾来排出。尿生成的过程与家畜的基本相似,但具有以下特点。

(1)原尿生成的量较少。因为家禽的肾小球不发达,滤过面积小,有效滤过压较低。

(2)肾小管的分泌和排泄功能较强,能将自身的代谢产物(如氢离子、氨)和血液中的某些药物(如青霉素)排泄到尿中。

(3)肾小管重吸收能力较强,能重吸收绝大部分的水、葡萄糖和部分氯、钠、碳酸氢盐等对机体有用的物质。

(4)蛋白质代谢的主要产物是尿酸,大部分经肾小管排泄到尿中。禽尿因含有较多的尿酸盐而呈奶油色。

(5)家禽的肾没有肾盂和膀胱,生成的尿液直接通过输尿管排泄到泄殖腔中,随粪一起形成灰白色的粪便排出体外。

第六节　生殖系统

家禽的生殖系统分雄性生殖系统和雌性生殖系统。其主要作用是产生成熟的生殖细胞和分泌性激素。

一、公禽的生殖系统

公禽的生殖系统由睾丸、附睾、输精管和交配器官组成。

(一)睾丸和附睾

1. 睾丸

公禽的睾丸是成对的实质性器官,位于腹腔内,以较短的系膜悬吊在肾前叶的腹面,周围与胸腹气囊相接触。幼禽的睾丸很小,如小公鸡的只有米粒大,呈黄色。成年公禽的睾丸明显增大,在性成熟后特别是繁殖季节睾丸体积最大,如鸽蛋大小,呈黄白色或白色。睾丸的体表投影位置是最后 2 个肋骨的上部。睾丸外面包有薄的白膜,间质不发达,小梁也很少,不形成睾丸小叶和睾丸纵隔,但有丰富的曲精小管和直精小管。睾丸增大主要是由于曲精小管的增长和变粗,以及间质细胞增多。曲精小管产生精子,直精小管能分泌精清,精子与精清一起形成精液。家禽的精液是白色的不透明的液体,呈弱碱性,pH 为 7.0～7.6,每次的射精量是 0.1～1 mL,但精子浓度较高。

公鸡在 12 周龄开始生成精子,但直到 22～26 周龄才产生受精率较高的精液。精液的质量可受年龄、机体状态、营养、交配次数、环境、气温、光照、内分泌等因素影响。在正常情况下,1～2 岁的公禽精液的质量最佳。公鸡每天可以交配 30～40 次,但受精率随着射精次数增加而降低。

2. 附睾

公禽的附睾不发达,附着于睾丸的背内侧缘,又称为睾丸旁导管系统,有贮存、浓缩、运输精子,分泌精清等功能。睾丸和附睾与较大的血管相邻,再进行阉割手术时,要特别注意。

(二)输精管

输精管是 1 对细而弯曲的管道,与输尿管并行,其终端变直,然后略扩大成纺锤形,进入泄殖腔内,其末端形成射精管,呈乳头状突入泄殖道中。输精管在繁殖季节加长增粗,因贮存精子而呈白色。输精管有分泌精清、贮存精子、运输精液的功能。公禽没有哺乳动物的副性腺,精清主要是由曲精小管的支持细胞以及输出管、附睾管和输精管的上皮细胞所分泌。

(三)交配器官

公鸡的交配器官不发达,位于泄殖腔肛道的底部。其主要是 1 对射精管乳头外,还包括生殖突和淋巴褶。生殖突是 3 个并列的小突起,称为阴茎体,位于肛门腹唇的两侧。刚孵出的小鸡的阴茎体明显,可以以此来鉴别雌雄。鸭、鹅有发达的阴茎,长 6～9 cm,阴茎表面有螺旋状的精沟,平时位于肛道壁的囊中,交配时勃起伸出,交配精沟封闭成管,将精液输送到母禽泄殖道内。

二、母禽的生殖系统

母禽的生殖系统器官仅由左侧卵巢和左侧输卵管构成，右侧在个体发育的过程中停止发育并逐渐退化(图 14-9)。

(一)卵巢

卵巢位于左侧的前下方，以短的系膜悬挂在左肾前叶的腹侧及肾上腺的腹侧。卵巢的体积和外形随年龄的增长和功能状态而有较大变化。幼禽的较小，呈扁平的椭圆形，灰白色或白色，表面略呈颗粒状。随着母禽年龄的增长和性活动期的出现，卵泡逐渐成熟，并贮积大量卵黄。在产卵期，卵巢经常保持 4～5 个较大的卵泡。排卵时，卵泡膜在薄而无血管的卵泡斑处破裂，将卵子排出。卵泡没有卵泡腔和卵泡液，排出后不形成黄体。在非繁殖季、孵化季节及换羽期，卵泡停止排卵和成熟，卵巢萎缩；到下一个产卵期卵泡再开始生长。

禽类的卵泡在发育过程中也发生大量退化和闭锁的现象。较大的卵泡在萎缩时细胞膜和卵泡膜破裂，卵黄外溢到卵巢基部被吸收。当左侧的卵巢功能衰退和丧失时，右侧未发育的生殖腺有时可能重新发育成睾丸、附睾体或卵巢，前两者即发生性逆转现象。

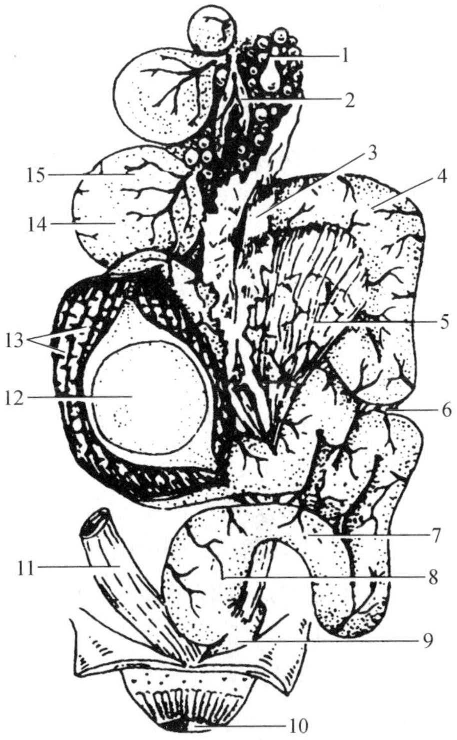

图 14-9　母鸡的生殖器官

1. 卵巢　2. 排卵后的卵泡膜　3. 漏斗部　4. 膨大部　5. 输卵管腹韧带　6. 输卵管背韧带　7. 峡部　8. 子宫　9. 阴道　10. 肛门　11. 直肠　12. 膨大部内的卵泡　13. 输卵管黏膜褶　14. 卵泡斑　15. 成熟卵泡

(二)输卵管

家禽左侧输卵管发达，是 1 条长弯曲的管道，以输卵管背侧韧带悬挂在腹腔背侧偏左。幼禽较细而直。成禽在停止产卵期间也萎缩。在产蛋期，输卵管长达 60～70 cm，为体长的 1 倍。在孵卵期缩至 30 cm，在换羽期缩至 18 cm。根据输卵管的构造和功能的不同可将输卵管按顺序分为漏斗部、膨大部(蛋白分泌部)、峡部、子宫和阴道 5 部分。

(1)漏斗部。位于卵巢的后方，是输卵管的前端扩展而成，其边缘有游离的黏膜褶，称为输卵管伞部，中央有输卵管的腹腔口。漏斗部有摄取卵子的作用，也是受精的场所。

(2)膨大部。长而弯曲，管腔大，管壁厚，黏膜形成螺旋形的纵襞，在繁殖期呈乳白色，有分泌蛋白的作用。

(3)峡部。短而窄，位于蛋白分泌部与子宫之间，管壁薄。黏膜内有腺体，能分泌角质蛋白，形成卵壳膜。

(4)子宫。子宫扩大成囊状，壁较厚，常呈扩张状态，灰色或红色。黏膜内有壳腺，能分泌钙质、角质和色素，形成蛋壳。

(5)阴道。阴道是输卵管的末端，形状呈“S”状弯曲，开口于泄殖道的左侧，是母禽的交配器官。阴道的黏膜呈白色，形成细而低的褶，在与子宫相连的一段含有管状的子宫腺，称为精小窝，能贮存精子。黏膜内有腺体，分泌物在卵壳表面形成一薄层致密的角质膜。

（三）母禽的生殖生理

1. 母禽的生殖生理特点

家禽是以体内受精和卵生方式进行繁殖的。禽类的生殖器官的特点可以看作是对卵生方式的适应，主要表现在：没有发情周期，胚胎不在母体内发育，而是在体外孵化；没有妊娠过程；在 1 个产蛋周期中，能连续产卵；卵泡排卵后，不形成黄体；卵内含有大量的卵黄，卵的外面包有坚硬的壳。

2. 蛋的形成和产蛋

母禽性成熟后卵巢就周期性排卵。排出的卵细胞进入输卵管的伞部，在伞部卵子与精子相遇并受精。受精时有多个精子穿过卵细胞的初级和次级卵膜进入卵细胞的内部，其中 1 个与卵细胞的核结合，受精卵借输卵管周期性的收缩逐渐向泄殖腔的方向移动，顺次经过漏斗部、膨大部、峡部、子宫和阴道。蛋的形成是卵巢和输卵管各部共同作用的结果。蛋黄是由肝脏合成，经血液循环运输到卵巢，在卵泡中逐渐蓄积形成，其主要成分是卵黄蛋白和磷脂。

在漏斗部，卵子停留 15～25 min，并在此受精；在膨大部，卵子在旋转中向后移动，约经 3 h 在蛋黄的表面形成系带、内浓蛋白层、内稀蛋白层、外浓蛋白层和外稀蛋白层；在峡部，形成柔韧的卵壳膜；在子宫，软蛋在子宫肌层的作用下旋转，经 20 h 左右，使卵壳膜表面均匀地沉积钙质、角质和特有的色素，经硬化形成蛋壳；在阴道，蛋壳的外表面又覆着一薄层致密的角质膜，有防止蛋水分蒸发、润滑阴道、阻止微生物侵入等作用。

蛋完全形成后，在输卵管的强烈收缩作用下很快产出。家禽产蛋大多数是连续性的，连续数天产蛋后，停产 1～2 d，然后又连续产蛋数天，如此循环，称为产蛋周期。

光线对产蛋有一定的影响，它的主要作用是刺激垂体分泌激素，转而刺激卵巢。集约化养鸡时，应制订合理的光照程序。制订光照程序的原则是：育雏育成期光照时间只能缩短或保持恒定，而产蛋鸡光照时间逐渐增加或保持恒定而且不能超过 17 h。

3. 就巢性

就巢俗称抱窝，是指母禽特有的性行为，表现为愿意坐窝、孵卵和育雏。抱窝期间母禽食欲减退，体温升高，羽毛蓬松，发出“咯咯”声，很少离卵运动寻觅食物。就巢期间停止产蛋。就巢性受激素的调控，是由于催乳素引起的，注射雌激素可使其停止。

附：蛋的结构

蛋由蛋壳、蛋白和蛋黄 3 部分组成。

（1）蛋壳。最外面的硬壳，主要成分是碳酸钙。在蛋壳的内侧是蛋壳膜，分为内、外 2 层，外层称为蛋外壳膜，厚而粗糙；内层称为蛋内壳膜，薄而致密。在蛋的钝端形成气室。蛋壳上密布小的气孔，在胚胎发育过程中可进行水分和气体的代谢。

（2）蛋白。位于蛋壳内蛋黄外，靠近蛋黄周围的是浓蛋白，接近蛋壳为稀蛋白。蛋黄两端形成白色螺旋形的系带，有固定蛋黄的作用。

（3）蛋黄。呈黄色的形状，也就是家禽的卵细胞。位于蛋的中央，由薄而透明的蛋黄膜包裹。在蛋黄上面有一白色圆点，受精蛋称为胚盘，结构致密；未受精蛋称为胚珠，结构松散。

第七节　心血管系统

心血管系统由心脏、血管和血液构成。

一、心脏

心脏为圆锥形的肌质性器官，比例较大(鸡的心脏相当于体重的4%～8%，大动物和人仅为1.5%～1.7%)，位于胸腔前下部的心包内。上部为心基，朝向前上方，与第1肋骨相对；下部为心尖，位于肝两叶之间的前部。家禽的心脏也有2个心房和2个心室，结构与哺乳动物相似。但家禽的左房室口是一偏后的肌肉瓣，而不是三尖瓣。

心脏的传导系统除窦房结、房室结、房室束干和左右脚外，房室束还发出返支，环绕主动脉口中，与房室结绕过右房室口的分支相连，形成右房室环。另外，家禽的房室束及其分支无结缔组织包裹，兴奋易扩布到心肌，这与家禽的心跳频率较高有关。

二、血管

(一)动脉

家禽的主动脉弓偏右，由右心室发出肺动脉干，分出左、右2支肺动脉，分别进入左、右两肺。由左心室发出主动脉，先形成右主动脉弓，主干延续为降主动脉。主动脉弓分支为左、右臂头动脉。每一臂头动脉又分出左、右颈总动脉和左、右锁骨下动脉。左、右颈总动脉分布到头颈部，左、右锁骨下动脉延续为翼部动脉。降主动脉沿体腔背侧正中后行，分出壁支和脏支。壁支有肋间动脉、腰动脉和荐动脉；脏支有腹腔动脉、肠系膜前动脉、肠系膜后动脉和肾前动脉。降主动脉在分出壁支和脏支后继续后行，在肾前部与肾中部的交界处分出1对髂外动脉到后肢；在肾中部与肾后部的交界处又分出1对较粗的坐骨动脉到后肢。坐骨动脉又发出到肾中部的肾中动脉、肾后部的肾后动脉、到肾前部及睾丸肾前动脉。降主动脉在最后分出1对细的髂内动脉后，延续为尾动脉。髂内动脉分布到泄殖腔、腔上囊等处。

(二)静脉

全身的静脉汇集形成2条前腔静脉和1条后腔静脉，开口于右心房的静脉窦(鸡的左前腔静脉直接开口于右心房)。前腔静脉是由同侧的颈静脉、锁骨下静脉汇集形成。两侧颈静脉在颅底有颈静脉间吻合，称为桥静脉(口腔内致死放血的位置)。翼部尺深静脉是前肢的最大静脉，在皮下可清楚地看到其走向，是家禽采血和静脉注射的部位。后腔静脉是由左、右髂总静脉汇合形成。肝门静脉有左、右2支，右肝门静脉较粗，主要收集胃、肠、胰、脾的血液流入肝右叶。左肝门静脉较细，主要收集胃的部分血液汇入肝左叶。

三、血液

与哺乳动物一样，家禽的血液具有多种多样的功能，而血液各种成分的质量和数量是完成这些功能的物质基础。血液成分的改变必然会影响血液的功能，致使体内的新陈代谢发生障碍。同时，体内各器官的功能状况也可以通过血液成分反映出来。因此，禽病在临床上常可借助血液成分的检查帮助诊断。

(一)血液的组成

家禽的血液由悬浮在液体内的有形成分和液体部分的血浆组成。加抗凝剂的全血静止一段时间,就可以看出血液分为 2 层,上层约占 2/3 的黄色透明的液体是血浆,下层约占 1/3 的红色沉淀物是红细胞,两层之间可见薄薄一层白色物质,是白细胞。如果对流出的血液不给予药物或任何处理,放些时间就凝固成胶冻样,并出现一层浅黄色清液,此为血清。血液的有形成分中,有红细胞、白细胞、凝血细胞 3 种血细胞,其中红细胞占绝大多数。

(二)血液的化学组成

血液中水分约占 80%,其他是干物质,约占 20%。干物质中有蛋白质,包括清蛋白、球蛋白和纤维蛋白原。红细胞中有:血红蛋白;不含氮的有机物质如葡萄糖;非蛋白质的含氮物质如尿酸、尿素、氨基酸等;无机盐如钾、钠、钙、磷等;气体如 O_2、CO_2。以上成分在全血和血浆中的含量是比较恒定的,临床上可以通过测定这些物质的含量,进行诊断和预后。如家禽骨软化症时必然伴随血钙和血磷的变化。

(三)血液的液体成分

鸡的血浆占全血的 64%～69%。血浆含有 90%以上的水分,其余是干物质。干物质包括糖、蛋白质、脂肪、盐类等。血浆蛋白包括清蛋白、球蛋白和纤维蛋白原 3 种。清蛋白和球蛋白是维持血浆渗透压的主要成分,调节血液和组织之间水分平衡,并有缓冲作用。球蛋白又是抗体成分。纤维蛋白原与凝血有关。血浆中含有钠、钾、钙、磷等重要元素,在产蛋时,由于产蛋的需要,血浆中的钙、磷含量都有增加,所以在产蛋时应注意补给。

(四)血液的有形成分

1. 红细胞与血红蛋白

家禽的红细胞有细胞核,呈卵圆形,有不规则的深染色质,细胞质呈橙红色。体积较家畜的大,数量比家畜的少。家禽红细胞的大小与种别有关,种别较大的个体红细胞也大。鸡的红细胞纵长(直径)为 12.2 μm,横长(直径)为 7.3 μm;鸭的红细胞纵长(直径)12.8 μm。横长(直径)为 6.6 μm。红细胞与血红蛋白的数值公禽一般高于母禽,在性成熟时更为显著。

影响红细胞和血红蛋白的因素有很多。阉割的公鸡红细胞比正常的少,但经雄激素处理后,红细胞的数值就接近正常的公鸡。切除甲状腺能使公禽红细胞下降。红细胞与血红蛋白随季节而有差异,以夏末秋初为最低,冬季最高。一天之中午夜最高,白昼较低。饥饿会使红细胞数增加。日粮中铁、铜不足可造成贫血。长期或过量使用氯霉素会引起再生障碍性贫血。

红细胞中的血红蛋白有与 O_2 和 CO_2 结合的能力,所以它能运输气体。衰老的红细胞崩解,新生的红细胞补充,保证了红细胞的正常功能。一些因素造成红细胞被破坏,血红蛋白游离到血浆里,则称为溶血。这些因素包括渗透压的改变,胆盐、溶血性细菌和异种动物血清等。

2. 白细胞

白细胞有嗜酸性粒细胞、嗜碱性粒细胞、异嗜性粒细胞、淋巴细胞、单核细胞。家禽的细胞数量比家畜的多。

(1)嗜酸性粒细胞。圆形,直径为 7～11 μm,是家禽血液中的真正嗜酸性染料的细胞群。

细胞质为淡蓝灰色，嗜酸性颗粒大而呈球形且大小几乎相同，散布均匀，染成深红色。细胞核常分为两叶，核染色质较异嗜性粒细胞更多地带蓝色色调。

(2)嗜碱性粒细胞。细胞质丰富，并含有大而染色很深的紫色颗粒。细胞核为圆形、卵圆形或分叶，染色较浅。血液中含量较少，仅约占白细胞的1%。

(3)异嗜性粒细胞(假嗜酸性粒细胞)。细胞呈圆形，直径10～15 μm。细胞质淡染，其中有许多嗜酸性的杆状或纺锤形结晶颗粒(鸭为不正圆形，鹅的为大米粒样)，这种颗粒被染成浅红色。细胞核呈多形性，通常为2～5个分叶，叶间的连接带较明显。按细胞核的分叶不同，划分为幼稚型异嗜性粒细胞、杆核型异嗜性粒细胞和分叶型异嗜性粒细胞。

(4)淋巴细胞。有大、中、小三种淋巴细胞，其中以小淋巴细胞较多。细胞质微嗜碱性呈淡蓝色。细胞核圆形或一侧凹陷，常偏左，在核凹陷的一侧有时可见到一些不定型的天蓝色颗粒。

(5)单核细胞。一般地，单核细胞是一种较大的细胞，且比大淋巴细胞具有较多的细胞质。在鸡血液中，单核细胞有时不易与大淋巴细胞相区别，因为它们存在着互相过渡的形式。细胞质为蓝灰色。细胞核形态不规则，核染色质结构均匀为细丝状，而不是呈块状。

第八节 免疫系统

免疫系统由免疫器官、免疫组织、免疫细胞组成，其功能同样包括免疫防御、免疫稳定、免疫监视3个方面。

一、免疫器官

(一)胸腺

家禽胸腺位于颈部皮下气管的两侧，沿颈静脉直到胸腔入口的甲状腺处，呈淡黄色或黄色。每侧有5叶(鸭、鹅5叶)或7叶(鸡7叶)呈一长链。幼禽发达，在接近性成熟时最大，以后随着年龄的增长逐渐退化，成年鸡只留下痕迹。其组织结构与哺乳动物相似，每个小叶分皮质部和髓质部，但胸腺小体不典型。主要功能是产生T细胞，T细胞产生后转移到脾脏、盲肠扁桃体和其他淋巴组织中，在特定的区域定居、繁殖，参与机体的细胞免疫。一些病毒性疾病感染时可能出现出血现象。

(二)法氏囊

法氏囊又称为腔上囊，是家禽所特有的免疫器官，位于泄殖腔背侧，开口于肛道。鸡的法氏囊呈圆形，鸭、鹅的为长椭圆形。鸡的法氏囊在4～5月龄最发达，性成熟后开始退化，至10月龄基本消失。鸭、鹅在3～4月龄最发达，1年左右消失。法氏囊的主要功能是产生B淋巴细胞。B淋巴细胞产生后随血流转移到脾脏等周围淋巴器官及淋巴组织中，在抗原的刺激下转变成浆细胞，产生抗体，参与机体的体液免疫。

法氏囊的组织结构分为黏膜层、黏膜下层、肌层和浆膜。黏膜层形成纵褶，鸡12～14条，鸭2～3条，表面被覆假复层柱状纤毛上皮，固有层内有大量排列密集的淋巴小结。肌层由内纵层和外环层组成。

(三)脾脏

脾脏位于腺胃的右侧,呈红褐色。鸡的脾呈球形,鸭、鹅的脾呈钝角三角形。外包有薄的结缔膜,结缔组织支架不发达,红髓与白髓的界线不清。脾脏除具有免疫功能外,还有制造和贮存血液的功能。

(四)淋巴结

家禽淋巴结不发达。鸡无淋巴结,主要在腹腔内脏淋巴管沿途被淋巴丛代替。水禽有2对淋巴结,1对是颈胸淋巴结,呈纺锤形,紧贴颈静脉;另1对是腰淋巴结,呈长形,位于腰部主动脉的两侧,肾中部背内侧缘。淋巴结的特点是中央贯穿有中央窦;淋巴小结分散于淋巴结内,小结之间是淋巴索和淋巴窦。淋巴结的主要作用是产生淋巴细胞,吞噬进入淋巴结内的细菌和异物,参与免疫活动。

(五)哈德腺

哈德腺也称为瞬膜腺,较发达,呈淡红色,位于第三眼睑(瞬膜)的深部,为复管泡状腺。腺体内含有许多淋巴组织和大量的淋巴细胞,参与机体的免疫。

知识链接 用滴鼻和点眼的方法给家禽免疫接种弱毒疫苗时,在抗原刺激下,哈德腺和结膜下弥散淋巴组织产生免疫应答,分泌的特异性抗体通过泪液进入呼吸道黏膜,成为上呼吸道的抗体来源之一。

二、免疫组织

家禽的免疫组织(淋巴组织)广泛地分散于消化管及其他实质性器官内,有的呈弥散状,有的呈小结节状。在盲肠基部和食管末端的淋巴集结又称为盲肠扁桃体、食管扁桃体。

三、免疫细胞

家禽的免疫细胞包括淋巴细胞、单核巨噬细胞和抗原呈递细胞等。

第九节 内分泌系统

家禽的内分泌系统由甲状腺、甲状旁腺、脑垂体、肾上腺、腮后腺、松果腺内分泌器官和分散于胰腺、卵巢、睾丸等的内分泌细胞构成。

一、甲状腺

甲状腺为1对,是椭圆形、暗红色的小体,位于胸腔前口处气管两侧紧靠颈总动脉和颈静脉,大小可因品种、年龄、季节、饲料中的含碘量而发生变化,一般都为黄豆粒大小。甲状腺的主要功能是分泌甲状腺激素。

二、甲状旁腺

甲状旁腺呈黄色或淡褐色,很小,位于甲状腺后端,有2对(有的鸡有3对),常融合成1个腺团,其中有1对位于腮后腺内。甲状旁腺的主要功能是分泌甲状旁腺激素。

三、脑垂体

脑垂体位于丘脑下部，呈扁平长卵圆形，以垂体柄与间脑相连，分为垂体前叶和垂体后叶。脑垂体能分泌多种激素，对机体的生长发育及新陈代谢起着重要的调节作用。

四、肾上腺

肾上腺左右各一，位于肾前端中，呈卵圆形、锥形或不规则形，黄色、橘黄色或淡褐色。肾上腺分皮质和髓质，皮质主要分泌糖皮质激素、盐皮质激素；髓质主要分泌肾上腺素和去甲肾上腺素。其作用与家畜的激素相似。

五、腮后腺

腮后腺也称为腮后体，成对，位于甲状腺和甲状旁腺的后方，呈球形，淡红色。腮后腺能分泌降钙素，参与调节体内钙的代谢。母禽在产蛋期间降钙素分泌减少，血钙增加。

六、胰岛

胰岛是分散在胰腺中的内细胞群，有分泌胰岛素和胰高血糖素的作用。胰岛素能降低血糖浓度；胰高血糖素能升高血糖浓度，两者协调作用，调节家禽体内糖的代谢，维持血糖的平衡。

七、性腺

公禽睾丸的间质细胞分泌雄性激素。雄性激素能促进公禽生殖器官生长发育；促进精子发育和成熟；促进公禽第二性征出现和活动。

母禽卵巢间质细胞和卵泡外腺细胞能分泌雌性激素和孕激素。雌性激素可促进输卵管发育，促进第二性征出现；孕激素能促进母禽排卵。

第十节　神经系统

一、神经系统

家禽的神经系统由中枢神经和外周神经组成，与家畜有不同的特点。

（一）中枢神经

家禽的脊髓细而长，纵贯管全长，后端不形成马尾。颈胸部和腰荐部形成颈膨大和腰膨大，是翼和腿的低级运动中枢所在地。家禽的脑较小，呈桃形，脑桥不明显，延髓不发达。大脑半球前部较窄，后部较宽，皮质层较薄，表面光滑，不形成脑沟和脑回。小脑蚓部发达。中脑顶盖形成 1 对发达的中脑丘，相当于家畜中脑的前丘；还有 1 对半环状枕，相当于家畜中后丘。间脑也分上丘脑、丘脑和下丘脑。嗅神经不发达，嗅球较小，故家禽的嗅觉不发达。

(二)外周神经

1. 脊神经

脊神经由脊髓发出,鸡有 40 对。由颈膨大发出的神经根,形成臂神经丛。从臂神经丛发出桡神经,支配翼部伸肌和皮肤;发出正中神经,支配翼腹侧部的肌肉和皮肤。由腰荐部膨大发出的神经根,形成腰荐神经丛。从腰荐神经丛分出家禽最大的坐骨神经,穿过坐骨孔,后肢的内侧,支配后肢。

2. 脑神经

脑神经有 12 对,与家畜相似。

二、感觉器官

(一)视觉器官

家禽的视觉发达,眼睛较大,位于头部两侧,由眼球和眼球的辅助器官构成。眼球呈扁平形,相对比例较大,能通过头、颈的灵活运动弥补眼球运动范围小的不足。瞬膜(第三眼睑)发达,是半透明的薄膜,能将眼球完全盖住,有利于水禽的潜水和飞翔。有瞬膜腺,又称为哈德腺,能分泌黏液性分泌物,有清洁、湿润角膜作用。哈德腺还是禽体的淋巴器官,正因如此,滴眼可以作为紧急接种的重要方式。

(二)位听觉器官

家禽无耳郭,有短的外耳道。外耳孔呈卵圆形,周围有褶,被小的羽毛覆盖,可减弱啼叫时剧烈振动对脑的影响,还能防止小昆虫、污物的入侵。中耳只有 1 块听小骨,称为耳柱骨,中耳腔内有通颅骨内气腔的小孔。内耳由骨迷路和膜迷路构成,半规管较发达,耳蜗不形成螺旋状,是略弯曲的短管。

第十一节 体 温

一、家禽的体温

家禽的体温比家畜高得多,正常的成年家禽直肠温度:鸡 39.6~43.6 ℃,鸭 41.0~42.5 ℃,鹅 40.0~41.3 ℃,鸽 41.3~42.2 ℃,火鸡 41.0~41.2 ℃。雏禽刚出壳时,体温较低,在 30 ℃以下。体温随着雏禽的生长发育逐渐升高,至 2~3 周龄可达成年家禽水平。成年鸡的体温有昼夜规律,下午 5:00 时体温最高,可达 41~44 ℃,午夜最低,为 40.5 ℃。

成年鸡的等热范围是 16~26 ℃。在通常的情况下,家禽对体温升高有较强的耐受性,致死体温可高达 46~47 ℃。家禽的正常体温受气候、光照、禽体的活动和内分泌等因素的影响。如在白天,气温高,光照强,禽体活动频繁,体温维持在高限范围内。

二、家禽体温调节的特点

在家禽的喙部、胸腹部有温度感受器,丘脑下部有体温调节中枢。家禽没有汗腺,体表又被覆羽毛,散热能力差。当外界温度过高时,会出现翅膀下垂、站立、热喘息、咽喉颤动等异常表现,以加强散热,减少产热。当外界温度过低时,家禽出现单腿站立、坐伏、头藏于翅膀下、相互拥挤、争相下钻、肌肉寒战、羽毛蓬松等表现，以减少散热，加强产热。

知识链接　幼禽体温调节功能不健全，体温调节能力较差。例如：刚出壳的雏鸡绒毛未干时，体温不足30 ℃，直到第2～3周时方能达到正常体温范围。因此，育雏工作中应特别注意人工控温。

专项实训

一、禽体表特征的识别

[实训目标] 能在活体或标本上识别出鸡、鸭、鹅的主要部位名称、重要的骨性和肌性标志以及主要的皮肤衍生物。

[材料设备] 家禽的体表名称挂图，鸡、鸭(鹅)的活体或鸡、鸭(鹅)的模型、标本等。

[方法步骤] 先在挂图、标本或模型上进行识别，然后在禽体上识别主要器官的形态、位置，并达到能熟练掌握。

(1)识别鸡、鸭的头部、颈部、嗉囊、胸背部、腰腹部、泄殖孔、裸区等主要体表部位。

(2)识别鸡、鸭(鹅)前肢(翼部)、后肢(腿部)各骨和关节，胸骨、尾综骨、胸大肌、腿肌、翼下尺静脉等主要器官的所在部位。识别耻骨间距、趾骨间距。

(3)识别鸡、鸭(鹅)的皮肤衍生物，包括各种羽毛、喙、尾脂腺、鸡冠、肉髯、耳叶、距、趾、爪、鸭蹼、鳞片等。

[技能考核] 在禽体上(鸡或鸭)识别出上述结构。

二、家禽解剖技术及家禽主要器官的识别

[实训目标] 掌握鸡、鸭(鹅)等家禽的解剖方法，识别家禽主要器官的形态、位置和构造。

[材料设备] 活鸡(或鸭、鹅)、解剖器械。

[方法步骤]

1. 家禽解剖技术

(1)将家禽致死(可从静脉放血或用铁钉插入枕骨大孔，捣毁延髓等)，如不拔毛，用水将颈部、胸部、腹部的羽毛浸湿，以免羽毛飞扬。也可以用热水浸烫，拔净羽毛，冲洗干净，使其仰卧于解剖台上。

(2)用力掰开两腿，使髋关节脱臼。这样禽体比较平稳，便于解剖。

(3)在喙的腹侧开始，沿颈部、胸部、腹部到泄殖孔，剪开皮肤，并向两侧剥离到两前肢、后肢与躯干相连处。

(4)在胸骨与泄殖腔之间剪开腹壁。在头部剪开一侧口咽，到食管的前端，暴露出口咽，将细塑料管或玻璃管插入喉或气管，慢慢吹气，观察气囊，可见中空壁薄的腹气囊等。

(5)从胸骨后缘两侧肋骨中部，剪开到锁骨，剪断心脏、肝脏与胸骨相连接的结缔组织，把胸骨翻向前方(此项操作注意勿伤及气囊)，再将细塑料管或细玻璃管插入咽或气管，慢慢吹气，观察其他的气囊，如颈气囊、锁骨间气囊、前胸气囊、后胸气囊等。

(6)剪除胸骨，观察体腔内各器官的形态、位置。

2. 家禽主要器官的识别

依次摘取内脏器官进行观察，主要观察消化器官、呼吸器官、泌尿器官、生殖器官，以及心

脏、脾、腔上囊和坐骨神经等。

[技能考核] 按照解剖步骤进行鸡或鸭的解剖；在禽体上（鸡或鸭）识别消化器官、呼吸器官、泌尿器官、生殖器官。

三、鸡的采血

[实训目标] 通过实训，掌握鸡的采血部位、采血方法。

[材料设备] 活鸡、酒精棉球、止血棉球、针头、注射器等。

[方法步骤]

1. 翼下静脉采血

将鸡保定好，用酒精棉球消毒翅膀内侧的采血部位，酒精干燥后用针头刺破翼下静脉，待血液流出后吸取。也可用细的针头刺入静脉内，让血液自由流入瓶内。采血后，用干棉球压迫采血部位进行止血。

2. 鸡冠采血

将鸡只保定好，用酒精棉球消毒鸡冠，待酒精干燥后，在消毒部位用针头刺破鸡冠，待血液流出后采取。采血后用干燥棉球进行压迫止血。

3. 心脏采血

将鸡右侧卧保定，用手触摸胸部心搏动最明显处，用酒精棉球消毒，待酒精干燥后，用注射器在胸骨嵴前端至背部下凹处连接线的 1/2 点进针，针头与皮肤垂直，刺入 0.67 cm 即可采到心脏血液。再用酒精棉球消毒进针部位。

[技能考核] 选取上述采血方法中的一种，在鸡体上进行采血。

复习思考题

1. 家禽的骨骼与家畜有何不同点？
2. 家禽的消化器官有哪些？说明鸡嗉囊、胃、肠的形态、位置、作用。
3. 家禽的呼吸器官有哪些？为什么较小的肺能适应较强的新陈代谢？家禽为什么容易患呼吸道疾病？
4. 结合蛋的形成，说明输卵管各部的形态和生理功能。
5. 家禽的免疫器官有哪些？
6. 家禽是如何调节体温的？

禽类生殖系统结构与功能特征

第十五章
经济动物解剖生理特征

【学习目标】

- 了解经济动物骨骼、肌肉与被皮的特点。
- 掌握经济动物的消化和生殖生理特征。
- 了解经济动物的正常生理值和生活习性。
- 能识别各种动物内脏器官的形态、位置和结构。

【素质目标】

- 树立辩证唯物主义世界观。
- 注重理论联系实际，培养科学严谨的学习态度和精益求精的工匠精神。
- 厚植“大国三农”情怀，以强农兴农为己任。

【学习建议】

经济动物是指除传统的家畜、家禽（即马、牛、羊、猪、鸡、鸭、鹅）和鱼类以外，那些正在驯化、半驯化或驯化历史不长的珍贵毛皮用、药用、肉用和观赏、伴侣动物。经济动物的基本构造和生理功能与家畜、家禽大致相同，但也存在很多独特之处。本章仅介绍经济动物的解剖生理特征，着重讲述内脏解剖生理特征。由于各地区经济动物养殖情况不尽相同，需要有针对性地进行学习。

第一节　鹿解剖生理特征

鹿属反刍动物，现已驯养的茸用鹿有梅花鹿、马鹿、水鹿、海南坡鹿和白唇鹿等。鹿的体形特征为耳大直立，颈细长，尾短，四肢长，后肢肌肉发达，蹬力大，善弹跳，公鹿有角，母鹿无角等。鹿胆怯易惊，警惕性高，常一呼共鸣立即奔逃，行动敏捷，喜群居，怕热耐寒。

一、鹿的骨骼、肌肉与被皮

(一)骨骼

鹿的全身骨骼分为躯干骨、头骨、四肢骨(图 15-1)。

1. 躯干骨

颈椎 7 块,胸椎 13 块,腰椎 6 块,荐椎 4 块,尾椎 9 块。肋 13 对,前 8 对为真肋,后 5 对为假肋。胸骨由 7 块骨片构成。

2. 头骨

头骨有颅骨和面骨组成。鹿额骨发达,额骨上有角突,由此生产鹿茸。额骨内无额窦。上颌骨是面骨中最大的一块,内有发达的上颌窦。

3. 四肢骨

鹿的四肢骨发达,比牛细长,肌腱也发达,因此奔跑迅速,弹跳力强。第 3、4 掌骨愈合在一起构成一块长骨,称为"炮骨"。驯鹿蹄大而圆,蹄周生有许多特殊的刚毛,这些刚毛虽细,但硬度、弹力极强,在蹄周围形成毛刷,在雪地、沼泽地行走时能触及地面,增加了蹄的着地面积,减轻单位面积的负重。

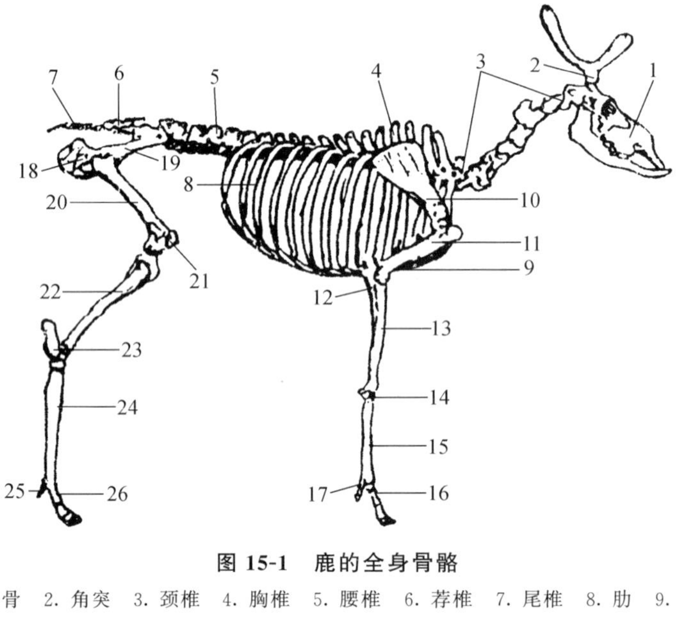

图 15-1 鹿的全身骨骼

1. 头骨 2. 角突 3. 颈椎 4. 胸椎 5. 腰椎 6. 荐椎 7. 尾椎 8. 肋 9. 胸骨 10. 肩胛骨 11. 肱骨 12. 尺骨 13. 桡骨 14. 腕骨 15. 掌骨 16、17. 指骨 18. 坐骨 19. 髂骨 20. 股骨 21. 髌骨 22. 小腿骨 23. 跗骨 24. 跖骨 25,26. 趾骨

(二)肌肉

与牛相似。

(三)鹿角

公鹿有角,母鹿没有角。角位于头部的额骨和顶骨边缘上的骨突出部。从未骨化的鹿角

纵断面观察，角质致密，角内无腔洞。鹿角周期性脱落，一般每年脱落 1 次。角的叉数随着年龄的增长而增多。未骨化的鹿角称为鹿茸，柔软，被覆皮肤和被毛，富含血管。角逐渐骨化后，皮肤剥落。

二、消化系统

(一)口腔

鹿的下唇比较短小，上唇与鼻孔间有暗褐色光滑湿润的鼻唇镜。唇部灵活，采食动作很快。颊黏膜呈淡红色或暗褐色，口角附近有许多倒刺状的锥状乳头。软腭较长，咽峡很小。舌狭长，舌体背面有明显的舌圆枕，常带有色素。上颌无切齿，下颌每侧各有 4 个切齿。犬齿多位于上颌齿槽间缘的前部，公鹿较发达，母鹿仅露出齿龈。下颌无犬齿。

(二)咽

咽较宽短，与其相通的鼻后孔较小，食管口较大。

(三)食管

食管在颈前部位于气管背侧，到颈后部，稍下垂于气管左侧，向后通过膈的食管裂孔入腹腔，连于胃的贲门。

(四)胃

鹿胃属于多室混合胃，共有 4 个室，即瘤胃、网胃、瓣胃和皱胃。各室之间依次经瘤网口、网瓣口、瓣皱口相连通。前 3 个胃为无腺胃，而皱胃黏膜含有消化腺，为腺胃。

(1)瘤胃。体积庞大，占据整个腹腔的左半部及右半部的一部分，呈前后隆突、左右稍扁的椭圆形，结构与牛瘤胃相似，仅多一个后腹副囊。

(2)网胃。呈长椭圆形，在肝、膈后面，瘤胃前下方，由左背侧斜向右腹侧，占左、右季肋部各一部分，与第 6～7 肋骨下部相对。从瘤胃贲门起有一螺旋状扭转的食管沟沿瘤胃前庭及网胃右后侧壁向下伸延到网瓣口。食管沟唇由两侧隆起的黏膜褶形成，幼鹿很发达，可闭合成管，成年鹿则闭合不严。

(3)瓣胃。呈椭圆形，体积最小，位于右季肋部，与第 8～9 肋骨中下部相对。瓣胃大弯及侧壁有四级皱褶，小弯处有连通网瓣口和瓣皱口的瓣胃沟，沟底无黏膜褶，液体和细碎饲料可直接进入皱胃。

(4)皱胃。呈前粗后细的弯曲管囊，平滑的黏膜形成 13～14 道前后纵向的螺旋状黏膜褶，内含丰富的胃腺。

(五)肠

鹿肠管较长，分小肠和大肠(图 15-2)。

(1)小肠。分为十二指肠、空肠和回肠。十二指肠约 40 cm 长，距幽门 13 cm 处有肝管和胰管的开口。空肠约 13 m 长，位于右季肋部、右髂部

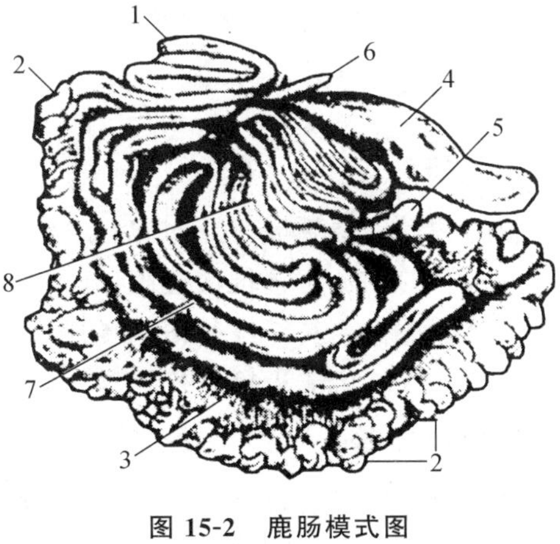

图 15-2　鹿肠模式图

1. 十二指肠　2. 空肠　3. 空肠系膜　4. 盲肠
5. 回肠　6. 结肠终袢　7. 结肠旋袢
8. 结肠圆锥

和右腹股沟部，有较短的系膜连于结肠肠袢的周边。回肠很短，末端有回盲瓣突入盲肠。

(2)大肠。分为盲肠、结肠和直肠。盲肠约 15 cm 长，盲端向后，盲肠体位于右髂部，盲肠尖可达右腹股沟部。结肠位于右季肋部和右髂部，长约 5 m，分为初袢、旋袢和终袢。旋袢盘曲成结肠圆锥，锥顶向后内方突出，锥底向外侧，位于右肾下方。直肠长约 30 cm，在子宫、阴道(母鹿)或膀胱(公鹿)的背侧，依直肠系膜连于盆腔顶壁，直肠末段形成直肠壶腹。

(六)肝和胰

鹿肝全部位于右季肋部，其膈面隆凸，脏面凹陷，没有胆囊。左缘有食管切迹，右缘有切迹将肝分为左叶、右叶、尾叶和方叶，尾叶上又有尾状突和乳头突。鹿胰位于右季肋部，呈灰黄色。

三、呼吸系统

(一)鼻腔

鹿的鼻腔较长，占头长的 2/3，鼻孔呈裂缝状长孔，鼻前庭腹侧与黏膜之间有鼻泪管口。左、右鼻腔在后部互通，鼻后孔较细小。

(二)咽和喉

咽呈漏斗状，是呼吸道与消化管的交叉孔道。喉呈长筒状，会厌软骨游离缘呈半圆形，声门裂较狭窄，鸣叫时音频较高。

(三)气管和支气管

气管由 50～70 个半封闭的软骨环串联而成，管径较细，其末端在心基后上方分为左、右支气管，右支气管在进入肺前又分出 1 支较大的尖叶支气管。

(四)肺

鹿肺具 3 面 3 缘，与牛的相似。肺分 7 叶，分别称为右尖叶、右心叶、右膈叶、副叶、左尖叶、左心叶和左膈叶。左尖叶很小，右尖叶特别发达。右尖叶除与右侧胸壁接触外，还自心的前方转向左侧，与左侧胸壁接触。

四、泌尿系统

(一)肾

鹿的右肾呈蚕豆形，位于最后肋间上端至第 2 腰椎横突腹面，前端或与肝相接。左肾呈长椭圆形，位于第 2～4 腰椎横突腹面，但较游离。左、右两肾均偏于体中线的右侧。鹿肾为表面光滑的单乳头肾。其纤维膜下的皮质和深层的髓质分别合并成整体，肾总乳头渗出的尿液由扩展的肾盂收集后流入输尿管。鹿无肾盏。

(二)输尿管

输尿管起于肾盂，出肾门后在腰腹侧面的腹膜褶下向后延伸进入骨盆腔，末端进入膀胱体后背侧，开口在膀胱颈黏膜上。

(三)膀胱

膀胱呈梨形，公鹿的膀胱位于直肠腹侧，母鹿则位于子宫、阴道腹侧。膀胱顶可前后移动。

(四)尿道

公鹿尿道细长,尿道内口的后上方有 1 对精阜突入,因而兼有排尿和排精的双重功能,尿道外口在阴茎尿道突上。母鹿尿道宽短,仅有排尿功能,尿道外口隐藏在尿生殖前庭内的前下方底壁,其后下部有一尿道憩室。

五、生殖系统

(一)公鹿生殖器官

公鹿生殖器官如图 15-3 所示。

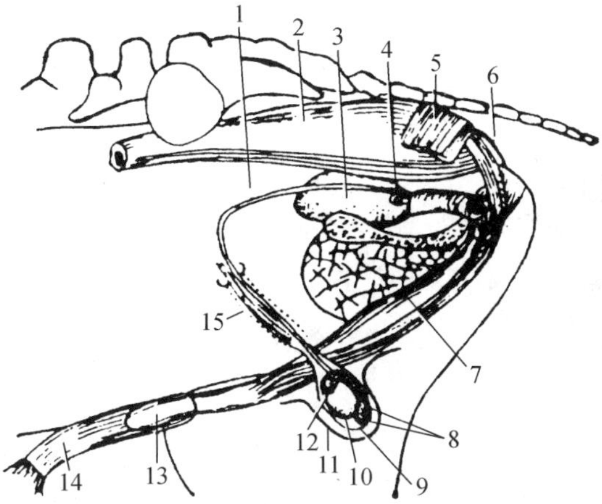

图 15-3 公鹿生殖器官模式图

1. 输精管 2. 直肠 3. 膀胱 4. 精囊腺 5. 肛门提肌 6. 肛门括约肌 7. 阴茎
8. 附睾体和附睾尾 9. 鞘膜 10. 睾丸 11. 阴囊皮肤 12. 附睾头 13. 阴茎头
14. 包皮 15. 腹股沟管

1. 睾丸和附睾

左、右睾丸均呈长椭圆形,睾丸头向上,游离缘前凸。膨大的附睾头附着在睾丸头上部和游离缘的 1/3 部,附睾体狭窄,附睾尾向下由附睾韧带与睾丸尾相连。附睾韧带由附睾尾延伸到总鞘膜,形成阴囊韧带。公鹿发情季节,睾丸显著增大。

2. 输精管和精索

输精管是附睾尾到尿生殖道的肌质管道,起始部与附睾体并行,然后沿精索上升进入腹腔,又伸向骨盆腔内的膀胱颈背侧并形成输精管壶腹,末端与精囊腺的排出管共同合并成射精管,开口于尿生殖道始端背侧的精阜。精索位于阴囊和腹股沟管内,呈上窄下宽的扁圆形体,内有输精管和血管、神经穿行。

3. 副性腺

精囊腺位于膀胱颈背侧和输精管壶腹外侧,精囊腺管与输精管壶腹末端汇合成射精管,左、右射精管口相邻,中间隔有黏膜褶,形成精阜。前列腺体横位于膀胱颈背侧,扩散部存在于尿生殖道骨盆部壁内。尿道球腺位于尿生殖道骨盆后部背侧,大小可随生殖季节发生变化。

4. 阴茎

阴茎呈侧扁的圆柱状，阴茎体无"S"形弯曲，阴茎头呈钝圆锥状，头窝内有尿道突和尿道外口。阴茎属纤维型，海绵体较少。

5. 尿生殖道

尿生殖道比较细长，以坐骨弓折转处的尿道峡为界，分为骨盆部和阴茎部，是排精、排尿的共用管道。

6. 阴囊

阴囊位于两股部之间，为紧凑结构的长形肉袋，阴囊颈不明显。

(二)母鹿生殖器官

母鹿生殖器官如图 15-4 所示。

1. 卵巢

卵巢左右各一，呈菜豆形，光滑色淡，表面常见有 1～3 个卵泡。卵巢囊较深，老年母鹿卵巢缩小。卵巢位于骨盆腔前口处。

2. 输卵管

输卵管位于卵巢系膜中，细而弯曲。靠近输卵管漏斗部的管径稍粗，称为输卵管壶腹，输卵管后端与子宫角之间无明显的界线。

3. 子宫

子宫角弯曲成螺旋形，弯曲程度略大于牛子宫角。子宫体较短，子宫伪体较长。子宫颈管管径很小，有明显的阴道部突入阴道内腔。在子宫角和子宫体的黏膜面上，每侧各有 4～6 个子宫绒毛叶阜。子宫体和子宫颈位置固定，位于第 3 腰椎至第 3 荐椎之间的腹腔和盆腔中。

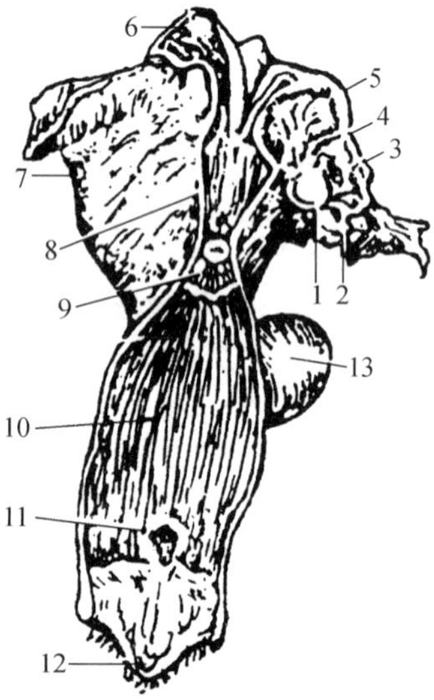

图 15-4 母鹿生殖器官模式图

1. 卵巢 2. 输卵管伞 3. 输卵管 4. 卵巢固有韧带 5. 子宫角 6. 子宫阜 7. 子宫阔韧带 8. 子宫体 9. 子宫颈 10. 阴道 11. 尿道前口 12. 阴蒂 13. 膀胱

4. 阴道

整个阴道黏膜被中央的环行沟分为前、后两部，阴道前部有子宫颈的阴道部、环形穹隆和较高的纵行黏膜皱褶，阴道后部有明显的阴瓣，后部阴道壁较薄。

5. 尿生殖前庭

尿生殖前庭较短，介于阴瓣和阴门之间，前庭底壁前端有尿道外口和尿道憩室。

梅花鹿、马鹿 15～18 月龄开始性成熟，为季节性多次发情，在北方秋冬季节的 9—11 月份是鹿发情配种时期。发情周期平均 12 d 左右，每次发情持续 12～36 h。发情期的雄鹿有排尿和泥浴行为，先靠近湿地，然后排尿，再趴卧，并在湿土地上来回摩擦其阴部，同时在地面上来回滚动，使混有尿液的土沾满全身，有利于保持气味。雌鹿也有泥浴行为，但一般不排尿，只泥浴。梅花鹿妊娠期为 235～245 d，马鹿为 250 d，分娩期在翌年 4—6 月份，多数产 1 仔，少数产双仔，梅花鹿初生重 5.8～6.5 kg。

鹿的正常生理值：体温成年鹿为 38.2～39.0 ℃，仔鹿为 38.5～39.0 ℃；心率成年鹿为 40～78 次/min，仔鹿为 70～120 次/min；呼吸频率成年鹿为 15～25 次/min，仔鹿为 12～17 次/min。

第二节　兔解剖生理特征

兔属单胃草食动物，品种甚多。兔的生活习性是昼伏夜出，胆小怕惊，性情温顺。怕热、怕挤、怕潮，喜欢安静、清洁、干燥的环境。听觉和嗅觉发达敏锐。家兔虹膜因品种不同，可有各种颜色(如灰色、红色、黑色及天蓝色)；耳大而长，血管明显，可自由转动；颈短，颈下有皮肤皱褶(肉髯)；背腰弯曲成弓形，腹大、胸小，后肢长而有力。

一、兔的骨骼、肌肉与被皮

(一)骨骼

全身骨骼分为躯干骨、头骨、前肢骨和后肢骨(图 15-5)。

1. 躯干骨

颈椎 7 块，寰椎翼宽扁，枢椎棘突成宽阔板状。胸椎 12 块(偶有 13 块)，棘突甚发达。腰椎 7 块(偶有 6 块)，椎体较长。荐椎 4 块，愈合成荐骨。尾椎 16 块(偶有 15 块)。

肋 12 对(偶有 13 对)，前 7 对为真肋，后 5 对为假肋(偶有 6 对)，第 8、9 肋的肋软骨与前位肋软骨相连。最后 3 对肋的肋软骨末端游离，称为浮肋。

胸骨由 6 节胸骨片组成，第 1 节为胸骨柄，最后 1 节为剑突，后面接一块宽而扁的剑状软

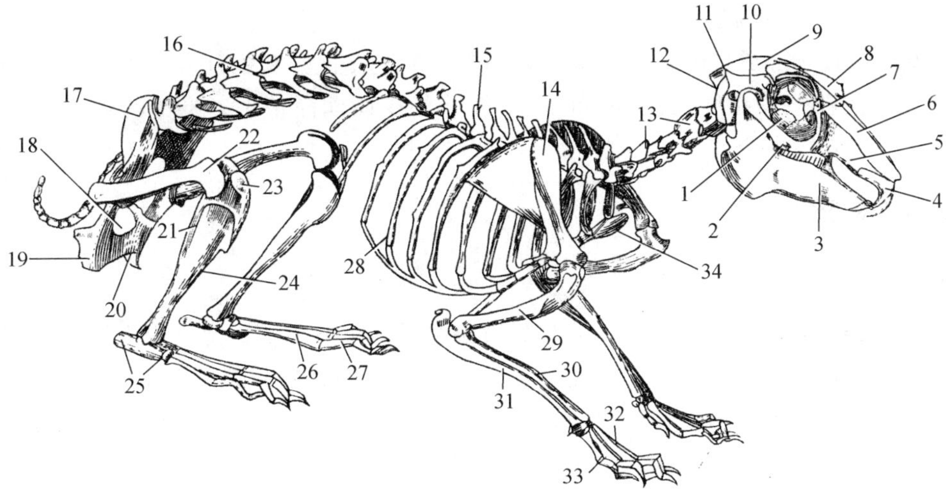

图 15-5　兔的全身骨骼

1. 腭骨　2. 颧骨　3. 下颌骨　4. 切齿骨　5. 上颌骨　6. 鼻骨　7. 泪骨　8. 额骨　9. 顶骨　10. 颞骨　11. 顶间骨　12. 枕骨　13. 颈椎　14. 肩胛骨　15. 胸椎　16. 腰椎　17. 髂骨　18. 闭孔　19. 坐骨　20. 耻骨　21. 腓骨　22. 股骨　23. 髌骨　24. 胫骨　25. 跗骨　26. 跖骨　27. 趾骨　28. 肋骨　29. 臂骨　30. 桡骨　31. 尺骨　32. 掌骨　33. 指骨　34. 胸骨

骨。兔的胸廓不发达，胸腔容积较小。

2. 头骨

头骨分为颅骨和面骨。背侧观分为前、中、后 3 部分。前部以鼻骨为主，前端稍窄，后端稍宽；中部最宽，两侧有宽的颧弓，眶窝较大；后部以顶骨和枕骨为主。腹侧面的前部有较大的腭裂。

3. 前肢骨

前肢骨短而不发达。肩带除有发达的肩胛骨外，还有埋在肌肉中的锁骨。游离部包括臂骨、前臂骨（桡骨和尺骨）、前脚骨（腕骨、掌骨、指骨和籽骨）。桡骨与尺骨略有交叉，尺骨较长。腕骨有 9 块，分为 3 列。掌骨有 5 块，由内向外为第 1、2、3、4 及第 5 掌骨，其中第 1 掌骨最短。有 5 个指，第 1 指由 2 块指节骨组成，其余各指均由 3 块指节骨组成，指节骨远端皆附有爪。

4. 后肢骨

后肢骨长而发达，由髋骨、股骨、髌骨、小腿骨（胫骨和腓骨）及后脚骨（跗骨、跖骨、趾骨和籽骨）组成。跗骨有 6 块，分为 3 列。近列为距骨和跟骨，中列为中央跗骨，远列为第 2、3、4 跗骨。跖骨有 4 块，第 1 跖骨已退化。有 4 个趾，第 1 趾退化。

（二）肌肉

兔的肌肉有 300 多块，全部肌肉的重量约为体重的 1/2。前半身（颈部及前肢）的肌肉不发达，后半身（腰部及后肢）的肌肉很发达，这与兔主要用后肢跳跃、奔跑等生活习性有密切的关系。

（三）被皮

家兔的表皮很薄，真皮层较厚，坚韧而有弹性。兔全身被覆被毛，有粗毛、绒毛和触毛。仔兔出生后 30 d 左右才形成被毛。成年兔春秋两季各换毛 1 次。兔的汗腺不发达，体温调节受到限制，故兔不耐热。皮脂腺发达，遍布全身，能分泌皮脂润泽被毛。母兔的腹部有 3～6 对乳腺。

二、消化系统

（一）口腔

兔口腔容积较小，由唇、颊、腭、舌、齿和唾液腺组成。下唇稍薄。上唇中央纵裂，将其完全分裂成左、右两部，常显露门齿，便于快速啃食短草和较硬的物体。裂唇与上端圆厚的鼻端构成三瓣鼻唇（鼻端可随呼吸而活动）。颊黏膜光滑湿润，在靠近第 3、4 臼齿处有腮腺管的开口。硬腭前部有 1 对鼻腭管孔，靠鼻腭管与鼻腔相通。软腭较长。舌较大，舌体背面有明显的舌隆起。

（二）咽

鼻咽部较大，口咽部较小，软腭后缘与会厌软骨汇合。

（三）食管

食管为细长的扩张性管道，前部肌层为横纹肌，中后部肌层为平滑肌。

(四)胃

兔的胃属于单室有腺胃,呈豆状,横位于腹腔前部。胃腺及平滑肌较发达。胃液酸度较高,消化力很强,主要成分是盐酸和胃蛋白酶。健康家兔的胃经常充满食物。

(五)肠

兔肠管较长(为体长的10倍以上),容积较大,具较强的消化吸收功能。包括小肠和大肠(图15-6)。

兔小肠包括十二指肠、空肠和回肠。小肠总长达3 m以上。十二指肠呈"U"形弯曲,有总胆管和胰腺管的开口。空肠和回肠由肠系膜悬吊于腹腔的左上部,回肠入盲肠处的肠壁膨大成一厚壁圆囊,呈灰白色,约拇指大小,为兔特有的淋巴组织,称为圆小囊。

兔大肠包括盲肠、结肠和直肠。大肠总长度约1.9 m。兔盲肠特别发达,为卷曲的锥形体,盲肠基部粗大,体部和尖部缓缓变细。基部黏膜中有大、小盲肠扁桃体,体部和尖部黏膜面约有25道螺旋瓣,从盲肠外表可看到相应沟纹,盲肠尖部有狭窄的、灰白色的"蚓突",蚓突壁内有丰富的淋巴滤泡。兔结肠外表有2条纵肌带和2列肠袋,又由梭形部将结肠分为近盲端和远盲端,分别与兔排泄软、硬2种不同的粪便有关。

(六)肝和胰

兔肝(图15-7)位于腹前部偏右侧,暗紫色,有2面(膈面和脏面)、2缘(背缘和腹缘),通过4种韧带(镰状韧带、冠状韧带、三角韧带和肝圆韧带)与其他器官相接。肝分6叶,即左外叶、左中叶、右外叶、右中叶、方叶和尾叶。右中叶处有胆囊。兔肝能分泌大量胆汁。

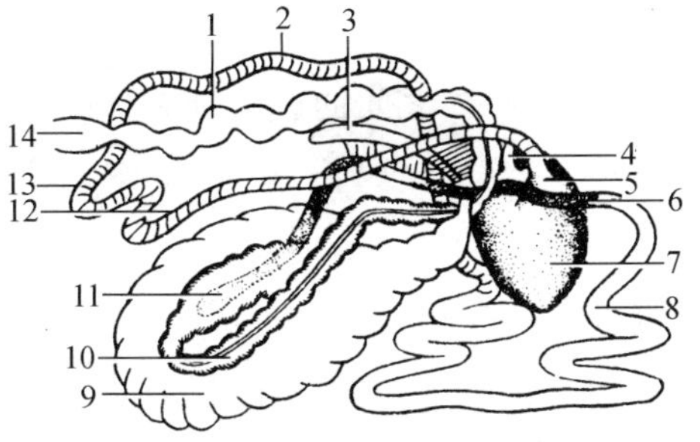

图15-6 兔肠模式图

1. 直肠 2. 十二指肠升支 3. 蚓突 4. 食管 5. 幽门 6. 回肠 7. 胃 8. 空肠 9. 盲肠 10. 结肠 11. 圆小囊 12. 十二指肠降支 13. 十二指肠横支 14. 肛门

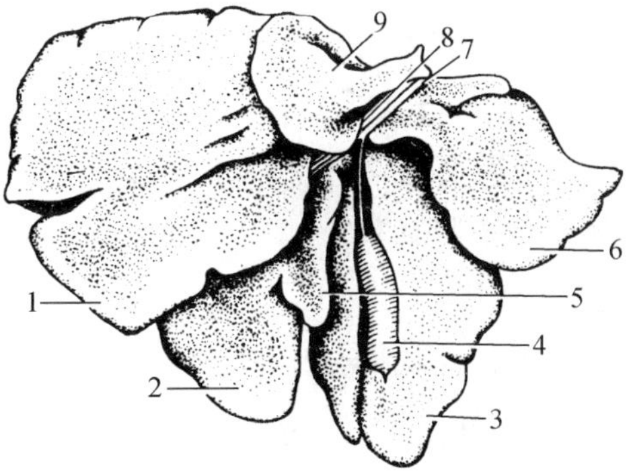

图15-7 兔肝(脏面)

1. 左外叶 2. 左内叶 3. 右内叶 4. 胆囊 5. 方叶 6. 右外叶 7. 胆总管 8. 门静脉 9. 尾叶

兔胰位于十二指肠袢内,其叶间结缔组织比较发达,使胰呈松散的枝叶状结构。胰呈灰紫红色。

兔的消化生理特点是:口腔的特异构造使门齿易显露,便于啃食短草和较硬的物体;发达的盲肠和结肠内有大量的微生物,具有较强的消化粗纤维能力。兔对饲料中粗纤维的消化率为60%~80%,仅次于羊。

兔有摄食粪便的习性。兔排软、硬2种不同的粪便,软粪中含较多的优质粗蛋白质和水溶性维生素。正常情况下，兔排出软粪时，会自然地弓腰用嘴从肛门摄取，稍加咀嚼便吞咽至胃。摄食的软粪与其他饲料混合后，重入小肠消化。

三、呼吸系统

(一)鼻腔

鼻孔卵圆形，与唇裂相连，鼻端随呼吸而活动。鼻腔为管道状，鼻道构造较复杂，嗅区黏膜分布有大量嗅觉细胞，对气味有较强的分辨力。

(二)咽和喉

咽呈漏斗状，为消化管和呼吸道的交叉要道。喉呈短管状，声带不发达，发音单调。

(三)气管和支气管

气管由 48～50 个不闭合的软骨环构成，气管末端分为左、右支气管。

(四)肺

肺分 7 叶，即左尖叶、左心叶、左膈叶、右尖叶、右心叶、右膈叶和副叶。左肺窄小，心压迹较深。

呼吸是兔体蒸发水分和散发体温的主要途径。皮肤也有呼吸作用。

四、泌尿系统

(一)肾

肾呈蚕豆形，位于最后肋骨近端和前部腰椎横突腹面，右肾靠前，左肾稍后。肾脂肪囊不明显。兔肾为表面光滑的单乳头肾，无肾盏，肾总乳头渗出的尿液经肾盂汇入输尿管中。

(二)输尿管

输尿管是肾盂的直接延续，左右各一，呈白色，经腰肌与腹膜之间向后伸延至盆腔，由膀胱颈背侧开口于膀胱。

(三)膀胱

膀胱呈盲囊状，无尿时位于盆腔内，当充盈尿液时可突入腹腔。

(四)尿道

公兔尿道细长，起始于膀胱颈后，开口于阴茎头端，兼有排尿和输送精液的双重功能。母兔尿道宽短，起始于膀胱颈后，开口于尿生殖前庭内，仅为排尿通道。

五、生殖系统

(一)公兔生殖器官

公兔生殖器官如图 15-8 所示。

1. 睾丸和附睾

睾丸呈卵圆形，睾丸头向上。胚胎时期，睾丸位于腹腔，出生后 1～2 个月移行到腹股沟管(此时尚未有明显阴囊)，3～4 月龄时睾丸下降至阴囊。因腹股沟管宽短加之鞘膜仍与腹腔保持联系及管口终生不封闭，故睾丸仍能回到腹腔。附睾呈长条状，附睾头和尾均超出睾丸的头

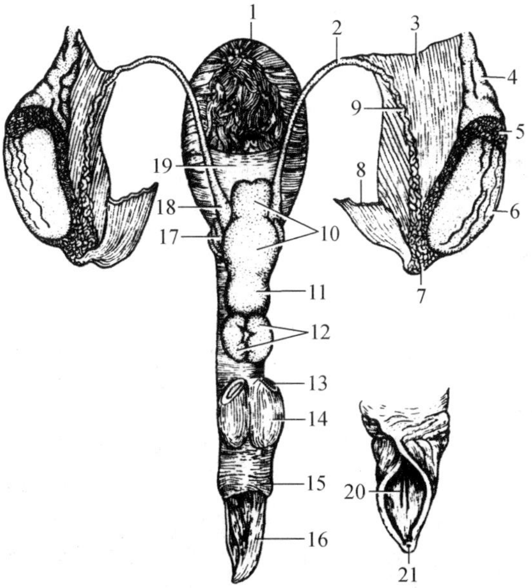

图 15-8　公兔生殖器官模式图

1. 膀胱　2. 输精管　3. 输精管褶　4. 静脉丛　5. 附睾头　6. 睾丸　7. 附睾尾　8. 提睾肌　9. 精索　10. 雄性子宫　11. 精囊腺　12. 前列腺　13. 尿道球腺　14. 球海绵体肌　15. 包皮　16. 阴茎　17. 前尿道球腺　18. 输精管壶腹　19. 生殖褶　20. 尿道　21. 尿道外口

和尾，附睾尾部折转向上移行为输精管。

2. 输精管和精索

输精管为附睾尾的向上延续，始段穿行于精索中，后段稍变粗形成壶腹，左、右输精管在精囊腹侧开口，通入尿生殖道中。兔精索较短，呈圆索状，内有输精管、血管和神经。

3. 副性腺

副性腺包括精囊腺、前列腺、尿道球腺和上尿道球腺。精囊腺分泌物可稀释精液，在交配后于阴道中凝固形成阴道栓，防止精液外流。前列腺分泌物呈碱性，可中和阴道酸性物质。当性冲动时，尿道球腺分泌物流入尿道，起冲洗和润滑作用。

4. 阴茎

阴茎静息时长约 25 mm，向后伸；勃起时全长可达 40～50 mm，呈圆锥状。阴茎前端游离部稍弯曲，没有龟头。

5. 尿生殖道

尿生殖道起于膀胱颈，止于阴茎头的尿道外口，分为骨盆部和阴茎部，兼有排尿和输送精液的功能。

6. 阴囊

阴囊位于股部内侧，2.5 月龄时方能显现。兔睾丸在繁殖时才降入阴囊，过后又回升到腹股沟管或腹腔中。

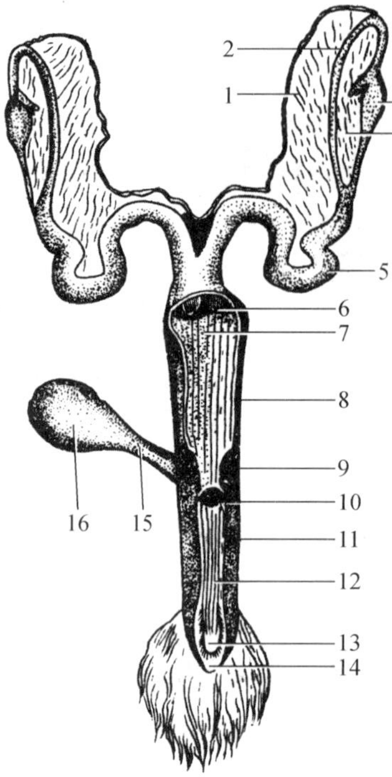

图 15-9 母兔生殖器官模式图

1. 子宫阔韧带 2. 输卵管 3. 卵巢 4. 卵巢囊 5. 子宫 6. 子宫颈 7. 子宫内膜 8. 阴道 9. 阴瓣 10. 尿道口 11. 静脉丛 12. 前庭 13. 阴蒂 14. 外阴 15. 尿道 16. 膀胱

(二)母兔生殖器官

母兔生殖器官如图 15-9 所示。

1. 卵巢

卵巢左右各一,呈长卵圆形,位于后部腰椎腹侧。幼兔卵巢表面光滑,成年兔卵巢表面有突出的卵泡。

2. 输卵管

输卵管左右各一,前端有输卵管伞和漏斗,稍后处增粗为壶腹,后端以峡与子宫角相通。输卵管兼有输卵和受精的功能。

3. 子宫

子宫属无宫体双子宫,子宫角较长,子宫颈较短,两侧的子宫分别以子宫颈管外口共同突入阴道中。

4. 阴道

阴道紧接于子宫后面,其前端有双子宫颈管外口,口间有嵴,后端有阴瓣。

5. 尿生殖前庭

瓣与阴门之间为尿生殖前庭,尿道外口位于前庭的前腹侧壁。阴门裂的腹侧连合呈圆形,背侧连合呈尖形。腹侧连合处有阴蒂,为一个小突起。

一般母兔性成熟时期为 3.5~4 月龄,公兔为 4~4.5 月龄。刚达性成熟的公、母兔不宜立即配种,初配时期应再推后 1~3 个月。兔为诱发排卵动物,排卵发生于交配刺激后 10~12 h,排卵数为 5~20 个。妊娠期为 30~31 d。孕兔一般在产前 5 d 左右开始衔草做窝,临近分娩时用嘴将胸腹部毛拔下垫窝。分娩多在凌晨,弓背努责呈蹲坐姿势,有边分娩边吃胎衣的习性。

兔的正常生理值:体温 38.5~39.5 ℃,心率 120~140 次/min,呼吸数 32~60 次/min。

第三节 犬解剖生理特征

犬属肉食动物,但经人类长期驯养后,变成以肉食为主的杂食动物。目前世界上有 50 多个品种,850 多个品系。犬汗腺很不发达,主要靠呼吸调节散热;对环境的适应能力很强,能耐受寒冷的气候;具有猛烈攻击与胆怯多疑的双重性,易于驯服。

犬的神经系统比较发达,聪明,能较快地建立条件反射;嗅觉和听觉特别敏锐,比人灵敏 16 倍;视觉不发达,远视能力有限,但对移动物体极灵敏;味觉比较差。犬喜欢与人为伴,对主人非常忠诚,是常见的伴侣和观赏动物。

一、犬的骨骼、肌肉与被皮

(一)骨骼

犬的全身骨骼分为头骨、躯干骨、前肢骨和后肢骨(图 15-10)。

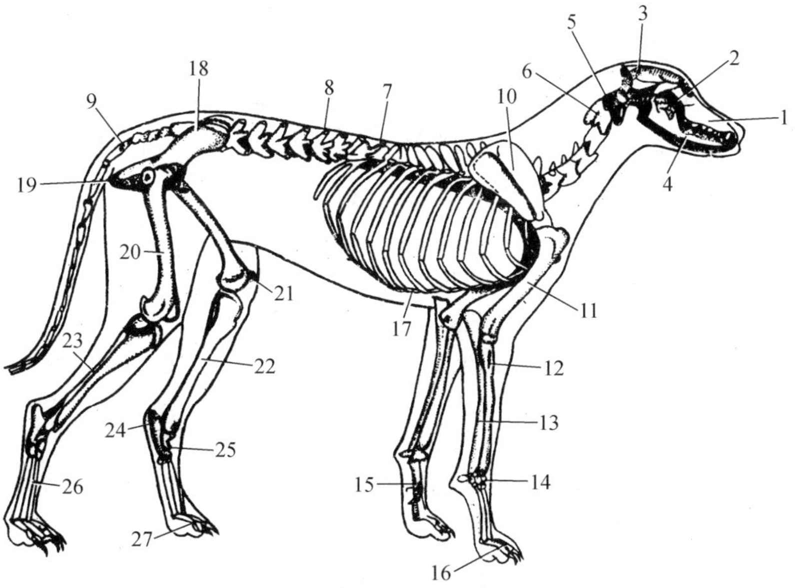

图 15-10　犬的全身骨骼

1. 上颌骨　2. 颧骨　3. 顶骨　4. 下颌骨　5. 寰椎　6. 枢椎　7. 胸椎　8. 腰椎　9. 尾椎　10. 肩胛骨　11. 臂骨　12. 桡骨　13. 尺骨　14. 腕骨　15. 掌骨　16. 指骨　17. 胸骨　18. 髂骨　19. 坐骨　20. 股骨　21. 髌骨　22. 胫骨　23. 腓骨　24. 跟骨　25. 距骨　26. 跖骨　27. 趾骨

1. 头骨

犬的头骨外形与品种密切相关。长头型品种面骨较长,颅部较窄;短头型品种面骨很短,颅部较宽。

2. 躯干骨

颈椎 7 块,相对长度比牛长,其中寰椎翼宽大,枢椎椎体长。第 3～6 颈椎的椎体长度依次变短,棘突逐渐增高。胸椎椎体宽,上下扁。腰椎发达,是脊柱中最强大的椎骨。荐骨由 3 枚荐椎愈合成荐骨,近似短宽的方形,棘突顶端常分离。尾椎椎骨短小。

肋 13 对,前 9 对为真肋,后 4 对为假肋,最后 1 对为浮肋。肋骨较牛的窄而弯曲,肋间隙较宽。胸廓呈圆筒状,背腹径稍大于左、右径。

胸骨由 8 片组成,胸骨柄较钝,最后胸骨节的剑状突前宽后窄,后接剑状软骨。

3. 前肢骨

肩带除有肩胛骨外,还有埋在肌肉中的锁骨,呈规则的三角形薄骨片或软骨片。游离部包括臂骨、前臂骨(桡骨和尺骨)、前脚骨(腕骨、掌骨、指骨和籽骨)。桡骨与尺骨斜行交叉,尺骨较长。腕骨有 7 块,近列 3 块,其中桡、腕骨已与中央腕骨愈合;远列为第 1、2、3、4 腕骨。掌骨有 5 块。犬有 5 个指,第 1 指由 2 块指节骨组成,行走时不着地。其余各指均着地,有 3 块指节骨。远指节骨短，末端有爪突，又称爪骨。

4. 后肢骨

后肢骨的组成与兔相似。腓骨与胫骨等长。跗骨有 7 块，分为 3 列。近列为距骨和跟骨，中列为中央跗骨，远列为第 1、2、3、4 跗骨。跖骨有 5 块，第 1 跖骨小。犬有 4 个趾，第 1 趾退化。

（二）肌肉

犬的皮肌十分发达。几乎覆盖全身。颈皮肌发达又称颈阔肌，可分为浅深两层；肩臂皮肌为膜状，缺肌纤维；躯干皮肌十分发达，几乎覆盖整个胸、腹部，并与后肢筋膜相延续。全身肌肉发达，耐久性好。

（三）犬皮肤的特点

汗腺不发达，只在趾球及趾间的皮肤上有汗腺，故犬通过皮肤散热的能力较差。毛分为被毛和触毛，颜色多种多样。被毛按长短可分为长毛、中毛、短毛、最短毛四种；按毛质度可分为直毛、直立毛、波状毛、刚毛、真毛等。尾毛形状分为卷尾、鼠尾、钩状尾、直立尾、螺旋尾、剑状尾等。

二、消化系统

（一）口腔

犬口裂大，下唇短小且薄而灵活（犬下唇常松弛，并在齿缘上有锯齿状突起），上唇有中央沟或中央裂。上唇与鼻端间形成光滑湿润的暗褐色无毛区，称为鼻镜。犬颊部松弛，颊黏膜光滑并常有色素。硬腭前部有切齿乳头。软腭较厚。腭咽弓基部有扁桃体窦和腭扁桃体。舌呈长条状，活动灵活。犬的第 4 上臼齿与第 1 下后臼齿格外发达，称为裂齿，具有强有力的咬断食物的能力。犬的犬齿大而尖锐并弯曲成圆锥形，上犬齿与隅齿间有明显的间隙，正好容受闭嘴时的下犬齿，犬的臼齿数目常有变动。唾液腺发达，包括腮腺、颌下腺、舌下腺和眶腺。眶腺又称为颧腺，位于翼腭窝前部，有 4～5 条眶腺管开口于最后上臼齿附近。

（二）咽和食管

咽顶壁狭窄，食管入口较小。食管起始端狭窄，称为食管峡，该部黏膜隆起，内有黏液腺。食管峡之后管腔比较宽阔。颈后段食管偏于气管左侧。食管肌层全部为横纹肌。

（三）胃

犬胃容积较大，呈长而弯曲的囊管状，左侧贲门部比较大，为圆囊形，右侧及幽门部比较小，为圆管形。犬胃属于单室有腺胃，贲门腺区呈环带状，围于贲门稍后的内壁，胃底腺区占胃黏膜面积的 2/3，黏膜很厚，幽门腺区黏膜较薄。大网膜特别发达，从腹面完全覆盖肠管。

（四）肠

犬肠管比较短，犬小肠约为 400 cm、大肠为 60～75 cm，由总肠系膜悬吊于腰、荐椎腹面（图 15-11）。十二指肠腺仅位于幽门附近，胆管和胰腺大管的十二指肠开口部距幽门 5～8 cm。空肠形成许多袢，位于腹腔左后下方。回肠末端有较小的回盲瓣。盲肠退化，呈“S”形，位于右髂部，盲尖向后。结肠可分为升结肠、横结肠和降结肠。升结肠位于右髂部，横结肠接近胃幽门部，降结肠位于左髂部和左腹股沟部。直肠在左肾后下方内侧承接于降结肠，末端与肛门交界处的黏膜含肛门腺。

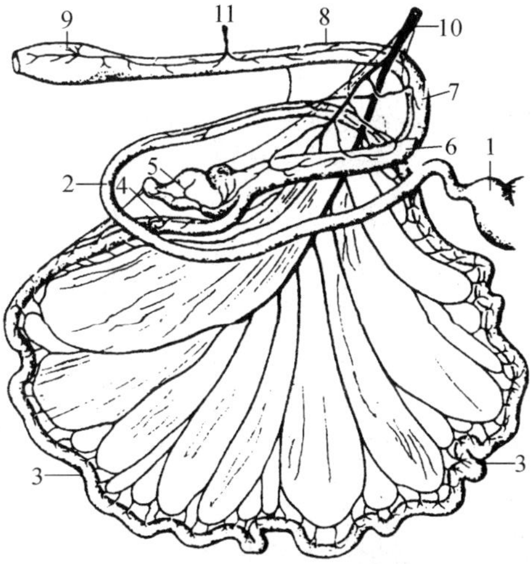

图 15-11 犬肠模式图

1. 胃 2. 十二指肠 3. 空肠 4. 回肠 5. 盲肠 6. 升结肠 7. 横结肠 8. 降结肠 9. 直肠 10. 肠系膜前动脉 11. 肠系膜后动脉

(五)肝和胰

肝体积较大,由辐射状的裂缝分为 6 叶,即左外叶、左中间叶、右外叶、右中间叶、方叶和尾叶。胆囊隐藏在脏面的右外叶和右中间叶之间。胰位于十二指肠、胃和横结肠之间,犬胰呈"V"字形。胰通常有大、小 2 个腺管,分别通入十二指肠。

三、呼吸系统

(一)鼻腔

鼻孔呈","状,宽广部接近鼻中隔,狭窄部向后外侧弯曲。鼻唇镜呈低温、湿润的黑色无毛区。鼻腔后部由一横行板隔成上、下两部,上部为嗅觉部,下部为呼吸部。嗅区黏膜富含嗅细胞,因此犬的嗅觉特别灵敏。

(二)咽和喉

咽较短,食管口小,喉口较大。喉较短,真声带大而隆凸,喉侧室较大,喉小囊较广阔,喉肌较发达。

(三)气管和支气管

气管由 40～45 个"U"形气管软骨环连成圆筒状,末端在心基上方以钝角分为左、右支气管。

(四)肺

肺很发达,与宽阔的胸腔相适应。肺分 7 叶。右肺显著大于左肺,分前叶、中叶、后叶和副叶;左肺分前叶和后叶,其前叶又分前、后两部。

犬在夏季炎热的天气或运动后,伸舌流涎,张口呼吸,以加快散热。

四、泌尿系统

(一)肾

肾呈蚕豆形。右肾位于前3个腰椎的横突下方,左肾因系膜松弛并受胃充满程度的影响而位置常有变动。胃空虚时,左肾位于第2~4腰椎的下方,胃充满时,左肾后移1个椎体的距离,前端约与右肾后端对齐。犬肾属于表面光滑的单乳头肾,无肾盏。

(二)输尿管

右输尿管略长于左输尿管。

(三)膀胱

犬膀胱较大,尿充盈时顶端可达脐部,空虚时全部退入骨盆腔内。

(四)尿道

雄性尿道细长,分为骨盆部和阴茎部。雌性尿道较短,末端开口于尿生殖前庭前腹侧壁。

五、生殖系统

(一)公犬生殖器官

公犬生殖器官如图15-12所示。

1. 睾丸和附睾

睾丸体积较小,呈卵圆形。睾丸纵隔很发达。附睾较大,紧附于睾丸背外侧。

2. 输精管和精索

输精管起始端在附睾外侧下方,先沿附睾体伸至附睾头部,又穿行于精索中,进入腹腔后形成较细的壶腹,末端通入尿道起始部背侧。精索较长,呈扁圆锥形,精索上端无鞘膜环。

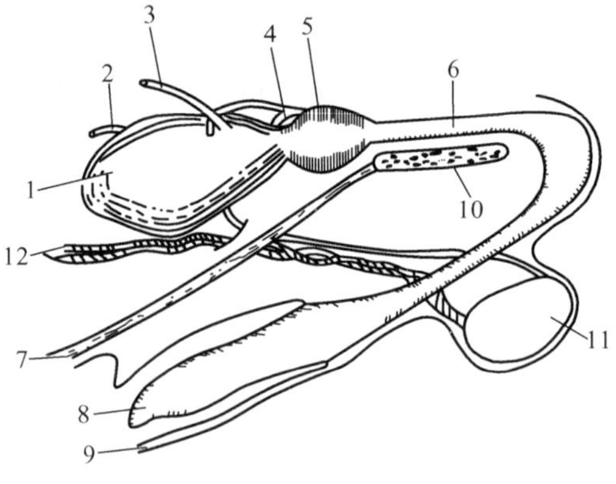

图15-12 公犬生殖器官模式图

1. 膀胱 2、3. 输尿管 4. 输精管 5. 前列腺 6. 尿道 7. 腹壁 8. 阴茎头 9. 包皮 10. 耻骨 11. 睾丸 12. 精索内动脉

3. 副性腺

犬一般无精囊腺和尿道球腺,前列腺却比较发达。前列腺位于耻骨前缘,呈球状环绕在膀

胱颈及尿道起始部。

4. 尿生殖道

骨盆部尿道比较长，其前部包藏于前列腺中（当前列腺膨大时会影响排尿）。坐骨弓处的尿道特别发达，称为尿道球。该部有发达的尿道海绵体和尿道肌。

5. 阴茎

阴茎特殊。阴茎后部有1对海绵体，正中由阴茎中隔隔开。中隔前方有棒状的阴茎骨，前端变小，有一带弯曲的纤维质延长部，阴茎头很长，包在整个阴茎骨的表面。其前端有龟头球（2个圆形膨大部）和龟头突，两者均为勃起组织，它们的血液来自包皮阴茎层，使龟头球在交配时迅速勃起，但交配后需很长时间才能恢复到正常状态。

6. 阴囊

阴囊位于腹股沟部与肛门之间的中央部，常有色素并生有细毛，正中缝不甚明显。

(二)母犬生殖器官

母犬生殖器官如图15-13所示。

1. 卵巢

卵巢小，呈扁平的长卵圆形。在非发情期，每侧卵巢均隐藏于发达的卵巢囊中。卵巢表面常有突出的卵泡。

2. 输卵管

输卵管细小，伞端大部分在卵巢囊内。其腹腔口较大，子宫口很小。

3. 子宫

子宫体很短。子宫角细而长，无弯曲，近似直线，全部位于腹腔中。子宫颈很短且与子宫体界线不清。子宫黏膜面有长的子宫腺和短管状陷窝。

4. 阴道

阴道较长，前端稍细，无明显的穹隆。黏膜面有纵行皱褶。

5. 尿生殖前庭

前庭较宽，前腹壁有尿道外口。侧壁黏膜有前庭小腺，犬无前庭大腺。

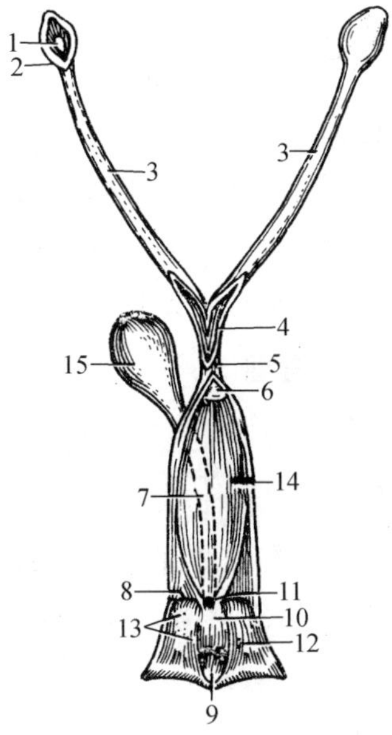

图15-13　母犬生殖器官模式图

1. 卵巢　2. 卵巢囊　3. 子宫角　4. 子宫体　5. 子宫颈　6. 子宫颈阴道部　7. 尿道　8. 阴瓣　9. 阴蒂　10. 阴道前庭　11. 尿道外口　12、13. 前庭小腺开口　14. 阴道　15. 膀胱

母犬8月龄成熟，一般每年发情2次，属季节性一次发情动物。多在春秋季节发情，持续时间一般为4～12 d。妊娠期59～65 d。

犬的正常生理值：体温37.5～39.5 ℃，心率80～120次/min，呼吸数15～30次/min。

第四节 水貂解剖生理特征

水貂为肉食动物。体形较小，头小颈短，嘴尖，耳小，四肢短，尾细长，毛蓬松。水貂性情凶猛，攻击性强，多在夜间活动；善于游泳和潜水，属半水栖动物。水貂的标准色为黑褐色，经过长期的人工驯养培育出一些其他毛色的水貂，如白色、米黄色、灰蓝色、烟色等几十种颜色的彩貂。

一、水貂的骨骼、肌肉与被皮

水貂全身骨骼约有 201 块。颈椎 7 块，胸椎 14 块，腰椎 6 块，荐椎 3 块，尾椎 17～21 块。肋有 14 对，前 9 对为真肋，后 5 对为假肋。胸骨有 8 块骨片构成。前、后肢均具 5 指(趾)，指(趾)端有利爪。指(趾)基间具有微蹼，后肢的蹼比前肢蹼明显。尾细长，尾毛长而蓬松。肛门两侧有 1 对肛腺。肌肉基本同犬。

二、消化系统

(一)口腔

上唇前端与鼻孔间形成暗褐色光滑湿润的唇鼻镜。上唇正中有浅沟。唇薄但不灵活。颊黏膜光滑，常有色素。硬腭坚硬，前部有门齿乳头。舌呈长条状，黏膜面具有 4 种乳头，舌味蕾丰富。水貂的牙齿特别发达。

(二)咽和食管

无特殊结构。

(三)胃

大部分位于左季肋部，呈弯曲的长管囊状。胃黏膜有许多纵向皱褶，有腺区含丰富的胃腺，胃液含较多胃蛋白酶。胃黏膜肌和肌肉层较发达。胃幽门口内有较小的幽门瓣。水貂胃排空较迅速。

(四)肠

水貂的小肠分为十二指肠、空肠和回肠。空肠形成许多肠袢，位于左髂部、左腹股沟部和腹腔底部。空肠与回肠分界不清。大肠前段为结肠，后段为直肠，盲肠退化。回肠末端以回结口通入结肠，回结瓣极小。结肠有许多肠袢，盘绕在腹腔右髂部上方。直肠较短，不形成壶腹。肛门内的黏膜下有发达的肛腺。

(五)肝和胰

肝较发达，呈棕红色，位于腹前部略偏右侧。肝分 6 叶，即左外叶、左内叶、右外叶、右内叶、方叶和尾叶。在方叶和右内叶间的脏面有较大的胆囊。胆囊以肝管通入肝内收集胆汁，以胆管通入十二指肠中排放胆汁。胰形状不规则，位于十二指肠与胃小弯之间，胰液经较细的胰腺管排入十二指肠中。

三、呼吸系统

（一）鼻腔

鼻腔具有结构复杂的背鼻甲骨和腹鼻甲骨，并构成迂回的鼻道。嗅黏膜肥厚并有很多皱襞，可灵敏地感受气味刺激。

（二）喉、气管和支气管

喉较短小，声门裂较狭窄。气管呈细长管状，由一系列气管软骨环串联而成，末端在心基后上方分为左、右 2 条支气管，分别经肺门进入左、右两肺中。

（三）肺

水貂的肺呈淡粉红色，右肺大于左肺。肺分 6 叶，其左心叶与左膈叶合并为左心膈叶。各肺叶中，左、右尖叶均薄锐和狭长，副叶较小，其余肺叶钝而肥厚。左肺两叶间的心切迹较大，心包左壁露于肺外，便于临床心区听诊。

四、泌尿系统

（一）肾

左、右两肾均呈蚕豆形。右肾稍前，位于第 13、14 肋上端至第 1 腰椎横突下方。左肾稍后，位于第 14 肋上端至第 3 腰椎横突下方。水貂肾为表面光滑的单乳头肾，肾总乳头中部有肾嵴突入肾盂，无肾盏。

（二）输尿管

输尿管前 1/3 段平行向后延伸，后 2/3 段弯成弧形，穿行于含脂肪的腹膜褶中，末端在盆腔内通入膀胱。

（三）膀胱

膀胱空虚时为 1 分硬币大的梨状盲囊；充盈时体积略膨大，呈卵圆形，膀胱顶伸至腹后部耻骨区。膀胱后腹面有脂肪垫。

（四）尿道

公水貂尿道细长而弯曲，母水貂尿道短而直。

五、生殖系统

（一）公水貂生殖器官

1. 睾丸和附睾

睾丸呈长卵圆形，体积有明显的季节性变化，配种期比平时增大 4～5 倍。睾丸纵隔较发达。附睾是睾丸输出管和附睾管曲折迂回构成的管道系统，附着于睾丸的上端偏外侧，睾丸与附睾间借附睾韧带相联系。

2. 输精管

输精管起始端承接于附睾尾部管道，延伸中形成许多弯曲，稍向上变直后穿行在精索中，进入腹腔后变粗形成壶腹，末端并入尿生殖道起始部背侧。

3. 尿生殖道

无特殊构造，有排尿和输送精液的双重功能。

4. 副性腺

水貂仅有前列腺而无精囊腺和尿道球腺。前列腺位于尿生殖道骨盆部起始端背外侧，分为左、右两叶，每叶又分前、后两部。前列腺产生精清以许多小孔直接排入尿生殖道中。

5. 阴茎

水貂的阴茎包括有阴茎海绵体部和阴茎骨部。阴茎海绵体部在后方，前部称为阴茎骨部，内有阴茎骨(约长 5 cm)，表面包有白膜，前端有弯向背侧的阴茎小沟。

6. 阴囊

阴囊位于两股部之间的后上方，外观不甚明显。水貂阴囊壁的肉膜很薄，但填充有脂肪层。

(二)母水貂生殖器官

1. 卵巢

卵巢埋于腹脂中，为扁平的长椭圆体，其体积和重量因繁殖季节而变动，非发情期较小、较轻。

2. 输卵管

输卵管长约 3 cm，呈花环状包绕于卵巢囊中，末端以输卵管子宫口连通子宫角。

3. 子宫

子宫呈“Y”字形，为双角子宫。子宫角内壁有纵行皱褶，子宫体前部为子宫伪体，子宫颈较狭窄，后端突入阴道中。

4. 阴道

阴道为背腹压扁的肌质管道，长约 2.4 cm，中段有阴道狭窄部，黏膜面有纵向皱褶，具有一定的扩张性。

5. 尿生殖前庭

尿生殖前庭较宽短，是排尿和生殖的共用通道。侧壁黏膜中有前庭小腺，交配时可分泌黏液以润滑交配器官。

第五节 鸵鸟解剖生理特征

鸵鸟是世界上现存的最大、最重的鸟类。它生活在干旱、气候恶劣、食物缺乏的沙漠地带，以草食为主。家养鸵鸟起源于南非，已有 130 多年的历史。近年来风靡全球的养鸵业主要饲养的是非洲鸵鸟，也有美洲鸵鸟、澳洲鸵鸟。

一、鸵鸟的骨骼、肌肉与被皮

鸵鸟的运动系统、被皮系统基本同鸡，但有如下特点。

(1)鸵鸟的主要外貌特征是头小，眼大，颈长，脚长而粗，不会飞翔，善于奔跑。鸵鸟行走非常快捷，奔跑的时速可达 40～70 km，步距可达 8 m。非洲鸵鸟为二趾鸟，内趾最大，有非常锋利的爪，外趾小，无爪，趾间有蹼。美洲鸵鸟与澳洲鸵鸟是三趾鸟。鸵鸟具有非常好的视觉，其瞬膜（第三眼睑）能阻挡风沙和保护眼睛。

（2）鸵鸟的头骨很薄，呈海绵状，经不起撞击。头颈衔接处脆弱，遇外力作用易导致与颈分离。鸵鸟胸骨宽而平坦，其下方无龙骨嵴，也无肌肉。胸骨、锁骨、肩胛骨连于一体，缺乏灵活性（图 15-14）。

（3）鸵鸟的全身除颈部上 3/4 及大腿无羽毛外，其他部位均被覆羽毛。雌、雄鸵鸟羽毛颜色分明，雄鸵鸟的羽毛呈黑色，雌鸵鸟呈浅棕灰色。羽毛疏松柔软，不形成羽片。翅羽主要用于平衡身体，在寒冷季节用以覆盖无羽毛的大腿，交配时用于求偶调情。种鸵鸟也常用翅羽保护小鸵鸟及巢中的蛋。

（4）鸵鸟尾综骨退化，无尾脂腺。

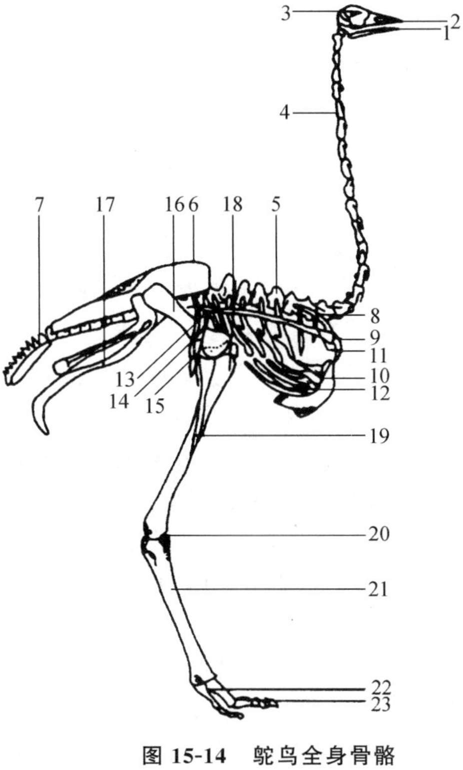

图 15-14　鸵鸟全身骨骼

1. 下颌骨　2. 上颌骨　3. 颅骨　4. 颈椎　5. 胸椎　6. 骶骨联合　7. 尾椎　8. 肩胛骨　9. 锁骨　10. 胸骨　11. 臂骨　12. 肋骨　13. 桡骨　14. 尺骨　15. 掌骨　16. 股骨　17. 坐骨　18. 膝部　19. 胫趾骨　20. 跗关节　21. 跗跖骨　22. 第四趾骨　23. 第三趾骨

二、消化系统

（一）口咽

鸵鸟的口咽部构造简单，缺唇，缺齿，颊部极短。硬腭正中有一纵向裂缝，是鼻后孔的开口，稍后方为咽鼓管咽口。鸵鸟无软腭，口腔与咽的分界不清，两者合为一腔，前部为口部，后部为咽部。舌尖极短,舌体很发达,舌黏膜分布有少量的味蕾,但味觉较灵敏。唾液腺为许多细小的腺团,群集式分布于口咽壁中,腺管直接开口于口咽黏膜。喙为上下略扁的短圆锥状,前端圆钝,后部很宽,便于啄食和扯断植物。

(二)食管

鸵鸟的食管很长,前接咽部,后通前胃。颈下段食管略偏于右侧,不形成嗉囊。胸段食管穿行于两肺之间,末端在腹腔左侧与前胃贲门连通。

(三)胃

鸵鸟的胃包括前胃和肌胃,两胃室间有较粗的通口。前胃呈向上弯曲的壶腹状囊腔,内腔膨大,位置在肌胃上方并偏于左侧腹腔。前胃黏膜的大部分是无腺区,表面形成坚韧的衬里(由脱落上皮细胞、回流胆汁和有腺区分泌物凝结而成),健康时易于剥离。有腺区仅位于大弯内壁,呈两端宽中间窄的长条状,含有约300个细小的消化腺团,可分泌胃蛋白酶原和盐酸。前胃的主要功能是贮存食物和对食物进行机械性消化和化学性消化。肌胃又称砂囊胃,腔内常有砂砾。肌胃呈侧扁的圆形肌质器官,位于前胃腹面、肝的后方。其左后上方有与前胃相通的粗口,右内侧面有通十二指肠的幽门。肌胃的肌层很厚,呈暗紫红色,两侧外壁有坚韧的外膜,内腔黏膜衬有坚韧的类角质膜,有磨碎食物的作用。

(四)肠

鸵鸟的肠分为小肠和大肠。小肠分为十二指肠、空肠和回肠。十二指肠起于肌胃右侧面的幽门,形成"U"形肠袢,分为下行段和上行段,肠袢内夹有胰脏。空肠形成许多半环形肠袢,由肠系膜悬挂于腹腔左外侧后部,中部有卵黄囊柄退化的遗迹。回肠短而直,与空肠无明显界线,通常指以回盲韧带连于两侧盲肠间的末端小肠。盲肠特别发达,有左、右2条,具有很强的粗纤维消化能力。盲肠基部较细,起始端壁内有盲肠扁桃体。盲肠体膨大,呈较粗的管囊状,壁外有斜向的肠袋。盲肠尖渐细,呈圆锥状。结-直肠较长,分为近段、中段和远段。近段较粗,壁外有肠袋,中段和远段较细,肠壁光滑。结-直肠远端后部略膨大,在接通泄殖腔之前形成一个直肠囊。泄殖腔汇合肠管、输尿管和生殖道三者的末端为一腔,向后以泄殖孔共同开口于体外,兼有排粪、排尿和生殖的综合功能。泄殖腔由前向后分为3部,即排粪道、泄殖道和肛道。排粪道腔体最大,呈圆囊状,偏于右上方,前端以增厚的环行肌与直肠囊分界,是结-直肠后端的直接延续。泄殖道腔体较小,偏于左上方,其通口两端各有1个半月形黏膜褶隆起,构成与排粪道和肛道的分界。泄殖道背侧壁有1对输尿管的开口和1对输精管的开口(母鸵鸟仅为1个左输卵管的开口)。肛道腔体最小,位置居于正中,背侧壁有腔上囊的开口(腔上囊呈盲囊状,属于原始淋巴组织,位于泄殖腔背侧,在16~18月龄后退化为痕迹),腹侧有公鸵鸟的生殖隆凸——阴茎。泄殖腔最后端为横行的泄殖孔(图15-15)。

(五)肝和胰

肝呈蓝棕色,质地较硬,由左、右两叶构成,每叶的脏面各有1个肝门,肝动脉、门静脉等由此进出。鸵鸟无胆囊,但右肝叶的胆管略粗,内贮鲜绿色的胆汁。肝的位置在胸骨的上方。胰呈长条状,位于十二指肠的上、下行段之间,胰管开口于十二指肠的末端。

鸵鸟的消化吸收作用主要在小肠内进行。当酸性食糜由胃排空到小肠时,便引起小肠消化液的分泌。当鸵鸟采食时,胰液和胆汁流入小肠的量显著增加。胆汁含淀粉酶,胰液和小肠液含蛋白分解酶、脂肪酶、淀粉酶和其他糖类分解酶,以上消化酶与小肠运动相互协作,共同实

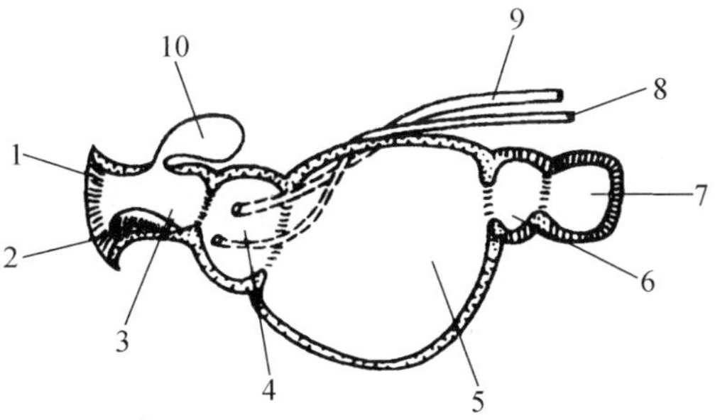

图 15-15 鸵鸟泄殖腔及腔上囊

1. 泄殖孔 2. 生殖隆凸 3. 肛道 4. 泄殖道 5. 粪道 6. 直肠囊
7. 结-直肠远段 8. 输精管 9. 输尿管 10. 腔上囊

现对食糜的化学性消化和机械性消化作用。大肠液中几乎不含消化酶。但在盲肠和结-直肠近段具有很强的生物学消化作用,粗纤维在此进行发酵和分解,产生挥发性脂肪酸,可直接被肠黏膜上皮吸收。此外,盲肠还可吸收水分和含氮物质,并合成 B 族维生素。结-直肠的主要作用是吸收部分水和盐,形成粪便经泄殖腔与尿混合后一同排出。

三、呼吸系统

(一)鼻腔和眶下窦

鸵鸟鼻腔比较狭短,鼻孔较大,位于上喙后部两侧,孔缘有膜质鼻瓣。眶下窦位于上颌外侧、眼球前下方,窦壁为膜质。发生某些呼吸道传染病时,眶下窦常有异常变化。

(二)喉、气管和支气管

喉位于咽底和舌根后下方。喉门无会厌,声门呈洞状,两侧壁有移动性较大的黏膜褶,吞咽时可因喉肌收缩而关闭喉门。喉软骨仅有环状软骨和杓状软骨。

气管很长,管径不易闭合,气管末端在心基上方分叉形成鸣管和左、右两条支气管。鸵鸟的喉部无声带,不能发音。鸣管为发音器官。鸵鸟大声吼叫时,颈部显著增粗。

(三)肺

肺位于胸腔背侧部,背面嵌入肋间,形成数条较深的肋沟,腹面稍前方有肺门,是支气管和血管出入肺的门户。左、右支气管分别通入肺门后纵贯全肺,后端突出于肺,连接腹气囊,此间的支气管较粗,称为初级支气管。从初级支气管上又分出次级支气管,次级支气管上再分出三级支气管,三级支气管呈袢状又通入次级支气管。在三级支气管壁上有众多辐射状毛细小管和肺房,壁外包绕有丰富的毛细血管,两者间构成呼吸性结构。

(四)气囊

初级支气管和次级支气管的分支突出于肺,形成肺外薄膜状囊腔即为气囊。鸵鸟具有成对的腹气囊、后胸气囊、前胸气囊、锁骨胸内外气囊和颈气囊。其中,锁骨胸内外气囊连通股骨气腔(股骨以下的后肢和整个前肢均无气腔)。以上气囊中,除腹气囊与初级支气管直接相接外,其余均是连通在次级支气管上。气囊有贮气和散热等功能。

鸵鸟呼吸生理与家禽基本相似。

四、泌尿系统

(一)肾

鸵鸟的肾体积较大,形体狭长,分为前叶、中叶和后叶。无肾门和肾盂,输尿管和血管直接出入于肾,表面可见清晰的肾小叶轮廓。

(二)输尿管

输尿管由肾中叶前端伸出,沿肾腹面后行,末端开口于泄殖道顶壁两侧。鸵鸟无膀胱。

鸵鸟泌尿生理的主要特点是肾小管分泌和重吸收作用很强,进入输尿管的尿液含较浓的尿酸盐。鸵鸟尿排入泄殖道后常随同粪便一同排出体外。

五、生殖系统

(一)公鸵鸟生殖器官

公鸵鸟生殖器官如图 15-16 所示。

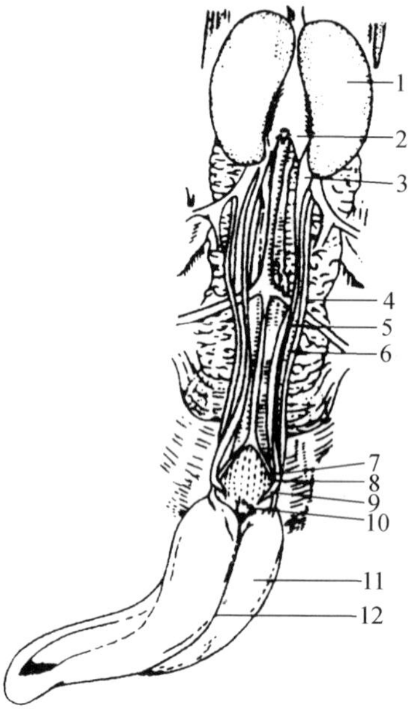

图 15-16 公鸵鸟生殖器官模式图

1. 睾丸 2. 睾丸系膜 3. 附睾 4. 肾 5. 输精管 6. 输尿管 7. 输尿管口 8. 输精管 9. 膨大部 10. 射精乳突 11. 阴茎 12. 射精沟

1. 睾丸和附睾

睾丸 1 对,位于腹腔内,以较短的系膜悬挂在肾前叶的腹面。性成熟前,睾丸体积较小,有米粒大或蚕豆大,性成熟后,在繁殖季节体积增大到鸡蛋大小,休闲时又明显缩小。附睾细小,呈纺锤形,紧附于睾丸内侧缘,内部为弯曲迂回的附睾管,外包被膜。

2. 输精管

输精管是 1 对有细小弯曲的细长管道,末端形成扩大部和射精管,以乳头状的射精突通入泄殖道。输精管扩大部是贮存精子和使精子成熟的地方。鸵鸟无副性腺,精清产生于输精管上皮细胞、附睾管和睾丸精曲小管的支持细胞。精清与精子在输精管混合便成为精液。正常精液为白色不透明混悬液。

3. 阴茎

阴茎是公鸵鸟泄殖腔后端底壁延长的生殖隆突。性未成熟时阴茎细小,性成熟后阴茎体积很大,呈长舌状,阴茎头部向左稍弯,阴茎体腹面有螺旋状输精沟。当阴茎勃起时,输精沟闭合成管,可将射精突射出的精液输导到母鸵鸟泄殖腔中。交配结束后,阴茎回缩到泄殖腔底壁上。

公鸵鸟性成熟期约在 4 岁。性成熟后的公鸵鸟进入繁殖期时,睾丸间质细胞分泌较多的睾丸素,它除促进公鸵鸟产生性欲外,还促使喙、脚等处的皮肤转为猩红色,这是公鸵鸟生殖能力强盛的外在标志。

(二)母鸵鸟生殖器官

母鸵鸟生殖器官如图 15-17 所示。

1. 卵巢

卵巢靠较短的系膜悬挂于肾前叶下方偏左侧。雏鸵鸟时呈扁平的椭圆形,表面呈颗粒状,有很小的卵泡。成年母鸵鸟卵巢由大小不等的卵泡构成葡萄串状,卵泡柄细而稍长。成熟卵泡体积最大,破裂时可释放卵子。卵子因含大量卵黄而俗称为"卵黄"。

2. 输卵管

输卵管是一条粗细不匀的、长而弯曲的管道,以韧带悬挂于腹腔左上方。输卵管由前向后依次分为漏斗部、蛋白分泌部、峡部、子宫部和阴道部。漏斗部靠近卵巢,起始边缘称为输卵管伞,腹侧的伞褶称为漏斗部腺窝,有贮精和受精功能。漏斗中央有宽松的腹腔口,可摄入"卵黄"。蛋白分泌部长而弯曲,黏膜有纵行皱褶,可分泌蛋白。峡部细短,可分泌蛋白和纤维性壳膜物质。子宫部膨大。黏膜含有壳腺,其钙质分泌物沉积于纤维性壳膜外层便形成蛋壳。阴道部较细,末端开口于泄殖道左侧壁,可在硬壳外表形成胶护膜。

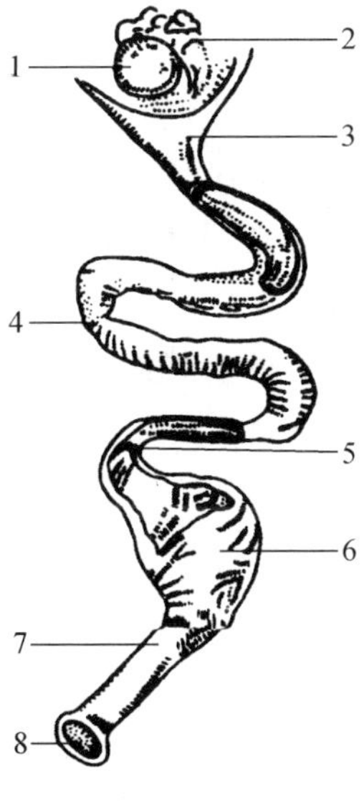

图 15-17　母鸵鸟生殖器官模式图

1. 成熟卵泡　2. 未成熟卵泡　3. 输卵管漏斗部　4. 蛋白分泌部　5. 峡部　6. 子宫部　7. 阴道部　8. 输卵管末端在泄殖腔内的开口

母鸵鸟从 18～24 月龄时起便可出现零星产蛋现象,但直到 3 岁时产蛋量才会增加并转为正常。因此,一般把 3 岁定为母鸵鸟性成熟期。

鸵鸟有筑巢和抱窝行为,由公、母鸵鸟共同承担。筑巢以公鸵鸟为主,母鸵鸟协助。抱窝以母鸵鸟为主,公鸵鸟承担翻蛋和警戒任务。

专 项 实 训

观察当地主要经济动物内脏器官形态和结构

[**实训目标**] 了解当地主要经济动物骨骼、肌肉与被皮的形态构造特点,掌握内脏(消化、呼吸、泌尿、生殖系统)各系统的组成、构造特点和生理特性。

[**材料设备**] 当地经济动物或动物的骨骼标本、肌肉标本、内脏浸制标本及解剖器械等。

[**方法步骤**]

(1)仔细观察各种标本,并注意其特征及区别。

(2)仔细解剖消化系统、呼吸系统、泌尿系统、生殖系统,了解各种器官的形态、位置及其与畜禽的区别。

教师边解剖边讲解边示范,有条件的可让学生分组进行解剖观察。

复习思考题

1. 简述兔的消化器官结构和生理特点。
2. 简述母兔生殖器官的构造特点。
3. 简述犬生殖器官的构造特点。
4. 鸵鸟的外形特征有哪些?
5. 鸵鸟和鸡的内脏器官构造有何不同?
6. 鹿和牛的内脏器官构造有何不同?

参 考 文 献

[1] 范作良.家畜解剖.北京:中国农业出版社,2001.
[2] 陈耀星.畜禽解剖学.4版.北京:中国农业大学出版社,2023.
[3] 周元军.动物解剖.北京:中国农业大学出版社,2007.
[4] 曲强,陈文钦.动物生理.3版.北京:中国农业大学出版社,2023.
[5] 范作良.家畜生理.北京:中国农业出版社,2001.
[6] 周其虎.动物解剖生理.3版.北京:中国农业出版社,2019.
[7] 内蒙古农牧学院,安徽农学院.家畜解剖学.2版.北京:农业出版社,1991.
[8] 南京农业大学.家畜生理学.2版.北京:农业出版社,1987.
[9] 南京农业大学.家畜生理学.3版.北京:中国农业出版社,2000.
[10] 北京农业大学.家畜组织学与胚胎学.北京:农业出版社,1979.
[11] 董常生.家畜解剖学.3版.北京:中国农业出版社,2001.
[12] 程会昌,王锐.动物解剖生理.4版.郑州:河南科学技术出版社,2016.
[13] 陈杰.家畜生理学.4版.北京:中国农业出版社,2003.
[14] 郭和以.家畜解剖.北京:农业出版社,1989.
[15] 沈霞芬.家畜组织学与胚胎学.3版.北京:中国农业出版社,2000.
[16] 马仲华.家畜解剖学及组织胚胎学.3版.北京:中国农业出版社,2002.
[17] 朱金凤,陈功义.动物解剖.重庆:重庆大学出版社,2007.
[18] 程会昌,王军.动物解剖与组织解剖学.3版.北京:中国农业大学出版社,2022.
[19] 肖传斌,张玲,程会昌.动物解剖学与组织胚胎学.郑州:郑州大学出版社,2009.
[20] 孙敬方.动物实验方法学.北京:人民卫生出版社,2004.
[21] 王树迎,王政富.动物组织学与胚胎学.北京:中国农业科学技术出版社,1999.
[22] 韩正康,毛鑫智.家畜生理学.南京:江苏科学技术出版社,1984.
[23] 杨秀平,肖向红,李大鹏.动物生理学.3版.北京:高等教育出版社,2016.
[24] 杨秀平,肖向红.动物生理学实验.2版.北京:高等教育出版社,2009.
[25] 孙镇平.简明动物生理学.北京:中国农业出版社,2003.
[26] 霍军,曲强.宠物解剖生理.北京:化学工业出版社,2011.
[27] 李敬双,于洋.动物解剖与组织学实验教程.北京:中国农业大学出版社,2010.